第二版

中文版

The

DevOps
Handbook

打造世界級技術組織
的實踐指南

目錄

Part I—— 三步工作法   001

Part II── 何處開始   **059**

Part III── 第一步工作法：暢流的技術實踐　　131

Part IV—— 第二步工作法：回饋的技術實踐   221

Part V── 第三步工作法：持續學習與實驗的具體實踐　301

Part VI── 整合資訊安全、變更管理和合規性的技術實踐 349

圖和表格

來自出版社的話

本書第一版的影響

自《The DevOps Handbook》第一版上市以來，來自《State of DevOps Reports》和其他相關研究的資料持續證實：DevOps 文化為企業提高了價值實現時間，改善營運效率、生產力及企業健康度。它同時也有助於建立敏捷而靈活的企業組織，使其能夠適應突如其來的巨大變化，例如我們在 2020 年所遭遇的 COVID-19 疫情。

「我認為 2020 年是具有啟發性的一年，展示技術在令人難以置信的危機面前如何發揮所長」Gene Kim 在〈State of DevOps: 2020 and Beyond〉一文中寫道：「這場危機為迅速變革提供了催化劑，我很感激我們能夠勇於擁抱變化。」[1]

DevOps 文化和《The DevOps Handbook》一書的基礎在於，它確確實實是為了商業和技術世界的馬匹，而不是獨角獸而寫的。DevOps 至始至終都不是只為科技巨擘（FAANGs）或新創企業而生。這本書和整個 DevOps 社群一次又一次證實了，DevOps 實踐和流程甚至可以把沉痾難起的「老馬」企業，變成一個靈活的技術組織。

2021 年，比往年更顯而易見的一件事是：每個企業都是一個技術組織，每位領導者都是一位技術領導者。技術不容忽視，更不該被塵封；它必須被視為企業整體戰略的重要元素。

第二版的改動

在《The DevOps Handbook》全新修訂版中，作者對正文進行更新與編修，將全新的研究、學習和經驗納入第二版內容，加深我們對 DevOps 的理解以及它在產業的應用。此外，我們很高興邀請到知名學者 Nicole Forsgren 博士共同創作，以新的研究及相關指標豐富本書內容。

持｜續｜學｜習

我們將把從第一版上市以來的這段期間所獲得的新的見解與資源，放在全書中的「持續學習」部分，就像你在這裡看到的一樣。內容將涵蓋新的佐證資料和額外的資源、工具和技術，協助你展開 DevOps 之旅。

我們還在書中增加了更多的案例研究，藉以說明 DevOps 在各行各業的傳播程度，特別是它是如何超越 IT 部門，進入管理高層的視野。此外，在每個案例研究的結尾，我們都加上了一兩個關鍵收穫，紀錄最重要的（但絕不僅限於此）的學習收穫。最後，我們更新了每一章節的結論，提供新的資源來輔助你繼續展開學習。

DevOps 和軟體時代的下一步

如果問過去的五年教會了我們什麼，那一定就是技術無與倫比的重要性，以及當 IT 部門和業務部門願意坦誠相對時，能使企業取得多麼非凡的成就——正如 DevOps 文化所帶來的正向改變一樣。

也許沒有什麼能夠比 2020 年 COVID-19 疫情於全球爆發後，為了應對疫情而做出的快速變化更能說明這一點了。透過 DevOps 實踐，各家組織爭相靈活調動技術，在迅疾而空前的變化之中，為內部和外部客戶提供服務。這些複雜的大型組織，往往以其無法快速軸轉和適應變化而惡名昭彰，突然間，它們別無選擇，只能紛紛擁抱這些變化。

美國航空公司（American Airlines）在當時運用他們正在推動的 DevOps 轉型規劃，迅速獲得成功，你可以在第一章和第五章見到相關討論。

你也可以在第二章讀到 Chris Strear 博士分享他使用約束理論（Theory of Constraints）來最佳化醫院流程的經驗。

2020 年，世界上最大的互助金融機構 Nationwide Building Society 得以在幾週之內迅速對客戶需求做出反應（而不是拖到好幾年之後），這全都要歸功於他們正在進行的 DevOps 轉型。你可以在第八章中讀到更多關於他們的經驗。

話雖如此，技術如此關鍵，且是成功轉型到「未來工作方式」的一大要素，但這一切必須由企業領導階層帶頭行動。今日，組織經營的瓶頸不僅僅是技術上的實踐（儘管它們依舊存在）；最大的挑戰和首要之務是讓企業領導階層一同響應。變革必須由企業和技術共同創造，而本書所提出的理論可以引領這種變革。

企業不能再故步自封，繼續非黑即白的二元思考方式：「自上而下」或「僅有技術」。我們必須實現真正的協同合作。這項工作百分之九十涉及到讓對的人參與進來、一同響應，並保持一致共識。一切就從這裡開始，以此為動力，在未來持續努力。

——IT Revolution
奧勒岡州 波特蘭
2021 年 6 月

第二版　序

自《The DevOps Handbook》第一版問世已經五年了，很多事情發生變化，同時也有許多東西保持不變。一些工具和技術不再流行，甚至不復存在，但這不應該影響到任何讀者。儘管在技術層面發生了一些變化，但本書所介紹的基本原則仍然和過去一樣重要。

事實上，今日企業對 DevOps 的需求甚至更勝以往，因為組織需要快速、安全、可靠地向客戶和用戶提供價值。為此，他們需要改造內部流程，並利用技術來提供價值 —— 使用 DevOps 實踐。這對所有組織來說都是千真萬確的真理，無論它的產業類型、無論它位於世界上哪一個地方。

在過去的幾年裡，我帶領每年《State of DevOps Reports》的研究工作（最初與 Puppet 合作，後來與 DORA 和 Google 合作），共同作者包括 Jez Humble 和 Gene Kim。這些研究證實，本書中描述的許多實踐都能帶來改進，比如：軟體發布的速度和穩定性、減輕部署工作的痛苦、減少工程師的倦怠感，以及對組織績效的貢獻，包括盈利能力、生產力、客戶滿意度、工作績效及營運效率。

在第二版的《The DevOps Handbook》中，我們以最新的研究和最佳實踐，更新主文內容，並納入了全新案例研究，分享更多關於轉型的真實故事。感謝你加入我們這個持續改善的旅程。

——Nicole Forsgren 博士
微軟研究院（Microsoft Research）合夥人
2021

第一版　序

過去，許多工程領域歷經了一種值得注意的變革，不斷「提升」對自身工作的理解。儘管許多大學課程和專業團體開授工程領域的個別學科（如土木、機械、電機、核能等），但事實上，現代社會需要結合各式各樣的工程內容，方能體現跨領域結合的好處與工作方式。

比方說要設計一輛效能卓越的交通工具。機械工程師該在何處結束工作，由電機工程師接手？具備空氣動力學知識的人（對窗戶的形狀、大小和位置有明確見解）應該在哪個時機點如何與乘客人因工程學家協同合作？在車輛使用年限期間，燃油混合物和汽油對於引擎材料和變速箱的化學影響為何？關於車輛的設計，我們還可以提出更多其他問題，但最終結果殊途同歸：現代科技的成功絕對需要多元觀點及專業知識的共同合作。

如果一個領域或學科想要更加進步或趨向成熟，必須仔細反思其最初的起源，尋找關於這些反思的多重觀點，並將思考綜效置於一個有益於描繪社會未來發展藍圖的情境中。

這本著作正是代表了這種綜效，應該被視為一本關於（不斷發展且迅速演進的）軟體工程與營運領域的開創性觀點集錦。

無論你身處哪一行業，無論你所在組織提供何種產品或服務，這種思維方式對於任何商業及科技領導人來說都至關重要且不可或缺。

——Etsy 技術長 John Allspaw

紐約 布魯克林

2016 年 8 月

前言

啊哈！

創作《The DevOps Handbook》是一趟漫長的旅程。它始於 2011 年 2 月，本書的共同作者透過每週定期 Skype 通話，在構思尚未完成的著作：《鳳凰專案：看 IT 部門如何讓公司從谷底翻身的傳奇故事》之餘，萌生了創作一本規範指南的念頭。

時隔五年，耗時逾兩千小時的寫作成果，《The DevOps Handbook》終於問世了。這本書的寫作是一趟異常漫長的過程，當然，這過程意義非凡，充滿了令人驚喜的學習收穫，而且這本書所涵蓋的討論範圍比我們原先設想的更為廣泛。這個寫作專案顯示所有共同作者一致認同 DevOps 是個非常重要的概念，可以幫助我們更早地在職涯初期得到領悟，體驗個人的「啊哈！」時刻，我認為許多讀者一定能感同身受。

Gene Kim

自 1999 年以來，我有幸研究不少高效能的科技組織，最早的發現之一就是 IT 營運、資訊安全及開發等部門，能跨越職能屬性的差異，攜手合作，對於企業的成功至關重要。但我也記得，當我第一次看到這些部門朝著不同目標分道揚鑣時，所產生的惡性循環有多麼可怕。

那時是 2006 年，我與管理大型航空預訂服務的外包 IT 營運團隊共事一週。他們向我說起大型年度軟體發布的驚悚惡性循環：每一次發布對外包廠商和客戶來說都是一場可怕夢魘，常常造成巨大混亂和中斷。團隊因服務中斷而面臨 SLA（服務等級協定）的處罰。由於業績不佳、利潤不足，必須裁掉最有才能和經驗豐富的員工。大量未經規劃的工作及災害搶救，讓被留下的員工應接不暇，無力處理懸而未決卻持續暴增的客戶需求。解救公司的重擔將由中層管理職的英雄主義者們共同承擔，而所有人都悲觀地認為這家公司注定在三年內倒閉。

這種毫無希望和白忙一場的無助感，於我而言則暗示了一場思想運動的開端。開發部門總被形容成「戰略組」，而 IT 營運部門則是「實作組」，常常因此被委託或完全外包出去，而最後產品及服務的下場，總會比最初交付的狀態更糟糕混亂。

這麼多年來，在我們之中，很多人都相信這世上一定存在著更好的解決之道。在 2009 年 Velocity Conference 的對談中，說明了一種基礎架構、技術實現和文化規範———也就是如今的 DevOps，其所帶來的驚人成效。我非常興奮，因為 DevOps 明確指出了我們一直以來持續尋找的最佳解。協助推廣這個詞彙，正是我投入撰寫《鳳凰專案：看 IT 部門如何讓公司從谷底翻身的傳奇故事》的個人動機之一。想像一下，當更多社群、更多人們看到這本書，分享它如何幫助他們找到個人的「啊哈！」時刻，這將會是多麼令人感動的回報。

Jez Humble

我個人的 DevOps「啊哈！」時刻，出現在西元 2000 年的一家新創企業，這是我畢業後的第一份工作。有一段時間，我是公司兩位技術人員的其中一人。我什麼都做：架設網路、編寫程式、技術支援、系統管理等等。我們直接從工作站透過 FTP 將軟體部署到實際生產環境。

2004 年，我轉職到一家顧問公司 ThoughtWorks，我的首項任務是負責一個涉及 70 人的專案。我身在一個由 8 位全職工程師組成的團隊，團隊任務是將軟體部署到類生產環境。一開始，工作壓力真的很大。但幾個月後，我們從必須花上兩週時間的手動部署作業，進化到只需要一小時的自動化部署流程，我們可以在正常工時內利用藍綠部署模式（blue-green deployment）在毫秒內切換版本。

這項專案啟發了許多寫作靈感，包括《Continuous Delivery》和這本書。不斷驅動我和在這個領域努力的人們的信念，是無論有什麼外在限制，我們總是可以做得更好，並且幫助身處同一旅程的人們的渴望。

Patrick Debois

對我來說，這就像無數時刻的集大成。2007 年，我與一些敏捷式開發團隊一同處理一個轉移資料中心的專案。我十分羨慕這些人的高效生產力 —— 在極短的時間內完成好多任務的能力。

我的下一份任務是試著在營運部門推廣「看板管理」，並觀察團隊發生何種變化。後來，在 Agile Toronto 2008 大會上，我就此發表了我的 IEEE 論文，但在敏捷式開發社群中並沒有引起廣泛共鳴。我們組織了一個敏捷系統管理小組，但我忽視了人性。

直到我看到 John Allspaw 和 Paul Hammond 在 2009 年 Velocity Conference 上發表「每天 10 次部署」（10 Deploys per Day）演講之後，我確信其他人也以類似的方式思考。所以我決定組織第一個 DevOpsDays，意外地創造出 DevOps 一詞。

這個活動所創造的能量既獨特又充滿渲染力。人們因為 DevOps 改變了他們的生活而感謝我，讓我深刻體會到它的影響力。從那時起，我從未停止推廣 DevOps 的概念。

John Willis

2008 年，第一次見到 Luke Kanies（Puppet Labs 的創辦人）時，我剛剛出售了一家專注於大規模、傳統 IT 營運業務，提供配置管理（configuration management，CM）和監控的顧問公司（Tivoli）。Luke 在 O'Reilly 開源大會上發表了 Puppet Labs 如何實施配置管理的演講。

起初，我只是在會場上閒晃、打發時間，想著：「這個二十幾歲的年輕人能發表什麼高論？」畢竟，我一直為世界上數一數二的企業服務，幫助客戶設計 CM 和其他營運管理方案。然而，在他的演講開始 5 分鐘後，我走到會場第一排，並意識到過去二十年來我所做的一切都是錯的。Luke 那時描述的，正是現在被我稱為第二代 CM 的概念。

當他的演講結束後，我有幸和他坐下來，一起喝杯咖啡。我完全被「基礎設施即程式碼」的概念所吸引。然而，當我們終於喝上一口咖啡，Luke 更進一步向我解釋他的想法。他告訴我，營運人員必須開始像軟體開發人員一樣做事。他們必須將配置保存在版本控制中，並且在工作流程中採用 CI/CD 交付模式。身為一個老鳥 IT 營運人員，當時我的回應應該是：「這個點子在營運人員的圈子中，大概就像齊柏林飛船一樣毫無討論度吧。」（顯然我錯得離譜。）

接著，一年後，在 O'Reilly 的另一場大會 Velocity Conference 上，我聽到 Andrew Clay Shafer 針對敏捷基礎設施發表的演講。在他的簡報中，Andrew 展示了一張經典圖：橫亙在開發人員與營運人員之間的一堵牆，同時隱喻工作像是被拋到牆外一樣。他稱之為「混亂之牆」。他在這場演講所提出的概念應證了 Luke 一年前試圖告訴我的想法。這是我的啟蒙時刻。同一年的晚些時候，我是唯一一位被邀請到比利時根特首場 DevOpsDays 活動的美國人。當活動結束時，被稱之為 DevOps 的東西顯然已流淌在我的血液之中。

關於 DevOps 的迷思

本書的共同作者顯然都有過類似的醍醐灌頂，即便他們來自不同領域及方向。現在有大量證據顯示上述問題幾乎發生在所有地方，而且幾乎普遍適用 DevOps 相關的解決方案。

寫這本書的目標是為了描述如何如法炮製 DevOps 轉型方法，並且消除為何 DevOps 無法適用在特定情境的眾多迷思。以下是一些關於 DevOps 的常見迷思。

迷思——DevOps 只適用於新創企業：雖然 DevOps 的實踐是由 Google、Amazon、Netflix 和 Etsy 等網路世代的網路「獨角獸」公司引領先鋒，但這些公司在各自企業歷史的某個時刻，都曾經因為組織存在問題而面臨倒閉的風險。這些問題在傳統的「馬」型企業也很常見：高風險程式碼發布容易導致災難性故障、無法迅速發布功能以贏過競爭對手、合規性問題、業務無法擴張、開發人員與營運人員之間的高度不信任等等。

然而，這些企業卻可以扭轉頹勢，改變組織架構、技術實踐以及文化，結合 DevOps 的概念，創造非凡的商業成果。正如資訊安全顧問 Dr. Branden Williams 的幽默比喻：「別再執著區分誰是 DevOps 的獨角獸或普通馬匹了，其實只有純種良馬和行將就木的老馬罷了。」[1]

迷思— DevOps 將會取代敏捷式開發（Agile）：DevOps 的原則與實踐可以兼容敏捷式開發，許多人認為 DevOps 合乎情理地延續了自 2001 年起開展的敏捷式開發思維。敏捷式開發通常可以使 DevOps 概念有效發揮，因為敏捷式開發專注以小型團隊模式持續交付高品質的程式碼給客戶。

如果我們能在每次迭代結束時，超越「潛在可交付的程式碼」的基本目標，持續進行工作，使程式碼始終處於可部署的狀態，讓開發人員每天檢查主幹狀態，在類生產環境下演示功能，如此一來，自然會出現許多 DevOps 的實踐。

迷思——DevOps 不兼容於 ITIL：許多人認為 DevOps 是對早在 1989 年出現的 ITIL（Information Technology Infrastructure Library，資訊科技架構函式庫）或 ITSM（IT Service Management，IT 服務管理）精神的強烈反彈。

ITIL 深遠而廣泛地影響了許多代營運相關人員，包括本書其中一位共同作者，而且 ITIL 是一個不斷發展的實踐方法集，旨在彙編收錄如何打造世界級 IT 營運的流程和具體實踐，包含服務策略、架構設計及技術支援。

DevOps 的具體實踐可以被打造得與 ITIL 流程相容。但是，為了達成 DevOps 概念裡更短的交付週期和更高的部署頻率，ITIL 流程的許多面向必須完全自動化，解決與配置和發布管理流程相關的許多問題（例如：讓配置管理資料庫和決定性軟體函式庫保持最新數據）。當服務事件發生時，DevOps 要求快速檢測和回復，因此 ITIL 方法中的服務設計、事件及問題管理等概念，仍與過去一樣重要。

迷思——DevOps 不兼容資訊安全與合規：少了傳統控制手段（例如：職責分離、變更批准流程、當專案結束時的人工安全審查）可能會剝奪資訊安全和合規專業人員的成就感。

儘管如此，這並不代表 DevOps 組織缺乏有效的控制手段。除了專案結束時執行的安全性和合規性檢查之外，控制手段被整合到軟體開發生命週期的每個工作階段，進而提升品質、安全性及合規性。

迷思——DevOps 代表消滅 IT 營運，等同於 "NoOps"：許多人將 DevOps 的存在誤以為是完全消滅 IT 營運部門。然而，事實並非如此。儘管 IT 營運人員的工作內容可能有所改變，其工作重要性仍一如既往。IT 營運人員在軟體生命週期更早地與開發人員攜手合作，而開發人員持續與 IT 營運人員共同作業，直到程式碼被部署到實際生產環境。

DevOps 不是讓 IT 營運人員依照工單需求執行手動工作，而是透過 API 和自助服務平台，提升開發人員的工作效率，這些平台可以創造環境、測試並部署程式碼、監控並顯示生產遙測等等。如此一來，IT 營運變得更像開發部門（同樣適用 QA 測試和資訊安全部門），更能投注心力於產品開發，而產品正是一個平台，讓開發人員用來安全地、快捷地、可靠地進行測試、部署和運行 IT 服務的平台。

迷思——DevOps 不過是「基礎設施即程式碼」或自動化：儘管本書中所展示的許多 DevOps 模式都需要自動化，DevOps 同時也要求文化規範和體系架構，以便在整個 IT 價值流中實現共同目標。這願景遠遠超出了單純的自動化流程。正如技術顧問和 DevOps 最早的紀錄者之一 Christopher Little 曾寫道：「DevOps 不止關於自動化，就像天文學不止關於望遠鏡一樣。」**2**

迷思——**DevOps 只適用於開源軟體**：儘管許多 DevOps 的成功案例都發生在使用諸如 LAMP 技術堆疊（Linux、Apache、MySQL、PHP）等軟體的組織當中，但實踐 DevOps 原則與使用何種技術並無關聯。使用 Microsoft.NET、COBOL 和大型電腦組合語言、SAP，甚至是嵌入式系統（例如 HP LaserJet 韌體）編寫的應用程式也有成功實踐 DevOps 的例子。

散播「啊哈！」時刻

本書每位作者都受到 DevOps 社群中所發生的驚人創新及美妙成果的啟發：他們正在創造安全的工作系統，使小團隊能夠快速、獨立地開發並驗證可安全部署的程式碼。我們相信 DevOps 的核心理念是建立一種動態的、持續學習的組織，這些組織不斷強化高度信任的文化規範。不可否認的是，這些組織將持續在市場中創新並取得勝利。

我們真誠地希望《The DevOps Handbook》以不同的方式為許多人提供寶貴資源：

- 它是一本規劃和執行 DevOps 轉型的指南手冊。

- 一組值得研究和學習的案例報告。

- 一本關於 DevOps 歷史的編年史。

- 同時也是一種策略手段，聯合產品所有者、架構人員、開發人員、QA、IT 營運人員和資訊安全人員，協同合作以實現共同目標的方法。

- 這本書可以幫助 DevOps 計畫獲得最高層級的領導階層支持，還可以作為一種道德勸說的論述，改變我們管理科技組織的方式，藉以提高效能及效率，同時促進一個更快樂、更人性化的工作環境，鼓勵所有人終身學習 —— 這不僅有助於每個人的自我實現，還能幫助他們身後的組織取得勝利。

導論

當開發（Dev）和營運（Ops）成為 DevOps

想像一下，如果某個世界上的產品所有者、開發人員、QA，IT 營運人員和資訊安全人員一起協同合作，這不止是為了幫助彼此，更是齊心為了讓企業組織取得商業上的成功而努力。有了這個共同努力的目標，各部門人員一同實現讓工作計畫快速投入生產的快捷流程（例如：每天產出數十、數百、甚至數以千計的程式碼部署），同時達成一流的穩定性、可靠性、可用性和安全性。

在這個世界上，跨職能團隊嚴格檢驗各種假說，找出哪一個功能最能令使用者滿意，繼而達成企業目標。他們在乎的不止是推出各種使用者功能，還要積極地確保工作流程在整體價值流中維持順暢無阻且密集頻繁的流動，極力排除混亂與中斷，避免造成 IT 營運部門或任何內外部客戶的困擾。

同一時間，QA、IT 營運及資安人員始終致力於減少團隊分歧，建立一個使開發人員更具生產力的工作系統，取得更佳工作成果。藉由把 QA、IT 營運及資安部門的專業能力注入交付團隊、自動化的自助服務工具和平台之中，每一個團隊都能在日常工作中靈活運用這些專業能力，而不需要依賴其他團隊。

這讓企業組織得以建立一個安全的工作系統，小型團隊可以快速並獨立地開發、測試和部署程式碼，快速、安全、可靠地將價值傳遞給客戶。這也讓開發人員的生產力達到最大化，同時促進內部學習、提高員工滿意度，並且在市場中佔有一席之地。

這些正是 DevOps 所締造的非凡成果。對大多數人來說，上文所描述的世界並非真實情況。我們更有可能在一個破爛的系統中工作，只能產生糟糕透頂的結果，而且完全無法展現我們的真正潛能。在我們的世界中，開發人員和 IT 營運人員永遠站在對立面，測試工作和資安活動只會發生在專案收尾的時候，想要解決問題卻總是為時已晚。而且幾乎所有關鍵活動都要求過多手動作業和過多交接，導致我們總是在等待。這不僅嚴重推遲交付時間，還會影響工作品質，特別是生產部署的工作，其產生的問題往往會製造混亂，最後對客戶和業務造成負面影響。

最終，我們無法實現當初設定的目標，整個企業組織對於 IT 人員的績效不甚滿意，導致預算被砍，員工士氣低落不振，無力改變這樣的工作流程和結果 *。有沒有解決之道？改變工作方式勢在必行：DevOps 為我們指出一條明路。

為了充分體會 DevOps 革命的各種潛能，我們先來回顧一下 1980 年代的精實革命。實施精實原則和做法的製造業者，明顯地提高工廠生產力、降低從生產端到客戶所需的時間，提高產品品質及客戶滿意度，在商業市場中拔得頭籌。

在精實革命之前，製造工廠的平均接收訂單前置時間（order lead time）為 6 週，不到七成的訂單能夠準時出貨。到了 2005 年，隨著精實生產原則被廣泛實施，平均產品前置時間大幅縮短為不到 3 週，而且超過 95% 的訂單可以準時出貨。[1] 沒有採用精實生產原則的企業組織喪失市場競爭力，甚至有很多企業倒閉破產。

同樣地，科技產品和服務的交付門檻也提高了。過去幾十年來還算過得去的產品與服務，以現在的眼光看來早已遠遠不夠格。在過去四十年中，策略性商業化功能的開發和部署工作所需要的時間與成本都逐年大幅下降。在 1970 和 1980 年代，許多功能需要花上一到五年開發部署，而且通常耗資數千萬美元。

到了 21 世紀，科技不斷進步，再加上企業組織響應採用敏捷式開發原則，僅需幾週或幾個月的時間就能完成新功能開發，開發時間成本大幅度降低，但是部署到實際生產環境依然需要數週或數月，且時常伴隨著災難性後果。

---

* 這是典型 IT 企業組織中相當常見的問題之一。

到了 2010 年，人們開始接觸 DevOps 的概念，加上硬體、軟體和全面商品化的雲端服務，產品功能（甚至是整個新創企業）可以在幾週之內迅速到位，並在幾小時或幾分鐘內快速部署到生產環境。對這些組織來說，部署作業終於變成低風險的例行工作。這些組織可以針對商業創意進行實驗，找出哪些點子能為客戶和整個企業組織創造最大的商業價值，然後進一步開發成各種功能，快速且安全地部署到生產環境。

表 0.1：更快速、低廉且低風險的軟體交付發展趨勢

	1970 ～ 1980 年代	1990 年代	2000 年代至今
世代	大型電腦	客戶端／服務端	商品化與雲端服務
代表性技術	COBOL、DB2 on MVS 等	C++、Oracle、Solaris 等	Java、MySQL、Red Hat、Ruby on Rails、PHP 等
週期	1 ～ 5 年	3 ～ 12 個月	2 ～ 12 週
成本	數百萬至數億美元	數十萬至數千萬美元	數萬至數百萬美元
風險層級	整個公司	生產線或某部門	產品功能
失敗成本	公司破產、出售、大量裁員	虧損、更換首席資訊長	微不可計

（資料來源：2013 年 11 月，Adrian Cockcroft 於美國加州 FlowCon 的演講內容：
「Velocity and Volume (or Speed Wins)」）

到了今日，採用 DevOps 實踐原則的企業組織通常每一天會進行數以百計，甚至是數以千計的程式碼部署。在需要儘速上市和不斷實驗才能取得競爭優勢的時代，無法複製這些成果的企業組織，註定會在市場競爭中輸給更加靈活的對手，而且可能因此一蹶不振，就像過去那些不曾採用精實開發原則的製造業者一樣。

不論身處哪一個產業，我們吸引客戶並傳遞價值的方式都必須仰賴科技價值流。奇異公司首席執行長 Jeffrey Immelt 一語中的：「任何產業、任何公司，如果沒有讓軟體成為業務核心的一部分，那麼他們注定自食其果。」[2] 又如微軟技術院士 Jeffery Snover 所言：「過去的經濟年代，企業靠著移動原子來創造價值。現在的公司改靠位元（bit）來創造商業價值。」[3]

這個課題的嚴重性不容小覷，不論哪個行業、不論什麼規模、營利或非營利，它都影響了所有組織。管理和執行技術工作的方式比起以往的任何時候，還要能夠預測出企業組織是否可以在市場上取得勝利、以及其能否存續。在很多情況下，現在的我們必須採用的原則與做法，已經迴異於過去幾十年來曾成功實踐的原則與做法（參見附錄 1）。

現在，我們已經認識到問題的急迫性，而 DevOps 可以提供解決之道。讓我們再花上一些時間，更詳細地探討這個問題的症狀：為什麼這問題會發生，以及為什麼在沒有強力干預的情況下，問題仍會隨著時間推移逐漸惡化。

難題：組織中的某項內容應當被改善（否則你也不會讀這本書）

許多組織沒有辦法在幾分鐘內或幾小時內將某個變更部署到生產環境，必須花上數週或數月時間。這些組織也無力每天部署數以百計或數以千計的變更到生產環境中。相反的，他們甚至很難每月或每季定期進行部署。對他們而言，生產部署絕非例行公事，這可能會帶來中斷危機，而且需要調度「英雄」花費大量時間進行災情搶救。

在這個講求讓產品快速進入市場、高級的服務水準、不斷進行試驗才能獲得競爭優勢的時代，上述這些組織很容易落入競爭劣勢。主要原因就在於其無力解決在技術組織內長期存在的核心矛盾。

長期的核心矛盾

幾乎所有的技術組織內，開發部門與 IT 營運部門往往存在一種與生俱來的矛盾，這容易產生惡性循環，造成許多負面影響，例如推遲新產品或新功能實際上市的時間（Time-to-Market）、產品或服務品質低落、服務中斷的機率提升，還有最惡劣的結果 —— 堆積如山的技術債。

「技術債」（Technical Debt）一詞由 Ward Cunningham 首先提出。與金融債務的概念相仿，技術債被定義為：「我們作出的決策，其所導致的問題是如何隨著時間推移變得越發難以解決，使得未來可用的選項不斷減少。」儘管人們始終理性斟酌以進行決策，技術債的產生仍然無法避免。

造成技術債的一項因素正是致使開發與 IT 營運相互競爭的目標。技術組織負責許多任務，其中包括以下兩項必須同時追求的目標：

- 回應快速變化的市場競爭。

- 向客戶提供穩定、可靠且安全的服務。

通常，開發人員負責迅速回應市場變化，盡可能快速地將功能與變更部署到生產環境。IT 營運人員則負責向客戶提供穩定、可靠且安全的 IT 服務，讓任何人都難以或無法導入可能危及生產的變更。這樣的職責設置，導致開發部門和 IT 營運部門有著截然不同的目標和工作誘因。

製造業管理運動發起人之一的 Eliyahu M. Goldratt 博士，將這類職責設置形容為「長期的核心矛盾」── 不同組織角色的評量標準和工作誘因相互牽制，阻礙了組織整體發展的目標。**4** *

這種矛盾會產生強大的惡性循環，導致技術組織對內對外都無法達成預期的商業表現。這些長期的矛盾衝突常常讓技術人員陷入困境，導致低劣的軟體及服務品質、客戶評價下滑，最終讓隨機應變調度「英雄」進行災害搶救這件事，成為了每日工作的一部份，這一切對於產品管理、開發、QA、IT 營運或資安部門都稀鬆平常（參見附錄 2）。

分為三幕的惡性循環

IT 產業的惡性循環由三幕組成，想必多數科技從業人員都不陌生。第一幕發生在 IT 營運部門，工作目標著眼於應用程式和基礎設施的正常運行，確保組織能向客戶傳遞價值。日常工作出現的許多問題，都是因為應用程式和基礎設施的架構複雜、紀錄不清、異常脆弱。這就是與技術債和變通辦法共處的日常，人們永

---

* 在製造業中，也存在類似的長期核心矛盾：必須同時保證準時交貨和成本控制的需求。附錄 2 會說明如何解決這個矛盾。

遠在承諾：「只要多給我們一點時間，保證能解決混亂。」然而，這個時間點卻永遠不會到來。

令人擔憂的是，最不堪一擊的環節正是目前支撐起整個營收系統或重要專案的關鍵角色。換句話說，最容易發生故障的系統，正是最為重要且迫切需要變更的一環。當這些變更失敗時，將會損害我們最重視的企業承諾，例如：產品供應、營收目標、客戶資料安全性、正確的財務報告等等。

當有人需要站出來，為無法履行的企業承諾負責時，惡性循環的第二幕就開始了。這個人可能是一名產品經理，承諾令客戶眼睛為之一亮的大膽功能，或者是一位商業主管，承諾更高的營業收入。他們忘記了目前技術能力範圍、或者忽略某些因素使他們與早前的承諾失之交臂，然後，他們選擇讓技術組織兌現這個新的承諾。

因此，開發部門被賦予另一項緊急專案，不可避免地需要解決新的技術挑戰，趕工抄捷徑以便滿足承諾的發布日期，進一步加重了技術債。當然，別忘了還有「只要給我們更多時間，保證修復任何問題」的承諾。

第三幕的舞台就這樣建構完成，這也是最後的一幕，在這裡，所有事情逐漸變得更加困難。每個人都變得更忙、需要更多時間完成工作，溝通協調變得更慢，任務清單變得更長。每個人的工作變得密不可分，這讓每一個小小的行動都有可能導致巨大的失敗，我們益發害怕做出改變。工作需要更多的溝通、協調和批准；團隊必須等上更久才能完成相關工作；工作品質越來越差。驅動組織的車輪轉得越來越慢，需要花上更多力氣才能繼續運轉（參見附錄 3）。

雖然這個惡性循環在當下難以想見，但是「當局者迷，旁觀者清」。退一步來看，我們可以發現程式碼的生產部署作業需要花上更久時間，從數分鐘內到數小時、從數天到數週才能完成。更糟的是，部署結果可能充滿問題，導致更大的負面影響，造成服務中斷或使用者體驗不佳，讓營運部門迫切需要調度更多「英雄」投入災害搶救，進而剝奪了償還技術債的可能性。

結果，產品交付的週期越來越長，能夠投入的專案越來越少，而且做法越來越保守。意見回饋對於每個人工作的評價是：越來越慢、越來越負面——尤其是來自客戶的意見。無論我們做了什麼嘗試，事情似乎只往更糟的方向走 —— 無法快速回應不斷變化的競爭格局，也無力為客戶提供穩定可靠的服務。最後，我們只能向市場投降。

這種惡性循環層出不窮，一次次的經驗讓我們終於體悟：一旦 IT 失敗，整個組織都會遭殃。正如 Steven J. Spear 在著作《The High-Velocity Edge》中所述：無論傷害「像慢性疾病一樣緩緩蔓延」或是「像一場烈火熊熊燃燒」，對於組織的破壞力都非同小可。[5]

為什麼這類惡性循環隨處可見？

過去十年來，本書的作者們不斷目睹這種破壞力驚人的惡性循環發生在無數各形各色的組織中。我們比以往任何時候，都更清楚為什麼會發生這種惡性循環，以及為什麼需要 DevOps 來緩解這種情況。首先，如前文所述，任何一間技術組織都有兩個完全相反的目標。其次，任何一間公司，骨子裡都是科技公司，無論它們是否體認這一事實。

資深軟體主管兼 DevOps 最早的紀錄者之一 Christopher Little 曾說過：「每一間公司都是科技公司，不管它們認為自己身處哪種產業。銀行其實是一間擁有銀行執照的 IT 公司。」[6] * 為了更具有說服力，請仔細想想，是否絕大多數資本專案計畫都必須仰賴 IT 技術？俗話說：「幾乎不可能做出一個不涉及任何 IT 變更的商業決策。」

在商業和金融產業中，專案計畫之所以至關重要，因為它們正是組織內部改革的主要機制。專案計畫通常由管理高層負責批准、提撥預算，並為成效負責。因此，無論最後成功或失敗，專案計畫是實現組織目標和願望的機制。†

專案計畫通常以資本支出（例如：工廠、設備和大型專案等預期需要數年才能回收成本的支出，將予以資本化）的形式獲得資助，其中有 50％的專案內容與科技相關。即使是科技相關支出最低的「低科技」產業中同樣如此，諸如能源、金

---

* 2013 年，HSBC 銀行雇用的軟體工程師比 Google 多。[7]

† 關於軟體究竟應該以「專案計畫」或「產品」的形式獲得資助，讓我們先留個懸念，留待後文討論。

屬、資源開採、汽車和建築業。**8** 換句話說，企業領袖比想像中更仰賴 IT 科技的有效管理來實現他們所設立的目標。*

代價：人性與經濟層面

久而久之，當人們被困在這種惡性循環中，尤其是處於開發下游環節的人們，他們常常會覺得陷在一種註定失敗的體系當中，而且無力改變任何結果。伴隨這種無力感而來的是倦怠，夾雜了疲憊、憤恨，甚至是無助與絕望的感受。

許多心理學家直言，建立令人感到無能為力的體系是對人類同胞最具毀滅性的事情之一。我們剝奪了其他人掌控自己結果的能力，甚至創造出一種文化 —— 因為害怕受到懲罰、害怕失敗，或者危及生計，人們不再敢勇於做正確的事情。這可能產生「習得性無助」，讓人們變得不願意或無法正確地避免同樣問題再次發生。

對員工而言，這意味著高工時、週末加班及生活品質的下降，這不只是影響員工本身，也影響到員工的家庭和朋友。所以，優質人才的會流失絕非偶然（除了那些因為責任感或義務感而覺得無法離開的人們）。

除了現有工作方式所帶來的苦難之外，我們曾有機會能夠創造出的價值，其機會成本是非常驚人的——我們認為每年損失大約 2.6 兆美元的價值創造，等同於本書撰寫時世界第六大經濟體：法國，其一年的經濟產出。

看看這項統計：國際數據資訊（IDC）和顧能公司（Gartner）預估，在 2011 年，約 5% 的全球國內生產總額（3.1 兆美元）用於資訊科技（硬體、服務與電信）。**10** 假如 3.1 兆美元的 50% 用在營運成本和維護現有系統，其中這 50% 的三分之一被用在緊急突發和非預期的工作或重工（rework），那麼就有 520 億美元被白白浪費掉。

---

* 舉例來說，Vernon Richardson 博士及同事發表了此一驚人發現。他們研究了 184 家上市公司的財務報表，並將這些公司分為三類：（A）在資訊科技方面存在重大缺陷的公司、（B）不存在與資訊科技相關缺陷的公司，以及（C）不存在任何缺陷的「完美企業」。研究發現，A 類企業的 CEO 替換率比 C 類企業高出 8 倍，而 CFO 替換率也高出 4 倍。顯然，資訊科技比我們所認為的還要重要。**9**

如果採用 DevOps 可以幫助我們利用最佳化的管理及營運方式,將這種浪費減半,並將人力資源重新部署到產生 5 倍(這數字並非空口白話)價值的工作上,則每年可以創造 2.6 兆美元的價值。

DevOps 的使命:有一個更好的方式

上述章節闡述了長期的核心矛盾而產生的現況問題及後續影響,從無力達成組織目標,到對其他人類同胞造成的傷害等等。DevOps 能夠解決種種問題的驚人成效,讓我們能夠同時提高組織績效,實現各個職能技術角色(如開發、QA、IT 營運和資安部門等)的目標,並且改善人類現況。

這種令人振奮且罕見的可能性,解釋了為什麼 DevOps 在極短時間內就得到如此多人興奮和熱情的響應,包括科技領袖、工程師以及大多數軟體生態系統的一份子。

以 DevOps 打破惡性循環

理想情況下,小型開發團隊獨立地進行功能實作,在類生產環境中驗證可行性,並快速、安全且可靠地將程式碼部署到實際環境。程式碼部署變成例行且可預期的常規作業。程式碼的部署作業不再是從週五半夜開始,花上整個週末才能完成,而是發生在正常工作日,每一位成員都在辦公室時就能如期完成,而客戶甚至不會注意到,除非是推出新功能或錯誤修正。而且,在週間完成程式碼部署也意味著,IT 營運團隊終於能夠第一次在正常營業時間內進行工作,就像其他人一樣。

透過在工作流程的每一個階段建立快速的回饋迴路(feedback loop),所有人都可以立即見證行動所帶來的效果。無論何時將變更提交到版本控制系統,都能在類生產環境中進行快速的自動化測試,確保程式碼和環境依照設計初衷運行,並始終處於安全且可部署的狀態。

自動化測試可以幫助開發人員快速發現錯誤(通常在幾分鐘內),迅速進行錯誤修復並且促成真正的「從錯誤中學習」—— 在六個月後的整合測試時才發現程式碼出錯,對於學習毫無助益,因為這時對於程式碼的記憶和錯誤發生的因果關係早已被拋到腦後。正確的做法是在發現問題時立刻著手修復,而不是不斷累積技術債,當全域(global)目標比區域(local)目標更為重要時,則動員整個組織一同投入。

在程式碼和生產環境中無所不在的生產遙測,可以快速偵測問題並進行校正,確保一切如常進行,客戶可以從我們所創造的軟體中獲得價值。

在這種情況下,所有人都能感受高效的生產力 —— 這種工作體系允許一個個小團隊進行安全工作,這些團隊透過自助服務平台,善用營運和資訊安全的集體經驗,在工作架構上與其他團隊的工作脫鉤。所有人不再需要等了又等,只為了處理大量被延遲的急件工作,每個團隊能夠以小批次的形式獨立工作,迅速且頻繁地為客戶提供新的價值。

即使是備受矚目的重大產品和功能發布,也能透過「暗度發布」(Dark Launching)♥ 而變成例行常規。早在正式的發布日期之前,我們就將新功能所需的程式碼投入生產環境(真實環境),除了內部員工和小型真實使用者群之外,沒有人會發現變化。這種發布方式讓我們可以測試與持續改善該功能,直到達到預期的商業目標。

我們不再需要日以繼夜地花上長達數週的時間準備功能上線。現在只需要變更功能的切換或配置,新功能就會正常運作。這樣小小的變更,就能讓新功能出現在更大的客戶群體中。萬一出現問題,它還能自動回滾至前一版本。因此,版本發布重新回到我們掌握之中,它可以被預期、被回溯、而且負擔較小。

這不止代表功能發布更為平穩 —— 當各種可能發生的問題更小、代價更少而且更易於修復時,它們更容易被及早發現與修復。每一次的修復活動所產生的心得與收穫,可以幫助我們遏止問題再度發生,並在未來更迅速地偵測及導正類似問題。

除此之外,每個人都在不斷地學習,共同打造一種由假設驅動的工作文化。在這種工作文化中,科學方法被用來確保沒有任何事情是理所當然的 —— 必須以嚴謹的實驗態度進行開發與流程改進。

♥ 「暗度發布」(Dark Launch)是 DevOps 文化的獨創詞彙,意思為以不被客戶注意的方式發布新功能或修復錯誤。

因為所有人的時間都該被重視，我們不會白白花費數年開發客戶不需要的功能、部署毫無作用的程式碼，或是在根本不是問題癥結的地方糾結不已。因為我們在乎目標的達成，所以建立了負責履行目標任務的長期團隊。不再是在每個版本發布之後將開發人員再次打散、重新分配到專案團隊，對開發人員工作的回饋意見視而不見。相反地，我們保障專案團隊的完整性，讓原班人馬繼續著手迭代和改善，善用這些工作帶來的收穫，更好地實現計畫目標。這對協助外部客戶解決問題的產品團隊，以及幫助其他團隊提升工作效率、安全性及可靠性的內部平台團隊來說，情況也是如此。

我們沒有戒慎恐懼的文化，而是擁有一種高度信任、協同合作的工作文化，人們因為勇於冒險而得到獎勵。沐浴在這種工作文化的人們將無所畏懼地談論問題，而不會對問題三緘其口或視而不見 —— 畢竟，我們必須要正視問題，才能解決問題。

而且，每個人都能夠完全掌握自己的工作品質，在日常工作中建立自動化測試流程，利用同儕評閱（peer review）來確保問題在影響客戶之前就能獲得解決。這一連串流程可以降低風險，不需要來自遙遠高層的批准，我們就能快速、可靠且安全地傳遞價值 —— 甚至向抱持懷疑態度的監察單位證明，我們具備一個有效的內部控管機制。

當問題發生時，我們會採行一種「不怪罪任何人的事後驗證」（blameless post-mortems），目的不在於找出罪魁禍首，而是為了釐清問題背後的原因研擬預防對策。這種方式提升了員工的學習風氣，我們可以舉辦內部技術會議互相砥礪，磨練技能，讓每個人教學相長。

由於我們相當重視品質，為了預測系統的失敗，我們甚至會刻意將錯誤注入生產環境中進行實驗。在生產環境中進行計劃性演練，模擬大規模故障、隨機殺死程序或運算伺服器、故意造成網路延遲以及其他惡意行為，好讓程式碼更具韌性，能夠從錯誤或失誤中快速復原。因此，我們可以造就更卓越的組織韌性、促進組織學習和改善。

在這個世界上，每個人對自己的工作擁有掌控權，無論在科技組織中的角色為何，他們都相信自己的工作很重要，能夠為組織目標做出有意義的貢獻，這件事可以從低壓力的工作環境和所在組織的商業成功加以證明。而所謂證明正是，該企業組織確實在市場上取得非凡勝利。

DevOps 的商業價值

我們手上握有證明 DevOps 具有商業價值的決定性證據。從 2013 ～ 2016 年，身為 Puppet Labs 的《State of DevOps Reports》的一份子，本書作者 Nicole Forsgren、Jez Humble 和 Gene Kim 蒐集了來自 25,000 多名科技專業人士的資料，試著了解在採用 DevOps 之後，企業組織在每一階段的健全程度和工作習慣。[*]

這份研究資料帶來的第一份驚喜是採用 DevOps 工作方式的高效能組織，在以下領域的績效表現遠遠勝過其他企業組織：[11]

- 生產量指標
  - 程式碼與變更的部署次數（更頻繁 30 倍）。
  - 程式碼與變更的部署的發布時長（更快 200 倍）。

- 可靠性指標
  - 生產部署（變更成功率更高出 60 倍）。
  - 恢復服務所花費時間的中位數（更快 168 倍）。

- 組織績效指標
  - 生產力、市場佔有率、目標利潤（有 2 倍可能性超越）。
  - 市值成長（三年內成長 50％以上）。

換句話說，高效能組織變得更敏捷、更可靠，研究實證顯示 DevOps 能幫助我們打破長期的核心矛盾。高效能組織部署程式碼的次數多了 30 倍，從「提交程式碼」到「成功在生產環境中運行」所需的時間快了 200 倍 —— 高效能組織的交付週期以分鐘或小時計算，而低效能組織的交付週期卻是動輒數週、數月，甚至以季度計算。

此外，高效能組織達成甚至超越目標利潤、市值成長和生產目標的可能性多了兩倍。而且，在會發放股票給員工的組織中，我們發現高效能組織在三年內市值成長率會超過 50％。這些組織內員工對工作的滿意度更高、職業倦怠率更低，

---

[*] 《State of DevOps Reports》每一年都會發表相關研究結果。此外，2013-2018 年度報告的關鍵發現也被收錄於《ACCELERATE：精益軟體與 DevOps 背後的科學》一書。

而且更樂意向親友推薦他們所在的公司是一間優質工作場域，其可能性多了 2.2 倍。[†] 高效能組織的資訊安全維護成果也更為卓越，將安全目標整合到開發和營運流程的每一階段，處理安全問題的時間可以降低 50%。

DevOps 規模化開發人員的生產力

當我們增加開發人員的數量時，通常會因為工作上的溝通、整合和測試，導致每一位開發人員的生產力明顯地降低。

Freferick Brook 的經典著作《人月神話：軟體專案管理之道》（The Mythical Man-Month）中特別強調了這個狀況。他解釋：當專案計畫的進度落後時，增加更多開發人力不僅會降低開發人員的個人工作效率，更會削弱整體生產力。[13]

另一方面，DevOps 告訴我們，當具備正確架構、正確的技術實踐和正確的文化規範時，小型開發團隊能夠快速、安全、獨立地進行開發、整合、測試和部署變更到生產環境中。

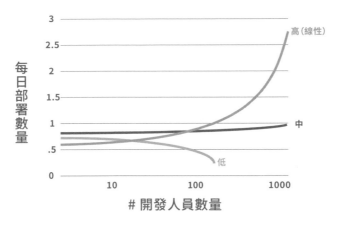

圖 0.1　每日部署數量 vs. 開發人員數量

僅計入每日部署至少 1 次的組織。

（資料來源：Puppet Labs, 2015 *State of DevOps Report*）

---

† 依照員工淨推薦人值（eNPS）衡量。這是一項顯著發現，因為研究顯示「擁有高度員工參與度的公司，其收入成長是低員工參與度的公司的 2.5 倍。從 1997 ～ 2011 年間，工作環境信任度較高的公司，其（公開交易）股票表現優於市場指數 3 倍。[12]

正如前任 Google 工程總監，現任 eBay 工程 VP 的 Randy Shoup 觀察到的，採用 DevOps 的大型組織「擁有數千名開發人員，但組織架構和實踐方法讓小型團隊仍然具有難以置信的高度生產力，就像剛剛起步的新創企業一樣。」[14]

《2015 State of DevOps Report》不僅檢驗「每日部署量」，也一併將「每開發人員每日部署量」列為觀察要點。該研究報告假設：隨著團隊規模擴大，高效能組織有能力將部署數量規模化。[15]

的確，這個假設可以從資料中得到驗證。圖 0.1 顯示，在低效能組織中，每位開發人員的每日部署量隨著團隊規模擴大而下降，在中效能組織中維持不變，而對於高效能組織來說，數據則以線性成長。換句話說，採用 DevOps 的企業組織有辦法在增加開發人員數量的同時，讓部署數量線性成長，比如：Google、Amazon 和 Netflix。[*]

解決方案的普遍適用性

精實生產運動中最具影響力的書籍之一是 Eliyahu M. Goldratt 博士撰寫於 1984 年的《目標：持續改進的過程》。它的影響力遍及全世界，深深影響了整個世代的專業工廠經理。這是一本關於一位工廠經理的小說，他必須在 90 天內解決成本和產品交貨等經營問題，否則他的工廠將面臨倒閉。

在職業生涯後期，Goldratt 博士提到了關於《目標》一書的讀者來信。這些信上通常寫道：「你顯然隱身於我們的工廠之中，因為你正確無誤地描述了我（身為工廠經理）的生活……」更重要的是，這些來信顯示人們有能力在自己的工作環境中，如法炮製書上所描述的績效突破。

《鳳凰專案》由 Gene Kim、Kevin Behr 和 George Spafford 於 2013 年撰寫，是一本以《目標》為原型的小說。這本書的主角是一位 IT 經理，他面臨在技術組織中普遍存在的所有典型問題：一份嚴重超出預算、進度大幅落後的專案，必須盡快進入市場才能維持公司生計。他經歷了多災多難的部署作業，必須解決可用性、安全性和合規性問題等等。

---

[*]　Amazon 是一個更加極端的例子。在 2011 年，Amazon 每日進行將近 7,000 次部署。到了 2015 年，每天部署數量來到 130,000 次。

最終，這位 IT 經理和他的團隊採用了 DevOps 原則和做法，克服重重困難，幫助組織在市場中贏得勝利。除此之外，這本小說還顯示了 DevOps 文化如何在過程中吸引更多人一同參與，創造出壓力更低、滿意度更高的團隊工作環境。

與《目標》一書一樣，大量證據顯示《鳳凰專案》所描述的問題和解決方案具有無可否認的普遍性。看看這些在 Amazon 評論的句子：「我可以和《鳳凰專案》的許多角色產生共鳴⋯⋯在我的職業生涯中也遇到多數工作困境與難題。」、「如果你曾經做過任何 IT、DevOps 或資安相關工作，你絕對會對這本書心有戚戚焉」、或者「《鳳凰專案》書中出現的所有角色，沒有一個角色無法對應到自己身上或真實生活周遭的人物⋯⋯更不用說這些角色要面臨和克服的種種問題。」

《The DevOps Handbook》：不可或缺的指導手冊

在本書的餘下內容，我們將會介紹如何如法炮製《鳳凰專案》中的轉型活動，並提供許多案例研究，了解其他組織如何使用 DevOps 原則和實踐做法來複製這些結果。

《The DevOps Handbook》將為你提供成功啟動 DevOps 計畫並實現預期結果所需的理論基礎、原則與實踐方法。這本指導手冊的完成，基於數十年來的管理學理論、關於高效能科技組織的研究、幫助組織轉型的工作、以及驗證 DevOps 工作方式之有效性的調查研究，再加上訪談無數位與主題相關的專家名士，以及在 DevOps Enterprise Summit 上提出的近百份案例研究之分析。

本書分為六個部分，以「三步工作法」哲學闡述 DevOps 理論和原則。「三步工作法」是《鳳凰專案》基礎理論的實作哲學。《The DevOps Handbook》適合所有位於技術價值流（通常包括產品管理、開發、QA、IT 營運和資訊安全）的從業人員，以及發起大多數 IT 計畫的業務及行銷主管。

不需要深入了解對 DevOps、敏捷式開發、ITIL、精實生產或流程改善，你就能輕鬆閱讀這本書。這些主題將在必要時於書中介紹並詳細說明。

本書目的是針對每一個領域的關鍵概念建立知識架構，既可以作為入門讀物，還能幫助從業者學習如何在整個 IT 價值流中，以共通的語言與人進行合作，制定共同工作目標。

對於越來越仰賴技術組織來實現企業目標的商業領袖和利益相關者來說，本書也是不可錯過的優質讀物。

此外，本書當然也適合那些所在組織可能沒有遇到本書描述的所有問題的讀者（例如：漫長的部署前置時間或痛苦磨人的部署作業）。即使是這類幸運的讀者，也能藉由掌握 DevOps 原則而受益匪淺，尤其是與共享目標、意見回饋和持續學習相關的原則。

在第一部分中，我們簡單介紹了 DevOps 的歷史由來，並敘述由橫跨數十年的相關知識體系而積累的基礎理論和關鍵主題。然後，我們介紹「三步工作法」的大方向原則：工作流、回饋循環、持續學習與實驗。

第二部分描述該從何處下手、該如何開始，並提出了諸如價值流、組織設計原則和模式、組織採用模式等概念與案例研究。

第三部分講述如何為部署流水線建立堅實的基礎來加速「工作流」：實現快速有效的自動化測試、持續整合、持續交付，追求以低風險的方式進行發佈。

第四部分著重討論如何加速及強化「回饋循環」，透過有效的生產遙測來偵測並解決問題，更準確地預測問題並實現目標，啟動回饋機制，讓開發人員和營運人員可以安全地部署變更，將 A/B 測試整合到日常工作當中，建立評閱和協調機制來提昇工作品質。

第五部分則描述如何藉由建立公正的文化，擴大「持續學習」的影響力，將區域發現轉化為全域改善目標，同時適當分配工作時間，鼓勵組織學習探索，進行改善活動。

最後，第六部分描述將安全性和合規性整合到日常工作的適切做法。諸如，將預防性安全控制整合到共享原始碼庫和服務中、將安全性整合到部署流水線中、強化遙測功能以便更快偵測錯誤和復原、維護部署流水線，以及達成變更管理的目標。

將這些實踐作做法錄下來，我們希望能激發更多組織採用 DevOps 工作方式，提高 DevOps 計劃的成功機率，鼓勵更多人群起響應，提升邁向 DevOps 轉型的先決動能。

Part I

三步工作法

PART I：導論

本書的第一部分內容將探討管理與科技領域中奠定 DevOps 發展的幾個重要思潮運動。我們會介紹價值流，而 DevOps 是將精實原則（Lean principle）應用到科技價值流的成果，以及「三步工作法」：暢流、回饋、持續學習與實驗。

這些章節中的主要重點涵蓋：

- 「暢流」原則：讓工作順暢地從開發移動至營運，最後交付到客戶手上。
- 「回饋」原則：建立更安全的工作機制。
- 「持續學習與實驗」原則：促進高度信任的團隊文化，鼓勵組織成員透過科學方法，將改善與風險嘗試化為日常工作。

歷史回顧

DevOps 及其技術實現、架構方法和文化實踐，融合了許多哲學思潮和管理運動。儘管不少組織或多或少都發揚或應用了這些 DevOps 原則，但是正確認知到「DevOps 的發展承自許多過去的思潮運動」這個概念，John Willis（本書共同作者之一）將這個現象稱之為「開發（Dev）和營運（Ops）的交匯」，可以幫助我們進一步深度思考，連結看似不合理的事物。過去的製造產業、高效能組織、高度信任管理模型等等，累積了數十年的經驗與洞見，形塑出今日我們所看到的 DevOps 實踐。

DevOps 是將製造業和領導力這兩個領域中，最值得信賴的原則應用到 IT 價值流的成果。精實原則、約束理論、豐田生產系統、韌性工程、學習型組織、安全文化、人性因素等知識體系，塑造了 DevOps 的理論基礎。DevOps 也一併汲取了高度信任的管理文化、僕人式領導和組織變革管理等主張。

DevOps 的輝煌成果是以更低成本和心力創造出世界一流的品質、可靠性、穩定性和安全性；加速整個科技價值流（包括產品管理、開發、QA、IT 營運和資安部門）的運作步調，提升組織可靠性。

雖然 DevOps 的理論基礎被視為源自精實原則、約束理論和豐田形學，但也有許多人認為，DevOps 是 2001 年出現的敏捷式軟體開發方法之延伸。

精實（Lean）運動

1980 年代，豐田生產系統（Toyota Production System）提出並制定了價值流程圖、和全面生產維護等技術。1997 年，Lean Enterprise Institute 開始研究其他價值流（如服務業和醫療產業）如何應用精實原則。

精實的兩個核心管理原則包括，深信**製造前置時間**（將原料轉化為成品的所需時間）是產品品質、客戶滿意度和員工幸福感的最佳預測指標。小批量生產的工作規模是讓產品交貨期縮短的最佳預測指標之一。

精實原則以系統性思考為客戶創造價值，透過設定明確生產目標、擁抱科學思考模式、創造工作流和拉式生產（有別於根據目標績效的「推式生產」）、從生產流程源頭開始確保品質、謙虛領導，以及尊重每個人等具體做法。

敏捷宣言

敏捷式宣言於 2001 年的一場受邀活動中發起，由「輕量級開發方法」的 17 位領域專家共同倡議。有別於重量級的軟體開發流程（如瀑布式開發）和統一軟體開發過程（Rational Unified Process）等軟體工程方法，他們提倡建立一組輕量級的開發方法、價值體系和開發原則。

敏捷開發的關鍵原則是：「經常交付可用的軟體，頻率可以從數週到數個月，以較短時間間隔為佳。」[1] 這種開發方式追求小批次、疊加式的版本，而不是超大型版本發布。其他原則強調必須組織小型且自我激勵的團隊，並給予高度信任與支援的必要性。

敏捷式開發因為大幅提高許多開發組織的生產力而廣受讚譽。有趣的是，在 DevOps
發展歷史上的許多關鍵時刻就發生在敏捷社群或敏捷會議中，如下所述。

敏捷基礎設施與 Velocity 運動

在加拿大多倫多舉行的 2008 年度敏捷會議上，Patrick Debois 和 Andrew Shafer
舉行了一場「志同道合」的會議，提倡將敏捷原則應用到基礎設施而非程式碼。
（在早年，這被稱為「敏捷系統行政管理」。）雖然他們是當時唯一出席的人，但
迅速引起一些具有相同想法的人們響應共鳴，包括本書共同作者 John Willis。

持 | 續 | 學 | 習

大約在同一時刻，一些學者開始研究系統管理員如何在工作中應用
工程原則，以及其對效能表現之影響。領頭專家包括來自 IBM 研究
院的一個小組，由 Eben Haber 博士、Eser Kandogan 博士和 Paul
Maglio 博士所主持的人種學研究。2007 ～ 2009 年，這項研究領域
又迎來本書共同作者 Nicole Forsgren 博士所主導的行為量化研究。
Nicole 接著主持了 2014 ～ 2019 年的《State of DevOps Reports》
研究，旨在為產業研究推動軟體交付與績效的實踐與能力；這些研究
報告由 Puppet 和 DORA 出版。

接著，在 2009 年度 Velocity 會議上，John Allspaw 和 Paul Hammond 發
表了「每天 10 次部署：Flickr 中開發人員和營運人員的合作」為題的演講，描
述了他們如何在開發和營運人員之間，建立共同目標並利用持續整合的方式，部
署每個人的日常工作。根據第一手資料指出，當時參與這場演講的所有人都立即
感受到他們正處於具有深遠價值和歷史意義的事件之中。

Allspaw 和 Hammond 所提出的想法令 Patrick Debois 感到振奮且深受啟發，
他在 2009 年於比利時根特發起了第一個 DevOpsDays。於是，DevOps 一詞就
此誕生。

持續交付運動

在持續構建、測試和整合的開發原則的概念基礎上，Jez Humble 和 David Farley 將其進一步擴展為「持續交付（Continuous delivery）」的概念，定義「部署流水線」的功能以確保程式碼和基礎設施始終處於可部署狀態，並保證簽入主幹的所有程式碼都可被安全地部署到生產環境。這個概念最早出現在 2006 年的敏捷會議，Tim Fitz 於 2009 年在他的個人網站中一篇題為「持續部署（Continuous Deployment）」的文章也曾提出此一概念。*

豐田形學（Toyota Kata）

2009 年，Mike Rother 發表《豐田形學：持續改善與教育式領導的關鍵智慧》此一作品，這本書總結了二十年來他觀察與研究豐田生產系統的心得與體會。在就讀研究所時期，他曾與通用汽車主管高層一起訪問豐田工廠，並協助開發精實工具包。不過，他很困惑為什麼採用其他採用精實原則的公司沒有辦法複製豐田工廠的優異績效。

書中將原因歸結為精實社群漏掉了最重要的管理方法，也就是「改善形」（improvement kata） 2 他解釋，每個組織都有工作慣例，「改善形」幫助員工在日常工作中培養「改善工作」的習慣，因為日常實踐正是改善結果的不二法則。打造未來的理想狀態、循序漸進地設定目標，在日常工作中持續改善的正向循環，正是豐田企業的改革法則。

在第一部分的剩下內容，我們將研究價值流、如何將精實原則應用到科技價值流中，以及「暢流」、「回饋」和「持續學習與實驗」等三步工作法。

---

* DevOps 還建立在「基礎設施即程式碼」的理論基礎上，這是由 Mark Burgess 博士、Luke Kanies 博士和 Adam Jacob 開創的概念。在「基礎設施即程式碼」概念中，營運工作被自動化，且以應用程式碼的形式處理，因此現代開發實踐法則可以應用到整個開發流。這進一步實現了快速部署流程，包括持續整合（由 Grady Booch 開創，且為極限編程的關鍵 12 實踐作業之一）、持續交付（由 Jez Humble 和 David Farley 始倡），以及持續部署（由 Etsy、Wealthfront 等企業及 Eric Ries 在 IMVU 的工作而提倡）。

1

敏捷、持續交付與「三步工作法」

本章將會介紹「精實生產」的基礎理論及衍生出 DevOps 行為的「三步工作法」原則。

我們將聚焦討論理論與原則，從製造業、高可靠度組織、高度信任的管理模型以及從其他方面習得的數十年經驗教訓所衍生出的 DevOps 實踐。DevOps 所蘊生的具體原則和模式，以及在科技價值流當中的實際應用，將在本書其餘章節深入探討。

製造業的價值流

精實生產的其中一項基本概念是「價值流」（value stream）。首先，我們以製造業的情境對其進行定義，接著再討論如何應用於 DevOps 和科技價值流。

Karen Martin 和 Mike Osterling 在著作《Value Stream Mapping: How to Visualize Work and Align Leadership for Organizational Transformation》中，將價值流定義為：「一個組織根據客戶需求所執行的一系列有序的交付活動」或是「為客戶設計、生產和提供產品或服務所需從事的一系列活動，包括資訊和原物料的雙重價值流。」[1]

在製造業的生產流程中，價值流隨處可見：它始於接收到客戶訂單，將原物料發送到工廠。為了縮短並預測價值流內的前置時間，必須努力建立一套流暢的工作流程，包括減少批次規模、降低在製品（work in process，WIP）數量、避免重工（rework）等，同時還需要確保不會將殘次品傳遞到下游工作中心，並且持續從全局目標使整個系統達到最佳化。

科技價值流

在製造業中成就實體產品快速加工流程的許多原則和模式，可以應用到科技業（及所有知識工作）中。在 DevOps 中，我們通常將科技價值流定義為：「以科技將商業構想轉化為服務或功能，向客戶交付價值所需要的流程」。

一開始啟動整個流程的是制定業務目標、概念、創意和構想，接著由開發部門接收工作，並將該任務新增到工作清單作為整個價值流的開始。

開發團隊接收工作之後，運用敏捷或迭代的開發流程，將創意點子轉化為使用者故事（user story）及功能性說明，然後設計程式，再將程式碼簽入版本控制庫中，接下來每一次變更都將被整合到軟體系統並進行測試。

應用程式或服務只有在生產環境中按預期正常運行，為客戶提供服務，所有的工作才產生價值。所以我們不但要快速交付，同時還要保證部署工作不會產生混亂和破壞，比如：中斷客戶服務，導致效能下降或者資訊安全不合規等問題。

聚焦在部署前置時間

「部署前置時間」（deployment lead time）是價值流的其中一項要素，也是本書的重點所在。價值流開始於工程師 *（包括開發、QA、IT 營運和資安人員）向版本控制系統提交一個變更，結束於這個變更在生產環境中成功運行，為客戶提供價值，並產生有效回饋和監測資訊。

第一階段的工作主要包括設計和開發，它和「精實產品開發」（Lean Product Development）有很多相似之處：具有高度變化性和高度不確定性，不僅需要創意，某些工作還可能無法重來，導致無法給出確切的處理時間。第二階段工作主要包括測試和營運，類似於「精實生產」（Lean Manufacturing）。比起上一階段，此時力求可預期性和自動化以滿足業務目標，將變化的可能性降到最低（比如：短而可預期的前置時間，接近零缺失）。

---

* 從此處開始，「工程師」一詞指在價值流當中的任何工作者，絕不僅限於開發人員。

我們並不提倡在設計／開發階段，串接式完成了一大批工作後，才轉入測試／營運階段（比如：大批量的瀑布式開發流程或是漫長生命週期的功能分支）。恰恰相反，我們的目標是讓測試／部署／營運與設計／開發同步發生，進而產生更快的價值流和更高的品質。只有當工作任務以小批多次傳遞，並將重視品質這件事內建到價值流的每個部分時，這種同步模式才有機會實現。†

定義前置時間 vs. 處理時間

在精實社群中，「前置時間」與「處理時間」（有時候也稱為「接觸時間」或者「任務時間」）‡ 是評斷價值流效能的兩個常用指標。

前置時間在工單一建立就開始計時，在工作完成時結束；處理時間則從實際開始處理這個工作才開始計時，它不包含這個工作在佇列中排隊等待的時間（見圖1.1）。

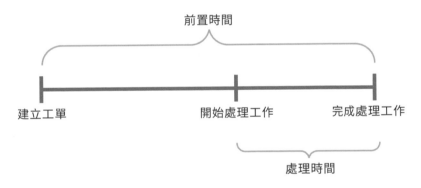

圖 1.1　部署工作的前置時間和處理時間

因為前置時間才是客戶真正體驗到的時間，所以我們把重點放在縮短前置時間而不是處理時間上。不過，處理時間與前置時間的比例是十分重要的效率指標 —— 想要實現快速流程並縮短前置時間，就必須縮短工作在佇列中的等待時間。

---

† 事實上，使用「以測試驅動開發」技術，甚至可以在編寫第一行程式碼之前首先進行測試。

‡ Karen Martin 和 Mike Osterling 曾說：「為了避免混淆，我們選擇不使用『循環時間』這個詞，因為它還有其他的同義詞 —— 處理時間、輸出速率或輸出頻率等。」同理，本書中傾向採用「處理時間」一詞。[2]

普遍情形：部署前置時間耗時數月

許多團隊和組織經常發現，工作的部署前置時間動輒好幾個月。在龐大、複雜的企業組織中情況更是屢見不鮮，採用密切耦合（tightly coupled）的單體式系統、少有整合測試環境、測試和生產環境的前置時間較長、嚴重依賴手動測試、或者需要各種審核流程等等。這種情形的價值流看起來如圖 1.2。

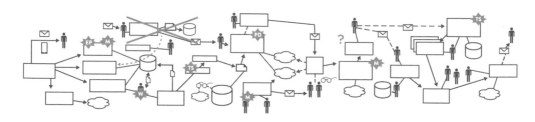

圖 1.2 部署前置時間為三個月的科技價值流

（資料來源：Damon Edwards "DevOps Kaizen"，2015）

部署前置時間一旦被拉長，價值流的每個階段幾乎都需要英雄式的災害救援。有極大可能在專案即將結束前，我們將開發團隊的變更合併後，才發現整個系統根本無法正常運作，有時甚至會出現連程式碼都無法成功編譯和測試的情況。每一個問題可能都需要幾天甚至幾週的時間來定位錯誤和修復問題，導致非常糟糕的使用者體驗。

DevOps 目標：部署前置時間只需要數分鐘

在 DevOps 的理想情況下，開發人員能快速且持續地獲得工作回饋，密集且獨立地開發、整合和驗證程式碼，並將程式碼部署到生產環境中（無論是自己部署或交由他人部署）。

我們可以藉由以下方式達成理想目標：向版本控制系統持續提交小批量的程式碼變更，針對程式碼進行自動化測試和探索測試，然後再將它部署到生產環境中。如此一來，我們就能對程式碼變更是否能在生產環境成功運行保持高度信心，同時還能快速發現並修復可能出現的問題。

為了更便於實現上述目標，還需要模組化、高內聚、低耦合的方式架構最佳化，賦予小型團隊高度自治。即使不幸遭遇失敗，也能保持在可控範圍內，不至於對全局產生破壞性影響。

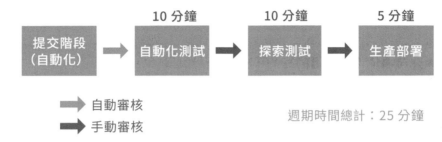

圖 1.3 前置時間以分鐘計算的科技價值流。

採用上述方式，可以有效將前置時間大幅縮短到分鐘級，即便在最壞的情況下，也不會超過幾小時。此時的價值流程圖如圖 1.3 所示。

重工指標：%C/A

除了前置時間和處理時間外，科技價值流中的第三個關鍵指標是重工指標，也就是完成度與準確度的比率（%C/A）。這項指標可以呈現價值流中每個步驟的輸出品質。

Karen Martin 和 Mike Osterling 認為：「如果想要獲取 %C/A，可以詢問下游端有百分之多少的時間接收到『真正可用』的工作，讓他們可以專心工作，不必更正錯誤資訊、補充資訊，或者釐清那些本該明確清楚的資訊。」**3**

持 | 續 | 學 | 習

衡量商業價值交付的流程指標

在衡量任何價值流的端到端價值時，必須注意避免使用代理指標（計算程式碼提交數或是部署頻率等）。雖然這些指標可以表示區域性的改善程度，但它們並不直接與業務成果（如營業收入）相關。

使用流量指標則可以幫助你瞭解軟體交付的端到端價值，使軟體產品和價值流像生產線上的小元件一樣清楚可見。Mik Kersten 博士在他的《Project to Product: How to Survive and Thrive in the Age of Digital Disruption with the Flow Framework》一書中，將流程指標細分為以下幾項：流程速度、流程效率、流程時間、流程負載和流程分布。[4]

- **流程速度**：在規定時間內完成的流程項目（如工作項目）數量。有助於回答價值交付是否在加速進行。

- **流程效率**：積極工作的流程項目與已過去的總時間之比例。有助於辨識低效率的情形，例如漫長等待時間，協助團隊看到上游工作是否處於等待狀態。

- **流動時間**：利益相關者透過產品的價值流（即功能、缺陷、風險和債務）拉動的商業價值單位。幫助團隊看到實現價值的時間是否越來越短。

- **流程負載**：價值流中活躍或等待的流程項目之數量。這類似於衡量在製品（WIP）的指標。流動負載高會導致效率低下，降低流動速度或增加流動時間。此指標可幫助團隊判斷需求是否超過了團隊負荷。

- **流程分布**：每個流程項目類型在一個價值流中的比例。每個價值流可以根據他們的需求進行追蹤與調整，以便最大化提升正在交付的商業價值。

三步工作法：DevOps 的基礎原則

《鳳凰專案》將「三步工作法」視為基礎原則，並依此衍生出 DevOps 行為和模式（圖 1.4）。

第一步，工作流快速地從左向右流動，從開發平順過渡到營運，最後交付給客戶。為了最大程度地使工作流達到最佳化，必須將工作以視覺化呈現，減少每批工作量的規模和等待間隔，避免將缺失傳遞至下游工作中心，注重每一環節的工作品質，並持續地使全局目標最佳化。

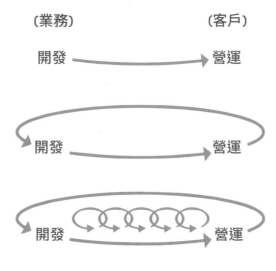

圖 1.4 三步工作法

（資料來源：Gene Kim, "The Three Ways: The Principles Underpinning DevOps,"
ITRevolu- tion.com (blog), August 22, 2012,
http://itrevolution.com /the-three-ways-principles-underpinning-devops/）

透過加快科技價值流的流動速度，縮短前置時間以滿足內部或外部客戶需求，特別是縮減程式碼部署到生產環境的所需時間，可以有效提高工作品質和生產量，使企業具備創新能力與強大競爭力。

相關實踐包括持續建構、整合、測試和部署流程，依照需求搭建環境、限制在製品（WIP）數量、建立能夠安全實施變更的系統與組織等。

第二步，在由右向左的價值流的每一階段套用快速且持續不斷的工作回饋機制。這個方法藉由放大意見回饋，防止同樣問題再度發生，或是透過縮短問題檢測週期，快速著手修復。如此一來，我們能從源頭控制工作品質，並在流程中導入相關必要知識。這樣不僅能創造更安全的工作系統，還能在災難性事故發生前就檢測到問題並加以解決。

及時發現並控制這些問題，直到有效對策出現，我們可以持續縮短回饋週期並放大回饋迴圈。這是所有現代流程最佳化的核心原則之一，能夠創造組織學習與改善的機會。

第三步工作法是塑造一個賦生式（generative）、高度信任的企業文化，培育活力充沛、態度嚴謹、以科學方法進行的實驗環境。鼓勵員工主動承擔風險，不但能從成功中學習，也能從失敗中學習。透過持續縮短並放大回饋迴圈，不僅能創造更安全的工作系統，也能承擔更多的風險，進行試驗，有助於我們比競爭對手改善的更快，在市場競爭中勝出一籌。

第三步工作法幫助我們設計事半功倍的工作系統，可以將區域性改善加以轉化為全域整體最佳化。另外，無論由誰參與、執行工作，所有經驗都可以持續積累，組織內所有人都可以相互借鑒彼此的經驗和智慧。

持｜續｜學｜習

經研究證實的三步工作法

三步工作法絕非泛泛而談，研究顯示，採用這些策略可以帶來更優異的組織成效及員工表現。

在〈2014-2019 State of DevOps Reports〉這項為時六年，由本書共同作者 Nicole Forsgren 博士與 Puppet 和 DORA 合作，並公開於《Accelerate》一書的研究中，相關數據顯示，將持續整合、測試、部署和小批量工作（第一步工作法）、快速回饋和監控（第二步工作法）以及賦生性文化（第三步工作法）等能力和實踐結合起來，將能創造更加傑出的結果。[5]

三步工作法幫助團隊成為精英團隊，使軟體交付更迅速可靠，幫助企業提高收入、市場佔有率和客戶滿意度。精英表現者達成或超過組織績效目標的可能性是原先的兩倍。三步工作法同時也改善了員工的身心健康。《State of DevOps Reports》的研究表明，採用 DevOps 實踐方法，降低了人們的職業倦怠和部署痛苦。[6]

→ 案｜例｜研｜究 🆕

抵達飛行高度 —— 美國航空公司的 DevOps 之旅：第一部分（2020）

美國航空公司的 DevOps 之旅是從一系列的問題中萌芽，第一個問題就是：「什麼是 DevOps？」

美國航空公司執行副總裁兼首席資訊長 Maya Leibman 在 2020 年倫敦 DevOps Enterprise Summit 上說：「我們真的是從地面底層，從零開始。」[7]

為了展開工作，團隊首先做了功課，但最重要的第一件事是，他們不再找藉口。在 DevOps 的初期，大多數成功例子都來自 Netflix 和 Spotify 這類熟知數位科技的公司。這使得美國航空團隊傾向低估這些公司執行 DevOps 的成效，畢竟這些公司早已身在雲端。但隨著更多的傳統企業，比如：Target、Nordstrom 和星巴克的加入，美國航空知道他們已經沒有任何藉口了。[8]

於是團隊從以下方面展開轉型工作：[9]

1. 設定具體目標

2. 整備正式的工具鏈

3. 從公司外部引進教練和導師

4. 實驗和自動化

5. 進行沈浸式實踐培訓（邊做邊學）

這所有的工作都與他們的終極目標 —— 更迅速提供價值 —— 環環相扣。正如 Leibman 所言：

> 有很多次，當商業夥伴在會議上提出一個新的想法，他們會說：「哦，這就是我們想做的，但 IT 部門要花六個月或一年才能完成它。」這些經驗讓我苦不堪言。因此，在這些轉型背後，驅動我們的動力其實是：「我們要如何才能成為不拖後腿的人？」我們知道有一種更好的工作方式，一定可以幫助我們實現這一目標。[10]

接下來，他們決定要衡量哪些產出：

- 部署頻率

- 部署週期時間

- 變更失敗率

- 開發週期時間

- 事件數量

- 平均恢復時間（MTTR）

及早規劃好價值流程圖，幫助團隊成員更加理解系統的端到端流程，並激發了他們的工作積極性。這些小小的成功令他們獲得工作能量，去探討如何針對並解決問題。他們還在整個 IT 部門進行了沈浸式的學習。

這些最初的成功、對 DevOps 的認識與學習，以及開始真正實踐其中一些元素，使他們在 DevOps 的旅程中遇到了第二個大問題：財務部門究竟是朋友還是敵人？

當時的財務審核過程既繁瑣又冗長，核准週期經常動輒數月。Leibman 說：「我以前都把它形容成一個旨在讓人放棄的過程。」

當時的過程像是這樣：

- 如果沒有財務部門參與，那麼沒有任何專案能通過批准。

- 雖然專案被批准了，卻沒有新增人手來做這些事（也沒有停止其他優先事項）。

- 無論規模或風險，任何申請在審查時都被一視同仁。

- 即使某個申請是公司的首要任務，而且毫無疑問會被完成，在審查過程時它仍得和其他申請同等處理。

- 專案往往在被批准之前就已經完成。

甚至財務部門也知道這個過程需要改變，但財務部門和 IT 部門之間缺乏信任，因此造成阻礙。為了釐清資金被花在哪裡，並與財務部門建立信任，團隊進行了一次成本測算，並將所有成本分配給他們的產品，包括各產品的運行成本。

在這項工作之後，IT 部門能夠更清楚看見資金的實際投入，判斷這是否為資金的最佳利用方式。而財務部門也能夠獲得他們所需要的可視性，好相信資金沒有被大量浪費。

這種可視性建立了實驗所需的信任感。財務部門帶上四個產品團隊，將一整年的固定預算交付給他們。這些團隊定義出 OKR（目標與關鍵成果），並將預算用於他們認為符合這些 OKR 的優先任務。這允許團隊在推出新版本前進行測試，並關注責任和結果，而財務部門能夠獲得更多的可視性。

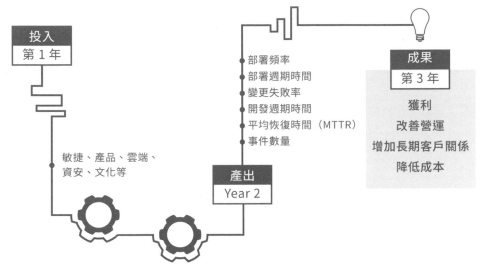

圖 1.5　美國航空的 DevOps 轉型之旅

（資料來源：Ross Clanton 授權）

這一成功使他們能夠將新的工作模式推廣到旗下所有產品中，並定義一個全新的資金審核過程。Maya Leibman 表示：「這是我們轉型之旅的巨大加速器。」**12**

隨著財務部門加入，新流程也跟著就緒，美國航空公司發現了 DevOps 旅程的第三個問題：「我們如何知道現在的分數是多少？」隨著每一次小成功，團隊希望更清楚瞭解他們的整體表現。換句話說，他們想知道以前的分數是多少。

對於美國航空公司的團隊來說，他們的 DevOps 之旅的第一年確實側重於投入：學習敏捷 /DevOps 知識，關注產品、雲端和資安等等。第二年，他們更注重產出，包括他們開始衡量的各式指標，比如：部署頻率和平均恢復時間。最後，到了第三年，他們開始不僅僅關注投入和產出，而是關注成果。Maya Leibman 說：「到頭來，什麼是我們真正想做的？」

他們想出了這幾個目標成果：獲利、改善營運，增加長期客戶關係（LTR）、降低成本。**13**

> 在第一年，我們的目標之一是讓 X% 的人參加敏捷培訓課程。這確實代表了一種投入。第二年，我們開始更加關注產出，這時的目標變成了讓 X% 的團隊將他們的敏捷成熟度提高到某個程度。而到了第三年，敏捷甚至不再是一個目標了。我們發現，投入和產出當然很好，我們必須衡量這些指標，但最終，我們必須專注在成果表現上。**14**

這最終為他們帶來了 DevOps 旅程中的第四個問題：「什麼是產品？」很明顯，現在是時候拓展他們的分類方法了。這是旅程中最具挑戰性的時刻之一。人們提出了很多意見，對於「產品」沒有絕對的正確答案。最後，他們決定展開工作，把一些東西寫在紙上，組織想法，並在學習過程中加以修正。而最終，這一切努力向他們提出第五個問題：「這是否比 DevOps 還要更宏大？」為了回答這個問題，並展示一些具體的產品成功案例，我們將在本書後面繼續介紹美國航空公司的這趟旅程。

> 本研究案例闡述三步工作法的實際應用：利用價值流程圖來幫助改善工作流程，選擇要衡量的結果，建立快速回饋機制，並且創造沈浸式學習體驗，建立持續學習與實驗的文化。

本章小結

本章解釋價值流的概念，同時還介紹了製造業價值流和科技價值流中的關鍵指標之一：「前置時間」，最後大致介紹了衍生出 DevOps 原則的「三步工作法」。

後續章節將會更詳細闡述「三步工作法」。第一步是暢流原則，不管是在製造行業還是在資訊科技產業，皆關注如何在價值交付過程中建立快速的工作流。關於實現暢流的更多實踐案例，將於本書的第三部分仔細介紹。

2

第一步：暢流原則

在科技價值流中，工作通常是從開發流向營運部門，也就是連結業務與客戶的所有職能部門。第一步工作法，就是建立從開發到營運之間快速、流暢的工作流，迅速向客戶交付價值。我們要使整體目標達到最佳化，而非僅著眼於功能開發的完成度、測試中問題的發現率和修復率，或者營運維護的可用性等等區域性目標。

使工作內容可視化、減小每批次規模和等待間隔、在每一環節注重品質，防止瑕疵向下游傳遞，使工作流快速暢流。加速科技價值流的流動，可以縮短前置時間，滿足內部與外部客戶需求，進一步提升工作品質，使我們更能回應市場變化與客戶需求，比競爭對手更勝一籌。

我們的目標是縮短程式碼變更從部署到生產環境所需的時間，同時提升服務品質和可靠性。實際上，我們可以在製造業中找到價值流應用的相關線索，將精實原則應用到科技價值流中。

工作可視化

與製造業的價值流相比，其中一項明顯差異是科技業的工作內容並不顯而易見。相對於工業產品的生產過程而言，在科技價值流中，我們很難一眼發現工作流程的停滯點，比如：工作在哪裡受阻了、哪一個環節開始積壓工作。相較之下，在製造業的價值流中，工作在不同工作中心間的轉移通常顯而易見且相當緩慢，因為庫存產品必須被「實際轉移」到另一處。

另一方面，科技工作的「轉移」，只要點擊一次滑鼠就能輕鬆完成，比如：將工單重新指派給另一個團隊。因為操作太過容易，不同團隊之間反而可能因為資訊不完整而將工作「踢來踢去」，而存在於工作中的問題也會被傳遞到下游工作中心，直到無法按時向客戶交付產品，或者應用程式在生產環境中出了問題，否則我們很難事先察覺這些問題。

為了辨識工作在哪一環節順暢流動、排隊等待或停滯不前，我們必須盡可能將工作可視化。「視覺化工作板」是一種較好的工作方式，比如：在看板或 Sprint 計劃板上，使用紙質或電子卡片清楚條列各項工作。工作通常從最左側發起（提取自待辦清單），然後從一個工作中心被提取到下一個工作中心（以各欄表示），最後抵達工作板的最右側，這一列通常被標記為「完成」或「已上線」。

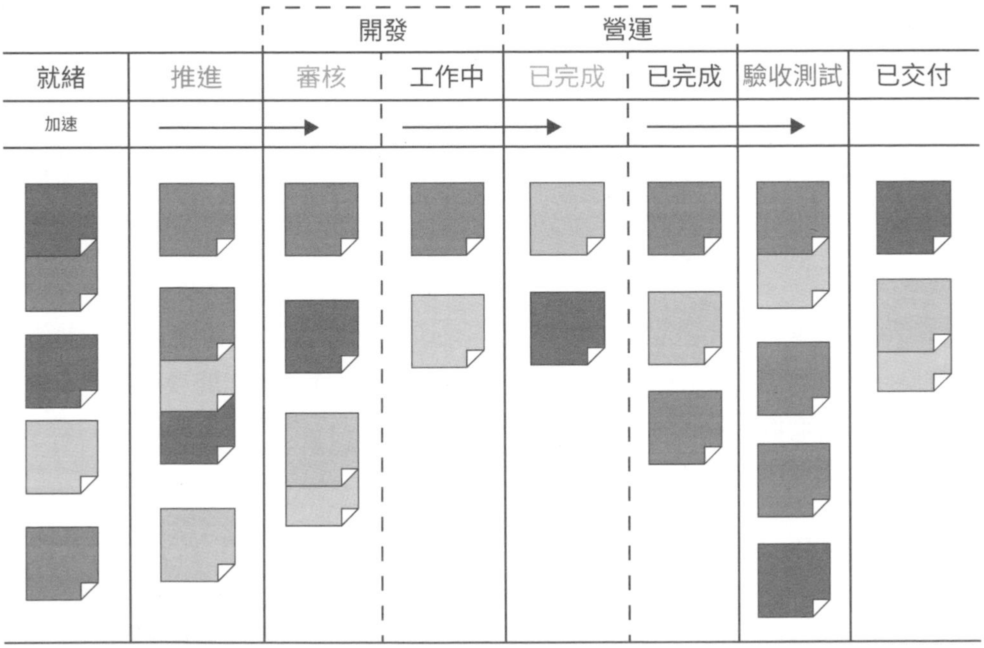

圖 2.1　橫跨需求、開發、測試、準備生產和生產等階段的看板範例

（資料來源：David J. Andersen and Dominica DeGrandis, Kanban for IT Ops, training materials for workshop, 2012）

藉由上述方式不僅能將工作內容可視化，還能有效管理工作，刺激工作由左往右快速流動。這同時可顯示工作中出現哪些容易導致出錯或延遲的不必要交接。此外，還可以根據卡片被放到看板開始，移動至「完成」列的時間長短，計算出工作的前置時間。

在理想情況下，看板應該橫跨整個價值流，當工作確實抵達看板最右側時，才能視為「已完成」（見圖 2.1）。當某個功能完成開發，還不能算作「已完成」——只有應用程式在生產環境裡成功運行，並開始為客戶提供價值的時候，此時工作才算「已完成」。

透過將所有工作條列出來，清楚顯示於各工作中心的佇列中，使其可視化，能夠幫助所有相關人員以全域目標為出發點，針對工作優先順序而採取行動。如此一來，各工作中心可以將心力投注於具有最高優先級的任務上，進而增加工作產出。

限制 WIP 數量

製造業的日常工作通常按照定期產生的生產計劃（如每日計畫、每週計畫）決定，根據客戶訂單、交貨日期、零件庫存等條件，規劃需要執行哪些任務。

但科技工作通常是更加動態的 —— 尤其在共享服務的情況下，團隊必須同時滿足很多利益關係人的需求，導致臨時安排佔據了日常工作。緊急的工作可能來自各種溝通渠道，比如：工單系統、當機警報、電子郵件、電話、即時通訊或上升至管理層的急迫決策。

製造業中的生產中斷顯而易見且代價高昂，正在進行中的工作戛然而止，所有半成品都將報廢，必須盡快啟動一批新作業。這種勞民傷財的代價，使人們不樂見生產中斷的情況經常發生。

相對之下，科技工作者很容易被打斷，因為所有人都看不見工作中斷的後果，儘管這些中斷對生產效率的負面影響更甚於製造業。例如：將一個工程師同時分派到多個專案中，使他不得不在多項任務、認知規則和專案目標之間來回切換，付出重新進入狀態的成本。

研究顯示，就算是分類各種幾何圖形的簡單任務，只要必須同時執行多個任務時，效率也會顯著降低。從認知上看，科技價值流中的工作內容顯然比分類幾何圖形更為複雜，所以多工任務會造成更漫長的處理時間。[1]

如果使用看板管理工作，可以避免發生過度多工處理的情形，例如對看板的每一欄或每個工作中心設定 WIP 的數量限制，標記每一列的卡片數量上限。

舉例來說，我們可以將測試工作的 WIP 上限設為三。當測試佇列中已存在三張卡片時，除非某張卡片被完成，或將其中一張卡片退回至前一項（左側）佇列，否則禁止新增新卡片。另外，除非將工作以卡片形式顯示於看板，否則不能展開與其相關的任務，將所有工作都可視化。

Dominica DeGrandis 是在 DevOps 中運用看板的專家，同時也是《揪出時間小偷的看板管理法》（Making Work Visible）一書的作者，他指出：「控制佇列長度（即 WIP 數量）是一個非常強大的管理工具，因為這是影響前置時間的重要因素之一 —— 以大多數工作項目而言，其實並無法預測直到真正完成工作到底需要多長時間。」[2]

限制 WIP 數量，還有助於更容易辨識工作中的阻礙。* 例如：當限制在製品數量後，有可能發現我們居然無事可做，因為要先等其他人完成工作。著手一項新工作（即「做點什麼，總比什麼都不做好」）雖然聽起來很誘人，但此時更好的做法是，釐清造成工作延宕的原因，並協助解決問題。實際上，多工處理之所以效率不佳，通常是因為一個人同時被分派數個專案，導致難以權衡事情的優先順序，流暢處理工作。正如《看板方法：科技企業漸進變革成功之道》作者 David J. Anderson 說的：「聚焦完成，謹慎開始。」[4]

減少批次規模

以小批量的模式執行工作，是建立順暢而快速的工作流的另一關鍵。在精實革命之前，大量生產（或規模生產）在製造業司空見慣，尤其在配置作業或切換作業相當

---

* 大野耐一將「限制 WIP 數量」比喻成水庫的排水機制，進而辨識阻礙快速流動的所有問題。

耗時或成本高昂的生產中，更是常見。比方說，在生產大型汽車時需要將巨大而沉重的模具放到金屬沖床上，這個過程可能就要好幾天。鑑於成本如此高昂，企業組織通常會採取大批量作業，盡可能一次沖壓出最多的汽車外殼，減少模具的更換頻率。

然而，大量作業容易產生巨量的 WIP，將整個製造工廠曝露於高度風險。最後導致前置時間過於漫長、產品品質不佳 —— 萬一發現某個外殼出了問題，整批產品都必須報廢。

精實原則的關鍵之一：為了縮短前置時間和提高交付品質，應當不斷努力朝向小批量模式。理論上最小的批量規模是「單件流」（single-piece flow），也就是每次作業只處理一個單位產品。†

關於小批量和大批量之間的顯著差異，James P. Womack 和 Daniel T. Jones 在《精實革命：消除浪費、創造獲益的有效方法》一書裡，利用「模擬發送廣告冊」的案例進行說明。[5]

這個經典案例情境是發送 10 本廣告冊。在投遞之前，每一本廣告冊都必須歷經四個步驟：折疊、塞入信封、彌封、蓋上戳印。

大批量策略（即「大規模生產」）的做法是，依序執行上述 4 個步驟。首先，將 10 張紙全部折疊完，再將每張紙分別塞入信封，然後將所有的信封彌封，最後全部蓋上戳印。

另一種方式是小批量策略（即「單件流」），針對一本廣告冊依序執行所有規定步驟，然後再開始處理下一本廣告冊。具體來說，先折疊一張紙，將它插入信封，進行彌封，最後蓋上戳印 —— 完成一封廣告信後，才取下一張紙，並重複以上過程。

大批量和小批量策略之間的差異非常巨大（見圖 2.2）。假定對這 10 封廣告信執行每一步驟各需要 10 秒。以大批量的情況來說，在 310 秒後才能完成第一封蓋上戳印的廣告信。

---

† 也稱為「1 的批量規模」或「1×1 流量」，表示批量大小和 WIP 都限制為 1。

更糟糕的是，假設我們在執行信封封口作業時發現第一步折疊作業出錯 —— 在大批量策略的情況下，發現錯誤的最早時間在作業開始 200 秒之後，我們不得不回到上兩個步驟，重新折疊這 10 份廣告冊並塞入信封。

相較之下，如果使用小批量策略，只需要 40 秒就能完成第一封蓋上戳印的廣告信，比大批量策略快上 8 倍。假使第一步出錯了，只需要重新處理一份廣告冊。小批量生產的在製品更少、前置時間更短、錯誤檢測更快、重工次數更少。

對科技價值流來說，大批量策略的負面結果與製造業如出一轍。比如：我們制定了年度軟體發布計劃，將整個年度的開發成果一次性地發布到生產環境中。

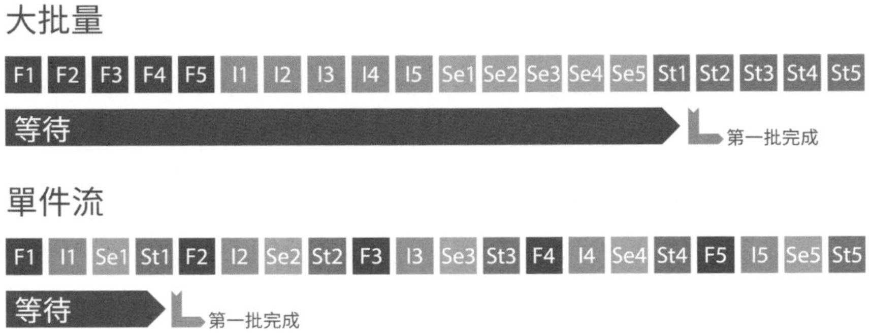

大批量

| F1 | F2 | F3 | F4 | F5 | I1 | I2 | I3 | I4 | I5 | Se1 | Se2 | Se3 | Se4 | Se5 | St1 | St2 | St3 | St4 | St5 |

等待 ▶ 第一批完成

單件流

| F1 | I1 | Se1 | St1 | F2 | I2 | Se2 | St2 | F3 | I3 | Se3 | St3 | F4 | I4 | Se4 | St4 | F5 | I5 | Se5 | St5 |

等待 ▶ 第一批完成

圖 2.2　模擬「信封遊戲」

（折疊、塞入信封、彌封和蓋上戳印）

（資料來源：Stefan Luyten, "Single Piece Flow," Medium.com, August 8, 2014,
https:// medium.com/@stefanluyten/single-piece-flow-5d2c2bec845b）

這種大批量的發布，容易造成突發的、大量的 WIP，導致所有下游工作中心發生大規模的混亂，阻礙工作暢流，造成產品或服務品質低落。從上線到生產環境的變更越龐大，定位和修復問題就越困難，而且修復時間也更長。

Eric Ries 在部落格〈新創經驗談〉（Startup Lessons Learned）這篇文章中曾說過：

「在開發（或 DevOps）流程中，批量規模是工作產品在不同階段間轉移的單位數。以軟體而言，最容易看到的批次就是程式碼。當工程師簽入程式碼時，他們就「批次處理」了一定數量的工作。有許多控制批次處理的方式，比如：持續部署的小批量、或者更為傳統的基於分支的大型模組開發，將好幾位開發人員在歷經幾週或幾個月工作以後，所完成的所有程式碼整合在一起。**6**

在科技價值流中，可以透過持續部署（continuous deployment）實現「單件流」。每一個提交到版本控制系統的變更都會被整合、測試並部署到生產環境。本書的第四部分將會詳細描述具體實踐方法。

減少交接次數

在科技價值流中，如果部署的前置時間是以月為週期單位，通常是因為需要數百甚至數千個操作才能將版本控制系統中的程式碼部署到生產環境。實際上，程式碼在價值流轉移的過程中，需要各不同部門的協同合作才能完成相關任務，包括功能測試、整合測試、環境搭建、伺服器管理、儲存管理、網路、負載平衡設備和確保資訊安全等等。

當一項工作在團隊之間交接轉移，大量溝通在所難免 —— 請求、委派、通知、協調，而且經常需要排定優先順序、調度、消除衝突、測試和驗證。這些工作可能還需要使用不同的工單系統或專案管理系統、撰寫技術規範文件、以會議、電子郵件或電話的形式進行溝通，可能還涉及運用檔案系統、FTP 伺服器和 Wiki 頁面。

當仰賴的資源在不同價值流共享（例如集中式作業）時，上述流程中的每個環節都有各自的潛在佇列，工作必須等待處理。這些請求的前置時間通常會很長，從而導致那些本應如期完成作業的工作持續延宕。

即使在最好的情況下，有些資訊或者知識也會不可避免地遺失在交接過程之中。經歷多次交接之後，極有可能對組織目標或真正的問題失焦。打個比方，伺服器管理員可能會收到一個要求建立使用者帳號的新工單，但是他並不知道是哪個應用程式或服務需要這個帳號、為什麼要新建帳號、其他的依賴條件，或者這種建立新帳號的動作究竟是不是重複作業。

為了減少這類問題發生，一是致力減少交接次數，二是自動化執行大部分作業，三則是重新調整組織架構，讓團隊可以利用自助服務進行構建、測試和部署，不必依賴其他人就可以獨立為客戶提供價值。因此，我們要減少佇列中工作的等待時間，同時縮短非增值工作的時間，保持工作流順暢無阻（請見附錄 4）。

持續辨識與改善約束點

為了縮短前置時間、提高生產量，我們必須不斷地辨識系統中的約束點（constraint），改善工作效能。「約束理論」提倡人 Goldratt 博士在《Beyond the Goal》一書中直言：「任何價值流中總是有一個流動方向以及一個獨有的約束點，任何不是針對此約束點的改善活動都只是假象。」[7] 如果我們對約束點**之前**的工作中心進行最佳化，那麼工作只會更快地積壓在此一瓶頸。

反之，如果最佳化約束點**之後**的工作中心，那麼依然沒有解決真正問題，工作依舊積壓在約束點，這裡的工作中心依然在等待工作。關於這類現象，Goldratt 博士所提出的解決方案定義了以下「五大關鍵步驟」：[8]

- 辨識系統內的約束點。

- 思考如何善用系統約束點。

- 根據上述決策做全盤考量。

- 改善系統的約束點。

- 如果在上一步驟就突破約束點了，請回到第一步，並杜絕因惰性而致的系統約束。

在 DevOps 的轉型過程中，如果希望前置時間從數月或數季，縮短成以分鐘計算，那麼通常需要依序最佳化下列約束點：

- **環境佈建**：假使佈建生產或測試環境總是需要等上數週或數月，那麼當然無法實現「隨需部署」（deployments on-demand）。解決對策是創造隨需（on-demand）且完全自主服務的環境，確保團隊有測試或部署需求時能自動化建立環境。

- **程式碼部署**：如果部署程式碼也需要花上數週或更長時間（比如：每次部署需要 1300 次手動且容易出錯的操作步驟、動員多達 300 名工程師），同樣無法隨需部署。解決對策是盡可能自動化部署流程，以便讓任何開發人員都可以按照需求自動化部署。

- **測試準備和執行**：如果每一次程式碼部署都需要額外兩週準備測試環境和資料集，額外 4 週以手動執行所有的迴歸測試，這依舊無法實現隨需部署。解決對策是採用自動化測試，才能在安全地平行處理部署作業的同時，讓測試速度能跟上程式碼開發的節奏。

- **過度耦合的組織架構**：「隨需部署」同樣無法在過度緊密耦合的組織架構內實現，因為每次進行程式碼變更時，工程師都不得不從變更評審委員會裡獲得執行變更的許可。解決對策是打造相對鬆散的耦合狀態，促使開發人員安全、自主地進行變更，提高生產力。

如果上述約束點都被個別突破了，那麼開發部門或產品負責人有可能是接下來的約束點。因為我們的目標是幫助小型開發團隊獨立、快速、可靠地進行開發、測試和部署，並持續為客戶創造價值，所以這些環節應該是約束點的所在之處。對於高效能工作者來說，不管工程師是處於開發、QA、營運還是資安部門，他們的目標都是盡可能提升生產力。

當約束點出現在開發階段時，我們只會受限於商業構想的多寡優劣，以及能否開發出必要的程式碼，對真實使用者測試這些假設。

上述眾多約束點在 DevOps 轉型過程中相當普遍 —— 後續章節將會詳述在價值流中辨識約束點的技法，例如：如何使用價值流程圖和評量標準。

消除價值流中的困境和浪費

豐田生產系統的先驅之一新鄉重夫認為，浪費是企業成就的最大威脅 —— 精實原則中對浪費的定義是：「使用了超出客戶需求及願意支付範圍的任何材料或資源的行為」。[9] 他定義了製造業裡七大浪費：庫存、生產過剩、多餘加工、運輸、等待、運動（超過生產必要的人員走動）和瑕疵。

精實原則的現代觀點認為「消除浪費」可能帶有貶義且不近人情，不過，我們的核心理念其實是透過持續學習，突破日常工作中的困境，進而更完滿地達成組織目標。在本書的後續內容裡，「浪費」一詞將會指涉這個更具現代感的定義，因為它更符合 DevOps 的理想願景。

Mary Poppendieck 和 Tom Poppendieck 在《Implementing Lean Software Development: From Concept to Cash》一書指出，浪費和困境是軟體開發過程中導致交付延遲的主要因素。[10] 以下是書中描述有關浪費和困境的七大類型：[11]

- **半成品**：在價值流裡任何還沒有徹底完成的工作（比如：需求描述或尚未審核的變更要求）、處於佇列中的工作（比如：等待 QA 審核、或者需要伺服器管理員審核的工單）。半完成的工作會逐漸過時，最後失去價值。

- **多餘加工**：在交付過程中未能對客戶增加價值的多餘處理，可能包括那些在下游工作中心從沒使用過的文件，或是對輸出結果並為增加價值的審閱或核可。額外的處理工序不僅增加工作量，還會延長前置時間。

- **額外功能**：在交付過程中佈建不被組織或客戶需要的功能（比如：「鍍上金箔」）。多餘功能或特性會使功能測試和管理機制的複雜度和工作量增加。

- **任務切換**：如果將人員分配到多個專案和價值流裡，他們需要在不同工作中不斷切換，並管理工作之間的相依程度，不但累積額外工作量又耗費更多工時。

- **等待**：必須等待（任何形式的）資源到位才能完成工作，虛耗了正常工作時間，導致週期時間增加，客戶無法如期獲取價值。

- **運動（motion）**：資訊或原料在工作中心之間移轉所產生的無謂浪費。比如：在一個需要頻繁溝通的專案，實際上團隊成員不在同一個空間共事，無法坐在一起密切合作，資訊需要不斷移轉釐清，這時就產生運動上的浪費。另外，工作交接也會產生浪費，需要額外溝通來澄清認知上的模糊地帶。

- **瑕疵**：由於資訊、材料或產品的錯誤、殘缺或模糊，導致需要花費一定工作量來解決問題。缺陷瑕疵越晚被檢測出來，問題益發困難棘手。

我們想再補充兩個 Damon Edwards 提出的兩種浪費：[12]

- **非標準化或手動作業**：需要依賴其他人員的非標準化或手動的作業，比如：不能自動化重建的伺服器、測試環境和系統配置等。在理想情況下，任何可以被自動化的人工作業都應該被自動化、按需提供、或者自主運行。儘管如此，仍有一些重要項目或動作需要維持人工處理。

- **救災英雄**：為了確實達成組織目標，有些人員和團隊得面臨不合理的情境，甚至成為家常便飯（比如：半夜兩點產品或服務出現問題，每一次軟體版本上線都釀成上百份問題工單）。

我們的目標是將這些浪費和困境（任何需要救場人物的場合）變得可視化，並從系統層面進行改善，減輕或消除這些負擔，實現快速暢流的目標。

➡ 案｜例｜研｜究 NEW

醫療管理的暢流與約束（2021）

DevOps 和約束管理理論不止適用軟體開發或製造業，也可以廣泛應用到任何情況，從以下這個醫療產業的案例研究可見一斑。在 2021 年的 DevOps Enterprise Summit 上，擔任急診醫師超過 19 年的 Chris Strear 博士，分享了他透過改善流程來提升患者體驗的經驗。[13]

> 2007 年左右，我們的醫院深陷泥沼。我們在醫護救治流程方面有令人難以置信的大問題。病人在急診部停留了好幾個小時、甚至是好幾天，只為了等待空出的住院床位。
>
> 我們的醫院非常忙碌壅塞，人流無比擁擠，以至於本院急診部每月平均有 60 個小時需要採取救護車分流。這意味著每月有 60 個小時，本院急診部無法對我們社區中最嚴重的病人提供幫助。曾經有一個月，我們的分流時間甚至超過 200 小時。

這很可怕。我們無法留住護理師。因為這是一個讓人很難工作的地方，護理師們紛紛辭職。我們必須依賴臨時護理師、護理師派遣機構、或流浪護理師才能填補人力空缺。在大多數情況下，這些護理師對於我們在緊急環境中的工作，並不具備足夠經驗。每天膽戰心驚地來上班、膽戰心驚地照顧病人，我們束手無策，只能等著厄運降臨。

我們的院長意識到事態有多麼嚴重，她成立了一個流程委員會，而我很幸運地加入了這個委員會……。

這帶來了巨大變革。在一年內，我們基本上不再需要救護車分流事件：從每月 60 小時（救護車分流）進步到每月只有 45 分鐘。我們改善了所有入院病人的住院時間。我們縮短了病人停留於急診部的時間。我們幾乎消除了因等待時間過長仍未能就診而離開急診部的病人數量。在我們達成這一切時，我們同時面臨的是破紀錄的工作量、破紀錄的救護車流量、和破紀錄的入院人數。

這個轉變非常驚人。我們能為病人提供更好的護理品質。這件事變得更安全了。照顧病人也感覺輕鬆多了。這是一個令人讚嘆的變化，事實上，我們得以停止僱用臨時護理師。我們能夠只聘請專職的急診護理師來填補人力。事實上，我們醫院成為波特蘭／溫哥華地區急診護理師的首選工作場所。

說實話，我以前從未參與過如此無與倫比的事情，此後也不再有過。我們為數以萬計的病人提供更優質的醫療照護，我們為醫院的數百名醫護人員提供了更好的生活品質。**14**

那麼，他們是如何實現這一轉變的呢？在此前，Chris Strear 博士讀到了《目標》一書。約束管理對他個人和他解決醫院流動問題的方式產生了深遠影響。

因此，我被問過很多次，這場轉變的前後差異在哪裡？儘管我不知道所有答案，但我看到了一些趨勢。我看到了一些反覆出現的主題。領導者必須重視暢流，不能只是口頭重視，而是真的付諸行動。他們需要身體力行，而不僅僅是紙上談兵。而許多領導者並沒有實際行動。

部分原因是他們需要創造空間。醫院的領導者不會是那些每天都在進行變革的人。這些人的首要任務是，他們必須允許那些實際進行改變的人有足夠的空間來投入工作。例如：如果一個護理長手上有 15 項專案，每天有 15 場委員會會議得參加，這時領導高層走過來說丟下一句「流程很重要」，現在，流程變成了第 16 項任務，是他們必須參加的第 16 個會議，實際上，這並沒有確實說明流程為什麼很重要。這只代表了流程是「第 16 項最重要的任務」。

然後，有些護理長根本不會有時間分給第 16 項專案。領導者必須確實釐清弄哪些事情是真正重要的，哪些工作是可以等待的，還有哪些東西是可以退而求其次的，然後發揮積極作用，幫助刪減人們的待辦事項，清理出一些工作，方能幫助他們完成工作。這不止是讓那些必須實際做事的人更有效率；而是以一種非常真實、令人有感的方式向人們傳達，這個新專案 —— 改善流動 —— 就是最重要的任務。

你必須打破孤島。你要看的是整個系統的流動。你不能只看住院部的流量，也不能只關注急診部的流量，因為每一個部門如果單獨來看都是互斥的。當你把病人從急診部轉到住院部，其實就是為住院部創造新的工作量。這對整個醫院的人員來說是完全不同的工作誘因。

當你在討論如何使流程變得更好時，如果有人說不，那也不能就此喊停。拒絕不能成為最後的字眼。我一次又一次地聽過「我們不能這樣做，因為這不是我們這裡做事的方式。」而這是很荒謬的。表達拒絕是可以被接受的，只要在拒絕之後還有另一個可以嘗試的想法。因為如果我有一個糟糕的想法，但這是唯一的想法，那麼你懂吧？我的爛點子就是我們現在最好的點子，所以這就是我們要嘗試的。

領導者必須以正確眼光衡量事物，並審慎思考並設計獎勵機制。我這麼說是什麼意思呢？嗯，造成醫院各部門孤立行事的部分原因是，某個特定部門的管理者往往是以在自己部門的事情如何進行，作為思考與行事的出發點。而他們也會得到相應的獎勵。人們根據他們的表現如何被衡量和如何被獎勵而行事。因此，如果改善急診部流程對病人和醫院系統都是正確的，但這可能會把負擔轉移到另一個部門，造成另一個部門的績效指標下降，這樣也沒關係吧？畢竟醫院的整體流程得到了改善。又有誰會關心個別單位的流量與負荷呢？

必須確保你所衡量的指標與整體目標相符。確保人們得到適當的獎勵，而且他們不會因為改善整個系統的暢流而受到不公正的懲罰。你必須考慮的是整個系統，而不是從個別部門的角度進行思考。

最後，我們對於事物的設計與安排，這些都是人為的動作，這都是一種約束。這絕非物理學的自然法則。你必須牢記這點，因為很多阻力源自於以不同方式做事的不確定性。

人們常常有這樣的心態：因為我們以前沒有以某種方式做過某件事，所以我們不能這麼做。然而事在人為。身體對於治療的反應，這並不是人為的，而是自然規律。但是，將病人放在哪裡、由誰負責、如何把病人從一個單位轉移到另一個單位，這些是我們可以規劃的機制，然後強化這些行為與模式。而這些機制與做法都是可以商量的。[15]

本研究案例具體說明 Goldratt 的約束理論與五個關鍵步驟，來辨識約束、改善流動。這個例子透過醫院系統的病人流動，證明該理論可以應用於任何環境，而不僅僅是製造業或軟體開發情境。

本章小結

提升科技價值流的暢流度是實踐 DevOps 的關鍵。我們需要將工作可視化、限縮 WIP 數量、縮小批量規模、減少交接次數、持續地辨識和改善約束點，並消除日常工作中的困境。

本書的第四部分將詳細描述在 DevOps 價值流中實現暢流的具體實踐法則。下一章介紹第二步工作法 —— 回饋原則。

3

第二步：回饋原則

第一步工作法講述從左到右的快速工作流，本章即將介紹的第二步工作法，則是建立從右到左、貫串整條價值流的快速回饋資訊流。我們的目標是建立更加安全、更具韌性的工作系統。

在複雜的系統中，回饋資訊流特別重要。在重大災難性事件發生之前，回饋機制有助於及早偵測並修正錯誤，例如：製造工人在工作中不慎受傷、或是核反應爐心熔毀等事故。

在科技業中，我們的工作幾乎都是在極度複雜的系統中成形，暴露在重大災難性後果的高度風險之下。如同製造業的一般情形，我們總是在災難性故障發生之後才發現問題癥結，比如：大型生產中斷、資安漏洞導致使用者個資被竊等等。

想要鞏固工作系統的安全性，我們可以在組織與價值流之間，建立一條快速暢通、頻繁流動且高品質的雙向資訊流，包含回饋（feedback）與前饋（feedforward）迴圈。這個方式讓我們謹小慎微，在問題尚未擴大惡化、無可挽救之前就能偵測並予以解決。同時刺激組織學習，整合到未來工作中。當故障和意外發生時，我們將這些視為學習的機會，而不是懲罰與咎責的證據。我們先來了解一下複雜系統的特性，以及如何增加安全性。

在複雜系統內安全工作

複雜系統的明顯特徵之一就是，它否定了任何一個人將系統視為一個整體，並理解所有部分如何統整組合的能力。複雜系統內的各元件密切耦合，具有高度的互相連結性。系統層級行為無法只根據系統內單一元件的行為概括解釋。

研究「三哩島核泄露事故」♥ 的 Charles Perrow 博士得到以下觀察：任何人都無法理解核反應爐在所有情況下的表現，以及它會如何發生事故。[1] 當一個元件出現問題時，很難將其與其餘元件切割隔離，這時問題會以不可預測的方式經由阻力最小的路徑對整體產生影響。

定義「安全文化」中幾個關鍵要素的 Sidney Dekker 博士，同樣觀察到複雜系統的另一項特徵：重複做同一件事，並不會如預期或絕對地會產生相同結果。[2] 正是這項特徵使得檢查清單和最佳實踐有其價值及必要性，但仍不足以遏止災難發生或對其進行有效控制。（見附錄五。）

正因為故障在複雜的系統中是固有且無可避免的，我們必須竭力打造一個安全的工作系統，不管是在製造業或科技業，讓我們不需戒慎恐懼地執行工作，有信心在釀成大患之前（例如：工傷、產品瑕疵或對客戶的不利影響）就及早發現並解決問題。

畢業於哈佛商學院的 Steven Spear 博士在博士論文內剖析了豐田生產系統背後的機制，他認為設計一個完全安全的系統其實超乎人類的能力範圍，但是我們可以在複雜系統內安全工作，只要滿足以下四個能力條件：[3]*

- 管理掌控複雜工作，揭露設計和操作中的問題。
- 統整問題並予以解決，並紀錄下來以構建新知識。
- 在全組織範圍內傳播、善用從區域習得的知識。
- 領導者培養新的領導者，不斷發展上述能力。

以上每一項能力條件都必須被滿足，人員才能在複雜系統中安然工作。下文將介紹前兩項能力條件及其重要性，以及如何在其他領域再現、如何在科技價值流中實踐這些功能。（後兩項條件則描述於第四章。）

♥ 三哩島核泄露事故，通常簡稱「三哩島事件」，是 1979 年 3 月 28 日發生在美國賓夕法尼亞州薩斯奎哈納河三哩島核電廠（Three-Miles Island Nuclear Generating Station）的一次部分爐心熔毀事故。

* Spear 博士延伸他的論文主張，加以分析其他優秀組織的成功原因，比如：豐田供應商網路、美國鋁業公司，以及美國海軍的核動力推進計畫。[4]

在問題發生時察覺

在安全的工作系統中，我們必須持續驗證系統的設計與操作假設。我們的目標是增加系統內資訊流的多元性、即時性、速度及資訊透明度，讓工作成本更低，幫助我們更快釐清事物的因果關係。讓越多假設失去效力，就能越快找到並解決問題，提高組織韌性、敏捷度，強化學習與創新的能力。

在系統與工作中建立回饋和前饋迴圈來達成上述目標。Peter Senge 博士在著作《第五項修練：學習型組織的藝術和實務》中，將回饋迴圈描述為學習型組織與系統思考的關鍵要素。[5] 回饋與前饋迴圈可以幫助系統內的各組件（人員）彼此相互強化或抵銷。

在製造業中，如果缺乏有效的回饋機制，容易導致重大品質及安全問題。通用汽車佛蒙特製造廠的一項案例如此紀錄，裝配流程中缺乏檢測問題的有效程序，也沒有當問題發生時該採取何種對策的明確程序。因此，有些引擎被裝反了，有些汽車少了方向盤或輪胎，有些汽車甚至因為無法發動，不得不被拖出生產線。[6]

相形之下，在高效能生產組織中，一定有迅速、頻繁、高品質的資訊流貫徹整個價值流 —— 評量並監管所有作業，快速發現並處置任何瑕疵或差錯。這種做法能夠確保品質、提升安全性，鼓勵繼續學習和改善的風氣。

在科技價值流中，我們之所以得到不如預期的結果，通常是因為缺乏快速的回饋機制。比方說，在瀑布式軟體開發專案中，我們花上一整年時間埋頭編寫程式碼，直到邁入測試階段時才可能得到關於程式碼品質的回饋意見 —— 或者，更糟的情況是，直到向客戶發布軟體後才終於收到回饋。當回饋來得太遲、太不頻繁，就算我們試圖避免不期望的後果發生，但收到回饋後顯然為時已晚。

我們需要建立一條快速的回饋與前饋迴圈，圍繞在產品管理、開發、QA、資安與營運等部門之間，並在科技價值流的每一階段不斷運作。這個目標包括建立自動化構建、整合與測試流程，以便我們可以立即檢測出何時引入了一個讓運作與可部署狀態脫離常軌的變更。

同時配置無所不在的遙測技術，監測系統每一組件在生產環境中的運行狀態，以便快速檢測它們是否未按預期運行。我們可以根據遙測來衡量預期目標是否達成，並在理想情況下擴散到整個價值流，確認此一行為如何影響系統的其餘部分。

回饋迴圈不僅能夠幫助我們快速偵測並解決問題，還能夠防範問題在未來繼續發生，提升工作系統的品質與安全性，鼓勵組織學習的良好風氣。

Pivotal Software 公司的工程 VP 與《Explore It!: Reduce Risk and Increase Confidence with Exploratory Testing》一書的作者 Elisabeth Hendrickson 如此說道：「當我接手工程品質管理時，我將首要任務定位成『建立回饋循環』。回饋是讓我們不斷邁向前方的關鍵動能。我們必須持續在客戶需求、組織目標與理念實作之間不斷驗證。測試只是回饋的其中一種形式。」[7]

持｜續｜學｜習

回饋類型和週期時間

Elisabeth Hendrickson 在 2015 年 DevOps Enterprise Summit 的演講，提出軟體開發的 6 種回饋類型：[8]

- **開發測試**：身為開發者，我寫出的程式碼有沒有符合我的構想？

- **持續整合（CI）與測試**：身為開發者，我寫出的程式碼是否符合所有對程式碼的期待？

- **探索式測試**：我們是否引入了非本意的結果？

- **接受度測試**：我有沒有得到預計的功能？

- **利益相關者回饋**：身為團隊，我們是否朝向正確方向？

- **使用者回饋**：我們的產品有沒有符合使用者／客戶期待？

每一類回饋所需的時間並不相同，可以將這些回饋想成一個個同心圓。最快的回饋迴圈位於開發者工作站（本地測試、以測試驅動的開發等等），而所需時間最久的則是使用者或客戶回饋（如圖 3.1）。

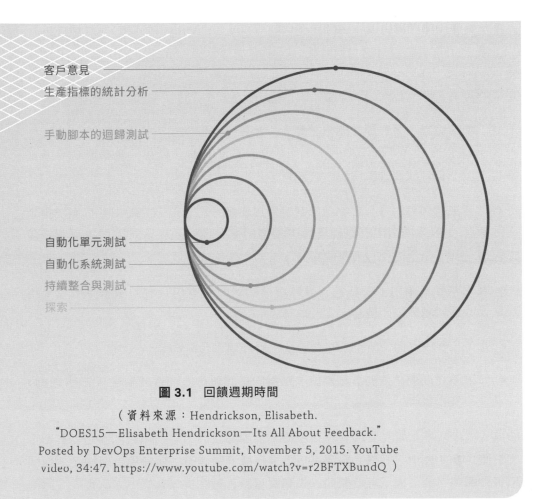

客戶意見
生產指標的統計分析
手動腳本的迴歸測試
自動化單元測試
自動化系統測試
持續整合與測試
探索

圖 3.1 回饋週期時間

（資料來源：Hendrickson, Elisabeth.
"DOES15—Elisabeth Hendrickson—Its All About Feedback."
Posted by DevOps Enterprise Summit, November 5, 2015. YouTube
video, 34:47. https://www.youtube.com/watch?v=r2BFTXBundQ）

聚集並解決問題，構建新知識

在意外或問題出現時，僅僅能夠偵測是遠遠不夠的。當問題發生時，我們必須統整問題，動用必要人員與手段，想出解決之道。

Spear 博士認為，蜂擁式對策（swarming）的目標在於在問題大肆蔓延之前就即時掌握，予以正確診斷並確保不再發生：「如此一來，他們（組織）將會構建更加深刻的知識，了解如何妥善管理工作系統，將不可避免的無知轉化成詳實知識。」[9]

這項原則的典範體現正是「豐田安燈繩」（Toyota Andon cord）。在豐田的製造工廠中，每個工作中心上方都有一根繩索，生產線上每位工人和經理都必須接受相關培訓，在出現問題時，零件出現瑕疵、必要零件不可用、或者工時超過表定時間等情況時，拉動繩索示警。*

一旦拉動安燈繩示警，通知團隊領導者立時著手處理問題。如果無法在特定時間內（比如：55 秒內）解決問題，則可以暫時中止整條生產線，動員整個組織來協助處理，直到找到成功解決的有效對策。

不再是「當我們有空時」再解決或安排修復作業，而是當機立斷地採取處理措施——與上文提到的通用汽車佛蒙特工廠案例恰好相反。以下原因可以證明蜂擁式對策（swarming）的必要性：

- 避免問題繼續向下游移動，導致處理問題的成本和心力如滾雪球般越來越大，累積越多技術債務。

- 避免工作中心開始新一項工作，引入新錯誤到系統內。

- 如果不在問題發生時立刻解決，那麼同樣問題可能也會發生在（55 秒後的）下一次作業中，反而產生更多修復問題與工作量。（請見附錄六。）

蜂擁式對策可能與常見管理實務有所出入，因為我們刻意凸顯局部問題，打斷全域整體作業。然而，蜂擁式對策可以促進組織不斷學習，避免因為時間流逝而遺忘事件脈絡，或者因環境改變而錯失關鍵資訊。這在複雜系統中尤其重要，因為人員、程序、產品、地點或環境之間互相作用影響之下，容易產生一些意外變數，因此產生許多問題——隨著時間推移，更加無法確認問題發生當下的確切情形。

Spear 博士指出，蜂擁式對策是：「即時識別問題，進行診斷及治療（製造業行話中的「對策」或「糾正措施」）的循環式管理方法」。它衍生自美國學者 W. Edwards Deming 提出的 PDCA——規劃（Plan）、執行（Do）、查核（Check）、行動（Act）——巡環式品質管理的延伸，並且更加迅速高效。[10]

---

* 豐田企業的部分工廠採用「安燈鈕」。

只有在產品生命週期內及早發現，即時控制小型問題，才能在釀成大害之前扭轉局勢。換句話說，當你發現核子反應爐的爐心熔毀時，想要力挽狂瀾早已為時已晚。

想在科技價值流中打造快速的回饋資訊流，必須建立等同於安燈繩的機制和相應的蜂擁式對策，同時必須致力建立讓人安心，在出現差錯時勇敢拉動安燈繩的組織文化，不論這個差錯發生在價值流的哪個階段，例如：引入一個變更卻導致持續構建或測試程序中斷的情形。

一旦拉動安燈繩，所有人必須蜂擁而上共同解決問題，直到問題解決才可以繼續導入新的工作。† 這種做法為科技價值流的每一個人提供了迅速回饋（特別是造成系統停頓的人），幫助我們快速隔離問題並進行診斷，避免更多因素將問題複雜化，更難以釐清因果關係。

避免導入新工作的做法，可以促進持續整合與持續部署，在科技價值流中維持「單件流」。通過持續構建和整合測試的所有變動，可以在生產環境中上線，而導致測試失敗的任何變動，則會觸動安燈繩，由組織人員即時解決。

➜ 案｜例｜研｜究 ᴺᴱᵂ

Excella 拉下安燈繩（2018）

Excella 是一家 IT 顧問公司。在 2019 年的 DevOps Enterprise Summit 上，擔任 Scrum Master 的 Zack Ayers 和資深工程師的 Joshua Cohen 分享了他們使用安燈繩減少週期時間、改善協作和實現更好的心理安全文化之實驗。[11]

Excella 在一次團隊回顧會議中發現，他們的週期時間出現上升趨勢。工作紛紛變成 Joshua Cohen 口中的「幾乎完成」（almost done）的情況。他指出：「在每天的 standup 會議上，開發人員會說明他們前一天所做的功能開發進度。他們會說：『嘿，我取得了很大的進展。我快完成了。』然後第二天早上，他們會說：『嘿，我遇到了一些問題，但我已經解決了。我還剩下一些測試要做。就快完成了。』」[12]

---

† 令人驚訝的是，當安燈繩被拉動的數次減少，工廠經理反而會降低對錯誤的容忍度，故意讓安燈繩拉動次數增加，刺激更多學習機會並持續改善，偵測更加微小的故障徵兆。

這種「幾乎完成」的情況發生得過於頻繁，團隊意識到這是一個他們想要改進的領域。他們發現，人們只會在特定的時間提出問題，比如：在 standup 會議上。他們希望團隊能夠改變做法，在發現問題時立即進行合作，而不是等到第二天的 standup 或其他會議。

這個團隊決定嘗試「安燈繩」的做法。他們制定了兩大關鍵參數：（1）當繩子被「拉下」時，每個人都會停止工作，辨識問題，找出解決方法；（2）當團隊中有人感到工作受阻，或需要團隊的幫助時，就會拉動這根繩子。

團隊並非使用實際的繩索或線繩，而是在溝通軟體 Slack 中建立了一個自動回覆機器人（bot），當作一種隱喻的安燈繩。當某人輸入 *andon*，機器人就會 @here 所有團隊，通知 Slack 中的所有人。但他們並不止步於此，他們還在 Slack 中建立了一個「if/this/then/that」的整合條件式，可以啟動旋轉的紅燈、燈串，甚至是辦公室裡跳舞的「氣球人」，以顯示問題應被重視的程度。

為了衡量他們的安燈繩實驗，團隊決定把減少週期時間以及促進團隊內合作作為關鍵成功指標，在出現問題時透過積極討論，來擺脫「幾乎完成」的工作。

在 2018 年實驗剛開始時，他們的週期時間停滯在 3 天左右。在接下來的幾週裡，隨著安燈繩開始被拉動，他們看到週期時間略有下降。幾週後，他們停止拉動安燈繩，看到他們的週期時間又上升到近 11 天，創下歷史新高。**13**

他們評估了實驗中發生的情況。他們意識到，雖然拉下繩索這件事很有趣，但他們拉得不夠頻繁，因為人們害怕尋求幫助，而且他們不想打擾隊友。

為了緩解這種情況，他們重新定義了拉動安燈繩的時機，不再是當某個團隊成員被卡住時才能拉繩，而是只要有人需要團隊意見時，就可以拉下繩子。

此後，他們看到安燈繩的拉動次數大大增加，週期時間也隨之下降。

每次團隊看到安燈繩的拉動量下降，他們就會尋找新的方法來刺激拉動率，他們見證到，週期時間隨著拉動量增加而減少。團隊繼續迭代，並最終將安燈繩從小實驗變成大實踐，最後推廣到全部的產品範圍，並使用「Andon: Code Red」來回報重大問題。

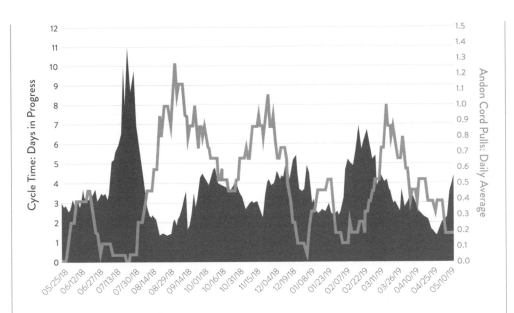

圖 3.2　Excella 的週期時間 vs. 安燈繩次數

（資料來源：Zach Ayers and Joshua Cohen. "Andon Cords in Development Teams—Driving Continuous Learning," presentation at the DevOps Enterprise Summit Las Vegas, 2019. https://videolibrary.doesvirtual.com/?video=504281981）

除了週期時間之外，他們發現安燈繩還促進了心理上的安全感。隊友們更願意提出想法，並提供了更多具有創造性的解決方案。

正如 Excella 公司首席技術和創新長暨聯合創始人 Jeff Gallimore 表示：

> 這個實驗中有一個學習經驗是反直覺的，它挑戰了人們普遍持有的信念，也就是對於開發人員和工程師來說，流程不應該被打斷，因為這會損害個人的生產力。然而，這正是安燈繩的目的，它反而促進了團隊的工作暢流和生產力。[14]

本案例研究強調了在區域問題惡化成全域問題之前，採用蜂擁式對策來解決問題的驚人效果，以及透過安燈繩系統的創意整合方式，如何幫助減少週期時間和改善團隊協作。

將品質意識推進至源流

組織對意外和事故的反應方式，可能在無意中加深了工作系統的不安全性。在複雜系統中加入更多檢查步驟和審核程序，反而容易增加在未來發生故障的可能性。隨著制定決策的行為距離發生工作的時點越來越遠，審核程序的效用將會隨之遞減。如此一來，決策品質不佳，生產週期延長，減弱了因果關係之間的意見回饋強度，阻止了我們從成功和失敗中學習的機會。*

這種情形同樣也會發生在更小、更不複雜的組織中。由上到下、官僚式的指令和控制體系系統變得不管用，因為資訊不夠明確即時，導致「誰應該做某件事」和「誰真正在做某件事」之間的認知差距太過巨大。

《精實企業》一書提出幾個無效品質管理的例子：[16]

- 要求另一個團隊去完成冗長單調、容易出錯的手動作業。這明明可以將作業流程自動化，依照各團隊需求自主運行。

- 要求不熟悉工作的忙碌主管批准工作，逼他們在沒有充分了解工作或潛在影響的情況下做出決策，草率簽核。

- 大量具有可疑細節的文件，在完成撰寫不久之後隨即過時。

- 將大批工作擺在團隊和特別委員會面前要求進行審核和處理，然後等上又等。

為了避免無效的品質管理，可以讓價值流中的每一個人，在自己的領域與能力範圍內，將問題找出並修復變成日常工作的一部分。確保品質與安全的任務變成每個人的職責，在問題發生的當下及時做出決策，而不是遲遲等待上級主管核可。

---

* 在 18 世紀時，英國政府主導了一個自上而下由官僚主義指揮和控制的事件，而事實證明這種管理方式極度無效。當時，喬治亞仍是一個殖民地，與英國距離 3,000 英里，對當地的相關知識相當匱乏，缺少諸如土地化學、岩石、地形、水資源和其他條件的第一手知識，但英國政府卻試圖規劃喬治亞的整體農業經濟發展。而這次嘗試的結果十分令人沮喪，喬治亞在英國 13 個殖民地中，具有最低的繁榮程度和人口總數。[15]

利用同儕評閱，可以確認我們所做的變更是否按照設計方式運行，盡可能將過去由 QA 或資安部門執行的品質檢查作業自動化。開發人員不再需要特別請求或安排測試，而是讓這些測試「按需執行」，幫助開發人員快速測試程式碼，甚至可以將變更部署到生產環境中。

藉由這麼做，我們才真正讓確保品質這件事由每一個人共同分擔，而不是單一部門的重責大任。確保資訊安全不止是資安部門的工作，就像確保產品或服務的可用性也不止是營運部門的工作。

敦促開發人員共同承擔他們所構建的系統品質，不僅可以提升開發成果，同時還激發組織學習風氣。這項益處對開發人員來說特別重要，因為在整個價值鏈中，通常開發人員與真實客戶之間的距離最遠，最無法直接、立時得到客戶的意見回饋。正如 Gary Gruver 的觀察：「就算有人對 6 個月之前開發人員做過的工作怨聲載道，開發人員也不可能因此學到任何東西 —— 這就是為什麼我們必須盡力在幾分鐘內向所有人快速回饋，而不是過了好幾個月才反應。」**[17]**

為下游工作中心提供改善活動

1980 年代出現的「可製造性設計」原則，乃是透過產品設計和製造工藝來降低生產成本、提升產品品質及工作流暢性。可製造性設計的實際例子包括，避免組裝失誤的不對稱元件、預防螺絲過度鎖緊的緊固件等等。

一般設計原則聚焦在外部客戶，但常常忽略內部的利益關係人，比如：位於生產流程中的相關人員。可製造性設計則將這些人列入考量範圍。

精實法則界定了兩種必須列入設計考量的客戶類型：外部客戶（願意為我們所提供的服務付費的人）及內部客戶（在我們之後直接接收與處理工作的人）。精實法則認為最重要的客戶就是接續在我們下一階段的人。我們主動改善分內工作的首要條件是，對別人所遇到的問題能夠感同身受，才更能識別出阻礙迅速和順暢工作流的設計問題。

在科技價值流中，我們可以設計完善的作業流程使下游工作中心最佳化，讓屬於營運範疇的非功能性需求條件（例如體系結構、生產效能、穩定性、可測試性、可配置性和安全性）與使用者功能具有同等重要的地位。

在生產過程中注入品質意識，注重源流品質（Quality at the source），可能會涉及制定一系列非功能性需求條件，我們必須將其主動整合到價值流中的每項服務中。

本章小結

在科技價值流中建立迅速的回饋資訊流，對於產品品質、組織可靠性及安全性是不可或缺的要素。立即偵測並使用蜂擁式對策來解決問題，建立新的知識，將品質意識推進至源流，並且為了下游的工作中心持續使我們的工作流程最佳化，從而建立快速的回饋機制。

在 DevOps 價值流中建立快速回饋流的具體實踐將在本書的第四部分介紹。下一章，我們將會介紹第三步工作法 ── 持續學習與實驗。

4

第三步：持續學習與實驗原則

第一步工作法聚焦在由左到右的工作流，第二步工作法則是建立從右到左，快速持續的回饋流。第三步工作法則著眼於建立一個持續學習與實驗的組織文化。透過上述這些原則，組織成員可以持續增加個人知識，然後積累、轉化成團隊及組織的知識經驗。

注重系統品質與安全議題的生產作業中，工作通常被嚴格定義並執行。比方說，在上一章出現過的通用汽車佛蒙特工廠，生產線上的工人幾乎無法將改善活動和學習融入他們的日常工作中，試圖提出改善建議時常會「一頭撞上冷漠無情的高牆」。這類環境通常瀰漫著恐懼和低度信任，犯錯的工人必須接受懲罰，提出建議或指出問題的人被認為是打小報告和刻意找碴。要是有人提出建議，領導階層會反過來壓制甚至進行懲罰，阻礙學習與改善活動，對品質與安全問題視而不見。[1]

相比之下，高效能生產組織以積極態度促進學習 —— 不再是嚴格切割每個人的工作範圍，而是將工作系統視為動態過程，鼓勵生產線上的工人在日常進行實驗來產生新的改善活動，將工作程序標準化並如實紀錄實驗結果。

在科技價值流的首要目標是建立高度信任的組織文化，強化終生學習精神，鼓勵人們在日常工作中敢於「聰明冒險」。將科學方法與思考模式融入流程改善和產品開發，從成功與失敗中學習，排除不可行的點子，極力實踐可行的構想。將區域學習快速轉化為全域改善活動，使整個組織善用新的技法並加以實踐。

持 | 續 | 學 | 習

持續學習與實驗不止能夠改善系統效能。這些實踐還能創造一個激勵
士氣的工作環境，使人們從工作中獲得成就感，期待與團隊成員共事
與協作。

《State of DevOps Reports》對此獲得了顯著的發現。舉例來說，在
採用第三步工作法的組織中，旗下員工有高達 2.2 倍意願，向朋友推
薦該企業為優質工作場所，而且工作滿意度更高、倦怠率更低。

Mckinsey 研究同樣指出組織文化（包含心理安全、協作、持續改善
實踐）是開發者生產力與組織價值的關鍵動力。[2]

在日常工作中，請排出一些時間用於改善活動並加速學習。我們必須不斷將壓力
引進系統中，以促進改善活動持續發生。在受控條件下刻意模擬並引入故障到生
產服務中，以強化組織韌性。

建立這種持續且動態發展的學習系統，團隊可以迅速且自動自發地適應不斷變動
的環境，幫助組織在市場中贏得勝利。

激發組織學習與安全的組織文化

當我們在複雜系統工作時，想要完美預測任何行動的所有結果，基本上是不可能
的。儘管事先採取預防措施並謹慎工作，也可能在日常工作中出現超乎預料、甚
至是災難性後果和事故。

當這些意外事故對客戶產生影響，我們會設法了解事件發生緣由。究其根本，事
故原因常被歸於人為疏失，而且常「點名、責備和羞辱」造成問題的人。* 無論

---

* 「點名、責備、羞辱」模式是 Sidney Dekker 博士的壞蘋果理論的內容之一，在他的《The
Field Guide to Understanding Human Error》一書中進行了廣泛討論。[7]

是意有所指或直接了當，管理層的處理方式都暗示著這人犯了錯，而犯錯的人必須接受懲罰。然後建立更多審核程序和處理流程來防止錯誤再次發生。

為安全文化的關鍵要素編寫專書，並創造「公正文化（just culture）」一詞的 Sidney Dekker 博士如此寫道：「對於事件和事故的不公正回應將會阻礙安全調查，在組織人員之間散佈恐懼而不是正念，讓組織愈顯官僚化而不是更加謹慎，變相形成保密、規避和自我保護的溫床。」[3]

在科技價值流中，這些問題更加不容小覷 —— 我們幾乎全在複雜系統中工作，管理層對於故障和事故所採取的回應，將會滋生一種恐懼的文化，扼殺回報失敗或故障問題的可能性。最後，只有當災難發生時，才會後知後覺發現問題早已根深蒂固。

Ron Westrum 博士是最早體認組織文化對於安全和績效之重要性的一位學者。他觀察到，在醫療保健組織中，賦生文化（generative culture）是患者安全的最佳預測指標之一。[4] Westrum 博士定義了以下三種文化[5] †：

- 「病態型組織」的特徵是存在大量恐懼和威脅。人們經常對資訊隱而不報，不論是出於政治原因，或者扭曲資訊試圖讓自己顯得更好。失敗往往秘而不宣。

- 「官僚型組織」的特點是種種章程規則和程序，讓各部門維持其「勢力範圍」。通常透過一種評斷機制來處理失敗，結果可能是懲罰、正義和仁慈。

- 「賦生型組織」的特點則是積極尋求和分享資訊，幫助組織更好地達成目標使命。責任在整個價值流中共同分享承擔，失敗可以帶來反思和真誠探究的機會。

---

† Westrum 博士在與 Gene Kim 的 podcast 訪談（The Idealcast）中更深入討論了賦生文化這個主題。

如同 Westrum 博士於醫療保健組織研究中的觀察發現，高度信任的賦生文化也是在科技價值流中創造高績效的基礎。**6**

在科技價值流中竭力創造一個安全的工作系統，為培育賦生文化打下堅實基礎。當事故和故障不幸發生時，不再只是追究人為疏失，而是尋找如何重新設計系統的方法，防止事故再次發生。

表 4.1 Westrum 的組織分類模型

組織如何處理資訊

病態型組織	官僚型組織	賦生型組織
資訊被秘而不宣	對資訊視而不見	積極分享資訊
抹殺報信者	容忍報信者	訓練報信者
規避責任	切割責任	共享責任
不鼓勵跨團隊合作	允許但不鼓勵跨團隊合作	獎勵跨團隊合作
掩蓋失敗	公正且仁慈的問責制度	失敗促進探究
摧毀新點子	新點子產生問題	歡迎新點子

（資料來源：Ron Westrum, "A typology of organisation culture,"
BMJ Quality & Safety 13, no. 2 (2004), doi:10.1136/qshc.2003.009522 ）

比方說，當問題發生時，我們可以採行一種**不怪罪任何人的事後驗證會議**（***blameless post-mortems***），又被稱作事後回顧會議（retrospective），更詳盡釐清事故的發生原因，在改善系統的最佳對策上取得共識，防止問題再次發生，同時加快檢測與復原速度。

如此做法可以建立組織學習。正如美國知名電商 Etsy 的工程師 Bethany Macri 所言：「移除責備，消除恐懼；揮別恐懼，帶來誠實；而誠實預防問題。」**7**

Spear 博士觀察到移除責備，鼓勵組織學習的結果是：「組織越來越能夠自我診斷和自我提升，熟練地發現問題、解決問題。」[8]

Peter Senge 博士還將許多屬性描述為學習型組織的特徵。在《第五項修練》中寫道：「這些特徵對客戶有益，能確保品質，創造競爭優勢，打造充滿活力和忠誠的員工團隊，還能揭露問題真相。」[9]

將日常工作的改善制度化

組織無力或不願改善營運流程的結果，不僅是讓現有問題持續折磨團隊成員，而且苦難程度還會隨著時間推移而更加慘烈。在許多組織中，人們沒有被授予適當的能力或權限，好讓他們得以將實際工作中所發現的瓶頸，透過實驗去改善工作和變更流程。《豐田形學》的作者 Mike Rother 觀察到，即使沒有進行改善活動，流程也不是一成不變的 —— 由於混亂和不確定性，工作流程會隨著時間益發低迷，直至失效。[10]

在科技價值流中，如果一昧逃避解決問題，而在日常工作中頻頻仰仗變通措施，持續累積問題和技術債務，最終，我們的日常工作將完全用來執行這些企圖避免災難的臨時變通手段，而沒有多餘時間進行生產性的工作。這就是 Lean IT 的作者 Mike Orzen 的深刻體察：「比日常工作更重要的就是『改善』日常工作。」[11]

如果想要改善日常工作，我們可以刻意排定時間解決技術債務、修復瑕疵，重新建構並改善程式碼和開發生產環境 —— 在每一個開發間隔中安排持續改善週期，或者舉辦「持續改善週（Kaizen blitzes）」，由工程師自由組隊合作，改善想要解決的問題。

執行「持續改善活動」的結果是，每個人都能在自己的工作範圍內持續發現並修復問題，同時將其視為日常工作的一部分。在解決困擾長達數月或數年的日常問題之後，我們終於能著手解決在系統中較不顯著的問題。透過偵測並回應這些較為微弱的故障信號，我們可以在情勢尚未惡化之前，用更簡單、更節省成本的方式及早解決問題。

讓我們來看看以下這個提升工作場域安全的案例。美國鋁業公司（Alcoa）是一家知名的鋁材製造商，在 1987 年的營業額高達 78 億美元。鋁材的生產環境需要高溫、高壓，以及高腐蝕性的化學物質。在 1987 年，美國鋁業公司的安全紀錄十分令人憂心，9 萬名員工中平均每年都有 2%的人受傷 —— 換句話說，平均每天有 7 人受傷。當 Paul O'Neill 接任執行長時，他的首要目標是達成零受傷的紀錄，讓員工、承包商和訪客等所有人都免受傷害風險。[12]

O'Neill 希望在任何人不慎受傷的 24 小時內盡快得到通知 —— 此舉不是為了懲罰任何人，而是為了確保和促進組織的學習機會，打造更安全的工作場所。實施此舉的十年間，美國鋁業公司將傷害率降低了 95%。[13]

大幅降低傷害率後讓美國鋁業公司能夠專注解決較小的問題和較弱的故障信號 —— 不再只是有人意外受傷時才通知歐尼爾，管理層也會回報差點發生意外的緊急事件。* [14] 在接下來的二十年間，美國鋁業公司不斷改善工作場域的安全性，擁有業內最令人稱羨的安全紀錄之一。

Spear 博士寫道：

> 漸漸地，美國鋁業公司不再只用變通措施解決問題、困難或工作上的不便。透過持續改善流程或產品，逐步將敷衍了事、災害搶救或將就湊合的工作態度排除於組織之外。發現改善機會，加上深入調查，關於問題的無知將轉化為寶貴的工作知識。[15]

這麼做不止減少了安全事件，還幫助這家企業在市場上獲得更大的競爭優勢。

在科技價值流中，當工作系統變得更加安全，我們就有餘力偵測更微弱的故障信號，解決更細微的問題。比方說，不怪罪任何人的事後驗證會議可能只能實施在影響客戶的事件上，隨著工作系統愈發強健，我們還可以將這種檢討方式應用到影響層級較小的事件上。

---

* 企業領袖必須負起創造安全的工作場域的道德責任，而 Paul O'Neill 親身實踐的效果不僅令人驚艷、充滿教育寓意，而且令人感動。

將局部發現轉化為全域改善

在系統局部產生新的學習時，必須制定讓組織其他成員也能學習獲益的機制。也就是說，當團隊或個人具備創造專業知識的經驗，我們必須將這些隱性知識（無法以文字或言語傳授給他人的知識）轉換為明確的知識記錄，透過實踐這些紀錄，建立另一個人的專業知識。

當其他人進行類似的工作內容，他們可以借助組織內曾經接觸相關內容得每一位成員所累積的集體經驗。美國海軍的核動力推進計畫（又稱為 NR 或 Naval Reactors）即是一個將局部知識轉化為全域知識的著名例子。每一年度有超過 5700 個反應爐處於運行狀態，沒有任何一個反應爐發生過傷亡或輻射逸散事件。[16]

核動力推進計畫對於程序編制和標準化作業抱持非常嚴謹的態度，針對任何違反正常作業的事件，不論故障信號有多麼微小，都必須撰寫報告以累積學習知識——根據這些學習，美國海軍持續更新程序並改善系統設計。

當新船員首次被派遣出海時，這些人及他們的長官可以參考積累多時的集體知識並得到幫助。同樣地，他們的海上經驗也將被新增到這份集體知識中，幫助日後執行海上任務的船員安全地完成任務。

我們必須在科技價值流中建立類似機制來產生全域知識，例如讓所有試圖解決類似問題的團隊能夠搜索組織內所有的「不怪罪任何人的事後驗證」報告、建立組織共享的開放原始碼儲存庫，讓組織內所有人都能輕鬆取得程式碼、函式館和配置，讓集體知識在組織內流通體現。這些機制有助於將個人專業知識轉化為組織內其他人可取用的資源。

在日常工作中注入韌性模式

低效能製造業組織可以用多種方式緩解生產中斷——大量囤貨或增加浪費。比方說，為了降低工作中心的閒置風險（由於存貨遲到或必須報廢等），工廠經理可能會選擇在每個工作中心囤積更多庫存產品。不過，設置庫存緩衝區的做法將會增加 WIP 成本，正如我們在前文解釋過，容易產生許多不良影響。

同樣，為了降低因機器故障而癱瘓工作中心的風險，管理人員可能會購買更多資本設備，僱用更多生產人員，甚至增加工廠佔地面積的做法來確保生產能力。然而這些做法，都會大幅提高生產成本。

相比之下，高效能組織透過持續改善日常作業流程，不斷引入緊張局勢來提升績效，同時強化組織韌性，這不但能達成相同效果，甚至創造更佳效能。

豐田企業的主要供應商之一的 Aisin Seiki Global 在旗下床墊工廠有一項經典實驗。假設有兩條生產線，每一條生產線每天可生產 100 個單位。在淡季時，他們會將所有生產需求發送到同一條生產線，嘗試各種方法來增加生產能力並辨識生產流程中的漏洞。如果發現生產線過載而發生故障，他們可以將所有生產需求發送到第二條生產線上。

在日常工作中持續不懈的實驗，讓這間公司不斷提升生產能力，通常不必添購任何新設備或僱用更多人員。這類改善實驗所衍生的工作模式，不僅提升效能還強化了組織韌性，因為組織總是處於緊張和變化的狀態，必須預測、準備、應對、適應環境的持續變化，以及突發性的營運中斷，讓組織能繼續生存和繁榮發展。這種施加壓力以增強韌性的做法被作者和風險分析師 Nassim Nicholas Taleb 博士稱為**反脆弱**（*antifragility*）。[17]

在科技價值流中，我們可以將類似壓力引入系統中，比如：持續嘗試縮短部署前置時間、增加測試覆蓋範圍、縮短測試執行時間，甚至在必要時重新設計系統，提升開發人員的工作效率或可靠性。

我們還可以舉辦**遊戲日**（*game day*），演練大規模故障的應對方式（比如：關閉整個資料中心）、或引入更大規模的故障，刻意擾動生產環境（比如：Netflix 著名的「Chaos Monkey」，在生產環境中的隨機殺死程序及運算伺服器），使我們具備從傷害中快速復原的韌性。

由領袖強化學習文化

傳統觀點認為組織領導者負責制定目標，分配資源，並建立適當的獎勵機制。企業領袖還為其所領導的組織奠定情感基調。換言之，領導者以「做出所有正確決策」的方式來領導組織。

然而，有大量證據顯示光是做出所有正確決策，並不能實現領導者的偉大 ——相反地，領導者的角色是創造條件，讓團隊能夠在日常工作中發現偉大。創造偉大成就需要領導者和工作者齊心協力、相互倚仗。

Jim Womack 在《Gemba Walks》一書中描述了領導者和第一線工人之間不可或缺的互補關係和相互尊重。他認為，這種互補的工作關係有其必要性，因為雙方都無法單獨解決問題 —— 領導者與實際工作不夠接近，無法親自解決問題，而第一線工人受限於其工作範圍，缺乏更廣泛的全局視野和進行變革的權限。[18] *

領導者必須深刻認識學習和有效解決問題的珍貴價值。Mike Rother 將這些方法歸納為**教練形**（***coaching kata***）†。比照科學方法，建立明確目標，比如：美國鋁業公司的「維持零事故」或 Aisin 的「在一年內讓生產量翻倍」。[19]

在這些戰略目標之下，建立不斷更迭的短期目標，在價值流或工作中心等層級建立目標條件（例如：在接下來兩週內縮短 10% 的前置時間），串連這些目標，並持續執行。

這些目標條件比照科學實驗方法：我們明確指出欲解決的問題、解決對策的假設、測試這個假設的方法、對於結果的詮釋，以及如何在下一次迭代運用本次收穫。

領導者在指導實驗人員時，可以提出引導式問題，比如：

- 你的最後一步是什麼？發生了什麼？
- 你學到了什麼？
- 現在是什麼情況？
- 下一個目標條件是什麼？

---

* 領導者負責以縱觀全局的角度整合設計和作業流程，組織內其他人則缺少這種視角和權限。

† 教練形（coaching kata）指教導各階層員工學習改善形（improvement kata）的模式，以激發員工的創新思維與行動力。

- 你正在克服什麼障礙？

- 下一步是什麼？

- 預期結果是什麼？

- 什麼時候可以檢驗成果？

這種解決問題的方法是豐田生產系統、學習型組織、改善形和高可靠性組織的關鍵核心，領導者幫助工人在他們的日常工作中發現並解決問題。Mike Rother 認為，豐田企業是一間「向組織內所有成員持續傳授獨特領導常規」的組織。[20]

這種科學方法和迭代方法是科技價值流中所有內部改善流程的標竿，同時也敦促我們進行實驗，確保我們所構建的產品確實對內外部客戶有所裨益。

➔ 案 | 例 | 研 | 究 🆕

貝爾實驗室的故事（1925）[21]

貝爾實驗室的歷史跨越了有聲電影和彩色電影、晶體管、Unix、電子開關系統等發展，近一百年來一直是創新和持續成功的象徵。貝爾實驗室榮獲 9 個諾貝爾獎和 4 個圖靈獎，以開創性概念持續開發，創造出幾乎全人類都在使用的產品。是什麼力量推動了這一個如空氣般無所不在的文化，並且締造了這麼豐富多彩的科技突破？

1925 年誕生的貝爾實驗室，其成立目的是為了鞏固貝爾系統（Bell Systems）的研究活動。雖然它的許多產品改進了電信系統，但這家公司從未限縮自己的發展領域。正是在這樣的組織氛圍中，Walter Shewhart（在貝爾實驗室開始工作時）提出了充滿開創性的統計控制概念，後來與 W. Edwards Deming 合作，創造出了「Shewhart-Deming PDCA」持續改進循環，也就是「計劃、執行、檢查、行動」。他們的這項工作成果後來成為豐田生產系統的架構基礎。

Jon Gertner 在《The Idea Factory: Bell Labs and the Great Age of American Innovation》一書中提到 Mervin Kelly，這個人提出「創意技術研究所」的願景，在這個研究所中，來自多元領域、具有不同知識技能的團隊，可以公開合作和實驗。在團隊之中所有人都建立一個共識：任何技術突破都來自團隊，而不是某個特定成員。[22]

這與「scenius」的概念相吻合，這是由先鋒作曲家 Brian Eno 創造的詞彙。Gene Kim 經常提到這個概念，Mik Kersten 博士在《Project to Product》一書以及部落格文章〈Project to Product: From Stories to Scenius〉都討論過這個概念。[23] 正如 Eno 所言：「Scenius 是代表了整個文化場景的智慧和直覺。它是天才概念的公共形式。」[24]

Gertner 解釋道：「貝爾實驗室的研究人員和工程師很清楚，他們組織的最終目的是將新的知識轉化為新的事物。」。[25] 換句話說，真正的目標是將創新轉化為具有社會價值的東西。貝爾實驗室擁有一種不斷成功的文化，因為變革和挑戰現狀正是這個實驗室的精神標誌。

這種文化的一項重要觀點是，人們不應該害怕失敗。正如 Kelly 的解釋：「想要創造一個新的、流行的技術，成功的機率總是對創新者不利；只有在環境允許失敗的情況下，人們才能追求真正的突破性的想法。」[26]

像是 Chaos Monkey 和 SRE 模型這類的概念，其實也起源自貝爾實驗室為了鞏固電信系統加固的工作成果，透過破壞這些系統作為正常測試週期的一部分來實現 99.999% 的可用性，然後透過自動化的復原工作，確保系統的穩健性。

因此，當我們今大談論使用跨技能團隊的合作、持續改進、提供心理安全以及應用團隊想法時，其實這些概念都源自於貝爾實驗室的營運 DNA。雖然今天許多人可能不知道究竟是哪家公司發明了晶體管、創造出電視上的絢麗色彩，但在這些創新的成果背後，貝爾實驗室的概念在經歷近一個世紀以後，仍然活躍著。

> 貝爾實驗室致力打造一種文化，讓團隊透過橫向與縱向合作來成就偉大的工作成果。

本章小結

第三步工作法討論了組織學習的重要性，如何建立高度信任和跨部門合作，接受複雜系統中永遠可能發生失敗或故障的事實，讓組織成員敢於討論問題，建立一個更加安全的工作系統。第三步工作法還強調將「改善日常工作」制度化，將局部學習轉化為可供整個組織運用的全域知識，以及在日常工作中引入壓力的必要性。

培養不斷學習和實驗的文化是第三步工作法的原則，與第一步及第二步工作法的實踐密不可分。換句話說，改善工作流和回饋流需要迭代式的科學方法，包括設定目標條件、建立假說、設計和進行實驗，以及評估結果等。

確實實踐這些工作法，不僅提高效能，增加組織韌性，提升工作滿意度，也強化了組織適應能力。

PART I：總結

本書的第一部分內容回顧了歷史上幾個催生 DevOps 的運動與思潮。我們研究了打造成功 DevOps 實踐的三個主要原則：暢流原則、回饋原則、持續學習與實驗原則。第二部分將討論如何在組織中發起 DevOps 運動。

PART I：補充資源

《Beyond The Phoenix Project by Gene Kim and John Willis》是紀錄了 DevOps 文化起源與發展的一系列有聲書（itrevolution.com/book/beyond-phoenix-project-audiobook/）。

DORA 的 State of DevOps Reports 持續為 DevOps 社群創造優質指標並提供洞察力（devops-research.com/research.html）。

GitHub 的 Octoverse Report 和 State of DevOps Reports 一樣，為軟體產業提供優質指標，幫助衡量工作狀態（devops-research. com/research.html）。

Thoughtworks 的 Tech Radar 是新潮工具與趨勢的發源地（thoughtworks. com/radar）。

如果想更了解 Ron Westrum 的組織類型和賦生文化，可以聆聽 Gene Kim 主持的 The Idealcast 個人訪談（itrevolution.com/the-idealcast-podcast/）。

2017 年的 DevOps Enterprise Summit，Gene Kim 主持了一場聯合對談，與 Sidney Dekker、Steven Spear 博士和 Richard Cook 博士一起討論「安全文化與精實法則的交融匯聚」（videolibrary.doesvirtual.com/?video=524027004）。

《Getting Started with Dojos》白皮書是打造學習型文化的絕佳參考資料（itrevolution.com/resources）。

《Measuring Software Quality》白皮書清楚條列了可追蹤軟體品質的基本指標（itrevolution.com/resources）。

Dominica DeGrandis 的《Making Work Visible: Exposing Time Theft to Optimize Work & Flow 》是幫助你將透明度引入日常工作的絕佳參考書籍（itrevolution.com/making-work-visible-by-dominica-degrandis/）。

你還可以在 Idealcast 上聆聽嘉賓為 John Richardson 海軍上將的這期節目，了解美國海軍核動力推進計畫的細節（https://itrevolution.com/ the-idealcast-podcast/）。

Part II

何處開始

PART II：導論

我們應該從組織內的哪一處開始著手 DevOps 轉型？需要誰加入？如何統整團隊、確保工作能力，最大化成功機率呢？我們將在本書的第二部分回答這些問題。

接下來的章節將帶領各位一覽 DevOps 轉型的啟動過程。從檢視組織的價值流，尋找適當切入點，擬定戰略，組織一個被賦予明確目標和最終成效的專門小組。針對每一個轉型中的價值流，首先掌握正在執行中的工作，然後尋找最能響應轉型目標的組織設計策略與組織架構。

這些章節的主要焦點包含：

- 選擇從哪一條價值流開始。

- 了解價值流中的工作如何完成。

- 參考康威法則（Conway's Law）設計組織架構。

- 在價值流中進行更有效的跨部門合作，取得以市場為導向的成果。

- 保障團隊工作能力，發揮最大效能。

任何轉型活動的開端總是充滿不確定性──我們啟程前往理想狀態，但旅途中幾乎所有階段都尚屬未知。後續章節將提供一個引導決策的思考流程，提供可執行的步驟，並以案例研究作為說明。

5

選擇適當價值流作為切入點

我們必須仔細斟酌，選定適當的價值流，考量 DevOps 轉型過程的難易度、需要哪些人員參與，這個選擇關乎組織團隊的各項決策，以及如何使團隊及個人發揮最大潛能。

在 2009 年接手 Etsy 營運總監，引領 DevOps 轉型的 Michael Rembetsy 言及另一項挑戰：「我們必須審慎選擇轉型專案——當陷入困境時，我們不一定能夠一舉翻身。因此，我們必須精挑細選，極力保障那些最能改善組織情況的改善專案。」[1]

Nordstrom 的 DevOps 轉型

Nordstrom 的電子商務及商店科技 VP Courtney Kissler 於 2014 年及 2015 年的 DevOps Enterprise Summit，針對該企業於 2013 年開展的 DevOps 轉型計畫發表經驗分享。

Nordstrom 創立於 1901 年，是一家引領行業潮流的美國百貨公司龍頭，致力為客戶提供最佳的購物體驗。2015 年，Nordstrom 的年度營業額高達 135 億美元。[2]

Nordstrom 的 DevOps 轉型之旅始於 2011 年某一次年度董事會議。[3] 當年該會議所研議的經營策略主題之一正是增加線上收入的必要性。他們研究了 Blockbusters、Borders 以及 Barnes & Nobles 等企業的經營困境，一再證明傳統百貨業者遲遲未能創造電子商務競爭力的不良後果——這些企業組織顯然面臨著失去市場地位甚至破產的風險。*

當時，Courtney Kissler 是系統交付和銷售科技的資深主管，執掌科技部門，負責的範圍相當廣泛，包括實體店面的銷售系統及線上電子商務網站。Kissler 說：

> 2011 年，Nordstrom 的科技部門非常注重成本最佳化，許多技術工作都外包出去，公司每年計畫發布一大批採用瀑布式開發的新版本。雖然能完成發布計畫、控管預算和業務目標的 97%，但隨著公司開始追求效率最佳化而不是成本最佳化，固守以前的模式已然無法實現公司未來 5 年的目標。[5]

Kissler 和 Nordstrom 科技管理團隊必須決定從何處開始轉型。他們不想引發整個系統的巨變，以避免造成大規模混亂。相反地，他們希望聚焦在非常具體的業務範圍上，一邊嘗試一邊學習。他們的首要目標是快速取得成功，讓所有人相信這些實踐可以用於組織內其他領域。但是，到底該如何轉型呢？

最後，他們決定從三個領域著手轉型：客戶行動應用程式、店內餐廳系統和數位資產。這幾個領域都有未能完成的業務目標，因此相關人員更有意願嘗試不同的工作方式。以下是前兩個領域的轉型故事。

Nordstrom 的行動應用程式有著一段坎坷的誕生過程。Courtney Kissler 描述：「客戶對這個應用程式感到非常失望。自從它在蘋果應用程式商店上線，我們收到大量負面評價。[6] 更糟糕的是，現有架構和流程（即『系統』）很難擴展，導致每年只能發布兩次更新。」換句話說，這款應用程式的任何更新改善，客戶都必須等上好幾個月才能使用。

第一個目標是加快發布速度或實現按需發布，獲得更強健的迭代能力，提升對客戶回饋的快速響應能力。他們組織了一個支援行動應用程式的專門產品團隊，

---

* 這些企業有時被稱為「垂死掙扎的 B 字企業」。[4]

能夠獨立開發、測試並向客戶交付價值。該團隊不再需要依賴 Nordstrom 內部的其他團隊，也不再需要與它們協作。

此外，行動應用程式團隊將一年一度的規劃作業改為「持續規劃」。這樣一來，他們能夠根據客戶需求，為行動應用程式排定一份獨立的優先工作清單，避免因同時支援多項產品而導致作業優先順序的衝突。

第二年，他們把原先單獨進行的測試工作納入每個人的日常工作 *。每月交付的功能增加了一倍，同時缺陷數量降低一半，轉型初見成效。

Nordstrom 的第二個轉型領域是 Cafe Bistro 店內餐廳系統。這個領域與行動應用程式的價值流不同：行動應用程式團隊的業務需求是縮短交付週期和提升開發效率，而餐廳系統的業務需求是降低成本和提升品質。2013 年，Nordstrom 推出 11 項「餐廳創新概念」，對系統做了一系列變更，屢次對客戶造成影響。令人不安的是，公司還計畫在 2014 年實行 44 項創新概念，數量是前一年的 4 倍。

Courtney Kissler 說：「當時，一位高層建議將團隊規模擴大兩倍來處理這些新需求，但我認為不應該投入更多人力，改善現有的工作方式才是當務之急。」[7]

Kissler 的團隊選擇找出問題，並集中精力加以解決，比如：改善工作選取流程和部署流程，他們將程式碼的部署時間縮短了 60%，同時將生產環境的故障數量降低了 60%～90%。

這些成效令團隊產生信心，相信 DevOps 的原則和實踐適用於各種價值流。2014 年，Courtney Kissler 獲得升職，成為 NordStrom 的電子商務及商店技術 VP。

2015 年，談及如何幫助銷售部門及客戶導向的技術部門達成業務目標時，Courtney Kissler 表示：「……我們需要提升科技價值流的整體效率，而非僅限於幾個嘗試性專案。於是，管理高層設立了一個全局目標：將所有客戶導向服務的上線週期縮短 20%。」[8]

---

* 仰賴專案後期的系統加固階段來發現問題，往往得不到好的效果，因為這意味著在日常工作中不能及時發現和解決問題，而這些遺留問題可能像滾雪球一樣變成更嚴重的問題。

她接著說：「這是一項巨大的挑戰。當前的運作方式還存在許多問題，比如：各團隊無法統一衡量流程和週期，指標也無法可視化。因此，我們的首要目標就是幫助所有團隊測量週期，使之可視化，並嘗試縮短交付週期，然後不斷迭代。」**9** Courtney Kissler 總結：

> 整體而言，我們相信透過一些手段可以實現願景，比如：價值流程圖、單件流、持續交付以及微服務。雖然仍在持續學習，但我們確信團隊正朝向正確的方向前進，每一位團隊成員都能感受到來自最高管理層的支持。**10**

本章將提供幾個模型，你可以用它們複製 Nordstrom 團隊在選擇價值流作為轉型切入點時的思考過程。我們將多方評估進入備選的價值流，包括選擇**綠地**（*greenfield*）還是**棕地**（*brownfield*）專案，以及選擇**互動式系統**（*a system of engagement*）還是**記錄式系統**（*a system of record*）。同時權衡 DevOps 轉型的風險和收益，並評估相關團隊對轉型活動的抵制程度。

綠地專案或棕地專案

軟體服務或產品常被分為綠地專案或棕地專案，這兩個術語最初用來指涉城市規劃和建設專案。綠地專案指在未經開發的土地上所建設的專案，而棕地專案則是指在以前用於工業生產的土地上進行建設的專案，這類土地可能遭受有毒物質或污染物的侵蝕破壞。在城市的發展過程中，許多因素使得綠地專案比棕地專案更容易實施——前者既不需要拆除既有建築，也不需要傾力清除有毒物質。

在科技領域中，綠地專案代表全新的軟體專案。這種專案通常還處在規劃或實施的早期階段，有機會從零開始構建全新的應用程式和基礎設施，不會受到過多限制。綠地軟體專案相對更容易開展，在專案預算充足或團隊成員就緒時更是如此。此外，因為是從零開始，所以不需過多顧慮既有程式碼、架構、流程和團隊。

DevOps 綠地專案通常是指一些試驗性專案，用來證明公有雲或私有雲方案的可行性、或是嘗試採用自動化部署及相關工具等。2009 年，由美國國家儀器公司（National Instruments）發布的 Hosted LabVIEW 就是一個 DevOps 綠地專案。這家公司具有 30 年歷史的企業，擁有 5000 名員工，年營業額達 10 億美元。

為了讓這項服務快速上市，該公司組織了一個全新團隊，允許該團隊在現有的 IT 流程之外獨立運作，同時探索公有雲的各項運用。最初的團隊成員包括一位應用架構師、一位系統架構師、兩位開發人員、一位系統自動化開發人員，一位營運負責人和兩位海外營運人員。他們將 DevOps 的概念付諸實踐，使得團隊交付產品的週期比平常時間大幅縮短了一半。[11]

DevOps 的棕地專案則是指那些已經服務客戶長達幾年甚至幾十年的產品或服務。這種專案通常背負大量技術債，比如：無自動化測試、運行在無人維護的平台等。在 Nordstrom 案例中，店內餐廳系統和電子商務系統都屬於棕地專案。

雖然很多人認為 DevOps 主要適用於綠地專案，但成功應用 DevOps 進行轉型的棕地專案比比皆是。事實上，2014 年度 DevOps Enterprise Summit 上所分享的轉型案例中，棕地專案所佔比例超過 60％。[12] 在轉型之前，這些專案的產品或服務與客戶需求存在巨大差異，而 DevOps 轉型為它們創造了巨大的商業價值。

實際上，State of DevOps Reports 其中一項調查指出，應用程式的年齡並不是影響效能的主要因素；效能優劣反而取決於應用架構在當前狀態下（或重新建構後）是否具有可測試性和可部署性。[13]

在認定傳統方法無法達成當前目標的情況下，維護棕地專案的團隊可能非常願意嘗試 DevOps 試驗——尤其是當達到最佳化成為燃眉之急。[*]

---

[*]　具有最大潛在商業利益的服務系統都屬於棕地專案這件事並不足為奇，畢竟它們是最受依賴的系統，擁有大量既有客戶和高額利潤。

棕地專案在轉型時可能會面臨巨大阻礙，特別是那些沒有自動化測試或者緊密耦合的工作架構，導致團隊無法獨立開發、測試和部署的產品或服務。本書內容將會討論如何解決這些問題。

以下是成功轉型的棕地專案案例：

- **美國航空（2020）**：DevOps 實踐也可以應用於傳統的商用現貨（COTS）上。美國航空公司的會員酬賓產品運行於 Seibel 系統，後來改採混合式雲端模式，並投資 CI/CD 管線，實現自動化交付和端到端的基礎設施。自此以後，團隊的部署更加頻繁，在短短幾個月內就完成了 50 多次自動化部署，而且會員網路服務的響應速度是原來的兩倍，雲端成本改善了 32%。更重要的是，這一變化使業務部和 IT 部門之間的對話產生變化。比起過去業務部門總是在等待 IT 部門的變化，現在，團隊能夠更頻繁、更無縫地進行部署，比業務部門驗證和接受變更的速度還更快。目前，產品團隊與業務及 IT 團隊齊心合作，研究如何改善端到端的流程，實現更高的部署頻率。[14]

- **CSG 國際公司（2013）**：2013 年，CSG 國際公司的營收為 7.47 億美元，員工數量超過 3,500 位，其計費服務涉及 90,000 多名客服人員，向超過 5,000 多萬名客戶提供影片、語音和數據計費服務，總交易次數超過 60 億次，每月印刷郵寄的紙本帳單超過 7,000 萬張。CSG 國際公司初始改善專案為票據印刷系統。票據印刷是該公司的主要業務之一，涉及範圍包括 COBOL 中央處理機和 20 個相關技術平台。作為轉型作業的其中一部分，該公司每天都在類生產環境中進行部署，並將發布頻率提高一倍，從每年兩次發布增加為 4 次。這些措施顯著提升了應用程式的可靠性，同時將程式碼部署時間從兩週縮短為不到一天。[15]

- **Etsy（2009）**：2009 年僅有 35 名員工的 Etsy，年收入高達 8,700 萬美元。但是，一到節慶旺季，Etsy 必須咬牙處理蜂擁而至的銷售訂單。因此，該企業決心徹底實施轉型，最終成為最傑出的 DevOps 企業之一，也為 2015 年成功 IPO 上市奠定了堅實基礎。[16]

- 惠普公司的 LaserJet 韌體（2007）：透過自動化測試與持續整合，惠普公司建立了快速回饋機制，讓開發人員迅速確認程式碼及指令是否順利發揮作用。你可以在第 11 章閱讀完整的案例研究。

▶ 案 | 例 | 研 | 究

Kessel Run：空中加油系統的棕地轉型專案（2020）

2015 年 10 月，美國空軍襲擊了位於阿富汗的一家無國界醫生組織的醫院，因為軍方堅信這是敵方據點。當時的阿富汗突擊隊受到攻擊，美國需要迅速做出反應。後來的非機密分析表明，一些失誤導致了毀滅性後果：當時沒有足夠時間通報機組人員，飛機系統也沒有最新數據來辨識醫院位置。正如 Kessel Run 實驗室的平台主管 Adam Furtado 說：「基本上，這是由於失敗的 IT 生態系統，導致 AC130 炮艇攻擊了錯誤的建築。」[17]

Furtado 在 2020 年在拉斯維加斯舉辦的 DevOps Enterprise Summit-Virtual 解釋：「當時發生的事情並不是什麼黑天鵝事件，它是可以預測的，甚至還會再次發生。」[18] 他們需要一個解決方案。

Kessel Run 的命名來自星際大戰的走私客：韓・索羅（Han Solo）的走私路線，象徵美國空軍需要自己將這些新的工作方式「走私」進美國國防部。Kessel Run 這項專案是美國空軍內部為解決傳統國防 IT 部無法有效解決的艱難業務挑戰所做的持續努力。這個小組由一個小聯盟組成，負責對現代軟體實踐、流程和原則進行測試。他們的關注焦點只在於任務本身，而不囿於現狀。

一開始，在 2010 年左右，走進國防部工作，就好比進入一台時間機器，仿佛回到 1974 年，回到一個完全類比的環境，訊息軟體或 Google Doc 這類協作工具是不可能存在的。Adam Furtado 所言極是：「你不應該為了上班而回到過去。」[19]

對此，Google 執行董事 Eric Schmidt 甚至在 2020 年 9 月向美國國會作證：「國防部違反了現代產品開發的每一條規則。」[20]

這類問題並不是國防部獨有的。美國數位服務（US Digital Service）的資料顯示，在美國政府所有的聯邦 IT 專案中，有 94% 專案計畫落後或超出預算，其中 40% 從未完成交付。[21]

Kessel Run 聯盟見證了 Adidas 和 Walmart 等公司搖身成為軟體公司。他們想讓美國空軍也轉型成一個能夠贏得戰爭的軟體公司。因此，他們把注意力轉移到擺在他們面前的關鍵業務成果上：將空軍的空中作戰中心（AOC）現代化。

美國空軍在世界各地設有幾個實際的空中作戰中心，制定戰略、計劃和執行空中作戰。然而其基礎設施相當陳舊，所有工作都是由特定的人，在特定的建築物、特定的地點上，以特定硬體上存取特定資料來完成的，這種實體方法已經存在了幾十年了。他們唯一能夠實施的軟體更新是微軟作業系統。

「你可能認為我在說笑，但最近一次搜尋顯示，某個 AOC 的伺服器上有 280 萬個 Excel 和 PowerPoint 檔案，」Adam Futado 說。[22]

蓋爾定律（Gall's Law）指出，如果你想讓一個複雜的系統發揮作用，必須先建立一個更簡單的系統，然後隨著時間進行改進。Kessel Run 聯盟就是這樣做的，他們應用了 Strangler Fig Pattern，也就是所謂的 Encasement Strategy，在 22 個實際地點逐步和迭代地實施更現代的軟體系統和流程，讓每個地點都有自己的軟體和硬體，同時維持整個系統正常運行。

他們從一個特定流程著手：空中加油系統。這個流程需要大規模協調，確保空中加油機在正確的時間、正確的高度，以正確的硬體為正確的飛機加油。這個流程涉及到好幾位飛行員每天使用 color pucks、Excel Macro 和大量手動輸入來進行規劃。他們的確在很大程度上變得更高效，但這樣的效能僅限於他們大腦所允許的範圍，事實上，他們無法對變化做出快速反應。

Kessel Run 實驗室引進了一個團隊，利用 DevOps 原則、極限程式設計和平衡的團隊模式，將他們的工作流程數位化。他們在短短幾週內就向使用者提供了最初的最小可行產品。這個早期專案創造了足夠效率，讓一架飛機及其機組人員不必為實驗而每天飛行，每天可節省 214,000 美元的燃油費。[23]

他們不斷進行迭代。經過 30 次迭代後，他們又省下了一倍費用，每天保持兩架飛機和機組人員在地面上待命。新的工作方式讓每月節省了 1300 萬美元燃油費，並且減少了一半計畫機組人員。[24]

> 本案例研究顯示了 DevOps 轉型帶來的偉大變化，同時也清楚說明了轉型同樣適用於棕地專案。Kessel Run 實驗室成功降低了工作流程的複雜性，促進空中加油系統的可靠性和穩定性，幫助美國空軍更快、更安全地做出行動與改變。

兼顧記錄式系統與互動式系統

近年來，顧能公司（Gartner）推廣了**雙峰 IT**（*bimodal IT*）這一概念。雙峰 IT 意指典型企業能夠支援的各類服務。[25] 在雙峰 IT 中，傳統的**記錄式系統**是指近似 ERP 的系統（例如 MRP 系統、人力資源系統、財務報表系統等），這些交易及資料的正確性至關重要；**互動式系統**則是指客戶導向或員工導向的互動式系統，例如：電子商務系統和辦公軟體。

記錄式系統的變更速度通常較為緩慢，並且必須符合監管和合規性要求（例如美國沙賓法案對企業的內部控制要求）。顧能公司稱這種系統為注重「正確執行」的「第一型」。[26]

互動式系統的變化速度通常較快，因為它必須對回饋快速響應，透過試驗找出最能滿足客戶需求的方式。顧能公司稱這種系統為「快速執行」的「第二型」。[27]

這樣的劃分方式也許能夠帶來便利，但在「正確執行」與「快速執行」之間長期存在著核心衝突，而 DevOps 可以有效解決這個矛盾。State of DevOps Reports 六年來的研究結果指出，高效能組織能夠兼顧生產力和可靠性，創造優良品質。[28]

此外，由於各個系統相互依賴，對其中任何一個系統的改變，都必然受限於最難進行變動的系統 —— 這往往是記錄式系統。

CSG 國際公司的產品開發 VP Scott Prugh 曾說：「我們拒絕採用雙峰 IT，因為每一位客戶都應同時享受速度和品質。這意味著團隊必須追求技術卓越，不管這些團隊負責維護的是長達 30 年歷史的大型主機、Java、或者是行動應用程式。」**29**

因此當我們著手改善棕地系統時，不但要致力降低複雜性，提高可靠性和穩定性，同時必須將系統變得更快、更安全、更容易進行變更。即使只是為綠地型的互動式系統增加新功能，也常常會給其所依賴的棕地型記錄式系統造成可靠性問題。讓下游系統能夠進行更安全的變更，可以幫助整個組織更快速、更安全地達成目標。

從樂於創新的團隊開始

在每一個組織中，不同的團隊或個人對於創新的態度各異。Jeffery A. Moore 在《跨越鴻溝》一書中以曲線圖表示這種現象。所謂的跨越鴻溝，是指克服重重困難，找到比**創新者**和**早期採用者**之後的更大群體（見圖 5.1）。**30**

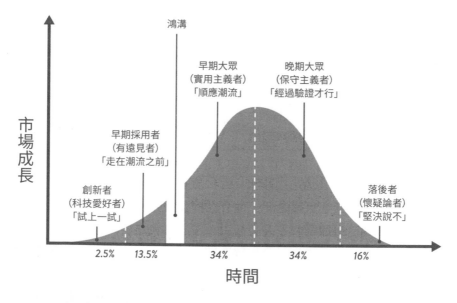

圖 5.1 技術採用生命週期

（資料來源：Moore and McKenna, Crossing the Chasm, 15）

換句話說，創新者和早期採用者往往能迅速接受新的想法，而其他人則較為保守（這些人又可分為**早期大眾、晚期大眾**和**落後者**）。我們的目標是找到那些相信 DevOps 原則和實踐，並有意願和能力對現有流程進行創新和改善的團隊。在理想情況下，這些群體將是 DevOps 轉型之旅的擁護者。

不需要花費太多時間去改變持保守意見的群體，特別是在早期階段。相反地，我們應該把精力集中在能夠創造成功，並且願意承擔風險的團隊上，並以此為基礎慢慢擴大範圍（下一節將會討論擴展過程）。即使獲得企業高層的大力支援，也要避免使用**大爆炸**的方式（也就是「立即在各處實施」），我們必須集中火力在少數幾個嘗試性領域，首先確保它們取得成功，然後再逐步擴展 *。

擴大 DevOps 的影響範圍

不論如何選定切入點，都要儘早展示成果，並且積極將其發揚光大。將改善的大目標加以分解，變成循序漸進的小步驟。如此一來，不但能夠提升改善速度，還可以及早發現我們是否選了錯誤的價值流。透過及早發現錯誤，團隊可以快速退回上一步驟，重新試驗，並根據新習得的經驗做出不同決策。

當我們取得初步成功後，可以逐步擴大 DevOps 計畫的應用範圍。從風險較低的部分開始著手改善，有條不紊地提升可信度、正向影響，並取得認同與支持。下面這份清單整理自麻省理工學院管理學教授 Roberto Fernandez 博士的課程，指導在推動革新時，如何借助已獲得的支持，繼續擴大影響。[31]

- **發現創新者和早期採用者**：一開始就把重點放在真正有意願改善的團隊上。這些同事與我們志同道合，他們是探索 DevOps 旅程的第一批志願者。理想上，這些人受人尊重，對組織具有很大影響力。獲取他們的支持更容易提高創新的可信度。

---

* 由上而下的大爆炸式轉型也不是不可能，PayPal 在 2012 年的敏捷技術轉型就是一個例子，由科技 VP Kirsten Wolberg 親自主導。不過，和任何可以持續發展的成功轉型一樣，這種轉型需要得到最高層的支持，而且必須持續不斷地追求各個階段的必要成果。

- **贏得沉默的大多數**：在下一階段，力求將 DevOps 實踐擴展到更多的團隊和價值流，目標是建立更穩固的支持基礎。與接受 DevOps 文化的團隊合作，即使他們並不是最有影響力的團隊，也能對擴大群眾基礎有所幫助。有了更多成功實踐之後，就能引發從眾效應，進一步強化影響力。此時，我們必須謹慎避免與唱反調的人發生衝突。

- **辨識「頑強抵抗者」**：所謂「頑強抵抗者」，是指那些高調的、具有影響力的反對者，很有可能抵制（甚至破壞）DevOps 轉型計畫。一般來說，只有在獲得大多數人的支持，並建立足夠穩固的群眾基礎後，才會考慮如何對付這個群體。

在組織內全面實施 DevOps 絕非易事。轉型可能對個人、部門和整個組織造成風險。ING 集團的資訊長 Ron van Kemenade，幫助該集團成功轉型為眾人稱讚的科技組織。他說：「引領變革需要勇氣，尤其在組織內不斷有人挑戰和反對你的時候。但如果從小處做起，就沒什麼可怕的。任何領導者都必須勇於指派團隊在可以掌控的範圍內冒險。」[32]

▶ 案｜例｜研｜究 (NEW)

將 DevOps 擴展到業務：
美國航空公司的 DevOps 之旅：第二部分（2020）

我們在第一部分了解到美國航空公司 DevOps 轉型之旅，橫跨了好幾年時間。到了第三年，他們發現 DevOps 實際上是一個涉及面向更大、更廣的轉型，而不僅僅是改變 IT 部門的工作方式——這實際上是關乎公司本身的巨大轉型。

他們的下一個挑戰是如何在整個企業中推廣這些新的工作方式，以便加速和進一步執行他們的轉型活動和組織學習。他們請來了 Ross Clanton 擔任首席架構師和常務董事，指導團隊邁入下一個階段。

為了促進整個組織間的交流，美國航空將以下兩點視為對話主題：「動機」（建立競爭優勢）及「方式」（業務和 IT 團隊如何合作，將商業價值最大化）。[33]

為了將 IT 部門設定的願景推廣到整個組織，也就是「更快速交付價值」，他們根

據以下四個關鍵要點，架構出美國航空的轉型計畫：**34**

- **卓越交付**：工作方式（實踐、產品心態）。

- **卓越營運**：組織架構（產品分類法、經費模式、營運模式、優先順序）。

- **卓越人才**：培育人才與文化（包括持續發展的領導行為）。

- **技術卓越**：現代化（基礎設施和技術基礎、自動化、雲端化等等）。

卓越交付	卓越營運	卓越人才	技術卓越
工作方式	組織架構	培育人才與文化	現代化

更快速交付價值

圖 5.2　美國航空的價值交付轉型

（資料來源：Maya Leibman and Ross Clanton, "DevOps: Approaching Cruising Altitude," presentation at DevOps Enterprise Summit-Virtual Las Vegas 2020, videolibrary.doesvirtual.com/?video=467488959）

在制定好轉型擴展策略後，他們專注於將文化拓展到整個企業，為繼續推動轉型而努力。

正如 Clanton 在 2020 年 DevOps Enterprise Summit 的演講中引用管理大師彼得・杜拉克的名言：「企業文化把營運策略當早餐吃。」**35**

為了拓展轉型文化，他們專注於三個關鍵特質：**36**

1. **熱忱**：團隊以「客戶至上」為目標，全力以赴，敢於面對失敗，並因此變得更強大。

2. **無私**：跨組織合作，共享知識與程式碼，透過內部開源，給予他人發聲權，聲權，幫助他人獲勝。

3. 問責：對結果負責，即便結果並不令人滿意；過程與結果同樣重要。

透過強調這三個文化特質，美國航空團隊現在「被賦予了權力，並且不遺餘力地為他人賦權」Clanton 如此說道。[37] 2020 年新冠肺炎於全球肆虐，美國航空公司秉持以下價值信念，確保團隊在全球劇烈變化中也能獲得成功，締造佳績：[38]

- 行動和實踐勝過分析。

- 齊心協作，避免孤立行事。

- 明確任務領域，而不是試圖執行所有事情。

- 賦權，而不是在每項工作上蓋上個人私章（設定目標並授權給團隊，讓他們去實現目標）。

- 做出實際成績（最小可行產品），而不是無止盡追求完美。

- 「共同成就」vs.「等級制度」（跨組織的合作）。

- 完成工作 vs. 開始工作（限制 WIP 數量，專注於最優先的工作）。

美國航空公司現在有一個由業務、IT、設計部門等利益相關者組成的聯合團隊，而不是像過去一樣彼此推卸責任。他們改變了業務規劃方式，由管理層定義明確的目標結果，並由團隊自行決定他們如何實現這些結果。團隊透過專注於達成小任務，使價值逐步累積，來實現最終的目標成果。這種小任務的規劃方式，使得團隊能快速完成一個個任務（更快速帶來價值），並把工作重心放在「完成」而不是「開始」任務。

為了實現這所有的變化，管理層也必須改變他們的工作方式。領導階層的任務發生軸轉，轉而為團隊而服務，消除那些阻礙團隊交付價值的障礙和限制。領導階層不再參加進度會議，而是參加回顧會議（Demo），看看團隊在做什麼，並在當下提供指導與建議。

美國航空公司也意識到，為了改變管理高層的心態，讓所有人從敏捷 /DevOps 的角度出發，刺激其思考、討論和行動，他們需要想出一個新的詞彙。表 5.1 展示了一些讓對話更加順暢的方法。

美國航空公司的首席執行長 Doug Parker 表示：

……「轉型」使我們更有效率，我們能更快地完成各式專案，更加符合使用者需求……它對美國航空的專案管理方式產生了深遠影響。

最令我引以為豪的是，交付轉型的倡導者不再只是 IT 部門；而是擁抱這些變化的業務領導階層。他們見證了自己完成工作的速度有多快，而且他們正在到處推廣這些價值。這帶來了巨大的正面變化。[39]

表 5.1　美國航空的全新詞彙

轉型前	轉型後
我想做一個彈出式廣告吸引用戶下載行動應用程式。	脆弱的應用程式容易導致失敗。
我們的競爭對手做了些什麼？	我們的顧客重視哪些價值？
這個專案何時能完成？	我們何時能夠驗收價值？
哪些地方出錯了？	我們學習到了什麼？我能夠幫上什麼？
我想要一個全新的網站。	如果想驗證這個點子，我們可以做的第一件事是什麼？

（資料來源：Maya Leibman and Ross Clanton, "DevOps: Approaching Cruising Altitude," presentation at DevOps Enterprise Summit-Virtual Las Vegas 2020, ideolibrary.doesvirtual.com/?video=467488959）

美國航空公司透過全新詞彙打造出共同語言，讓保持沉默的多數人專注於動機與原因，最終創造了群眾效應。

→ 案｜例｜研｜究 (NEW)

拯救經濟危機：HMRC 的超大規模「平台即服務」（2020）

英國皇家稅務局（HMRC）是英國政府的稅收徵管機構。2020 年，HMRC 向英國公民和企業發放了數千億英鎊的賑濟計劃，預計使全英國約 25% 的勞動人口受益。HMRC 在全球局勢壓力和高度不確定性下，僅用短短 4 週，就建立好相應技術，確實完成這一任務。[40]

HMRC 的挑戰遠遠不僅限這極其有限的任務時間：「我們知道將要服務數以百萬計的使用者，但沒有人能夠真正告訴我們確切數字是多少。因此，無論我們要建立什麼東西，都必須讓每個人都能使用，而且必須能夠在發布後數小時內支付數十億美元給各銀行帳戶。這個系統還必須絕對安全，在支付款項之前要進行檢查。」，HMRC 敏捷交付主管 Ben Conrad 在 2021 年 DevOps Enterprise Summit-Europe 上分享。[41]

他們使命必達。所有服務都按時推出，大多數服務都比預期提前一到兩週發布，沒有出現任何問題，使用者滿意度達到 94%。[42] HMRC 從所有政府部門中最不受歡迎的部門，變成了大眾使用者最仰賴的對象。

為了實現這一非凡成果，HMRC 採用了一些關鍵流程並善用一個成熟的數位化平台，這個平台在過去七年中不斷發展迭代，允許團隊快速建立數位服務並以巨大規模提供服務。

HMRC 的「跨渠道數位稅務平台」（Multichannel Digital Tax Platform，MDTP）是一個基礎設施技術的集大成平台，使得該組織能夠利用網路向使用者提供內容。HMRC 內的各個業務領域可以透過資助一個跨職能的小團隊，在平台上建立一個或一組微服務，向公眾展示稅收服務。MDTP 提供了一套開發和運行高品質數位產品所需的通用組件，消除了將數位服務呈現在終端使用者面前大部分的痛苦和複雜性。

MDPT 是英國政府最大的數位平台，也是整個英國最大的平台之一。這個平台上託管了約 1200 個微服務，由 2,000 多人分成 70 個團隊，分布在 8 個不同的地理位置（儘管自 2020 年 3 月以來，團隊變成 100% 遠距工作模式）。[43] 這些團隊每天將大約 100 個部署工作，發布到生產環境中。

「這些團隊使用敏捷方法，採取刻意為之的輕量級治理模式，他們被賦予信任，可以隨時隨地自行做出改變」Equal Experts 的技術交付經理 Matt Hyatt 說：「透過我們的基礎設施，推送變更只需要幾秒鐘，因此將產品和服務送到使用者面前的速度非常快。」[44]

對三個關鍵因素的持續關注，是讓這個平台獲得成功的關鍵——文化、工具和實踐。MDTP 的目標是讓增加團隊、建立服務和快速交付價值變得更容易。平台秉持這一目標不斷發展改進，讓跨職能團隊能夠快速到位，使用通用工具來設計、開發和營運一個面向公眾的全新服務。

在實踐方面，MDPT 為數位團隊的程式碼提供了生存空間，並為程式碼的構建和部署提供了自動化管線，連接至各種環境和實際生產環境，讓團隊可以快速獲得使用者回饋。通用的遙測工具配置，幫助團隊以自動儀表板和警報機制來監控其服務，讓他們始終知道發生了什麼。平台也為團隊提供協作工具，幫助他們在內部和彼此之間進行溝通，無論是遠距或進辦公室，都能高效工作。這一切只需要最小的配置或手動步驟，也幾乎即時提供給團隊的。這是為了讓數位團隊能夠完全專注於解決業務問題。

如果同時有兩千多人在做變更，而且可能是一天好幾次，系統會變得非常混亂。為了避免這種情況，MDTP 採行了「意見平台」的概念（也被稱為「鋪路平台」或「護欄」）。比方說，如果你建立一個微服務，它必須用 Scala 編寫，並使用 Play 框架。如果你的服務需要持久性，它還必須使用 Mongo。如果使用者需要執行一個共同的動作，比如：上傳文件，那麼團隊必須使用一個共同的平台服務加以實現。從本質上講，一點點的治理結構被內建到平台本身了。對團隊來說，遵守一些規則的好處是，他們可以非常迅速地提供服務。

但好處還不止於此。限制平台上可以使用的技術，讓支援變得簡單許多。此外，數位團隊可以避免為已經在其他地方解決的問題裡浪費時間苦思冥想。

「我們可以提供共用服務和可重複使用的組件，這些組件可以與所有的服務一起使用。它還允許人們在服務之間移動，事實上，它允許服務轉移到新的團隊，而不必擔心我們的人是否具備完成這項工作的技能」Hyatt 說。[45]

另一個關鍵是，MDTP 將照料基礎設施這項工作從數位團隊中抽離出來，讓他們只需將心力放在各自的應用程式上。「他們仍然可以透過 Kibana 和 Grafana 等工具觀察基礎設施，但不會有任何服務團隊可以自行存取 AWS 帳戶」Hyatt 指出。[46]

重要的是，這個「意見平台」採行自助式服務模式，可以確實根據使用者的需求和要求而改變。Hyatt 說：「一項服務可以在我們的平台上建立、開發和部署，

完全不需要平台團隊的直接參與。」 **47**

MDTP 在促成 COVID-19 救助金計畫的快速交付方面發揮了關鍵作用，但這並不是故事的全部，團隊仍然必須付出艱巨努力。事實證明，良好的決策和快速的流程調整也至關重要。

「迅速交付一個系統，最重要的關鍵是讓工程師們『只管去做』」Hyatt 說。**48** 平衡的治理結構、既定的最佳實踐以及 HMRC 團隊對使用成熟工具的授權，這些要素多方結合，意味著他們不會冒上使用陌生技術或安全漏洞的風險，畢竟這些問題最終都讓交付日期一延再延。

為了趕上緊迫時程，這些團隊還調整了他們的溝通和交流方式。一名平台工程師被派駐到每一個 COVID-19 數位服務團隊中，以便安全地讓現有流程「短路」。這讓各團隊得以盡早排除風險，將合作力度最大化，尤其在新的基礎設施組件要求和效能測試等方面。那些從事關鍵服務的人可以透過協作工具（如 Slack）被輕鬆識別出來，這樣一來，不僅是平台團隊，2,000 多人的數位團隊的請求也都可以得到優先處理。

團隊和業務領袖能夠迅速適應變化，並在服務推出後靈活地回到原位，這完美證明了 HMRC 培育出一個成熟的 DevOps 文化。

> HMRC 的案例研究說明了在任何大型組織中使用 PaaS（平台即服務）可以取得多麼傑出的成就。

本章小結

管理學大師彼得‧杜拉克曾說：「小魚在小池子裡學著成為大魚。」 **49** 我們藉由謹慎選擇 DevOps 轉型的切入點，在組織內某些領域進行試驗、學習並創造價值，以避免對整個組織帶來不可逆的後果。同時，透過這種實踐方法，可以建立穩固的信任基礎，贏得在組織中推廣 DevOps 轉型的機會，以獲得更多支持者的認同和感激。

6

理解、可視化和運用價值流

確認應用 DevOps 原則和模式的價值流後，下一步則是充分掌握如何向客戶交付價值：需要做什麼工作？由誰來做？採取哪些措施來改善流程？

Nordstrom 的價值流程圖

上一章介紹了 Nordstrom 百貨公司的技術 VP Courtney Kissler 領導團隊實現 DevOps 轉型的案例。Courtney Kissler 和同事根據多年經驗做出如下總結：開始改善任何價值流的有效方法之一，就是和所有利益關係者一起演練價值流程圖，幫助團隊統整出創造價值的所有必要步驟（本章將會介紹這個演練過程）。[1]

Courtney Kissler 常用一個例子來說明價值流程圖的優點。當時，她的團隊試圖縮短化妝品業務管理系統的前置時間。這個系統是一個 COBOL 大型主機應用程式，向化妝品部門內所有樓層及門市經理提供業務管理服務。[2]

門市經理可以透過這個應用程式，管理各條產品線的銷售人員，追蹤銷售分潤情況，處理廠商折扣等相關業務。

Courtney Kissler 如此說道：

> 我非常熟悉這個大型主機應用程式，我剛入職時曾服務於這個技術團隊。近十年來，每到年度規劃會議，我們都會討論如何將這個應用程式移出大型主機環境。當然，和絕大多數組織一樣，儘管取得了管理層的大力支持，我們也沒能付諸實踐。

我的團隊想試著利用價值流程圖演練，判斷這個 COBOL 應用程式是否真的存在問題，或者是否有更大的問題需要解決。於是，我們舉辦了一場研討會，邀請所有關係人士（包括商務合作夥伴、大型主機團隊、共享服務團隊等）一同參與。

當門市經理送出「產品線指派」請求表單時，系統要求他們輸入員工編號，然而大部分情況下他們並不知道員工編號，所以會讓那一欄空白或者填寫「我不知道」。更糟的是，為了填寫這個請求表單，門市經理不得不離開店面，回到辦公室使用電腦完成作業，導致大部分時間被浪費在來往兩處的奔波中。[3]

持 | 續 | 學 | 習

漸進式工作

改善可以從漸進式工作開始。隨著團隊對整個價值流和真正的約束因素有了更清楚的認識，團隊可以進行針對性的改善工作——其中許多改善成本要比預想的更低，而且也更有效。即使 COBOL 環境最終需要遷移——也許有一天它會成為約束因素——團隊也能夠採取明智、針對性的步驟，加快價值交付的腳步。

在研討會期間，與會者提出多個嘗試性解決方案，包括刪除表單中的員工編號欄位，讓另一個部門在後續處理流程中取得該資訊。在門市經理的參與下，實驗發現，請求處理時間縮短了 4 天。後來，團隊以 iPad 應用程式替換 PC 應用程式。門市經理再也不需要離開店面，就可以直接送出表單，請求處理時間大幅縮短到幾秒之內。

Courtney Kissler 自豪地說：

> 看到成效之後，再也沒有人要求把應用程式移出大型主機環境了。而
> 且，當其他部門的業務主管知道這件事後，都紛紛提出找我們一同探
> 討最佳化方案的想法。業務團隊和技術團隊的每個成員都非常振奮，
> 因為他們確實為業務問題找出解決辦法。更重要的是，他們在這個過
> 程中得到了成長。[4]

確定創造客戶價值所需的團隊

Nordstrom 的案例顯示了無論價值流的複雜程度，沒有一個人能夠知道為客戶
創造價值之前必須完成的每一項工作，當工作必須交由多個團隊執行時更是如
此。這些團隊往往分屬不同部門，甚至不在同一個辦公地點，績效考核方式也不
盡相同。

因此，當我們選好 DevOps 實踐的應用程式或服務後，必須找出並確認這一條
價值流的所有參與人員，他們共同擔起為客戶創造價值的責任。一般而言，下列
人員將參與其中：

- **產品負責人**：身為業務方的代言人，定義系統想要實現的功能。
- **開發團隊**：負責開發功能。
- **QA 團隊**：提供測試回饋，確保開發團隊所開發的功能符合需求。
- **IT 營運／SRE 團隊**：負責維護生產環境，並確保系統正常運作。
- **資訊安全團隊**：負責系統和資訊安全。
- **發布負責人**：負責管理、協調生產環境部署及發布流程。
- **技術主管或價值流管理人**：依據精實原則的概念，負責「從頭到尾確保價值
  流所生產的價值達成或超越客戶（和組織）期望」。[5]

建立價值流程圖

確認價值流的相關成員的下一步是深入掌握工作如何被執行，並使用價值流程圖進行記錄。在價值流中，最初的工作由產品負責人執行，確定客戶需求或進行商業構想；然後由開發團隊接手，編寫程式、提交程式碼到版本控制系統，以便實現相關功能；接下來，在類生產環境中對功能進行整合測試，最後部署到生產環境中，（在理想情形中）為客戶創造價值。

在許多傳統組織中，上述價值流可能需要動員數百人，涉及成千上百個執行步驟。有鑒於需要好幾天才能繪製出如此複雜的價值流程圖，因此我們可以舉行為時數天的研討會，召集所有關鍵成員，請他們暫時停下日常工作來參加。

繪製價值流程圖的目標並不在於詳實記錄所有步驟和細節，而是正確辨識阻礙價值流快速流動的環節，以便縮短前置時間並提升可靠性。在理想情況下，參與研討會的成員擁有改變各自負責部分的權限。*

Podcast 節目 DevOps Cafe 的主持人 Damon Edwards 如此說道：

> 根據我的經驗，這類價值流程圖的演練結果，總是讓人大開眼界。對許多人來說，這通常是他們第一次見識到，為了向客戶交付價值，到底需要完成多少工作。對於營運團隊而言，這可能是他們首次明白，當開發人員無法獲得正確配置的環境時所產生的後果，以及因而產生的更多部署工作。對於開發團隊而言，這也可能是他們第一次知道，將一個功能標記為『完成』之後，仍然必須滿足測試和營運方面的許多條件，才能把程式碼部署到生產環境中。[6]

依據各團隊提供的全面資訊，我們應該重點分析和改善以下兩方面：

---

* 限制資訊的細節程度非常重要，畢竟每個人的時間都很寶貴。

- 需要等待數週甚至數月的工作，例如準備類生產環境、變更核可流程或安全審查流程等。

- 造成或接收重大重工（rework）的環節。

價值流程圖的初始版本只需要列出最重要的流程模塊。即使是複雜的價值流，參與小組通常也可以在幾個小時內繪製包含 5 至 15 個模塊的價值流程圖。每個模塊至少應包括該工作專案的前置時間（Lead Time，LT）和增值時間（Value Added Time，VA），以及由下游團隊所測量的 %C/A（完成度與準確度之比率）。*

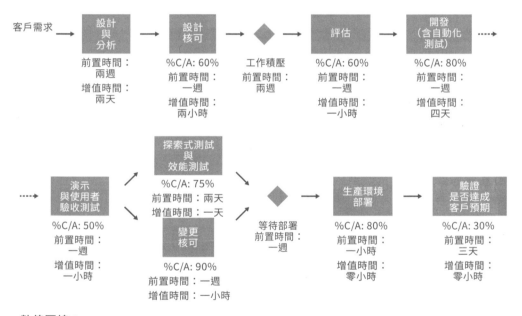

數值匯總：
總前置時間：十週
總增值時間：七天半
綜合 %C/A：8.6%

圖 6.1 價值流程圖範例

（資料來源：Humble, Molesky, and O'Reilly, Lean Enterprise, 139）

---

* 相反地，其實也有許多使用工具而自身行為並沒有發生任何改變的例子。例如：某個組織決定使用敏捷規劃工具，卻用在瀑布式開發流程，結果就是幾乎只能維持現狀。

價值流程圖的各衡量指標可用來評估改善工作從何下手。在 Nordstrom 案例中，他們發現店鋪經理提交請求表單環節的 %C/A 值之所以那麼低，是因為缺少員工編號資訊。其他可能情境如：為開發團隊佈建和配置測試環境時花費較長的前置時間或 %C/A 值較低、或者是在每個軟體版本發布前，執行和透過回歸測試的前置時間較長。

一旦確定了想要改善的衡量指標，就可以進入分析和衡量的下一階段，更加釐清、掌握問題。接著，繪製理想的價值流程圖，並以此作為下一個階段性改善目標（比如：為期 3 至 12 個月）。

領導者協助確定改善目標並指導團隊集思廣益，思考可能假設和相應對策。透過實驗測試各種假設，然後分析結果來判斷假設是否正確。團隊透過不斷重複及迭代以上做法，將新獲得的學習經驗應用於日後實驗中。

組織專門的轉型團隊

DevOps 轉型所面臨的一個先天挑戰是，這項計畫不可避免地會與目前業務產生衝突，這也是成功企業自然會面臨到的矛盾。任何一個成功運作多年（幾年、幾十年甚至幾百年）的組織早已建立符合該組織的實踐與運作機制，例如產品開發、訂單管理和供應鏈營運等。

企業組織同時還會採取各種措施延續並保護目前的運作流程，例如專業化、注重效率和可重複性、執行審批程序與避免差異的機制。

雖然這對維持現狀很有好處，但為了適應不斷變化的市場，企業組織往往需要改變工作方式。這需要顛覆現行制度進行創新，必然與目前負責日常業務和內部流程的群體產生衝突，而後者往往會勝出。

Vijay Govindarajan 博士和 Chris Trimble 博士都是達特茅斯學院塔克商學院的教授。他們在《The Other Side of Innovation: Solving the Execution Challenge》一書探討如何打破日常運作的慣性，實現顛覆性創新。他們細數 Allstate 如何成功開發和銷售以客戶為導向的汽車保險產品、《華爾街日報》如何打造獲利的數位出版業務、Timberland 如何開發創新突破的越野跑鞋，以及 BMW 如何開發第一輛電動汽車。[7]

兩位博士的研究成果表示，企業組織應該建立專門的轉型團隊，令其獨立於負責日常運作的部門，他們稱前者為「專職團隊」，後者為「績效引擎」。[8]

最重要的是，這個團隊必須負責達成明確定義的、可衡量的、系統層級的目標（例如：將「從送出程式碼到部署於生產環境」這一過程的前置時間減少 50%）。

想要確實執行這一點，必須採取以下措施：

- 由轉型團隊的成員專門執行 DevOps 轉型工作（而不是讓他們同時執行現有任務，並額外多花兩成時間來做 DevOps 轉型）。

- 挑選熟悉多個領域的通才作為團隊成員。

- 選擇與其他部門長期保持良好關係的人作為團隊成員。

- （如果條件允許）為團隊找一個獨立的辦公區域或遠端環境（如專用溝通頻道），盡可能促進各位成員相互交流，並和其他部門保持適當的距離。

如果條件允許，請將轉型團隊從諸多現行的規則與制度中解放出來，就像上一章提過的美國國家儀器公司（National Instruments）一樣。畢竟，既定流程屬於一種群體意識——專門的轉型團隊必須建立全新流程，以產生期望的目標結果，打造新的群體意識。

建立專門的轉型團隊不僅有利於自身團隊，對屬於「績效引擎」的一般團隊也有好處。讓獨立的團隊嘗試新的實踐，組織的其他部門得以避免創新帶來的潛在風險。

擁有共同目標

任何改善計畫的首要內容之一，即是設定可衡量且明確執行週期的目標，通常以 6 個月到 2 年為單位。為了實現改善目標，團隊需要付出相當大的努力，而目標的達成應該為全組織和客戶創造顯著價值。

由管理層決定目標和執行週期，並公告組織中所有成員。並且，不要同時執行過多的改善計畫，避免組織和管理層負擔過重。以下是一些改善目標範例：

- 刪減 50% 用於產品支援和計畫外工作的預算。

- 確保 95% 的變更從程式碼提交到版本發布的前置時間縮短至一週或更短時間內。

- 保證在表定工時內進行發布，並確保服務不中斷；

- 把所有資訊安全驗證的工作整合到部署流水線，滿足必要的合規性要求。

一旦確定大方向目標，團隊必須開始規劃改善工作的詳細計畫與節奏。如同產品開發流程，轉型工作也應該以迭代、增量的方式進行，可以將迭代週期定為 2 至 4 週。針對每次迭代，團隊必須訂定一組能夠產生價值的小目標，並往長期目標靠攏。在每次迭代結束時，團隊必須回顧進度並為下一次迭代設定新的目標。

維持小幅度的改善計畫

在任何 DevOps 轉型專案中，都需要維持小幅度的改善計畫，就像新創企業著手產品開發或客戶開發的方式。我們必須致力在數週內（最差也應在數月之內）取得可供衡量的改善成果或者參考數據。

縮短改善計畫幅度和迭代間隔的做法具有以下優點：

- 具備重新計畫和更改優先順序的能力和靈活性。

- 減少實施工作到實作改善的延遲時間，強化回饋循環，進一步達成預期成果——初步成功有利於加大投入。

- 更快從迭代中獲得學習經驗，並將其用於下一次迭代。

- 更輕鬆省力達成改善目的。

- 在日常工作中更快見到具有意義的改善效果。

- 降低專案尚未取得成果就面臨終止的風險。

為非功能性需求預留 20% 改善週期，減少技術債

如何為流程改善工作設定合理的優先順序是組織經常面臨的一道難題。畢竟，對改善流程有迫切需求的組織通常沒有充足時間籌劃。技術組織則更甚，因為他們還需要償還技術債。

當背負沉重的金融債務時，組織只能勉強支付貸款利息而無力償還本金，而且很有可能陷入連利息都還不起的窘境。同理，無法還清技術債的組織也會發現，在日常工作中，光是應付老問題就已經不堪負荷，根本無法開展新的工作。換句話說，這些組織目前僅僅只能支付出技術債的利息。

為了有效管理技術債，要確保至少把 20% 的開發和營運週期投入到重新構建、自動化工作、結構最佳化以及非功能性需求（non-functional requirements，NFRs）上，例如可維護性、可管理性、可擴展性、可靠性、可測試性、可部署性和安全性。

eBay 在九零年代末期有過一次死裡逃生的經歷。之後，曾任 eBay 產品設計 SVP 的 Marty Cagan 出版了關於產品設計和管理的重要著作《Inspired: How to Create Products Customers Love》，他總結了下列內容：

> 產品負責人和工程師之間的協作像是這樣：產品負責人將 20% 的團隊資源分配給工程相關活動，比如：用來重寫或重新建構程式碼資料庫中有問題的部分，或者工程師認為有必要改善的部分，以免哪一天他們突然說：「我們必須停下手邊進度，重寫所有程式碼。」如果情況非常糟糕，那可能需要投入 30% 或更高比例的資源。然而，如果發現團隊認為他們不需要 20% 的資源就能做這些事情，我反而會感到非常擔心。[9]

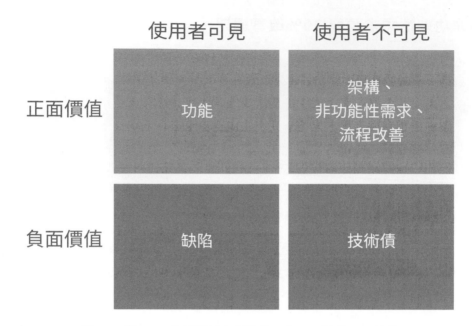

圖 6.2　將 20% 的時間用來創造使用者不可見的正面價值

（資料來源：“Machine Learning and Technical Debt with D. Sculley,”
Software Engineering Daily podcast, November 17, 2015,
http://softwareengineeringdaily .com/2015/11/17/machine-learning-and-technical-debt-
with-d-sculley/）

Marty Cagan 指出，如果組織連這「20% 的稅」都不願意支付，那麼技術債將
會持續惡化，最終消耗組織內所有可用資源。[10] 終有一天，服務變得脆弱不堪，
功能交付停滯不前，所有工程師都在解決可靠性問題或尋求臨時方案。

投入這 20% 的時間與資源，可以幫助開發人員和營運人員為日常工作中所遇到
的問題找出長久對策，並保證技術債不會妨礙快速、安全地開發和營運工作。緩
解員工的技術債壓力，對於降低工作倦怠程度也有效益。

→ 案｜例｜研｜究

Linkedin 的「反轉行動」（2011）

LinkedIn 的「反轉行動」（Operation InVersion）是一個相當有趣的案例，它證明了為何要將償還技術債作為日常工作的一部分。2011 年，LinkedIn 成功 IPO 上市。但半年過去了，公司依然在部署作業上面臨種種問題而苦苦掙扎。於是，他們啟動「反轉行動」，在兩個月內，停止所有功能開發，並對運算環境、部署和架構進行全面最佳化。[11]

LinkedIn 成立於 2003 年，旨在幫助使用者「建立個人社交網路以獲得更佳就業機會」。[12] 網站上線的第一週就獲得了 2,700 位使用者。一年後，會員數超過了 100 萬，並呈指數型成長。[13] 截至 2015 年 11 月，LinkedIn 已經擁有超過 3.5 億位使用者，每秒產生數萬次使用者請求，後台系統每秒要處理數百萬次查詢。[14]

起初，LinkedIn 服務主要運行在自己開發的 Leo 應用程式上。這是一個單體式 Java 應用程式，透過 servlet 服務每一頁面，並使用 JDBC 與後台 Oracle 資料庫進行連線。然而，早年為了跟上不斷激增的流量，團隊將兩個關鍵服務從 Leo 中切割出來：一個是在記憶體中處理會員連線關係的查詢，另一個則是基於該查詢的使用者搜尋功能。

截至 2010 年，大多數新開發的功能都部署為新的服務，已經有近百個服務獨立運行於 Leo 之外。但是 Leo 本身還是只能每兩週部署一次。[15]

儘管已經使用垂直擴容增加記憶體和 CPU，Leo 仍然在 2010 年面臨重大挑戰，LinkedIn 的資深工程經理 Josh Clemm 說：「Leo 在生產環境中還是經常崩潰，難以進行故障排除和復原，發布新功能也非常困難……很顯然，我們必須『終止 Leo』，並將它拆分成許多個具有一定功能、無特定狀態的小型服務。」[16]

Bloomberg 記者 Ashlee Vance 在 2013 年如此描述：「當 LinkedIn 試圖同時發布許多新功能時，網站經常崩潰，工程師需要加班到深夜來解決問題。」[17]

到了 2011 年秋天，工程師早已對挑燈夜戰習以為常。LinkedIn 的一批頂級工程師，包括在 IPO 前三個月加入公司的工程 VP Kevin Scott，決定徹底中止新功能的開發作業，讓整個部門投入整頓網站的核心基礎設施，這項任務被稱為「反轉行動」。

Kevin Scott 發起「反轉行動」的目的是：「為團隊文化引入一則文化宣言。在 LinkedIn 的系統架構被重新架構之前，不再進行任何新功能開發——這正是公司和他的團隊迫切需要的。」[18]

他描述箇中壓力：「上市以後公司被大眾密切關注，而我們卻告訴管理層，所有工程師在未來兩個月裡不會發布任何新功能，他們要全身心投入『反轉行動』。這真的是一件很恐怖的事情。」[19]

然而，Ashlee Vance 記者如此記錄「反轉行動」的巨大成果：

> LinkedIn 建立了一整套有助程式碼開發的軟體和工具。從此以後，新功能不再需要等上好幾週才能上線。當工程師完成開發一個新服務後，將有一系列自動化檢查機制，測試該服務與現有功能的互動是否可能有潛在問題，然後直接將該服務發布到 LinkedIn 網站。現在，LinkedIn 的工程師每天對網站進行三次重大更新。[20]

透過建立一套更加安全的工作系統，他們不再需要挑燈夜戰，反而有了更多的時間去開發別具新意的創新功能。

Josh Clemm 在提及 LinkedIn 的規模化時，如此寫道：

> 規模化的效果可以在許多面向上衡量評估，其中包括組織層面……『反轉行動』使整個開發部門專注於改善工具、部署流程、基礎設施和開發人員的生產力。它成功實現了我們需要的工程敏捷性，幫助我們以規模化的方式佈建新產品。2010 年，我們已經擁有超過 150 個獨立服務。現在，我們的服務數量超過 750 個。[21]

Kevin Scott 說：

> 不管是個人目標或團隊目標，都是幫助公司創造利潤。如果你有機會領導工程師團隊，最好從 CEO 的角度看問題，透澈理解公司、業務、市場、競爭環境到底需要什麼，並將這些理解應用到你的團隊中，幫助公司在市場中佔有一席之地。[22]

藉由償還累積近十年的技術債，LinkedIn 的「反轉行動」帶來了穩定性和安全性，同時為公司下一階段的成長奠定基礎。不過，作為代價，它犧牲了在 IPO 時的所有承諾功能，花費了兩個月時間來處理非功能性需求。在日常工作中發現並解決問題，可以有效管理技術債，避免這類「死裡逃生」的窘境。

本案例研究是償還技術債，最終建立一個穩定而安全的環境之絕佳例子。日常臨時方案的沉重負擔被消除了，團隊終於可以重新將重心放在交付新功能上，滿足使用者的期待。

提升工作的可視性

為了確定團隊是否朝向既定目標循序前進，組織內每位成員都必須了解目前的工作狀態。有無數種將工作狀態可視化的方法，最重要的是有效展示最新狀態並持續修正檢視，確保團隊掌握最新進展。

下一節將探討一些實現跨團隊及跨部門的可視性與一致性的有效方法。

利用工具強化預期行為

軟體開發資深主管 Christopher Little 是 DevOps 最早的支持者之一。他指出：「人類學家將工具描述為一種文化產物。任何在人類已知用火這一事實以後的相關文化討論，都與工具有關。」[23] 同理，在 DevOps 價值流中，我們也會使用工具來強化文化，加速實踐預期的改變。

開發人員和營運人員不僅具有共同目標，還擁有一份相同的任務清單。在理想情況下，任務清單儲存於公用的工作系統中，採用統一術語，並以全域範圍進行優先排序。

開發人員和營運人員可以建立共享的工作佇列，而不是使用不同工具、媒介（比如：開發人員使用 JIRA，營運人員則使用 ServiceNow）。這種做法的明顯優點之一是，當生產事故可見於開發人員的工作系統，團隊成員就能清楚明白該事故會在什麼時候對其他工作產生影響，尤其在使用工作看板時更加顯而易見。

共享佇列的另一個好處是統一任務清單，幫助每個人從全局視角考慮最應優先執行的工作事項，選擇對組織最有價值的工作，或者能最大限度償還技術債的工作。如果我們發現技術債而無法立即解決時，也可以將它新增到任務清單中。至於那些等待解決的問題，團隊可以使用為非功能性需求而預留的 20% 工作時間進行修復。

為了強化共同目標，也可以使用聊天室，例如 IRC 頻道、HipChat、Campfire、Slack、Flowdock 和 OpenFire 等工具。聊天室促進團隊成員快速共享資訊（而不再是填寫表單，等待處理），根據需求邀請團隊成員加入聊天群組，自動記錄討論內容，還可以進行事後分析。

建立完善機制，允許團隊成員互相幫助，甚至幫助其他團隊的成員，這一舉動將帶來驚人變化──團隊成員接收資訊的時間或完成工作的時間從耗時數天大幅縮短到幾分鐘內。此外，由於我們將一切有效地記錄下來，所以不再需要求助其他成員，只要搜尋聊天記錄就行了。

不過，聊天室的快速交流環境也可能存在缺點。Rally 軟體公司創辦人兼技術長 Ryan Martens 就指出：「如果提出問題的成員在幾分鐘內沒有得到回應，那麼他完全有可能再一次提問，直到獲得想要的答案為止。」[24]

這種希望立即得到回應的心情可能會帶來一些負面影響。反覆打斷話題和不斷發問，有可能擾亂其他人的正常工作。因此，根據具體情況，團隊可以使用更系統化的非同步交流工具來處理特定問題或需求。

本章小結

本章討論如何找出支援價值流的團隊成員，透過繪製價值流程圖來了解向客戶交付價值之前必須執行的工作。價值流程圖不僅可以顯示目前工作狀態的基本情況（包括前置時間和 %C/A 等指標），還能引導團隊設定未來的改善目標。

如此一來，轉型團隊能夠快速迭代，透過不斷實驗來提升工作效能。團隊必須分配充足時間來修復已知缺陷並解決架構問題，包括非功能性需求等。Nordstrom 和 LinkedIn 的案例研究證明了在價值流中發現問題並持續償還技術債，可以在前置時間和服務品質等各方面取得顯著改善成效。

7

參考康威法則設計組織架構

前幾章討論如何選擇適當的價值流作為 DevOps 轉型的切入點,並且確立共同的目標和實踐,組織專門的轉型團隊,改善向客戶交付價值的方法。

本章將探究如何調整組織架構,致力實現價值流的目標。畢竟,團隊的組織方式將會影響工作方式。1968 年,康威博士與一家受託研究機構進行了一項著名實驗,他們委派 8 人開發一個 COBOL 編譯器和一個 ALGOL 編譯器。康威博士在他的論文中寫道:「初步評估工作難度和工作時間後,有 5 人被分配到 COBOL 開發小組,另外 3 人被分配到 ALGOL 開發小組。結果發現,COBOL 編譯器有 5 個執行階段,ALGOL 編譯器則有 3 個。」[1]

這項觀察後來成為著名的「康威法則」(Conway's Law)的基礎。他指出:「設計系統的組織,其產生的設計和架構等價於組織間的溝通結構。組織的規模越大,靈活性就越差,這種現象也就越明顯。」[2]

《大教堂與市集》的作者 Eric S. Raymond 在他的「駭客字典」中歸納了一個更簡單(而且更知名)的康威法則:「軟體的架構和軟體團隊的結構是一致的,更直白一點的說:『如果讓 4 個團隊開發同一個編譯器,那麼編譯器最後會有四個執行階段。』」[3]

換句話說,軟體開發團隊的組織方式,對軟體產品的架構和成果具有巨大影響力。為了讓工作從開發階段快速流動到營運階段,確保產品品質和客戶滿意度,必須加以善用康威法則,發揮團隊優勢,靈活組織團隊。反之,如果無法掌握康威法則,就會阻礙團隊工作的安全性和獨立性,導致每個團隊緊密耦合,需要仰賴並等待他人的工作完成,在這樣的情況下,即使是微小的變更都可能造成影響全局的災難性後果。

Etsy 的康威法則

康威法則究竟如何削弱或強化工作成果呢？Etsy 開發的 Sprouter 技術是一項值得參考的案例。Etsy 的 DevOps 之旅始於 2009 年，該公司在 2014 年的營收近兩億美元，在 2015 年成功上市，是業界公認的 DevOps 最佳實踐組織之一。[4]

Sprouter 誕生於 2007 年，旨在連結人員、流程和技術，卻未能如願。Sprouter 是 Stored Procedure Router（預存程序路由器）的縮寫，設計初衷是促進開發人員和資料庫團隊之間的有效合作。Etsy 的資深工程師 Ross Snyder 在 2011 年 Surge 大會上說：「Sprouter 的設計初衷是，讓開發團隊在應用程式中編寫 PHP 程式碼，讓 DBA 在 Postgres 資料庫中編寫 SQL 語法，透過 Sprouter 作為雙方協作媒介。」[5]

Sprouter 的角色位於前端 PHP 應用程式和 Postgres 資料庫之間，前端透過 Sprouter 集中式存取資料庫，在應用層中隱藏存取資料庫的邏輯。但是，任何對商業邏輯所做的任何變更，將會導致開發團隊和資料庫團隊之間發生嚴重衝突。

正如 Ross Snyder 所說：「Sprouter 要求 DBA 為網站的任何一個新功能編寫新的預存程序。因此，開發團隊想要新增任何新功能時，都必須求助資料庫團隊。通常，開發團隊需要先跑完繁瑣流程之後才能執行工作。」[6]

也就是說，建立新功能的開發團隊，必須依賴資料庫團隊，和其一起排定、溝通和協調各項工作的優先順序，導致必須排隊等候的開發工作、無止盡的會議、漫長的交付時間等。[7] 正是由於 Sprouter 的存在，開發團隊和資料庫團隊之間形成了緊密耦合的依賴關係，阻礙了開發人員進行開發、測試和部署程式碼的獨立性。

此外，由於資料庫預存程序和 Sprouter 也處於緊密耦合狀態，每當預存程序變更時，Sprouter 也需要進行相應的變更，導致 Sprouter 越來越容易成為故障的發源地。Ross Snyder 解釋：「由於耦合關係過於緊密，雙方必須保持高度同步，結果，每一次部署幾乎都會造成小規模的服務中斷。」[8]

Sprouter 的相關問題及最終的解決方案都可以透過康威法則來解釋。起初，Etsy 的開發團隊和資料庫團隊分別負責應用層和預存程序層。[9] 正如康威法則所預測，兩個團隊分別投入兩個層面。

Sprouter 的目標是使兩個團隊的工作更輕鬆，但實際效果卻背道而馳——當業務規則發生變化時，他們不只要變更兩層，而是總共三層（應用層、預存程序層以及 Sprouter 本身）。在三方之間協調工作和排定優先順序是非常繁瑣耗時的事情，嚴重拖延了交付時間，同時造成可靠性問題，這在 2019 年的《State of DevOps Report》得到證實。[10]

2008 年 9 月，Chad Dickerson 加入 Etsy，接手技術長一職。他為 Etsy 的公司文化帶來了重大變化，Ross Snyder 稱這些變化為：「偉大的 Etsy 文化轉型」。Chad Dickerson 做出許多貢獻，包括投注大量資源提升網站的穩定性，允許開發人員直接在生產環境中部署程式碼，以及，在兩年之內消除對 Sprouter 的依賴，最終廢除其使用。[11]

為了消除對 Sprouter 的依賴，團隊決定將所有商業邏輯從資料庫層搬移到應用層。他們組成了一個小組，負責編寫 PHP 物件關係對映（Object Relational Mapping，ORM）層 *，讓前端開發人員能夠直接存取資料庫，同時將變更商業邏輯原須涉及的團隊數量從三個減少為一個。[12]

Ross Snyder 說：「針對網站的新功能，我們改為使用 ORM，同時將現有功能逐漸從 Sprouter 搬移到 ORM，這個過程總共花了兩年時間。儘管大家總是抱怨 Sprouter 不好用，但它在這個過程中仍一直存在於生產環境中。」[13]

消除對 Sprouter 的依賴的同時，Etsy 也解決了因商業邏輯變更而導致的團隊協作問題，減少了工作交接次數，顯著提升了生產環境部署的速度和成功率，提高了網站的穩定性。此外，由於小團隊可以獨立地開發和部署程式碼，不需要依賴其他團隊協助變更，因此顯著提升了開發人員的生產力。

---

* ORM 是一種程式設計技術，用於實現物件導向程式語言裡不同類型系統的資料之間的轉換，其中一個特色是將資料庫抽象化，使開發人員能夠執行查詢和操作資料，就像它們只不過是編程語言中的一項物件。常見的 ORM 工具包括 Hibernate（Java）、SQLAlchemy（Python），以及 ActiveRecord（Ruby on Rails）等。

2011 年初，Sprouter 終於從 Etsy 的生產環境和版本控制庫中消失了。Ross Snyder 如釋重負：「哇，這種感覺真好！」 **14** *

Ross Snyder 的分享和 Etsy 的轉型例子說明，組織架構決定了工作方式和工作成果。本章後續將探討康威法則如何對價值流的效能產生負面影響。更重要的是，探討我們該如何利用康威法則設計團隊結構。

組織原型

在決策科學這門領域中，將主要的組織架構分為三類：**職能型**、**矩陣型**和**市場型**。這三類組織架構可以作為參考康威法則設計 DevOps 價值流的參考依據。Roberto Fernandez 博士分別提出以下定義：**16**

- **職能型組織**注重提高專業技能、分工最佳化或降低成本。這些組織以專業技能為中心，有助於促進職涯發展和技能發展，且通常具有多層次的組織架構。營運部門通常採用這種組織架構（即伺服器管理員、網路管理員和資料庫管理員等都被劃分成獨立小組）。

- **矩陣型組織**試圖結合職能型和市場型。然而，正如許多管理矩陣型組織或身處其中的人所見，這種組織架構通常都非常複雜。例如：一名員工可能需要向兩個甚至更多的經理回報業務狀況。有時候，矩陣型組織既實現不了職能型結構的目標，也實現不了市場型結構的目標。†

- **市場型組織**注重迅速回應客戶需求。這種組織往往具有扁平化結構，組織成員來自多個職能（如行銷人員或工程師等），往往可能存在工作或人員冗餘現象。很多實施 DevOps 的傑出組織採用了這種結構。舉兩個極端的例子，

---

* Etsy 在轉型過程中捨棄了許多技術，Sprouter 只是其中之一。**15**
† 關於如何在矩陣型組織運作的更多資訊，可以在 ITRevolution.com/Resource 下載並閱讀〈Making Matrixed Organizations Successful with DevOps: Tactics for Transformation in a Less Than Optimal Organization〉一文。

在 Amazon 和 Netflix，每個服務團隊不僅要負責功能交付，同時也須負責服務支援。*

了解上述三種組織架構類型後，讓我們進一步探討過度以職能為導向（尤其是在營運部門）為什麼會對技術價值流造成負面影響，這恰恰應驗了康威法則的預測。

成本最佳化：過度職能導向的危害

傳統的 IT 營運組織往往採用職能型結構，依據不同的專業，組織各職能團隊。資料庫管理員被歸在一組，網路管理員被歸在另一組，服務器管理員被歸在第三組等等。這種組織方式顯然會遞延交付週期，特別是在大規模部署這種複雜活動中，不得不向多個團隊發送一堆工單，力求協調工作交接情況，導致每一個步驟都面臨長時間等待。

讓問題益發複雜的是，通常執行工作的人員都不太理解自己的工作與價值流目標有什麼具體關聯（例如：「我之所以要配置這台伺服器，是因為別人要我這麼做。」），因而無法刺激員工的主動性和創造性。

如果隸屬營運部門的每一個職能團隊都要同時服務多個價值流（即多個開發團隊），那麼問題更是雪上加霜，因為所有團隊的時間都非常急迫且十分寶貴。為了讓開發團隊及時完成工作，營運部門常常不得不將問題反映到管理層，從經理、總監，一路反映給決策者（通常是總經理），再由決策者根據組織的全域性目標（而不是區域性目標）為工作安排優先順序。然後，這項決策再逐級下達至各個職能部門，調整各區域的工作優先順序，而這又會降低其他團隊的工作進度。每個團隊都付出全力努力工作，而最終結果卻是，所有專案都以同樣緩慢的速度往前推進。

除了導致長時間的等待，遞延交付週期以外，這種情況也會導致工作交接不善、大量重工、交付品質低落、瓶頸和延誤等種種問題。這種僵局阻礙組織達成重要

---

* 後文即將介紹的 Etsy 和 GitHub，這些同樣傑出的組織卻以職能為導向。

目標，對於實現組織目標的追求，理應遠遠超過降低成本的考量。*

同樣，職能導向也相當常見於集中式管理的 QA 部門和資安部門。對於那些無需進行頻繁交付的軟體來說可能沒有問題（或者至少能夠滿足需求），然而，隨著開發團隊數量、部署頻率及發布頻率與日俱增，大多數職能型組織將變得很難維持正常運作，交付人人滿意的成果，尤其在工作需要手動完成時更是如此。接下來，我們將研究市場型組織如何運作。

速度最佳化：建立以市場為導向的團隊

一般來說，為了實現 DevOps 成果，不但要減少職能導向（成本最佳化）的負面影響，而且還要妥善且靈活運用市場導向（速度最佳化）的效果，促使小型團隊安全、獨立地工作，快速地向客戶交付價值。

在極端情況下，以市場為導向的團隊不但要負責功能開發，同時，在整個產品生命週期中還要負責測試產品、確保可用性、進行部署，支援生產環境的運作。這些跨職能團隊可以獨立運作——能夠設計並進行使用者實驗，佈建並交付新功能，在生產環境中部署並運行服務，不需依賴其他團隊就能修復任何缺陷，促進團隊迅速運作。Amazon 和 Netflix 正是採用這種模式，這也是 Amazon 飛速發展的主要原因之一。[18]

為了實現以市場為導向的組織架構，我們不可以進行自上而下的大規模重組，因為這麼做往往會造成大範圍的破壞、恐懼和停滯。相反，我們要將工程師及其專業技能（例如營運、QA 和資安）嵌入每個服務團隊中，或者為團隊提供自主運行的自助式服務平台，支援包括配置類生產環境、執行自動化測試或進行部署等功能。

---

* Adrian Cockcroft 說：「對那些五年期 IT 外包契約即將到期的公司來說，時間好像凝固了。外界的技術突飛猛進，而他們卻寸步難行。」[17] 換句話說，IT 外包是一種透過固定價格的契約來控制成本的策略，然而這種做法經常導致組織無法響應不斷變化的業務需求和技術需求。

以市場為導向的組織架構，使得每個服務團隊能獨立地向客戶交付價值，不必再提交工單給 IT 營運、QA 或資訊安全等其他部門。[*] 相關研究證實了此一方法的有效性：2018 年與 2019 年的《State of DevOps Reports》指出，當資料庫變更管理、QA 和 Infosec 等功能性工作被整合到整個軟體交付流程時，團隊在速度和穩定性方面有著出色表現。[19]

讓職能導向有效運作

雖然上一段建議我們建立以市場為導向的團隊，但值得一提的是，職能導向的組織架構也可以成就高效運作的組織（見圖 7.1）。建立以市場為導向的跨職能團隊是實現快速流動和可靠性的一種方式，但這並不是唯一。只要價值流中的所有人都能清楚掌握客戶和組織的目標，不管他們在組織中處於什麼位置，都可以透過職能導向，取得組織所預期的 DevOps 成果。

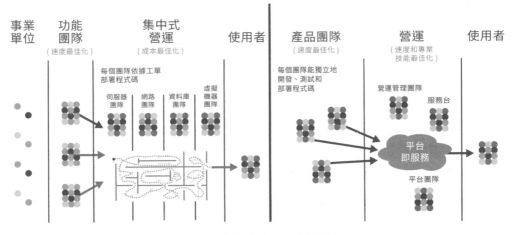

圖 7.1　職能導向 vs. 市場導向

左側為「職能導向」架構：所有工作流經集中式 IT 營運團隊。
右側為「市場導向」架構：所有產品團隊能自助式地在生產環境部署寬鬆耦合的元件。
（資料來源：Humble, Molesky, and O'Reilly, Lean Enterprise, Kindle edition, 4523 & 4592）

---

* 本書將會交替使用「服務團隊」、「功能團隊」、「產品團隊」、「開發團隊」和「交付團隊」這些詞語，特指那些主要從事開發、測試和保護程式碼，從而將價值交付給客戶的服務團隊。

例如：只要服務團隊能夠快速（最好是按需）從營運團隊獲得可靠的幫助，那麼集中式的職能型營運組織也可以實現高效運轉，反之亦然。包括 Google、Etsy 和 GitHub 在內的許多著名 DevOps 公司都保有以職能導向的營運團隊。

這些組織的共同之處是擁有高度信任的文化，所有部門都能夠有效協作，所有工作的優先級別都是透明公開的，系統預留了足夠的容量，能夠迅速完成高優先級的工作。在某種程度上，必須依靠自動化的自助服務平台，來確保產品品質一致。

在 1980 年代的精實生產運動中，許多研究人員對豐田企業的職能導向架構感到困惑，因為該企業並非採用能夠達成最佳實踐的市場導向型跨職能團隊。他們甚至為此特意創造一個名詞：「豐田第二悖論」。[20]

麥克‧羅德在《豐田形學》一書中寫道：

> 儘管這一切看似誘人，但我們其實無法透過重組架構的方式獲得持續改善和適應能力。真正起到關鍵作用的並不是組織形式，而是人們的行為和反應。豐田企業之所以成功的根本原因並不在於其組織架構，而是該組織的發展能力及其員工的工作習慣。實際上，令許多人感到驚訝的是，豐田企業大致上是由傳統的職能部門所構成。[21]

組織的發展能力和員工的工作習慣是以下幾節內容的關注重點。

將測試、營運和資安融入日常工作

高效能組織的人們擁有共同的目標——確保優良品質、可用性和安全性不僅僅是特定部門的一項職責，而是內化為所有人日常工作的一部分。

這表示一天之內最緊要的工作可能是開發或部署新的使用者功能、或者是解決事態嚴重的 Sev 1 生產事故；也可能是評閱同事的程式碼變更、緊急為伺服器編寫修補程式、或者採取可幫助其他工程師提高效率的改善措施。

在談及開發（Dev）和營運（Ops）的共同目標時，Ticketmaster 的首席技術長 Jody Mulkey 說：「在過去近 25 年中，我一直用美式橄欖球比賽來比喻開發和營運。營運是防守組，試圖阻止對方得分；開發則是進攻組，目標是拚盡全力得分。然而有一天，我突然意識到這個比喻並不恰當，因為開發和營運從來沒有在同一時間出現在球場上，他們實際上不屬於同一個團隊！」[22]

他繼續說道：「我現在用的比喻是，Ops 是進攻線鋒，Dev 則負責關鍵位置（如四分衛或外接手）。Dev 的工作是將球傳遞出去，Ops 的工作則是保證 Dev 有足夠的時間傳球。」[23]

擁有一致的痛點，可以強化團隊的共同目標，Facebook 就是經典案例之一。2009 年，當 Facebook 的商業版圖飛速擴張的同一時間，他們在程式碼部署方面也面臨重大問題。雖然不是所有問題都會對客戶直接造成影響，但團隊始終深陷在無止盡的災害搶救中。生產工程總監 Pedro Canahuati 描述了當時的會議情景：與會人員全都是營運工程師，當中有人提議：「除了正在處理故障的人，請其他人都停下手邊工作，暫停使用筆記型電腦」，結果沒有一個人能做到這件事。[24]

Facebook 所採取最能提升部署效率的措施之一，就是讓所有工程師、工程經理和架構師輪流值班待命，負責各自構建的服務之營運工作。當他們接手營運作業後，這些人開始對自己於價值流上游所負責的架構和程式碼有了親身感受與回饋，對下游的後續工作產生了巨大的正面影響。

讓團隊成員都成為通才

在極端情況下，職能型營運組織的各個部門都擁有各自的專業人員，比如：網路管理員、儲存管理員等。當這些部門過於專業化時，就會發生「穀倉效應」♥。Spear 博士認為這類專業化部門的運作更像「不同的主權國家」。[25] 任何複雜的營運活動都必須在基礎設施的不同部分之間，多次交接和排隊等待，導致交付時間延遲（例如每次網路變更都必須交由網路部門的某個人來執行）。

♥ 穀倉化現象（siloization）意指供應鏈的上下游公司，將各自機構視為一個巨大的穀倉，但是彼此之間卻沒有交換資訊或整合，因而造成供應鏈上下游需求的波動。這裡指同一組織內各部門過於專業分工，各自作業卻無法整合資訊，導致價值流運作不順暢。

因為我們依賴的技術越來越多，在每個技術領域裡，都需要具有精深知識且足夠專業的工程師。然而，我們並不想看到這些專業人才被組織架構困住，或者只能為價值流的特定領域做出貢獻。

有一種對策是讓每一位團隊成員都成為通才。提供工程師學習必要技能的機會，讓他們有能力構建和運行所負責的系統。定期讓他們在不同的職位之間輪換。如今「全端工程師」（full stack engineer）這個詞語，通常是指那些熟悉或至少大致理解整個應用程式堆疊（例如程式碼、資料庫、作業系統、網路和雲端）的通才。

表 7-1　專才、通才與「E 型人才」♥

I 型人才：專才	T 型人才：通才	E 型人才
精通某個領域	精通某個領域	精通某幾個領域
其他領域的技能或經驗很少	擁有很多領域的技能	有多個領域的實踐經驗，執行能力強，能持續創新
容易遇到瓶頸	能夠突破瓶頸	潛力無限
對下游的浪費和影響不敏感	對下游的浪費和影響敏感	—
抵制靈活或變化的計畫	協助制訂靈活和可變動的計畫	—

（資料來源：Scott Prugh, "Continuous Delivery," ScaledAgileFramework.com, February 14, 2013, http://scaledagileframework.com/continuous-delivery/）

在 CSG 系統國際公司歷經重大轉型，把構建和運行產品所需的大部分資源（包含需求分析人員、架構師、開發人員、測試人員和營運人員）都整合成一個團隊後。Scott Prugh 表示：「透過跨部門交叉訓練和提高相關技能，通才比專業人才還能執掌更多工作，同時減少佇列中的任務和等待時間，改善整體工作流程。」**26**

♥　E 型人才指在經驗、專業、探索能力和執行能力等四個面向都表現突出的人。

這種做法與傳統的聘用方式不一致，但正如 Scott Prugh 所說，這項決策非常值得：「在傳統管理觀念下，經理通常會反對聘用通才型工程師，認為企業必須負擔的成本更高：聘用一個通才型營運工程師的錢都夠用來聘用兩個伺服器管理員了。」[27] 然而，更加順暢快速的工作流所產生的商業價值不可同日而語。此外，Scott Prugh 也指出：「多技能交叉訓練對於員工的職涯發展非常有助益，也能讓所有員工的工作變得更有樂趣」。[28]

如果僅僅重視員工現有的技能或成績，而不考量他們習得新技能的能力，就會（通常是不經意間）陷入卡蘿・杜維克博士所說的「定型心態」（fixed mindset），將員工的智力和能力視為不可改變的「天賦」。[29]

反過來說，我們希望鼓勵員工勇於學習，克服學習焦慮，習得相關技能，幫助他們明確規劃職業生涯。這樣做有助於培養員工的「成長心態」（growth mindset）——畢竟，學習型組織需要的是正是願意學習的人。鼓勵每位員工積極學習並提供教育訓練和支援，我們可望以高度的可持續發展性、最低的投資成本，造就強大積極的團隊。

迪士尼的系統工程總監 Jason Cox 說：「營運界必須改變人員聘用制度。我們尋找具有好奇心、勇氣和坦誠特質的人，他們不僅能夠成為通才，還能引領變革……我們希望提倡積極變革，讓業務不致陷入瓶頸，能夠展望未來。」[30] 下一節將討論不同的投資模式，如何影響團隊的工作結果。

投資於服務和產品，而非專案

實現高績效成果的另一種方法是建立穩定的服務團隊，持續提供經費，讓他們執行自己的戰略和計畫。團隊內的工程師專門負責兌現對內部或外部客戶的具體承諾，比如：功能、使用者故事和任務等。

在傳統的開發模型中，開發團隊和測試團隊被分配到某一個專案中；當專案完成或經費耗盡後，團隊立時解散，這些人員再次被重新分配到另一個專案中。這種方式導致許多不盡人意的結果，其中包括開發人員無法見證其決策的長期效益（一種回饋形式）、經費投注模式只重視軟體生命週期的初始階段——不幸的是，對於成功的產品或服務而言，初始階段是成本最低的階段。*

產品導向的經費投注模式重視組織成績和客戶滿意度，包括公司營收、客戶終身價值及客戶使用率，同時盡可能減少產出（如時間、精力、程式碼行數等）。傳統專案的衡量指標，比如：專案是否維持在既定預算、時間和範圍內完成，與產品導向模式形成鮮明對比。

根據康威法則設定團隊邊界

組織不斷發展，隨之而來的一項艱鉅挑戰就是如何維持人員和團隊之間的有效溝通和協作，創造及維持共識，彼此之間培養互信，這些事情變得更加重要。隨著許多團隊採行不同以往的新工作模式，協作的重要性更加不言而喻。現在的團隊協作模式基本上包括了完全遠端、混合模式和分散式工作等配置，團隊成員不僅跨越了辦公室或家庭的界限，而是跨越不同時區，甚至超越了工作契約的界線（例如將具體工作交由外包團隊完成）。當主要的溝通機制是工單或變更請求時，很難有效進行團隊協作。†

正如我們在本章一開始看到的 Etsy Sprouter 案例，不合理的團隊組織方式，很可能產生不良後果，這正是康威法則的副作用。這些不當的組織方式包括，按職能劃分團隊（例如將開發人員和測試人員安置在不同的辦公地點，或是將測試工作完全外包出去），以及按架構層次指派工作團隊（如應用層、資料庫層等）。

不當的組織配置將導致各個團隊進行大量的溝通和協調，但仍然可能導致大量重工、對需求定義有分歧、工作交接的低效率，以及由於等待上游人員完工而造成的人員閒置等。

---

* 正如 Roche Bros. 連鎖超市的資訊技術 VP John Lauderbach 說：「每一個新的應用程式就像是免費領養的一隻小狗。要命的不是初期成本，而是持續的維護和支援。」[31]

† 當本書第一版問世時，大部分企業組織並不流行遠端或混合工作模式。隨著先進技術、工作風氣改變，以及 COVID-19 疫情的巨大影響，證實了遠端或混合工作模式不只可行，甚至更具高效生產力。因此，新版內容將此一變化納入正文。

在理想情況下，軟體的架構應該保證小團隊能夠獨立運作，彼此充分解耦，從而避免過多不必要的溝通和協調。

建立寬鬆的耦合架構，提升生產力和安全性

在緊密耦合的軟體架構中，即使是再微小的變更也可能導致大規模的故障。負責某個組件的開發人員不得不和負責其他組件的開發人員不斷地協調與溝通，包括跑遍各種複雜的變更管理流程。

此外，為了測試整個系統是否能工作，需要整合數百個甚至數千個開發人員的程式碼變更，而這些開發人員的程式碼變更可能又依賴於數十個、數百個甚至數千個其他系統。再加上，為數不多的整合測試環境無力招架排山倒海的測試需求，而這些環境通常需要花費數週安裝和配置。結果不僅延長了交付週期（交付週期通常為幾週或幾個月），還導致開發人員的生產力低落和部署品質不佳。

相反地，如果組織架構能夠支援小型團隊獨立、安全、快速地進行開發、測試和部署，就可以提高和維持開發人員的生產力，並改善部署品質。「服務導向架構」（Service-Oriented Architecture，SOA）就具有這種特徵。這個概念出現於於 1990 年代，SOA 是一種支援獨立測試和部署服務的架構方式，其典型特徵是由具有**限界上下文**的**鬆耦合**服務所組成。[*]

鬆耦合（loosely coupled）的架構表示，在生產環境中可以獨立更新某一項服務，無需更新其他服務。該服務必須與其他服務及共享資料庫解耦（可以共享資料庫服務，但必須保證它們沒有共同的資料庫模式）。

限界上下文（bounded context）是 Eric Evans 在《領域驅動設計：軟體核心複雜度的解決方法》一書中提出的概念。開發人員應該只需理解和更新某項服務的程式碼，不必知道其對等服務的內部邏輯。各服務只需透過 API 進行互動，不必共享資料結構、資料庫模式或物件的其餘內部稱呼。限界上下文設定了服務

---

[*] 基於服務導向架構而衍生的「微服務」也具有這種特徵。在現代 Web 架構模式中，「12 要素應用程式」（12-factor app）正是其中一個典型模式。[32]

的邊界範圍，確保服務被劃分成獨立的部分，具有明確定義的介面且更容易進行測試。

Google 應用服務引擎的前任技術總監 Randy Shoup 指出：「採用服務導向架構的組織（如 Google 和 Amazon）具有優異卓越的靈活性和可擴展性。這些組織由成千上萬的開發人員組成，但小型團隊模式仍然能夠創造驚人生產力。」**33**

維持小型團隊規模（「兩個披薩原則」）

康威法則幫助我們根據期望的溝通模式設定團隊邊界，同時鼓勵縮小團隊規模，減少不同團隊之間的溝通，促使每一團隊專精於各自的專業領域。

2002 年，Amazon 在試圖脫離單一程式碼資料庫的轉型過程中利用了「**兩個披薩原則**」來維持小型的團隊規模——兩個披薩足夠餵飽一個團隊的所有成員——通常為 5 到 10 人。**34**

這種對團隊規模的限制締造了四項關鍵效果：

- **確保團隊成員對系統有清晰、相同的理解。**當團隊規模變大時，如果要讓所有人都了解系統狀況，需要溝通的資訊量就會成倍增加。

- **限制正在開發的產品或服務的成長率。**限制團隊的規模大小，也能牽制系統的發展速度，同樣有助於確保團隊成員對系統有相同的理解。

- **分散權力並實現自主性。**每個「雙披薩」團隊都盡可能地自主工作。團隊負責人直接向管理層回報進度，由他決定團隊負責的關鍵業務指標（也就是適應函式），並作為團隊實踐的整體衡量標準。因此，團隊能夠自主採取行動來極大化該業務指標。*

- **帶領「雙披薩」團隊是讓員工獲得領導力經驗的一種方式。**在這樣的環境中，即使遭逢失敗也不會面臨災難性後果。Amazon 經營策略的一項關鍵就是，「雙披薩」團隊的組織架構與服務導向架構之間的高度連結。

---

*　Netflix 的企業文化的七項關鍵價值之一正是「高度協同，鬆散耦合」。**35**

2005 年，Amazon 的首席技術長 Werner Vogels 向《Baseline》雜誌的 Larry Dignan 說明了這種組織架構的優點。

Larry Dignan 寫道：

> 小團隊的運作效率高，不會因為所謂的行政瑣事而停滯不前，每個團隊全權負責被指派的某一業務，包括設定工作範圍、設計、構建、實現，並且監控並確保服務能持續運行。如此一來，程式開發人員和架構師可藉由例行會議及日常交談，直接從使用者（業務人員）獲得意見回饋。[36]

持 | 續 | 學 | 習

在《Team Topologies: Organizing Business and Technology Teams for Fast Flow》一書中，Matthew Skelton 和 Manuel Pais 介紹了軟體交付的團隊和組織模式的最佳化。這本書闡述了本章的重要主題：優良的團隊設計可以強化好的軟體交付，而好的軟體交付流程，更能打造績效卓絕的團隊。

Skelton 和 Pais 分享了幾個團隊的最佳實踐：

- **信任和溝通需要時間**：他們認為團隊成員至少需要 3 個月的時間才能達成高績效，並建議讓團隊至少保持 1 年的合作時間，好從他們的工作中獲益。

- **恰到好處的團隊規模**：他們建議 8 人是理想的團隊人數，這近似於 Amazon 的的雙披薩團隊，同時也指出 150 人是團隊規模的上限（引用自「鄧巴數」）*。

- **溝通（可能是）昂貴的**：Skelton 和 Pais 指出，儘管團隊內部的溝通良好是，但是當團隊需要其他團隊的幫助或因其受阻時，都會導致排隊、工作狀態切換和額外開銷等工作成本。

---

* 「鄧巴數」（Dunbar's Number），又稱「150 定律」，指能與某個人維持緊密人際關係的人數上限，通常這個數字是 150。此一數字由英國人類學家羅賓‧鄧巴（Robin Dunbar）於 1990 年代提出。

作者還提出了四種類型的團隊，並根據組織、每一類團隊的認知負荷要求以及團隊互動模式討論了其優缺點。

- **價值暢流團隊**：一個擁有完整價值流的端到端團隊。類似本書描述的市場導向組織。

- **平台團隊**：平台團隊創造和支援可重復使用的技術，這些技術經常被價值暢流團隊使用，比如：基礎設施或內容管理。這個團隊通常是一個第三方組織。

- **賦能團隊**：這個團隊包含幫助其他團隊進行改善工作的專家，例如卓越中心。

- **複雜的子系統團隊**：擁有開發和維護系統的某個子組件的團隊，這個子組件非常複雜，需要專家知識。

- **其他**：兩位作者在書中還談到了其他團隊類型，比如：網站可靠度工程師（SRE）和服務經驗。

另一個關於組織架構可以顯著提高生產力的案例是美國零售商 Target 的「API 啟用」專案。

→ **案 | 例 | 研 | 究**

Target 的「API 啟用」專案（2015）

Target 是美國第 6 大零售商，每年在技術方面投資超過 10 億美元。Target 的開發總監 Heather Mickman 在描述公司如何踏上 DevOps 之旅時說道：「在那些不堪回首的日子裡，我們一度需要 10 個團隊協作才能安裝一台伺服器。一旦出現問題，我們傾向於停止所有變更，防止問題進一步惡化，然而卻使得整體情況變得更糟。」[37]

搭建環境和執行部署等相關工作給開發團隊帶來極大困難，獲取所需資料也相當不易。

正如 Heather Mickman 所說：

> 大部分核心資料（比如：庫存資訊、定價資訊和門市資訊）都被鎖在遺留系統和大型主機中，這就是問題癥結。電商系統和實體店之間經常存在不同版本的資料，由不同的團隊管理，它們的資料結構和業務優先級別都不同。
>
> 假如有個新開發團隊希望為客戶構建應用程式，就需要花費 3 至 6 個月整合現有系統，才能獲得所需資料；更糟糕的是，該團隊還需要花費 3 至 6 個月的時間進行手動測試，以確保他們沒有影響到任何關鍵業務，其根本原因在於這個緊密耦合的系統裡有太多點對點整合（point-to-point integrations）。因為不得不管理 20、30 個團隊間的協作以及所有的依賴關係，所以需要動員許多專案經理參與。這意味著開發人員耗費所有時間在排隊等待，而不是交付結果並完成任務。[38]

在記錄系統中建立和檢索資料的漫長前置時間，嚴重影響了業務目標，例如 Target 旗下的實體店和電商網站的供應鏈營運整合作業（需要將商品運往門市和顧客家裡）。這遠遠超出了供應鏈的設計初衷，原來只考慮到將商品從供應商運往配送中心和門市。

為了解決資料問題，Heather Mickman 在 2012 年帶領「API 啟用」團隊協助開發團隊在幾天內（而不是幾個月後）交付新功能。[39] 他們希望 Target 內部的所有團隊都能夠方便地獲取和儲存所需資料，比如：產品或門市資訊，包括營業時間、地理位置以及門市內是否有星巴克據點等。

時間約束在團隊成員的挑選過程中影響甚鉅，Heather Mickman 解釋：

> 因為團隊需要在幾天（而不是幾個月）內完成交付，這個團隊必須有能力完成實際工作，而不是將工作交給外包商。團隊需要擁有卓越技術，而不是只知道管理外包契約的人。另外，為了有效推進工作，團隊必須負責全端，這意味著還需要具備營運能力……我們引入了許多

新工具幫助持續整合和持續交付。因為我們知道，這一旦成功就會以極高的成長速度進行擴展，所以我們引入了新的工具如 Cassandra 資料庫和 Kafka 分散式訊息發布系統。我們曾問過是否能夠這麼做，儘管被告知不行，但我們還是這樣做了，因為這是我們的需求。[40]

在接下來的兩年中，「API 啟用」團隊交付了 53 項新業務功能，包括「配送至門市」、「禮物登記」等功能，並且與與 Instacart 和 Pinterest 進行整合。正如 Heather Mickman 所說：「正是因為我們為 Pinterest 提供了 API，與他們的合作變得輕而易舉。」[41]

2014 年，「API 啟用」團隊支援每月超過 15 億次的 API 調用。到 2015 年，這一數字已經達到 170 億，覆蓋範圍包含 90 項 API。他們每週例行部署 80 次來維持服務的可用性。[42]

這些改變為 Target 帶來巨大的商業利益──2014 年聖誕節前後的線上總銷售額成長了 42%，第二季度又成長了 32%。光是 2015 年「黑色星期五」的當週末，門市訂單數量就超過了 28 萬。該企業希望到了 2015 年，全美 1800 家門市中有 450 家（之前是 100 家）使用數位系統完成訂單交易。[43]

Heather Mickman 說：「『API 啟用』團隊展現了由充滿熱情的變革者所組成的團隊能做些什麼。這項成功，為下一階段的任務奠定堅實基礎，也就是在整個技術組織中推展 DevOps 轉型。」[44]

本案例研究最終迎來豐盛成果，同時也描繪出一個無比清晰的事實，那就是架構方式對於團隊規模與組織有著深刻影響，且反之亦然，正如康威法則所示。

本章小結

透過 Etsy 和 Target 的案例，我們可以看到架構和組織設計的巨大影響。正確運用康威法則，團隊就能夠安全、獨立地進行開發與測試，向客戶交付價值；如果運用得不好，則會產生不良的後果，損害團隊工作的安全性和敏捷性。

8

將營運融入日常開發工作

我們的目標是能夠以市場為導向，讓小團隊快速、獨立地為客戶提供價值。但這項目標對於職能導向的集中式營運團隊來說，是一項不小的挑戰，因為營運團隊不得不滿足許多開發團隊的各式迥異需求。這導致營運工作的前置時間過於漫長，需要反覆調整工作的優先順序，而最終的部署成果卻總是不如預期。

透過讓開發團隊具備更強健的營運能力，我們可以創造出更多以市場為導向的業務成果，同時提高工作效率和生產力。本章將探索實踐以上目標的各種方法，不僅涉及組織架構層面，同時涵蓋日常工作範疇。透過這些方法，營運人員可以顯著提升開發團隊的生產力，並實現更佳的協作成果。

大魚游戲公司

大魚游戲公司（Big Fish Games）是一家美國的網路軟體和遊戲公司，兼具開發商與經銷商的角色，旗下有數百款手機遊戲和上千款桌機遊戲，2013 年的收入超過 2.66 億美元。[1] 大魚遊戲的 IT 營運 VP Paul Farrall 負責統籌管理營運團隊，為公司裡各個獨立自主的事業單位提供支援。

每個事業單位都有專屬的開發團隊，通常採用截然不同的技術。當這些團隊要部署新功能時，他們不得不競相爭取全組織共享的稀缺資源——營運團隊。此外，每個團隊使用的都是不可靠的測試和整合環境，而且發布流程也相當繁瑣。

Paul Farrall 認為解決這個問題的最佳方法是將營運專家嵌入開發團隊：

當開發團隊在測試或部署方面遇到問題時，他們需要的不止是技術或環境，還需要幫助和指導。一開始，我們在每個開發團隊中加入營運工程師和架構師，但事實上，我們並沒有足夠的營運工程師應付這麼多的開發團隊。因此，我們改為採用所謂的『營運聯絡人』模式（Ops liaison model），以較少的人幫助更多的團隊。**2**

Paul Farrall 定義了兩類營運聯絡人：業務關係經理（Business relationship manager，BRM）和專職發布工程師（Dedicated release engineer）。**3** 業務關係經理與產品經理、業務線負責人、專案經理、開發經理及開發人員一起工作，他們足夠熟悉且充分掌握產品的業務目標和產品路徑圖，在營運部門內部為產品負責人提供支援，協助產品團隊在營運過程中優先處理重要的事情，確保工作順暢無阻。

專職發布工程師則對產品開發和 QA 的相關問題如數家珍，協助開發團隊從營運部門確實取得支援，從而更好地實現業務目標。他們熟悉開發人員和 QA 人員對營運部門的典型請求，能夠親自執行這些工作。他們還能根據實際情況，協助專業領域的營運工程師（例如 DBA 資料庫設計與管理人員、Infosec 資安管理人員、儲存工程師和網路工程師），協助營運部門決定必須優先構建哪一類型的自助服務工具。

透過這種方式，Paul Farrall 幫助所有開發團隊提高工作效率，並且有效達成業務目標。另外，他還幫助團隊根據整體營運的約束條件設定工作的優先順序，降低了專案交付過程的風險，提高團隊的整體生產力。

Paul Farrall 指出，以上措施顯著改善了開發團隊與營運團隊的工作關係，也加速了程式碼的發布速度。他總結：「營運聯絡人模式將 IT 營運專家嵌入開發團隊和產品團隊，而這並不需要額外招募新人。」**4**

大魚游戲公司的 DevOps 轉型，顯示了集中式營運團隊如何取得以使用者為導向的商業成果。我們可以借鑑以下三個廣泛適用的策略：

- 構建自助式服務，幫助開發人員提高生產力

- 將營運工程師嵌入服務團隊

- 如果營運工程師人手不足，則可以採用營運聯絡人模式

持｜續｜學｜習

大魚遊戲公司的這種工作模式靈活運用了上一章所提及，Matthew Skelton 和 Manuel Pais 在《Team Topologies: Organizing Business and Technology Teams for Fast Flow》一書中所歸納的平台團隊與賦能團隊方法。

一個統一的平台團隊位整個組織提供基礎設施功能，同時為市場導向團隊提供支援。營運聯絡人同時扮演著為團隊賦能的角色。

接著，我們會介紹將營運工程師嵌入開發團隊的具體實行方法，包括參加每日站會、規劃會議以及回顧會議等。

建立共享服務，提升開發生產力

營運部門若想取得以市場為導向的成果，可以建立一套集中式的平台和工具集服務，讓所有開發團隊都能夠利用這套平台和服務來提升工作生產力，例如搭建類生產環境、部署流水線、自動化測試工具、生產環境遙測控制台等。[*] 如此一來，開發團隊就能投注更多心力和時間在構建功能上，而不是將時間虛耗在功能交付所必須經歷的基礎設施上。

在理想情況下，所有平台和服務應該是全自動化的，並且能按需提供，不需要開發人員提交工單，等待營運團隊手動處理。如此，可以確保產品或服務不會卡在營運階段（例如「我們已收到您的工單請求，手動配置這些測試環境需要 6 週」）。[†]

---

[*]　本書將交替使用「平台」、「共享服務」以及「工具鏈」等術語。

[†]　Ernest Mueller 說：「在 Bazaarvoice，開發工具的平台團隊接收需求，而不是來自其他團隊的工作。」[5]

自動化的平台和服務，使得產品團隊能夠及時取得所需資源，同時降低了溝通和協作成本。正如 Damon Edwards 所說：「如果沒有這些自助式服務營運平台，雲端就只是昂貴的 2.0 版主機託管服務。」 **6**

在大多數情況下，我們不會強制內部團隊使用這些平台和服務——這些平台團隊必須以令人滿意的服務來贏得內部使用者，有時甚至需要和外部供應商競爭。在內部建立這種有效的市場競爭機制，可以確保組織所提供的平台和服務是最易於使用，而且值得選擇（也就是阻力最小的途徑）。

例如：我們可以搭建這樣一個平台：建置可共享的版本控制系統，包括可安全使用的函式庫；能自動執行程式碼的品質和安全掃描工具的部署流水線，並且把應用程式部署到搭載遙測工具，**已知的、優良的**生產環境裡。在理想情況下有了這類平台，開發團隊的工作會變得更輕鬆，他們堅信使用這個平台是最簡單、最安全、最可靠的工作方式。

整合 QA 人員、營運人員和資訊安全人員在內的全體成員之集體經驗，我們能夠建立更安全的工作系統。這不僅能提高開發人員的生產力，還讓產品團隊可以輕鬆使用工具和流程，例如執行自動化測試，以及滿足資訊安全和合規性等要求。

建立和維護這些平台和工具是真真切切的產品開發——這些平台的使用者並非外部客戶，而是內部開發團隊。如同構建任何一個偉大的產品，做出一個人見人愛的平台絕非偶然。如果對使用者的關注與掌握不足，內部平台團隊也有可能開發出令人討厭的工具，導致使用者迅速放棄它，繼而尋找新的替代品，甚至轉向另一個內部平台團隊或者聯繫外部的供應商。

Netflix 工程工具總監 Dianne Marsh 說，她的團隊宗旨是「以支援工程團隊的創新和速度為先。我們不為這些團隊構建、打包或部署任何產品，也不為他們管理配置。相反，我們為自助式服務創造工具。他們可以依賴我們的工具，而不能依賴我們的勞力。」 **7**

平台團隊通常還能提供其他服務，幫助其使用者學習他們的技術，或者做技術轉移，甚至提供指導和諮詢，提升組織內部的實踐水準。這些團隊所提供的共享服務能夠促進標準化，幫助工程師在不同團隊之間切換角色時也能快速進入狀態。

假如每個產品團隊都選擇了不同的工具鏈，這將會導致工程師顧此失彼，不得不重新學習一套全新技術才有辦法完成工作。導致工作重心從全局目標轉移到團隊目標。

在某些組織中，團隊只能使用經過批准的工具。在這種情況下，可以嘗試對少數團隊（例如 DevOps 轉型團隊）解除這些限制，進行多方實驗，探索可以提高團隊效率的工具。

內部共享服務團隊必須不斷發掘能廣泛應用於組織內部的工具鏈，判斷哪些可由集中式平台提供，並且讓每個人都可以使用。一般來說，採用經實踐驗證的工具並拓展應用範圍，比起從零開始構建這些功能更容易成功。*

將營運工程師嵌入服務團隊

若想取得以使用者為導向的成果，另一種做法是將營運工程師嵌入產品團隊，使得產品團隊能自給自足，降低對集中式營運的依賴程度。這些產品團隊可以完全負責服務的交付和支援。

被引入開發團隊後，這些營運工程師的工作優先級別幾乎完全受所在產品團隊的目標所驅動，不再只專注解決各自問題。因此，營運工程師與其內部和外部客戶的關聯程度變得更加緊密了。此外，產品團隊通常會編列專門預算來僱用這些營運工程師，不過面試流程和聘用決策可能還是由集中式營運團隊來完成，確保一致性和員工素質。

迪士尼的系統工程總監 Jason Cox 說：

> 迪士尼將營運人員（系統工程師）嵌入各個事業單位的產品團隊、開發團隊、測試團隊，甚至是資訊安全團隊。這完全改變了我們的工作方式。營運工程師建立工具，改變他人的工作方式甚至思考邏輯。

---

* 畢竟，在設計系統時太早考慮重用性，代價不僅不菲，也是許多企業架構失敗的普遍原因之一。

> 在傳統的營運模式裡，我們只能駕駛別人建造的列車；在現代化的營運
> 工程模式裡，我們不僅建造列車，還搭起橋樑，幫助列車安全行駛。[8]

在新的大型開發專案的啟動階段即可導入營運工程師。他們的工作包括一同討論
「該做什麼」和「如何做」的決策，協助確立產品架構、選擇內外部技術，幫助
內部平台建立新功能，甚至是催生全新營運能力。當產品上線之後，營運工程師
可以幫助開發團隊承擔營運責任。

營運工程師將參加開發團隊的相關討論，如規劃會議、每日站會以及新功能的
Demo 會議，協助決定可以交付哪些功能。隨著開發團隊對營運知識和能力的
需求逐步減少，營運工程師就可以轉移到其他專案或工作中，按照上述模式嵌入
下一個團隊以及相應產品的生命週期。

這種範式有一個重要優勢：開發團隊和營運工程師的密切協作是一種非常有效的
方式，能將營運知識透過交叉訓練的方式融入服務團隊，還能逐漸將營運知識轉
換為自動化的程式碼，能夠更廣泛地重複使用這些可靠知識。

為每個服務團隊指派營運聯絡人

出於各式各樣的原因（比如：成本或資源不足），組織可能無法為每個產品團隊
分派營運工程師，但我們可以為每個產品團隊指定一位營運聯絡人，同樣也能獲
得相同效益。

Etsy 將這種模式稱為「特派營運工程師」。[9] 集中式營運團隊依然管理所有環境
（不只是生產環境，還包括預生產環境），負責確保它們的一致性。特派營運工程
師的責任是掌握下列內容：

- 新產品的功能是什麼？為何要開發這個產品？
- 該功能如何運作？可營運性、可擴展性和可觀察性如何？（強烈建議以圖例
  說明）
- 如何監控和蒐集指標？如何確認功能正常運作？
- 此次架構和模式是否與以往做法不同，這樣做的理由是什麼？

- 是否對基礎設施有額外需求？該功能對基礎設施的影響為何？

- 功能的發布計畫。

此外，與嵌入營運工程師的運作模式相同，營運聯絡人也要參加團隊的站會，把團隊需求納入整體營運計畫，並在必要時執行相關任務。一旦發生資源競爭或優先層級衝突時，則需仰賴營運聯絡人來排解問題。透過這種方式，我們可以將眼光放在更廣泛的組織目標上，針對資源競爭和衝突進行處理排序。

相對來說，指定特派營運聯絡人的方式能支援更多的產品團隊。我們的目標是確保營運不會成為產品團隊的約束瓶頸。假使營運聯絡人的工作量過大，導致產品團隊無法實現目標，那麼就必須減少每一位聯絡人所支援的團隊數量，或者暫時將營運工程師嵌入某些產品團隊中。

邀請營運工程師參加開發團隊的會議

為開發團隊嵌入營運工程師或指定特派營運聯絡人後，可以邀請他們參與開發團隊的各種會議。這裡的目標是幫助營運工程師和其他非開發人員更佳了解目前開發團隊的文化，並主動地參與規劃工作和日常工作，使營運團隊可以更好地為產品團隊注入營運能力，並在產品上線以前落實相關工作。下文將介紹敏捷開發團隊所採用的會議形式，以及如何讓營運工程師融入其中。這並不意味著敏捷開發實踐是一項先決條件——營運工程師的目標是搞清楚產品團隊採用何種會議形式，並融入其中，增加價值。*

Ernest Mueller 觀察：「如果營運團隊也採用與開發團隊一樣的敏捷會議形式，我相信一定會在營運方面的許多痛點上取得巨大突破，與開發團隊的協作必定更加和諧順暢。」**10**

---

* 然而，如果營運工程師發現所有的開發人員整天都坐在辦公桌前，而不相互交談，那麼就可能需要找出其他能吸引他們的方式，比如：邀請共進午餐、參加讀書分享會、輪流在午餐會上分享，或者透過日常對話了解他們面臨的問題，協助找到改進方法。

邀請營運工程師參加每日站會

每日站會是 Scrum 大力推崇的會議形式（儘管實際的「站會」在遠距工作下已經不是團隊的例行公事）。這是一場速戰速決的會議，所有成員聚到一起，每個人都要向大家說明三件事：昨天做了什麼？今天要做什麼？遇到了什麼難題？ *

每日站會的核心目的是將資訊共享於整個團隊範圍，同時了解所有正在執行和即將完成的工作。藉由團隊成員的相互分享，可以掌握正面臨難關的任務，然後以互助的方式找到解決方法。此外，團隊負責人的出席還能儘速解決優先層級和資源衝突問題。

開發團隊經常面臨的問題之一是，資訊在團隊內部是分散的。邀請營運工程師參與開發會議，營運部門可以充分掌握開發團隊的工作進度，從而進行完善規劃並及早籌備。例如：當產品團隊計畫在兩週內推出一個重要功能時，營運團隊可以保證部署和發布所需的人員和資源提前就緒，或者強化需要更多溝通和準備的部分（例如建立更多的監控點或自動化腳本）。

這麼一來可以降低風險，解決團隊當前面臨的問題（例如使資料庫後台設置達到最佳化，而不僅僅靠改善程式碼來提高效能）或未來可能遇到的問題（例如搭建更多環境以供整合測試和效能測試）。

---

* Scrum 是一種敏捷式開發的方法論，被認為是一種「靈活、全面的產品開發策略，將開發團隊視為一個整體來實現共同的目標」。[11] Ken Schwaber 和 Mike Beedle 在《Agile Software Development with Scrum》一書中首次詳述了 Scrum。本書使用「敏捷開發」或「迭代開發」涵蓋諸如 Agile 和 Scrum 等獨特方法所使用的各式技術。

邀請營運工程師參加回顧會議

另一個被廣泛採用的敏捷式開發儀式是回顧會議。在每個開發週期結束時，團隊成員聚在一起討論：哪些方面是成功的？哪些方面有待改進？如何把本次開發週期所取得的成功和改善，應用到下一次迭代或下一份專案中？團隊可以回顧上一個迭代所做的實驗，提出比以前更好的構想。這是組織學習和發展對策的主要機制，討論結果可以立即實現，或者加入團隊的待辦清單。

參加回顧會議的營運工程師也可以從中學習獲益。假如正好有部署或發布時，營運工程師應該向大家匯報結果，對產品團隊提供回饋。如此一來，可以改進未來工作的計畫和執行方式，提升工作成效。以下例子是營運工程師可在回顧會議上提出的回饋意見：

- 「兩週前我們發現了一個監控盲點，團隊就如何解決達成了一致意見，而我們的做法確實奏效。上週二，監控系統收到一個警告事件，我們快速定位故障發生處，並在使用者受到影響之前，就將問題排除完畢。」

- 「上週那次部署的難度和所用時間是過去一年之最。我們列出了一些改善想法與各位分享。」

- 「上週所做的市場促銷活動比預期還要困難，我們不應該再規劃類似的促銷活動了。我們其實可以嘗試一些其他方案來完成預期目標。」

- 「上一次部署中最大的問題是：生產環境的防火牆規則已經多達數千行，導致每次變更都非常困難，而且風險也很高。我們應該考慮重新設計網路流量的控管規則。」

來自營運的意見回饋能夠幫助產品團隊更佳認識和理解其決策對下游團隊的影響。當產生負面影響時，我們必須做出相應改變，以防未來再次出現類似狀況。同時，營運團隊的回饋也有助於偵測更多的問題和缺陷，甚至可以幫助團隊發現某些架構問題。

回顧會議也能幫助我們整理出一些改善工作，例如修復缺陷、重新架構和將手動作業自動化等。這些改善工作可能源自於產品經理和專案經理優先考慮使用者功能交付的情況下，所決定推遲或降低優先處理順序的任務。

但是，我們必須提醒所有人，改善日常工作其實比日常工作本身更重要，所有團隊都必須為此預留時間（例如每一次週期都分配 20%的時間用來改善工作，或者安排每週一天或每月一週來改善日常工作等）。如果不這麼做，在償還技術債的巨大壓力之下，絕對會損害團隊的生產力。

使用看板展示營運相關工作

通常開發團隊會使用白板或看板展示工作。不過，以看板展示營運工作的情況非常少見。想讓應用程式在生產環境（真正產生客戶價值的地方）成功運行，這些營運工作是不可或缺的。如果不在看板上展示這些營運工作，在發生緊急情況導致交付延期或生產環境出現故障之前，我們都難以意識到營運工作的必要性。

因為營運工作是價值流的一部分，所以應該將它和與產品交付相關的其他工作一同呈現在看板上。如此一來，團隊能夠更加明確地看見，將程式碼發布到生產環境裡需要進行的所有工作，並追蹤與產品支援相關的所有營運工作。此外，團隊還能夠藉由看板，判斷哪些營運工作受阻以及需要改善哪些方面。

看板是將工作可視化的理想工具，而可視化工作則是將營運工作融入產品價值流的關鍵要素。若能確實做好這項任務，不管組織架構如何調整，我們都能取得以使用者為導向的成果。

➡ 案｜例｜研｜究 NEW

更好的工作方式：全英房屋抵押貸款協會（2020）

全英房屋抵押貸款協會（Nationwide Building Society）是世界上最大的房屋貸款協會，擁有 600 萬名會員。2020 年，首席營運長 Patrick Eltridge 和任務負責人 Janet Chapman 在 DevOps Enterprise Summit London-Virtual 活動中分享他們持續改善工作方式的這趟旅程。

組織龐大而歷史悠久的 Nationwide 面臨著一系列挑戰。正如 Patrick Eltridge 所說，他們正處在「高度流動和高度競爭的環境」。[12]

就像多數啟動轉型的組織一樣，他們也從 IT 部門著手進行變革活動並在 IT 交付中運用敏捷實踐，他們因此取得明顯的進步，但成果仍舊不如預期。

「我們的交付成果變好了，也變得更可靠，但還是很慢。我們需要讓開始到結束變得更加迅速，不僅要讓會員對我們的產品及服務的品質感到驚艷與滿意，還要讓他們也對交付速度感到驚喜。」Janet Chapman 表示。[13]

2020 年，在《Sooner Safer Happier》的作者 Jonathan Smart 和德勤事務所（Deloitte）團隊的幫助下，Nationwide 進行了組織架構的調整，從一個職能型組織改頭換面，轉變為一個完全以會員需求為出發點的組織，並以更強大的敏捷和 DevOps 實踐作為動力。其中一項關鍵目標是將運行和變革活動整合到長期存在，擁有多元技能的團隊之中。他們把這個工作模式稱之為「會員任務營運模式」。

許多大型組織的典型工作方式其來有自，是多年下來逐漸演變而來的結果。專業職能部門聚集在一起，工作在各部門之間傳遞，每一個步驟都要排隊等候。

「如今，當我們要處理一個抵押貸款申請時，這個任務會被分解成許多部分，由各職能團隊分別負責。我們會各自完成屬於自己的一部分工作，再將其組合起來，對最終成果進行測試，檢查是否出現問題，然後檢驗它是否符合會員需求，假如不符合就立即調整修復」Eltridge 解釋：「當我們想提高績效或降低成本時，我們就會試圖提高效率或減少個別專家團隊的功能。這並非是要將工作流程從頭到尾地改善，只是要讓工作順暢地流經這些團隊。[14]

為了達成流程最佳化，Nationwide 讓會員能夠輕鬆表達他們的願望。然後，他們將所有必要人員和工具集中到同一個團隊，藉以實現這一「願望」。團隊中的每個人都能看到所有的工作內容，他們能夠以一種平穩流暢的方式組織自己的工作，並以一種安全、協調和可持續的方式使工作的交付過程與成果達到最佳化。萬一出現瓶頸，他們會增加人手或改變流程而不是將其作為另一個排隊等候的工作。Nationwide 從各自為政的職能團隊，轉為以長期存在的、多技能的團隊營運模式，最終達到增加產能、減少風險，同時提升品質並降低成本。

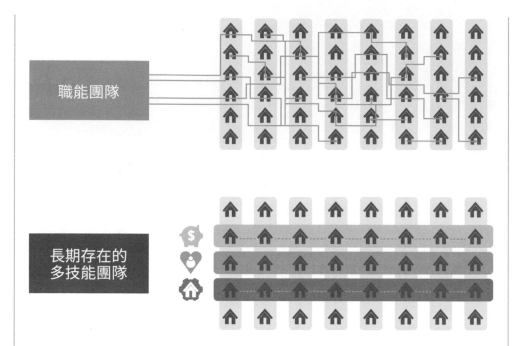

圖 8.1　各自為政的職能團隊 vs. 長期存在的多技能團隊

（資料來源：Chapman, Janet, and Patrick Eltridge.
"On A Mission: Nationwide Building Society,"
presentation at DevOps Enterprise Summit-Virtual London 2020.
https://videolibrary.doesvirtual.com/?video=432109857）

他們迎來一個獨特機會，那就是趁 COVID-19 疫情期間對這些新的工作方式進行測試。隨著英國進入全國性封城，員工難以走出家門到公司上班，Nationwide 客服中心因此而被蜂擁而來的電話淹沒。他們需要讓客服人員能夠在家上班，同時讓分部的員工協助接聽電話，以緩解這些來電。

對此，Nationwide 已經研議許多年。但這個舉措預計需要耗時 9 個月、花費超過 1000 萬英鎊，因此未能付諸實行。**15**

減少客服中心來電量的需求迫在眉睫，Nationwide 召集所有必要人員，讓他們透過線上會議，共聚在同一張「虛擬」桌子旁，即時研究如何讓員工在家工作。最終團隊只用了 4 天時間就完成了這項任務。

接下來，他們著手研究這些來電分流到分支網路的可行性。然而，這些錄音紀錄必須符合法規要求。因此，他們只把不需監管錄音的來電分流到分支網路，以減輕部分來電負擔。這是漫漫長路上前進的一小步，這耗費了 4 天。下週，錄音問題也解決了，這又耗費了 4 天。

Eltridge 說：「事後，我問團隊，我們投機取巧多少次？違反了多少政策？現在還有多少安全漏洞需要處理？他們看著我說：『嗯，0 個。這裡集結了所有專家幫助我們正確行事。我們的工作都符合規則，一切安全無虞。』」[16]

「當你需要的每個人都同時在最重要的任務上同心協力，專心致志，你將獲得能夠解決問題，真正地高效率和真正的協同合作。」Eltridge 說：「追根究柢，這就是任務之於我們的意義。」[17]

現在，Nationwide 正在重新組織原先的職能團隊，將人員調派到這些長期存在、多技能的任務團隊，並且重申他們的核心價值流。他們著手改善治理與財管的制度，對團隊的局部決策與經費提供支援；他們也整合團隊中的運作與改革活動，以期工作改善持續進行；他們也運用系統性思考，找出這些工作流程中不可行的需求並進行移除。

「我認為敏捷是一種手段，而 DevOps 是我們的目標。很大的程度上，我們需要付諸許多努力，有意識地將問題與機會融為一體。我們並沒有照本宣科」Eltridge 解釋：「對人們來說，最重要的不是讓核心團隊專家直接提供解答，而是與教練，一起展開這個自主學習的旅程」[18]

除了整合開發和營運工作，Nationwide 還集結了具備所有必要技能的團隊——從無數各自分立的職能團隊轉變為同單一的多技能團隊，齊心為市場創造價值。打破部門孤島各自為政的狀態，啟動更強大的組織效能，更迅速地發展茁壯。

本章小結

本章探討了如何將營運工作融入開發團隊的日常工作，以及如何讓開發工作之於營運團隊變得更清晰可見。我們採用三種方式來完成這項目標：建立共享服務，提高開發生產力、將營運工程師嵌入服務團隊、為每個服務團隊分派營運聯絡人。最後，本章描述了營運工程師如何融入開發團隊的日常工作，包括參加每日站會、規劃會議和回顧會議。

PART II：總結

本書的第二部分深入探討了 DevOps 轉型的多個面向，包括選擇適當切入點、理解架構與組織的關係、如何組建轉型團隊等，還探討了如何將營運工作融入開發團隊的日常工作。

第三部分：「第一步工作法：暢流的技術實踐」探討如何實施特定的技術實踐，使工作快速地從開發階段流向營運階段，同時不對下游造成混亂和影響。

PART II：補充資源

想了解更多團隊組織模式和整體組織架構，請參考 Matthew Skelton 與 Manuel Pais 的《Team Topologies: Organizing Business and Technology Teams for Fast Flow》(itrevolution.com/team-topologies/)。

閱讀〈The Individual Contributors: From Holdouts to Holdups〉一文，幫助你了解如何與抗拒改變的人相處共事 (ITRevolution.com/Resources)。

《Expanding Pockets of Greatness: Spreading DevOps Horizontally in Your Organization》提供打造變革氣勢的明確策略，將 DevOps 方法從寥寥幾個孤島推廣到整個組織 (ITRevolution.com/Resources)。

Paula Thrash 於 2020 年 DevOps Enterprise Summit 的演講：「Interactive Virtual Value Stream Mapping: Visualizing Flow in a Virtual World」中分享了為不同組織和團隊舉辦價值流程圖工作坊的經驗，並帶領你一探線上工作坊的準備過程 (videolibrary.doesvirtual.com/?video=466912411)。

Part III

第一步工作法：暢流的技術實踐

PART III：導論

本書的第三部分內容著眼於建立必要的技術實踐和架構，使工作穩定、快速地從開發到營運保持暢流，不造成生產環境的混亂或客戶服務的中斷。這表示我們必須降低在生產環境中部署和發布變更的風險。這項目標可以透過一套被稱為「持續交付」（continuous delivery）的技術實踐加以實現。

持續交付包括妥善建設自動化部署流水線的基礎，確保團隊能夠利用自動化測試、持續驗證程式碼是否處於可部署狀態，保證開發人員每天都將程式碼提交到主幹，以及佈建有利於實現低風險發布的環境和程式碼。接下來幾章將重點討論下列內容：

- 為部署流水線奠定基礎

- 實現快速可靠的自動化測試

- 實現並實踐持續整合和持續測試

- 實現低風險發布

這些實踐能有效縮短類生產環境的前置時間，透過持續測試為每位團隊成員迅速提供回饋，讓小型團隊能夠安全且獨立地進行開發、測試、向生產環境部署程式碼，使得「生產環境的部署與發布」成為日常工作的一部分。

此外，將 QA 人員和營運人員的任務整合為團隊內所有成員的日常工作，能夠減少災害搶救、舉步維艱和繁雜瑣事，讓團隊成員的工作高效且充滿樂趣。如此一來，不僅能提升團隊的工作品質，也能強化組織應對變化與達成使命的能力，在激烈的市場競爭中獲得勝利。

9

奠定部署流水線的基礎

為了使工作快速可靠地從開發階段流向營運階段,我們必須落實在價值流的每個階段使用類生產環境。此外,這些環境必須以自動化的方式進行佈建。在理想情況下,應使用儲存在版本控制系統中的腳本和配置資訊,依需求佈建,而無須仰賴營運團隊進行手動操作。部署流水線的核心目標就是讓團隊成員能夠根據版本控制系統中的資訊,重複佈建整套生產環境。

企業資料倉儲專案（2009）

多數時候,唯有真正將應用程式部署到生產環境,才能看到應用程式的實際表現。一旦出現異常,往往為時已晚,應用程式與生產環境的不相符會導致各種問題層出不窮。以下是關於一家澳洲大型電信公司的真實案例,它在 2009 年實施企業資料倉儲專案時所面臨的挑戰。這項專案耗資兩億美元,Em Campbell-Pretty 被指派為總專案經理和業務負責人,力求在該平台上實現企業戰略目標。

在 2014 年 DevOps Enterprise Summit 的演講中,Em Campbell-Pretty 說:

> 當時有 10 個正在進行中的工作流,它們全都採用瀑布式開發流程,而且工作進度都明顯落後。其中只有一個工作流勉強按照計劃邁入用戶驗收測試階段,卻又花了 6 個月才完成,而品質卻遠遠低於預期。如此糟糕的表現,反倒成為該部門轉向敏捷式開發的主要催化劑。[1]

然而，採用敏捷式開發近一年後，改善部分屈指可數，依舊沒有達成預期的業務指標。

在專案回顧會議上，Em Campbell-Pretty 問：「我們如何才能將生產力翻倍呢？」[2]

在專案推進過程中，眾人都曾抱怨「業務方的參與度低」。然而在回顧會議上，「提高環境的可用性」卻是關注度最高的問題。[3] 事後分析顯示，開發團隊需要準備好環境之後才能開展工作，而這通常需要等上 8 週。

公司組建了一個新的整合團隊，負責「在過程中保證品質，而不是事後檢查品質」。[4] 起初整合團隊由資料庫管理人員（DBA）和自動化專家組成，負責將環境佈建過程自動化。 這個團隊很快發現了一個令人驚訝的事實：在開發和測試環境中只有 50％的程式碼，能和生產環境的程式碼維持一致。[5]

Em Campbell-Pretty 說：「我們終於意識到為什麼每次在新環境裡部署程式碼時，都會遇到那麼多問題。我們在所有環境中不停修復各種問題，然而那些變更並沒有記錄到版本控制系統裡。」[6]

這個團隊仔細推敲在不同環境中曾經做過的所有程式碼變更，然後將結果全都提交到版本控制系統。他們還完成了環境佈建過程的自動化，以便能夠重複且精準地佈建環境。

Em Campbell-Pretty 在描述成果時指出：「取得正確可用環境的等待時間從 8 週縮短為 1 天。這項關鍵改善，幫助團隊確實達成交付週期、交付成本、缺陷數量等指標。」[7]

以上故事反映出很多問題，可歸咎為兩個主要原因：不一致的環境、變更沒有被納入版本控制系統。

本章接下來將討論如何按需佈建環境、如何使版本控制系統的使用範圍涵蓋價值流中的每個成員、如何讓基礎設施更容易重複佈建，以及如何確保開發人員在軟體開發生命週期的所有階段裡都可以在類生產環境中運行程式碼。

按需佈建開發環境、測試環境和生產環境

從前文的企業資料倉儲案例中可以看出，導致軟體發布變得混亂，產生破壞性甚至災難性結果的主要原因之一就是，我們直到發布過程才首次見識應用程式如何在類生產環境中處理真實的資料。* 在許多情況下，開發團隊早已在專案前期就請求過測試環境了。

然而，由於營運團隊交付測試環境的週期很長，因此開發團隊無法及時獲得該環境並執行測試。更糟糕的是，測試環境的配置通常是錯誤的，或者與生產環境相差甚遠，以至於即使在部署前執行了測試，最終仍然在部署於生產環境時遇到大問題。

在這個階段裡，開發人員最好能按需並以自助服務建立工作站來運行類生產環境。如此一來，他們就能把在類生產環境中運行和測試程式碼作為日常工作的一部分，即時且持續獲得關於工作品質的回饋。

不再將生產環境規範紀錄在文件或維基百科頁面上，我們建立一種通用於所有環境的佈建機制，如開發環境、測試環境和生產環境。任何人都可以透過這種機制，在幾分鐘內佈建好類生產環境，而不需要提交工單，更不需要等上好幾週。†

為了實現這一點，我們必須清楚定義正確環境，並自動化其佈建過程。這個環境必須是穩定、安全的，且處於低風險狀態，承載組織的集體知識。所有需求都按照規範嵌入自動化的環境佈建過程，而不是記錄在文件中，或者員工的腦子裡。

我們不再需要營運團隊手動佈建和配置環境，而是以自動化的方式完成以下操作：

---

* 此處的「環境」指應用程式堆疊中，除了應用程式本身之外的所有內容，包括資料庫、作業系統、網路、虛擬化，以及所有相關的配置資訊。

† 大多數開發人員都想測試自己的程式碼，卻要花很久才能獲得測試環境。而且，開發人員總是重複使用過往專案（通常是很多年以前的專案）的舊測試環境，或者請有經驗的人幫忙找一個測試環境。他們不會問測試環境從哪裡來，而伺服器缺失的情況屢見不鮮。

- 備份虛擬環境（如 VMware 虛擬機器映像、執行 Vagrant 腳本、啟動 Amazon EC2 虛擬機映像檔）。

- 從「裸金屬」* 狀態佈建自動化環境佈建流程（如：以基本映像檔執行 PXE 安裝作業）。

- 使用「基礎設施即程式碼」的配置管理工具（如 Puppet、Chef、Ansible、Salt、CFEngine 等）。

- 使用自動化作業系統配置工具（例如 Solaris Jumpstart、Red Hat Kickstart 和 Debian preseed）。

- 使用一組虛擬映像或容器（如 Docker 或 Kubernetes）佈建環境。

- 在公共雲端（如 Amazon Web Services、Google 應用服務引擎或 Microsoft Azure）、私有雲端（如基於 Kubernetes 的堆疊）或其他 PaaS（平台即服務，如 OpenStack 或 Cloud Foundry）中建立新環境。

因為我們提前仔細定義了環境的各種細節，所以不僅能快速建立新環境，還能確保環境穩定、可靠、一致且安全。這種做法對團隊所有人都非常有益。

自動化的環境佈建過程保證了一致性，免除繁瑣且容易出錯的手動操作。不僅幫助營運人員，開發人員也能從中得到好處：在工作站上就能再現生產環境的所有必要部分，並在這個環境中佈建、運行和測試程式碼。開發人員在專案初期就能發現並解決許多問題，不需等到整合測試階段，更不用等到進入生產環境。

幫助開發人員獲得完全受控的環境，安全地隔離生產服務和其他共享資源，就能快速地重現、定位和修復缺陷。同時，開發人員還可以嘗試更改環境，讓環境的基礎設施程式碼（例如配置管理腳本）達到最佳化，進一步在開發和營運之間共享資訊。†

---

* 裸金屬（Bare Metal）形容一個沒有配備（如作業系統或組譯器）的新電腦，常以「在裸金屬上設計程式」描述在新電腦建立基本工具的費力情形。

† 在整合測試前發現缺陷才是理想情況，否則開發人員無法快速獲得回饋。無法做到這點，則說明架構中有極大可能存在隱患。將可測試性作為系統設計的目標，讓開發人員使用非整合式虛擬環境，在工作站上盡可能發現並解決缺陷，是架構能夠促進工作暢流和快速回饋的關鍵。

為系統建立統一的程式庫

經過上一階段的工作，我們這時已經能夠按需建立開發環境、測試環境和生產環境。接下來則必須保證軟體系統的所有部分，都使用具備版本控制功能的統一程式庫進行配置與管理。

幾十年來，使用版本控制系統管理程式碼，已經逐漸成為開發人員和開發團隊的基本做法。*版本控制系統記錄的是系統中檔案或檔案集的所有變更。這些檔案可以是原始程式碼、資源文件或軟體開發專案的其他文件。[9]一組變更構成一次提交（commit），也稱為修訂（revision）。每個修訂版本及其中繼資料（例如誰在什麼時間進行了變更）都以某種方式儲存在系統中。我們可以進行提交、對比、合併以及從資料庫中還原過去修訂版本的物件。版本控制系統還能透過將生產環境中的物件回滾至過去版本以降低風險。†

當開發人員將所有的原始檔和配置文件都納入版本控制系統後，它就變成了唯一能精確體現系統預期狀態的程式碼資料庫。然而，向客戶交付價值時，同時需要程式碼及其運行環境，因此還需要把與環境相關的配置程式碼也納入版本控制系統。換句話說，版本控制系統向價值流中的所有人開放，包括 QA 人員、營運人員、資安人員以及開發人員。

將所有相關資訊納入版本控制系統，我們能夠重複且可靠地重新生成軟體系統的所有要件，包括應用程式、生產環境、以及所有的預生產環境。

為了確保即使在發生災難性事故時，也可以重複且精確地（最好還能快速地）恢復生產環境，必須將下列資源也納入版本控制系統：

---

* CDC6600 上的 UPDATE 算得上是第一個版本控制系統（1969）。後來陸續出現了 SCCS（1972）、CMS on VMS（1978）、RCS（1982）等系統。[8]

† 可以想見，版本控制系統在一定程度上滿足了 ITIL 中所定義的最終媒體庫（Definitive Media Library，DML）和配置管理資料庫（Configuration Management Database，CMDB）的需求，它記錄了重新建立生產環境所需的一切。

- 應用程式的所有程式碼和依賴關係（如函式庫、靜態內容）。

- 任何用來建立資料庫模式的腳本、應用程式的參考資料等等。

- 所有用於佈建環境的工具和產出物（artifact）（如 VMware 或 AMI 的虛擬機器映像，Puppet、Chef 或 Ansible 腳本）。

- 任何佈建容器所使用的檔案（如 Docker、Rocket 或 Kubernetes 的定義文件和組成文件）。

- 所有支援自動化測試和手動測試的腳本。

- 任何支援程式碼打包、部署、資料庫遷移和環境安裝的腳本。

- 所有專案的產出物（artifact）（如需求文件、部署程序、發布說明等）。

- 所有雲端平台的配置檔案（如 AWS CloudFormation 模板、Microsoft Azure Stack DSC 檔案，或 OpenStack HEAT 模板）。

- 建立支援多種基礎設施服務（例如企業服務匯流排、資料庫管理系統、DNS 區域文件、防火牆配置規則和其他網路設備）所需的任何其他腳本或配置資訊。*

我們可能擁有數個針對不同類型的物件和服務的資料庫，並在原始碼中為它們加上不同的標籤或標記。比如：我們可能在 artifact 資料庫（如 Nexus 或 Artifactory）中儲存大的虛擬機器映像、ISO 映像檔，以及編譯過的二進制文件等；也可能把它們放在二進制大型物件儲存庫（例如：Amazon S3 儲存桶）中，或將 Docker 映像檔放入 Docker 映像資料庫等。我們還會在構建時為這些物件建立並儲存其加密的哈希值，並在實際部署時驗證該值，確保內容沒有被篡改。

---

* 在下述步驟中，我們還會將所有基礎設施都納入版本控制系統，例如：自動化測試套件及幫助持續整合和持續部署的管線基礎設施。

僅僅重現生產環境之前的狀態仍然不夠，我們還需能夠重新建立整個預生產環境和佈建過程。因此，需要把佈建過程所需的一切條件都納入版本控制系統，包括工具（例如編譯器和測試工具）及其依賴環境。[*]

相關研究也證實了版本控制系統的重要性，2014 ～ 2019 年間的《State of DevOps Reports》內容中，本書共同作者 Nicole Forsgren 博士使用版本控制系統管理所有產出物（artifact），是以軟體交付預測組織績效的有效指標。

此一發現強調了版本控制在軟體開發過程中的重要性。我們對應用程式和環境所做的所有變更都被一一記錄在版本控制系統中，不僅能幫助團隊快速查看可能導致問題的變更，而且還提供了回滾至過去某個正常狀態的方法，幫助團隊更快地恢復系統正常運作。

相較於對程式碼進行版本控制，為什麼對環境進行版本控制能對軟體交付和組織績效做出更好的預測呢？

事實上，幾乎在所有情況下，環境的可配置參數都比程式碼的可配置參數多出好幾倍。所以，環境最需要使用版本控制系統。[†]

版本控制還為價值流中的所有人提供了有效的溝通方式，讓開發人員、QA 人員、資安人員和營運人員都能夠看到彼此所做的變更。這有助於減少資訊不對稱，有助於建立和強化組織內的信任（詳見附錄 7）。當然，這表示所有團隊都必須使用統一的版本控制系統。

---

[*] Anyone who has done a code migration for an ERP system (e.g., SAP, Oracle Financials, etc.) may recognize the following situation: When a code migration fails, it is rarely due to a coding error. Instead, it's far more likely that the migration failed due to some difference in the environments, such as between Development and QA or QA and Production.

[†] 在 Netflix，AWS 虛擬機器實例的平均壽命是 24 天，其中 6 成還不到一週。[10]

讓基礎設施的重建比修復更容易

能夠按需快速重建應用和環境，這意味者儘管出現問題，我們仍可以快速地重新進行佈建，而不用曠時費日地修復它。雖然幾乎所有大型網路公司（即擁有超過1,000 台伺服器）都是這麼做的，但即使你的生產環境只有一台伺服器，也應該採用這種做法。

Bill Baker 是微軟公司的一名資深工程師。他曾巧妙地形容我們過去對待伺服器的方式就像對待寵物一樣：「我們為伺服器命名，在它們生病時悉心照料。時至今日，我們對待伺服器更像對待牲畜：給它們編號，在它們生病時撲殺掉。」[11]

透過可重複建立的環境佈建系統，我們能夠將增加更多伺服器，輕鬆地增加系統容量（即水平擴容）。同時也免去了當（不可重建的）基礎設施發生災難性故障後必須恢復服務的痛苦。這些災難性故障通常是由於長年來未被記錄的手動變更。

為了確保環境的一致性，所有對生產環境的變更（配置變更、補丁、升級等）都必須被複製到所有的預生產環境以及新佈建的環境中。

我們務必確保所有變更都能自動地被複製到所有環境中並被版本控制系統記錄，而不需要手動登入伺服器進行變更操作。

根據各配置需求的生命週期，我們可以利用自動化配置管理系統來保證一致性（如 Puppet、Chef、Ansible、Salt、Bosh 等），使用 Service Mesh 或配置管理服務來推廣執行環境的配置（如 Istio、AWS Systems Manager Parameter Store 等），也可以透過自動化佈建機制，建立新的虛擬機器或容器，將其部署到生產環境，再銷毀或移除舊資源。*

後一種模式被稱為「不可變的基礎設施」（immutable infrastructure），即生產環境不再允許任何手動操作。變更生產環境的唯一途徑是先把變更檢入版本控制系統，然後從頭開始重新佈建程式碼和環境。[13] 這種做法杜絕了任何差異蔓延至生產環境中的可能性。

---

* 或者只在緊急情況下允許執行，確保控制台日誌的副本自動以電子郵件形式發送給營運團隊。[12]

為了杜絕不受控制的配置差異，可以禁止從遠端登入生產伺服器 *，或者定期刪除並替換生產環境中的實例，確保那些手動執行的變更都被移除。[†] 這麼一來，所有人都會逐漸改為利用版本控制系統以正確方式進行變更。這些措施能系統性減少基礎設施背離已知良好狀態的可能性（例如出現配置漂移、脆弱的開發產物、需要手動配置的雪花伺服器等狀況）。

➤ 案｜例｜研｜究 NEW

以容器（Container）為酒店業管理 300 億美金收益（2020）

在某大型酒店集團中，時任 DevSecOps 及企業級平台資深總監的 Dwayne Holmes，與麾下團隊攜手將公司的所有收益系統容器化，這些系統總共支援了超過 300 億美元的年營業額。[16]

Dwayne 來自金融部門，他一直致力尋找更多可以自動化的東西來提高生產力。在某次關於 Ruby of Rails 的當地聚會上，他與容器（containers）偶然邂逅了。對 Dwayne 來說，容器是一種無比明確的解決方案，能夠加速實現商業價值和提高生產力。

容器滿足了三項關鍵：將基礎設施抽象化（撥號原理——當你拿起話筒，就可以直接撥電，你不需要知道電話的運作機制）、專業化（營運人員為開發人員打造可以重複使用的容器），以及自動化（容器可以被重複構建，而一切都能正常運作）。[17]

Dwayne 對容器的熱愛，令他離開了原先舒適穩定的職位，轉職成一家大型飯店公司的約聘員工，這家酒店預計全面採用容器化技術。[18]

他們有一個跨職能的小團隊，由 3 名開發人員和 3 名基礎設施專家組成。團隊目標是逐步演進而不是一舉革命，藉以完全改變組織工作方式。[19]

---

* 整個應用程式堆疊和環境都可以綁定到容器中，簡化整個部署流水線並提升效率。

† Kelly Shortridge 在《Security Chaos Engineering》對此有更多著墨。

Dwayne 在 2020 年 DevOps Enterprise Summit 的演講中提到，他們在這一路上習得了無數經驗，最終專案成功了。[20]

對於 Dwayne 和這家酒店來說，容器就是一種轉型的方式。容器可以移植在雲端上，具有可擴展性。容器本身就有內建的狀態檢查功能。他們可以測試延遲與 CPU 的關係，憑證不再存在於應用程式中或由開發人員管理。此外，因為運用了優秀的容器狀態和側寫器，他們現在能夠專注於斷路器機制，將 APM 內建於系統中，採行零信任操作模式，並讓檔案變得非常小。[21]

在為這家酒店服務的期間，Dwayne 和他的團隊為多個服務供應商的 3,000 多名開發人員提供支援。在 2016 年，微服務和容器在生產環境中運行。2017 年，有 10 億美元透過容器處理，90% 的新應用程式也是以容器處理，而且他們還讓 Kubernetes 在生產環境中運行。2018 年，他們是按收入計算的前 5 大生產型 Kubernetes 叢集之一。而到了 2020 年，他們每天進行數千次的構建和部署，並在 5 個雲端供應商中運行 Kubernetes。[22]

> 容器是一種越來越受歡迎的方法，比起修復，它讓基礎設施變得更容易重建和重複使用，進而加速了商業價值和開發人員生產力的交付。

此外，必須保證預生產環境是最新的——特別是，必須讓開發人員使用最新的環境。開發人員通常希望待在較舊的環境裡，因為他們擔心更新環境可能會破壞現有功能。然而，只有頻繁更新環境，才能在開發週期的最早階段發現問題。[*] 在 2020 年《State of Octoverse》報告中，Github 的研究指出，讓軟體維持在最新版本是確保程式庫安全的最佳方式。[15]

---

[*] 「整合」一詞在開發和營運中有著許多彼此略有差異的含義。在開發中，整合通常指程式碼整合，即在版本控制系統中將多個程式碼分支整合到主幹。在持續交付和 DevOps 的定義中，整合測試指在類生產環境或已整合的測試環境中測試應用程式。[14]

運行在類生產環境裡才算「完成」

現在我們已經可以按需佈建環境，而且一切變更都處於版本控制之下。接下來的目標，是確保開發團隊在日常工作中使用這些環境。在離專案結束還有很長一段時間時，或是首次向生產環境部署前，就確認應用程式能在類生產環境中正常運行。

大多數現代軟體開發方法論都指定採用較短的迭代週期，而非大爆炸方法（如瀑布式開發）。一般來說，部署的間隔時間越長，軟體品質越差。例如在 Scrum 的方法論中，「衝刺」（sprint）是一個固定時間的開發週期（通常不多於一個月）。我們必須在這段時間內完成任務，也就是要產出「可運作且可交付的程式碼」。

我們的目標是在整個專案中確保開發和 QA 能頻繁且常態地整合程式碼與類生產環境。透過擴大解釋「完成」的定義來實現這一點：「完成」的意思不只是實現了功能正確的程式碼，還包括在每個迭代週期結束時（甚至更頻繁地）**在類生產環境中整合且測試**了可運作和可交付的程式碼。

換句話說，「完成」不是指開發人員所認為的「已經完工」，而是指可以成功佈建和部署應用程式，並且確定它在類生產環境中按照預期運行——最好早在迭代結束之前就處理過與生產環境類似的負載和資料集）。這麼一來，就能防止應用程式只能運行在開發人員的電腦上，而無法在其他地方運行。

讓開發人員在類生產環境中編寫、測試和運行自己的程式碼，就能在日常工作中完成程式碼與環境整合的大部分工作，而不需要等到軟體發布時才做。在第一個開發週期結束時，程式碼和環境已經被多次整合，應用程式已被證明能在類生產環境中正確運行。在理想情況下，所有步驟都是自動化的（而不需要手動微調）。

更棒的是，到專案結束時，我們應該已經在類生產環境中部署和運行程式碼超過上百次，甚至上千次了，因此能確信我們已經發現並解決大部分生產環境部署中的問題。

理想情況下，應該在預生產環境中使用與生產環境相同的工具，如監控工具、日誌記錄工具和部署工具等。這樣做能夠累積經驗，熟悉如何在生產環境中順利部署和運行程式碼，以及診斷和解決問題。

藉由開發團隊和營運團隊共同掌握程式碼與環境的互動情形，儘早且頻繁地實施程式碼部署，能夠讓生產環境的部署風險顯著降低。同時也解決總是在專案的最後一刻才發現架構問題的困境，並完全消除這類安全隱患。

本章小結

如果想佈建從開發到營運的快速工作流，必須確保任何人都能按需獲得類生產環境。讓開發人員在軟體專案的最初階段就使用類生產環境，可以顯著降低生產環境出現問題的風險。這也是證實營運能提高開發效率的諸多實踐之一。擴大解釋「完成」一詞的定義，促使開發人員在類生產環境中運行程式碼。

此外，將所有軟體開發過程中的產出物納入統一的版本控制系統，我們有了「唯一的事實來源」，能夠以快速、可重複且有理據的方式重新佈建整個生產環境，並在營運工作中採用和開發工作一致的實踐。讓重新佈建基礎設施變得比修復更容易，我們能夠更輕鬆、更快速地解決問題，同時更易於提升團隊產能。這些實踐為實現全面的自動化測試奠定了基礎。下一章將探討自動化測試的內容。

10

實現快速可靠的自動化測試

在日常工作中，開發人員和 QA 人員使用類生產環境運行應用程式。對於每個功能而言，程式碼都已經在類生產環境中整合和運行，而且所有變更都已經提交到版本控制系統。但是，如果等到所有的開發工作完成之後，再由單獨的 QA 部門以專門的測試階段發現並修復錯誤，工作結果往往不盡理想。而且，如果每年只能進行幾次測試，那麼開發人員就只能在引入變更的好幾個月後，才知道他們所犯的錯誤。屆時，很難查清導致問題的原因，而開發人員不得不急著解決問題，這狠狠削弱了他們從錯誤中學習的能力。

持｜續｜學｜習

更好的觀測性代表更少的測試？

分散式系統已經是業界常用的技術實踐，許多組織為其系統投注了更好的觀測性。這讓某些人想當然爾地認為更好的觀測性意味著可以減少在實際部署前驗證軟體的必要性。然而這樣的想法並不正確：生產事故的修復成本非常昂貴，即使擁有優異的儀器設備或工具，也很難找出問題癥結。分散式系統又是一個更加複雜的機制，在部署前測試個別服務的正確運行之必要性更勝以往。

自動化測試同時解決另一個重要且令人不安的問題。Gary Gruver 說：「如果沒有自動化測試，那麼我們編寫的程式碼越多，花費在測試程式碼上的時間和金錢也越多。在大多數情況下，這種商業模式對於任何技術組織來說都是無以擴展的。」[1]

Google 的 Web Server（2005）

大規模實現自動化測試無疑是現今 Google 的組織文化之一，但過去並非如此。2005 年，Mike Bland 加入 Google。當時，Google.com 的部署困難重重，Google Web Service（GWS）團隊的問題尤其嚴重。

Mike Bland 說：

> GWS 團隊在 2005 年前後備受困擾：對 Web 伺服器進行變更是一項極其困難的事，這個 C++ 應用程式被用來處理 Google 首頁和其他許多網頁請求。儘管 Google.com 大名鼎鼎，但是在 GWS 團隊裡工作並不是一件眾人欣羨的事 —— 它成了其他團隊的「垃圾場」，這些團隊悶頭開發各自的功能。GWS 團隊面臨很多問題，例如花費在佈建和測試上的時間過長，程式碼不經測試就在生產環境上線，各團隊不規律提交的程式碼變更導致相互衝突。[2]

這樣的工作方式造成極其糟糕的後果——搜尋結果出錯、回應速度有時慢得讓人無法接受，波及 Google 上數以千計的搜尋請求。如此，不僅可能造成商業利潤下滑，還會失去客戶的信任。

Mike Bland 在描述部署變更的開發人員時，說道：「恐懼是心靈殺手。它使新手不敢提交變更，因為他們不了解系統。它也讓老鳥不敢變更，因為他們太了解系統。」[3] * 他所在的團隊致力於解決這個問題。

---

* Mike Bland 說，Google 招聘大量才華橫溢的開發人員的後果之一是，出現了「冒牌者症候群」。這是一個心理學術語，用來非正式地描述那些無法內化個人成就的人。維基百科指出：「儘管他們的能力已經被外部證據證明了，但是那些有冒牌者症候群的人還是覺得其他人在欺騙自己，並且沒有成就感。他們認為自己的成功只是源於運氣和機遇，或者認為自己誤使他人相信自己能力超群。」

GWS 團隊的負責人 Bharat Mediratta 相信自動化測試可以解決問題。正如 Mike Bland 所說：

> 他們制定了一條嚴謹的規則：GWS 團隊不接受任何沒有經過自動化測試的變更。他們佈建了持續整合管線，同時制定了測試覆蓋率的監控指標，確保逐漸提高測試覆蓋率，並編寫了測試規範和指南，堅持讓團隊內部和外部的相關人員都確實執行。[5]

這些措施取得了令人驚嘆的成果。Mike Bland 繼續說：

> GWS 團隊迅速成為公司最有效率的優秀團隊，每週都會整合來自不同團隊的大量變更，同時還能維持高效的發布計劃。新加入的團隊成員能快速地對這個複雜的系統做出貢獻，這歸功於良好的測試覆蓋率和健全穩定的程式碼。最終，這項嚴格而激進的措施讓 Google.com 首頁的功能迅速擴展，並以驚人速度在競爭激烈的技術領域裡成長苗壯。[6]

在 Google 這樣規模龐大且快速成長的公司中，GWS 團隊只是其中一個小團隊。他們希望能在公司內部推廣這些實踐。於是，Testing Grouplet 誕生了，這個非正式團隊由工程師組成，期望整體改善 Google 的自動化測試實踐。在之後的五年中，他們把自動化測試文化推廣普及到 Google 企業內的所有團隊。[7] *

Rachel Potvin 和 Josh Levenberg 形容 Google 的系統每天會自動測試成千上萬來自開發人員的程式碼提交：

> Google 具備一個自動化的測試基礎設施，幾乎每一個提交到程式庫的變更，都會啟動所有受影響的依賴關係的重建工作。如果某個變更造成了大面積破壞了構建版本，系統就會自動撤銷這個變更。為了減少不良

---

* 他們制定訓練計劃、張貼著名的「廁所小報」（貼在洗手間裡）、推廣測試認證路線圖和認證專案，並舉辦許多「修復日」（即改善閃電戰）活動，幫助其他團隊最佳化自動化測試流程。這些做法得以使其他團隊迅速複製 GWS 團隊的成果。

代碼被提交的情況，這個高度自定義的 Google「預提交」（presubmit）基礎設施，在變更被加入程式庫之前會提供自動測試和分析。一組全域性預提交分析會對所有變更進行分析，而程式碼所有者可以建立自定義分析，讓分析僅運行於他們指定的代碼庫位址。[8]

Eran Messeri 是 Google 開發者基礎設施組的工程師，他指出：「大規模事故偶爾會發生。你會收到不計其數的警示訊息，而且無數工程師親自找上門來（當部署流水線壞掉時），團隊必須立即著手修復，因為這時開發人員無法提交程式碼。因此，我們希望「回滾至前一個版本」的操作是很容易的。」[9]

Google 工程師的專業精神和高度信任的公司文化，讓這個系統有效地運作。在這樣的公司中，每個人都想做好本職工作，而且都擁有快速發現並修復問題的能力。Eran Messeri 說：

> Google 並沒有硬性規定，例如『如果你把十幾個生產專案都搞砸了，必須遵照服務級別協定的要求，在 10 分鐘內解決問題』。相反，各個團隊相互尊重，所有人都為了保證部署流水線正常運行而共同努力。其實大家都明白：你可能在無意之中搞砸我的專案，而我可能哪天也會不小心搞砸你的專案。[10]

這個團隊所取得的成就，讓 Google 成為全世界極具生產力的技術組織之一。2016 年，Google 的自動化測試和持續整合成果，讓超過 4,000 個小型團隊協同工作，並維持高效生產力。他們同時進行著開發、整合、測試和部署。Google 大部分程式碼都被統一儲存在包含數 10 億份檔案的共享儲存庫中，所有檔案都經過持續佈建和整合，在 2014 年，每週有將近 1500 萬行程式碼被修改，這些變化發生在儲存庫所涵蓋的 25 萬份檔案中。[11] 以下是一些令人驚豔的成果（截至 2016 年）：[12]

- 每天提交 4 萬次程式碼變更（其中 16,000 次來自開發人員，24,000 次來自動化系統）。

- 每天佈建 5 萬次程式碼（在工作日則可能超過 9 萬次）。

- 擁有 12 萬個自動化測試套件。

- 每天運行 7,500 萬個測試案例。

- Google 版本控制系統上超過 99% 的檔案對所有正職工程師開放。

- 程式庫擁有將近 10 億份檔案，超過 3,500 萬次程式碼提交。

- 儲存庫擁有將近 20 億行程式碼，包含 900 萬份原始碼文件，總資料量為 86 TB。

像 Google 這樣規模的自動化測試也許不是許多組織的技術目標，但自動化測試的好處不言而喻，值得所有人採用。接下來的內容將介紹持續整合的實踐，以達成相似的非凡成果。

持續佈建、測試和整合程式碼與環境

我們的目標是讓開發人員在日常工作中建立自動化測試套件，並在開發早期就能確保產品品質。這麼做有利於建立快速的回饋迴圈，幫助開發人員儘早發現問題，並在約束（如時間和資源）最少時儘速解決問題。

建立自動化測試套件的目的是提高整合頻率，讓測試從階段性活動逐漸轉變為持續性活動。透過佈建部署流水線（見圖 10.1），當新的變更進入版本控制系統時，就會觸發一系列自動化測試。*

「部署流水線」這個詞語源自 Jez Humble 和 David Farley 合著的《Continuous Delivery 中文版：利用自動化的建置、測試與部署完美創造出可信賴的軟體發佈》一書。部署流水線確保所有檢入版本控制系統的程式碼都是以自動化方式佈

---

* 開發過程中的持續整合（continuous integration，CI）通常是指將多個程式碼分枝持續整合到主幹中，並確保它們都會通過單元測試。然而，在持續交付和 DevOps 的語境中，持續整合同時要求在類生產環境中運行應用程式，並通過整合測試和接受度測試。Jez Humble 和 David Farley 為了消除歧義，將後者稱為 CI+。本書所提到的「持續整合」概念都是指 CI+ 實踐。13

建，並在類生產環境中進行測試。**14** 如此一來，當開發人員提交程式碼變更後，就能立即獲得關於佈建、測試或整合錯誤的回饋，幫助開發人員立刻修復這些錯誤。實施正確的持續整合實踐，確保程式碼永遠處於可部署和可交付的狀態。

為了實現這一點，必須在專用環境中建立自動化佈建和測試流程。以下是執行這個關鍵措施的原因：

- 無論工程師的個人工作習慣如何，都能確保任何時候的佈建和測試流程都能夠運行。

- 獨立的佈建和測試流程確保工程師能理解佈建、打包、運行和測試程式碼所需的全部依賴關係（即消除「應用程式只能在開發人員的筆記本電腦運行，卻無法運行在生產環境」的問題）。

- 打包應用程式的可執行檔案和配置，在環境中重複安裝（例如 Linux 的 RPM、YUM 和 NPM、或 Windows 的 OneGet；也可使用特定開發框架的打包格式，如 Java 的 EAR 和 WAR 檔案、或 Ruby 的 gems 等格式）。

- 將應用程式打包到可部署的容器中（例如 Docker、RKT、LXD、AMI）。

- 以一致、可重複的方式進行類生產環境的配置（如：從環境中移除編譯器，關閉偵錯標誌等）。

每次程式碼變更之後，部署流水線都會確認程式碼已經成功地整合到類生產環境中。有了部署流水線這個平台，測試人員可以進行驗收測試和可用性測試，以及自動化效能測試和安全性驗證。

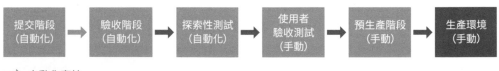

自動化審核
手動審核

圖 10.1 部署流水線

（資料來源：Humble and Farley, *Continuous Delivery*, 3）

此外，部署流水線將以自助式服務的方式為使用者驗收測試（UAT）、整合測試和安全測試提供環境。隨著部署流水線不斷演進，它還能用來管理所有相關活動，包括從版本控制系統到部署的全部流程。

目前已有各式各樣的部署流水線工具，有許多是開放式軟體（如 Jenkins、Go.cd、Concourse、Bamboo、Microsoft Team Foundation Server、TeamCity 和 GitLab CI，以及雲端解決方案如 CricleCi 和 TravisCI）。*

提交階段是部署流水線的第一個環節，在這個階段完成程式碼佈建和打包，運行自動化單元測試，並執行其他各種驗證，如靜態程式碼分析、測試覆蓋率分析、重複程式碼檢查以及程式碼風格檢查等。† 成功通過第一環節後則進入驗收階段，此時將自動把上一階段建立的打包部署到類生產環境中，然後執行自動化驗收測試。

當版本控制系統檢測到程式碼變更後，我們希望只打包一次程式碼，讓這一份打包檔案使用於整個部署流水線中。如此才能保證整合測試環境、類生產環境以及生產環境的程式碼保持一致性，有效減少難以定位的下游錯誤（如，使用不一致的編譯器、參數、函式庫版本或配置等）。‡

部署流水線的目的是為價值流中的所有成員（特別是開發人員）盡快提供迅速回饋，幫助他們及時識別可能讓程式碼偏離可部署狀態的變更，包括程式碼、環境因素、自動化測試甚至部署流水線基礎設施（例如 Jenkins 配置設定）的任何改變。

---

* 如果在部署流水線中使用容器技術並採用微服務架構，就能佈建不可變的部署產物。開發人員在其工作站上使用和生產環境相同的容器環境，組裝和運行服務的所有組件，佈建和運行更多的測試。開發人員不再只能在測試伺服器上執行這些工作，如此一來，可以提供更快的工作回饋。

† 我們甚至可能需在將程式碼變更提交到版本控制系統之前，就運行這些工具，比如：使用預先提交掛鉤（pre-commit hooks）。可以在開發人員的整合開發環境（IDE，用於編輯、編譯和運行程式碼的地方）中運行這些工具，以便加速回饋迴圈。

‡ 我們還可以使用 Docker 等容器作為封裝機制。容器具有「打包一次，一致運行於任何環境」的優點。建立這些容器映像是佈建流程的一部分，它們可以在任何環境中快速地部署和運行。因為所有環境都運行同一個容器映像，所以容器能夠幫助我們佈建一致的部署產出。

綜上所述，對於開發流程而言，部署流水線基礎設施和版本控制系統同等重要。部署流水線還儲存了每一份程式碼的佈建歷史，包括某次佈建執行過哪些測試、測試結果如何，以及部署到了什麼環境中。結合版本控制系統中的歷史資訊，我們可以快速歸納出導致部署流水線失敗的原因和可能的修復方法。這些資訊同時有利於審核和合規性檢查，因為在日常工作中就自動產生相關證據。

有了部署流水線的基礎設施之後，我們還必須建立「持續整合」（continuous integration）實踐，需要以下三個面向：

- 全面且可靠的自動化測試套件，驗證軟體是否處於可部署狀態。

- 一種在驗證測試失敗時，可以「中止整條生產線」的文化。

- 開發人員的工作模式是在主幹上以小批量提交變更，而不是在生命週期很長的功能分支上工作。

下一節內容說明為何要實現，以及如何實現快速可靠的自動化測試。

佈建快速可靠的自動化測試套件

在上一階段中，我們建立了自動化測試基礎設施，用來驗證軟體處於**可部署狀態**（**green build**），即版本控制系統中的所有內容都處於可佈建和可部署的狀態。為何如此強調執行持續整合和持續測試的必要性呢？可以想像一下，如果僅僅定期執行這些操作（例如只執行「每夜佈建版」（nightly build）），將會發生什麼事呢？

假設團隊由 10 名開發人員組成，每人每天僅將程式碼變更檢入版本控制系統一次，而某個開發人員的程式碼變更導致「每夜佈建版」和測試作業失敗。在這種情況下，團隊第二天才能發現作業失敗，而且可能需要花幾個小時才能找出問題的原因和解決方法。

更糟的是，如果原因根本就不是程式碼變更，而是測試環境的問題（例如某個錯誤的環境配置），那麼開發團隊很可能認為問題已得到解決，因為通過了所有的單元測試。然而，在發布下一次「每夜佈建版」時，整合測試仍會失敗。

讓問題益發複雜的情況就像，開發團隊在新的一天裡又向版本控制系統檢入 10 個變更，而每個變更都有可能引入錯誤，導致自動化測試失敗，進一步增加了定位和解決問題的難度。

總之，緩慢、零星的回饋會帶來極大危害，對規模越大的開發團隊造成的傷害更甚。當開發部門有幾十、幾百、甚至幾千個開發人員時，每一天所有人都往版本控制系統裡提交程式碼變更，問題容易變得更加嚴重，程式碼佈建和自動化測試頻繁失敗。漸漸地，開發人員不再檢入變更（「反正佈建和測試總是失敗，何必自找麻煩？」），只會等到專案後期才整合所有程式碼。這麼一來，所有不期望發生的事情全都會發生，包括大批次、大規模的程式碼整合，以及生產環境部署故障等。*

為了避免以上情況，每當新的變更檢入版本控制系統時，就必須在佈建和測試環境中運行快速的自動化測試。藉由這個做法，我們就能仿效 Google 的 GWS 團隊，立刻發現和解決所有整合問題，維持較小的程式碼整合量，並保證程式碼始終處於可部署狀態。

通常，依照速度的快慢，自動化測試分為以下幾類：

- **單元測試**：獨立測試每個方法、類別或函數。目的是確保程式碼按照開發人員的設計運行。由於諸多原因（如需要進行快速和無狀態的測試），通常會使用「打樁」（stub out）的方式，隔離資料庫和其他外部依賴關係（例如修改函數，返回靜態的預定義值，而不是呼叫真正的資料庫）。†

- **驗收測試**：通常測試整體應用程式，確保各個功能模組按照設計正常運作（如符合使用者故事的商業驗收標準、能夠正確呼叫 API 等），而且沒有引入回歸錯誤（即沒有破壞以前正常的功能）。Jez Humble 和 David Farley 認為單元測試和驗收測試的區別在於：「單元測試的目的是證明應用程式的

---

* 正是這個問題催生了持續整合實踐的發展。

† 包含「打樁」（stubs）、「模擬」（mock）和「服務虛擬化」（service virtualization）在內的測試架構技術，都可用來處理來自外部整合點的輸入（input），在測試時隔離模組。這對驗收測試和整合測試尤其重要，因為它們依賴更多外部狀態。

某一部分符合程式設計師的預期……驗收測試的目的則是證明應用程式能滿足使用者期望，而不僅僅是符合程式設計師的預期。」[15] 當一個佈建版本通過單元測試後，部署流水線就對其執行驗收測試。任何通過驗收測試的佈建版本通常都可用於手動測試（例如探索性測試、使用者介面測試等）和整合測試。

- **整合測試**：確保應用程式能與生產環境中的其他應用程式和服務正確互動。Jez Humble 和 David Farley 寫道：「大部分系統整合測試工作（SIT）都是部署應用程式的新版本，並使它們能正常協作。這種情況下，冒煙測試（smoke test）通常是指針對整個應用程式，執行一組成熟且完整的驗收測試。」[16] 只有通過單元測試和驗收測試的佈建版本，才能繼續執行整合測試。因為整合測試通常是脆弱的，所以應該盡量減少整合測試次數，在單元測試和驗收測試期間就盡可能發現並解決缺陷。其中，一項關鍵架構需求是，在執行驗收測試時能夠使用虛擬或模擬的遠端服務。

面臨專案截止期限逼近的壓力時，無論「完成」的定義為何，開發人員都可能不再於日常工作中編寫單元測試。為了發現並杜絕這種情況，我們必須衡量測試覆蓋率（比如：類別數、程式碼行數、排列組合等），並將衡量結果可視化，甚至可以在測試覆蓋率低於一定標準時（比如：類別的單元測試率不足 80% 時），宣告測試套件的驗證結果為「失敗」。*

Martin Fowler 曾說：

（通常）10 分鐘的佈建（和測試過程）是完全合理的……（我們首先）進行編譯，然後在資料庫完全打樁隔絕（stub out）的情況下，在本地執行單元測試。這樣的測試非常快，原則上可以在 10 分鐘內完成。但是，這種測試無法發現大規模互動的錯誤，特別是涉及與真實資料庫進行互動的可能錯誤。在第二階段要運行的驗收測試則不同，它會訪問真實的資料庫，並涉及很多端到端的互動行為。這套測試可能需要好幾個小時來完成運行。[17]

---

* 只有當團隊相當重視自動化測試之後，才能這麼做 —— 否則開發人員和管理人員很容易在這類指標上進行博弈。

在自動化測試中儘早發現錯誤

自動化測試套件的設計初衷之一，就是希望能儘早在測試階段時發現錯誤。因此在執行那些耗時的自動化測試（如驗收測試和整合測試）之前，首先要執行速度更快的自動化測試（如單元測試）。

根據以上原則，可以得出一項推論：最快速的測試應該儘快發現越多錯誤，如果大多數錯誤都是在驗收測試和整合測試階段才被發現，那麼開發人員收到回饋的速度就會比在單元測試就發現錯誤時，慢上好幾倍——整合測試勢必在稀缺且複雜的整合測試環境（每次只能供一個團隊使用）執行，因此導致回饋速度更慢。

此外，開發人員想要重現整合測試所發現的錯誤不但難度高，而且很耗時，甚至連驗證錯誤已被修復也很困難（比如：某個開發人員編寫了修復補丁，但必須等上 4 小時才能知道是否通過整合測試）。

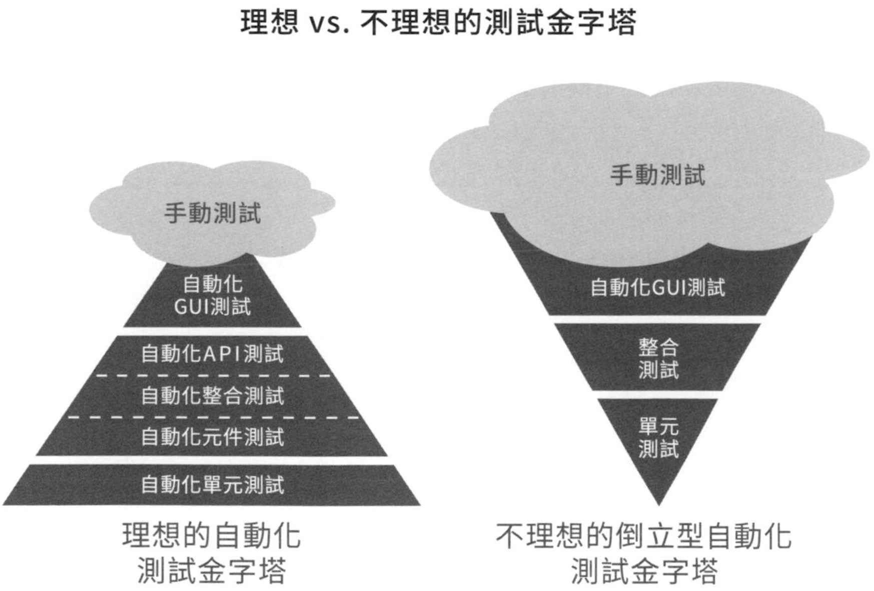

理想 vs. 不理想的測試金字塔

圖 10.2　理想的測試金字塔與不理想的倒立型測試金字塔

（資料來源：Martin Fowler，"TestPyramid," MartinFowler.com）

因此，當驗收測試或整合測試的過程中發現一個錯誤時，就應該編寫相對應的單元測試，以便更快、更早地以更節省成本的方式辨識這個錯誤。Martin Fowler 描述過「理想的測試金字塔」這一概念，也就是使用單元測試來找出大部分錯誤，如圖 10.2 所示。[18] 然而許多測試專案恰恰相反，人們把大部分時間和精力都花在手動測試和整合測試上。

如果編寫、維護單元測試和驗收測試既困難又昂貴，則說明架構可能過於緊密耦合，各個模組之間不再有（或者從來就沒有）明顯的邊界。在這種情況下，我們必須佈建更加鬆散耦合的系統，使模組不須依賴整合環境，就能進行獨立測試。即使是最複雜的應用程式，也能在幾分鐘內完成驗收測試。

盡可能並行地快速執行測試

我們希望快速執行測試，所以需要設計平行測試，這可能會用到多台伺服器。我們可能還想平行處理不同類型的測試，例如：當某次佈建通過驗收測試後，就能平行地執行安全測試和效能測試，如圖 10.3 所示。在佈建版本通過所有自動化測試之前，我們可以允許手動的探索性測試，或者也可以選擇不做——探索性測試可以加快回饋速度，但也可能導致佈建版本發生故障）。

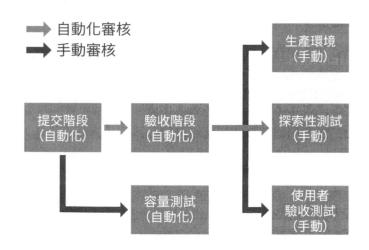

圖 10.3 平行執行自動化測試和手動測試

（資料來源：Humble and Farley, Continuous Delivery, Kindle edition, location 3868）

任何通過所有自動化測試的佈建版本，都可以繼續用在探索性測試及其他形式的手動測試，或是資源密集型測試（如效能測試）。我們應該盡可能頻繁且全面地執行所有測試，要麼持續執行，要麼定期執行。

任何測試人員（包括所有開發人員）都應該使用通過所有自動化測試的最新版本，而不是等待開發人員將某個版本打上可測試的標籤。這麼一來，就可以保證測試工作儘早執行。

先編寫自動化測試

想要確保可靠的自動化測試，最有效的一個方法是透過**測試驅動開發**（*test-driven development*，*TDD*）和**驗收測試驅動開發**（*acceptance test-driven development*，*ATDD*）等技術，在日常工作中編寫自動化測試。對系統做出任何變更時，都必須先編寫一個自動化測試實例，執行並驗證某預期行為**失敗**，然後再編寫實現功能的程式碼，並讓程式碼通過測試。

Kent Beck 在 1990 年代末期提出 TDD 技術，該技術是「極限編程」的一部分，共有以下三個步驟：[19]

● 確保測試失敗：「為欲新增的功能編寫測試用例」提交測試用例。

● 確保通過測試：「編寫實現功能的程式碼，直到通過測試」提交程式碼。

●「重構新舊程式碼，達成結構最佳化」確保通過所有測試，再次提交程式碼。

自動化測試套件和程式碼一同被檢入版本控制系統，為組織提供了一套可用且最新的系統規範。如果開發人員想了解如何使用系統，可以查看測試套件的內容，找到如何調用系統 API 的範例。*

---

* Microsoft Research 的 Nachi Nagappan、IBM Almaden Labs 的 E. Michael Maximilien 和北卡州立大學的 Laurie Williams 曾經做過一項研究，該研究顯示使用 TDD 的團隊與不使用 TDD 的團隊相比，雖然多花了 15％ 至 35％ 的時間，但程式碼的缺陷密度能降低 60％ 至 90％。[20]

盡量將手動測試自動化

自動化測試的目的是盡可能發現越多程式碼錯誤越好，並減少對手動測試的依賴。Elisabeth Hendrickson 在 2013 年的 Flowcon 大會上發表了名為 On the Care and Feeding of Feedback Cycles 的演講，她提出：「雖然測試可以自動化，但品質的創造過程卻無法自動化。讓人類去執行那些本應該自動化執行的測試，就是在浪費人類的潛能。」[21]

透過執行自動化測試，所有測試人員（當然包括開發人員）得以執行那些不能被自動化的高價值活動，比如：探索性測試或使測試流程本身最佳化。

然而，單純地將所有手動測試自動化，可能產生不良後果——誰都不希望自動化測試不可靠或出現「誤報」（false positives）情形——也就是，明明程式碼編寫正確，理應能通過測試，然而因為效能不佳、超時、不受控的啟動狀態，或者因為使用了資料庫打樁或共享的測試環境等種種因素，導致測試失敗。[22]

產生誤報的不可靠測試將產生嚴重問題：它們大大浪費了寶貴時間（例如開發人員不得不再執行一遍測試，確認真的出現問題），增加執行和解釋測試結果的總工作量。更經常導致開發人員完全忽略測試結果，甚至徹底關閉自動化測試，以便專注編寫程式碼。

如此一來將會產生惡性循環：問題發現得越晚，解決難度就越大，客戶得到的結果也就越糟糕，繼而對整條價值流產生巨大壓力。

為了解決這個問題，執行少量、可靠的自動化測試，往往勝過執行大量手動測試或是不可靠的自動化測試。因此，應該只自動化那些能夠驗證業務目標的測試。如果放棄某個測試之後，生產環境出現缺陷，我們則應該將這個測試重新加入手動測試套件，但最終還是期許能將它自動化。

正如 Macys.com 的前任品質工程、發布工程和營運 VP Gary Gruver 所說：「對大型銷售電商網站來說，我們從每 10 天執行 1,300 個手動測試，變為每次程式碼提交只執行 10 個自動化測試。執行可信任的測試遠遠好過執行不可靠的測試。隨著時間推移，我們的測試套件逐漸壯大，目前已經有幾十萬個自動化測試。」[23]

換句話說，我們應該從少量、可靠的自動化測試開始，並隨時間不斷增加自動化測試的數量。如此一來，持續提升系統的保障層級，快速檢測出所有讓程式碼偏離可部署狀態的變更。

持 | 續 | 學 | 習

也許有些人認為在為期兩週的衝刺階段編寫功能時，想要寫出自動化測試是天方夜譚。然而，Java 倡導人和測試自動化專家 Angie Jones 一語中的：如果沒有自動化，那些自認為在交付功能的團隊，其實是在交付風險，不斷積累技術債務。[24]

她分享了團隊如何在衝刺階段同時交付功能和測試自動化的三個策略：

- **協作**：與業務部門、測試人員和開發人員共同合作，確保自動化正確無誤，並讓其他人同時做出貢獻。

- **自動化策略**：使用混合式方法可以幫助團隊考慮測試覆蓋率，使用 API 和智慧設計來獲得涵蓋所有可能場景。

- **漸進式構建**：從你需要的東西開始。當你持續建立更多功能時，使用 TDD（測試驅動開發）框架來增加更多的測試，幫助你像測試人員和開發人員一樣思考，寫出更多可測試的程式碼。

在測試套件中整合效能測試

在整合測試期間或者將應用程式部署到生產環境之後，我們經常會發現應用程式的效能不佳。效能問題往往很難檢測，且可能隨時間推移逐漸惡化，當發現問題時早就為時已晚（例如沒有索引項的資料庫表格）。而且，很多問題都難以解決，尤其是當問題源於以前所做的架構決策，或者源於之前沒有發現的網路、資料庫、儲存體或其他系統的限制時，處理問題更是棘手。

編寫和執行自動化效能測試的目標是驗證整個應用程式堆疊（程式碼、資料庫、儲存體，網路、虛擬化等）的效能，並把它作為部署流水線的一部分，如此才能儘早發現問題，並以最低的成本和最快的速度解決問題。

如果能了解應用程式和環境在類生產負載下的表現，就可以做出更好的容量規劃，且得以檢測出下列情況：

- 資料庫查詢時間為非線性增加（例如忘記為資料庫建立索引，導致頁面加載時間從 100 毫秒增加為 30 秒）。

- 程式碼變更導致資料庫調用次數、儲存空間使用量或者網路流量增加數倍。

我們可以將可平行運行的驗收測試作為效能測試的基礎。例如：對一個電子商務網站來說，「搜尋」和「結帳」是兩個具有高價值的功能；必須確保這兩個功能即使在高負載情形下也能良好運作。為了測試這一點，可以平行地執行數千個分別針對這兩個功能的驗收測試。

因為執行效能測試需要大量運算處理能力和 I/O 資源，所以比起為應用程式用準備生產環境，佈建效能測試環境很可能更為複雜。因此，我們可能必須在專案啟動之初，就佈建效能測試環境，並確保能夠為及早且正確地準備好所需資源。為了儘早發現效能問題，我們必須記錄所有效能測試的結果，並根據上一次結果進行比對，評估各項效能指標。舉例來說，如果效能測試的結果與上一次的偏差超過 2%，則判定本次效能測試失敗。

在測試套件中整合非功能性需求測試

除了測試程式碼並驗證它符合預期，能在類生產負載下正常運行之外，我們還需要驗證系統的其他屬性。這些與品質相關的屬性通常被稱為「非功能性需求」，包括可用性、可擴展性、容量以及安全性等。

許多非功能性需求是透過正確的配置環境一並實現，因此必須編寫相應的自動化測試，驗證環境佈建和配置的正確性。例如：必須保證以下幾項的一致性和正確性，這些是許多非功能性需求的先決條件（例如安全性、效能和可用性）：

- 所支援的應用程式、資料庫和函式庫等。
- 程式語言的解釋器和編譯器等。
- 作業系統（比如啟用審核日誌記錄等設定）。
- 所有依賴關係。

當使用基礎設施即程式碼的配置管理工具時（例如 Terraform、Puppet、Chef、Ansible、Salt 或 Bosh），我們可以利用測試程式碼時所用的框架，來測試環境是否被正確配置，是否能正常運行（例如將環境測試編寫到 cucumber 或 gherkin 測試中）。同時，我們也應該將所有安全性加固檢查視為自動化測試的一部分，保證所有相關配置（比如伺服器規格）都正確無誤。

讓自動化測試在任何時候都能夠驗證程式碼處於可部署狀態。現在，我們必須建立安燈繩機制，以便在部署流水線失敗時立刻採取一切必要措施，將佈建版本恢復到綠色狀態。

當部署流水線失敗時拉下安燈繩

當佈建版本在部署流水線中處於綠色狀態時，我們就能放心地將程式碼變更部署到生產環境中。

為了讓部署流水線始終保持綠色狀態，我們必須建立虛擬的安燈繩，類似豐田生產系統中的實際裝置。一旦某個開發人員提交的程式碼變更導致佈建或自動化測試失敗，那麼，在這個問題得到解決之前，系統不允許提交任何新的變更。如果在解決問題時有人需要幫助，他們得以取得任何所需資源。

當部署流水線失敗時，至少要通知整個團隊。所有人要麼一同解決問題，要麼退回上一版本的程式碼。我們甚至可以在版本控制系統中，啟用「拒絕後續的程式碼提交」的配置，直到部署流水線的第一階段（即佈建和單元測試）恢復成綠色狀態。如果問題源於自動化測試所產生的誤報，那麼應該重寫或刪除該測試。*

---

* 如果不是所有人都清楚回滾程式碼的流程，那麼可以採取結對回滾的對策，以更好地記錄回滾操作。

團隊的所有成員都應該具有執行回滾操作（roll back）的權限，以便讓部署流水線恢復到綠色狀態。

Google 應用服務引擎的前工程總監 Randy Shoup，如此描述將部署流水線恢復到綠色狀態的重要性：

> 我們認為團隊目標高於個人目標 —— 在幫助他人推進工作的同時，也幫助了整個團隊。這包括幫助他人解決構建或自動化測試的問題，甚至進行程式碼審查。當然，我們也知道，當自己需要幫助時，其他人也會伸出援手。這個互助機制並非由大量正式規定或制度而約束 —— 每個人都知道工作不只是『編寫程式碼』，而是『運行服務』。這就是要優先考慮所有品質問題的原因，特別是那些與可靠性和可擴充性相關的問題，把它們視為最應優先處理的『絆腳石』問題。從系統管理的角度來看，這些做法讓我們不會退步。[25]

當部署流水線的後期階段（例如驗收測試或效能測試）發生失敗，這時不應停止所有新工作，而是讓一部分開發人員和測試人員隨時待命，負責在發生問題時立即加以解決。這些人員也應在部署流水線的早期階段執行新的測試，偵測並解決這些問題所引入的回歸錯誤。比方說，如果我們在驗收測試中發現一項缺陷，則應該編寫一個單元測試來處理這個問題。同理，如果在探索性測試中發現缺陷，就應該編寫對應的單元測試或驗收測試。

為了更容易發現自動化測試中的失敗和故障，我們必須建立非常直觀的指標，以便團隊的所有成員都能看到。很多團隊在牆上安裝了直觀的燈光裝置，用來顯示當前的佈建狀態。一些有趣形式包括熔岩燈、紅綠燈等，有的還會發出語音片段、汽車喇叭聲，或播放歌曲等。

從某個角度來說，這步驟比進行佈建和測試伺服器更具挑戰性——那些是純粹的技術活動，而這個步驟需要改變人的行為並提供獎勵機制。後文將會討論為何持續整合和持續交付需要這些改變。

為何需要拉下安燈繩

如果不拉安燈繩，也不立即解決部署流水線的問題，就會導致應用程式和環境更難恢復，無從回到可部署狀態。試想以下情況：

- 某人提交的程式碼造成佈建或自動化測試失敗，但沒有人著手修復。

- 其他人在已經失敗的佈建版本上又提交了一份程式碼變更。這顯然無法通過自動化測試──然而沒有人關注這些有助於發現新缺陷的測試結果，更遑論確實著手修復。

- 現有測試的運行不夠可靠，因此我們不太可能編寫新的測試用例（何必大費周章？畢竟連現有測試都不能通過）。

如果發生上述情況，那麼任何環境的部署都會變得不可靠。這就和不使用自動化測試，或者是使用瀑布式方法一樣，大多數問題只能在生產環境中才得以顯露。這個惡性循環所導致的必然結果是，我們再次回到起點，必須耗時幾週，甚至幾個月去修復錯誤、償還技術債，讓整個團隊陷入危機；迫於最後期限的壓力，我們不得不投機取巧去通過各種測試，導致技術債與日俱增。*

持 | 續 | 學 | 習

相關研究證實了自動化測試的重要性。DORA 2019 年的《State of DevOps Report》顯示，使用自動化測試的團隊締造了卓越的持續整合表現。投注於自動化測試，使持續整合工作獲得改善。這份報告指出：「當自動化測試被一個組織的幾個團隊中採用，它可以成為一個威力強大的效能放大器」並創造卓越佳績。[27]

自動化測試基本上具有下列特質：

---

* 這就是我們常說的「反 *Scrum* 瀑布式模式」（*water-Scrum-fall anti-pattern*）：表面上採用敏捷式開發實踐，但實際上所有測試和缺陷修復仍然在專案快結束時才進行。[26]

- **可靠性**：失敗的信號會直指真正存在的缺陷，當測試通過時，開
  發人員可以相信程式碼會在生產環境中成功運行。

- **一致性**：每個程式碼提交都應該觸發一組測試，向開發人員提供
  回饋。

- **快速和可重現性**：測試應該在 10 分鐘內完成，如此一來，開發
  人員可以在個人環境中快速重現和修復故障。

- **包容性**：測試不應該只為測試人員而服務，「測試驅動開發」文
  化可以為開發人員創造最佳工作結果。

探索性測試和手動測試的重要性也獲得研究證實。DORA 2018 年的
《State of DevOps Report》發現，在整個軟體交付生命週期中的測試
作業，有助於實現持續交付，締造卓越效能。除了自動化測試外，這
些測試工作還包括：[28]

- 持續審查和改善測試套件，以利更快發現缺陷，控制複雜性與成
  本。

- 讓測試人員在整個軟體開發和交付過程中與開發人員一起工作。

- 在整個交付過程中執行手動測試活動，比如：探索性測試、可用
  性測試和驗收測試。

本章小結

在本章，我們建立了一組全面的自動化測試，確保佈建始終處於綠色的可部署狀
態。在部署流水線中組織了測試套件和測試活動，並且建立一致規範，要求無論
是誰的程式碼變更導致自動化測試失敗，眾人都要竭盡全力將系統恢復到綠色狀
態。

這種方式為持續整合奠定基礎，讓很多小型團隊能夠獨立且安全地開發、測試和
部署程式碼，向客戶交付價值。

11

啟動並實踐持續整合

上一章討論了自動化測試實踐，確保開發人員快速獲得關於工作品質的回饋。當開發人員的數量和版本控制系統中的分支個數增加時，自動化測試會變得更加重要。

分支在版本控制系統中的主要作用是讓開發人員可以在軟體系統的各個組成部分平行工作，同時避免開發人員提交的程式碼對主幹（trunk，有時候也被稱為 master 或 mainline）的穩定性造成影響，或者引入錯誤。*

然而，開發人員在自己的分支上獨自工作的時間越長，就越難將變更併入主幹。事實上，當分支個數和每個分支上的變更數量同時增加時，合併難度更是驟增。

整合問題會導致大量的重工（rework），包括不得不透過手動合併來解決變更衝突，以及動員多名開發人員共同解決導致自動化測試或手動測試失敗的合併問題。在傳統開發模式中，程式碼整合工作通常發生在專案末期，當我們在整合工作花費過多時間的話，經常不得不為了按時發布而投機取巧。

這會導致另一個惡性循環：既然合併程式碼如此痛苦，那我們不如減少合併次數。然而這麼做，會造成未來的合併作業更加棘手。「將合併融入日常工作」以便解決這個問題正是持續整合的核心宗旨。

---

* 版本控制系統中的分支功能有很多用途，根據發布版本、升級、任務、組件和技術平台等實現團隊成員之間的工作劃分是最典型的用途。

惠普公司的 LaserJet 韌體

Gary Gruver 是惠普公司（HP）LaserJet 韌體部門的工程總監。他的經驗告訴我們，持續整合實踐能夠解決的問題廣度著實驚人。該部門負責為開發所有掃描機、印表機和多功能裝置的韌體。[1]

該團隊有 400 名開發人員，分佈在美國、巴西和印度。雖說團隊規模很大，然而工作效率很低。多年來，該團隊都無法如期按照業務需求，迅速交付新功能。

Gary Gruver 形容：「行銷部門有好幾百萬個吸引使用者的點子，而我們只能告訴他們『你們只能選出未來 6 至 12 個月內最想實現的兩個點子』。」[2]

該團隊一年只能發布兩個韌體版本，將大多數時間消耗在為了支援新產品而做的程式碼移植作業上。Gary Gruver 估計開發新功能的時間僅佔 5%，而其餘時間全都花在償還技術債上，比如：管理多個程式碼分支以及手動測試，就像以下例子：[3]

- 20%的時間用在制定詳細的專案計劃（低落生產力和漫長交付時間的原因被錯誤歸咎為不準確的工作量評估，所以團隊被要求做出更詳細的評估）。

- 25%的時間用在移植程式碼，所有程式碼的維護工作都在不同的分支上進行。

- 10%的時間用來整合不同分支上的程式碼。

- 15%的時間用來執行手動測試。

Gary Gruver 和團隊定下一項目標，期許將花費在創新和新功能開發上的時間增加 10 倍。團隊希望透過以下方式達成目標：[4]

- 採用「持續整合」和「基於主幹」的開發模式。

- 投注更多心力於自動化測試。

- 開發一個硬體模擬器，在虛擬平台上執行測試。

- 在開發人員的工作站上重現失敗的測試。

- 採用一種新的架構，使用統一的佈建和發布方式，支援所有印表機產品。

在此之前，每條產品線都擁有自己的程式碼分支，每種型號的裝置都有一個相對應的韌體版本，在編譯程式碼時定義其功能。* 現在，新的架構具有統一的 codebase，任何一個韌體版本都能支援 LaserJet 裝置的所有型號，可以透過一個 XML 配置檔來設定印表機的所有功能。

四年後，該團隊基於主幹開發的 codebase 足以支援惠普公司的 24 條 LaserJet 產品線。Gary Gruver 坦言，基於主幹的開發模式需要轉換工程師的思維模式。[6] 工程師以前認為基於主幹的開發模式是不可行的，可是一旦開始這樣做，他們就再也不想回到從前了。多年來，一些離開惠普公司的工程師會打電話告訴 Gary Gruver 說：「我所在的新公司在開發方面很落後，在沒有持續整合提供回饋的情況下，很難保證開發效率和版本品質。」[7]

我們必須建立更有效的自動化測試才能推動「基於主幹的開發模式」。Gary Gruver 說：「如果沒有自動化測試，持續整合只能產生一大堆沒有經過編譯而且不能正確運行的垃圾。」[8] 起初，完整執行一套手動測試需要 6 週。

為了讓所有的韌體版本都能利用自動化測試，團隊在印表機模擬器上投入了大量心血，並用 6 週的時間搭建一個測試伺服器叢集。在之後幾年內，6 個機架上的伺服器運行著 2,000 多台印表機模擬器，它們負責從部署流水線加載韌體版本。他們的持續整合（CI）系統運行著全套的自動化單元測試、驗收測試和整合測試。團隊創造了一種文化：當開發人員的疏忽導致部署流水線失敗時，所有工作就會立刻停止，以便確保開發人員能迅速將系統恢復到綠色狀態。[9]

自動化測試能夠快速提供回饋，幫助開發人員迅速確認自己提交的程式碼是否能正常運作。單元測試在開發人員的工作站上執行，並且只需要幾分鐘就能完成。每一次提交程式碼，就會經歷三個等級的自動化測試，約每隔 2 至 4 小時就執行一次。最後，每 24 小時就會執行一次全面的回歸測試。採用自動化測試，創造了以下工作成果：[10]

---

* 編譯旗標（#define 和 #ifdef）被用來「啟用」或「禁用」程式碼的執行，如影印功能和支援紙張尺寸等。[5]

- 從每天執行一次佈建，到後來每天執行 10 至 15 次佈建。

- 從每天「佈建主管」進行大約 20 次程式碼提交，提升為每天所有開發人員提交程式碼次數超過 100 次。

- 開發人員每天變更或新增的程式碼行數達到 75,000 行至 100,000 行。

- 回歸測試週期從 6 週縮短為 1 天。

在應用程式持續整合實踐以前，根本無法想見如此高效的生產力。光是想要建立一個綠色佈建版本，就需要好幾名開發人員挑燈奮戰好幾天。同樣地，持續整合所帶來的商業利益非常驚人：[11]

- 開發人員用在創新和新功能開發的時間從 5% 增加到 40%。

- 總開發成本降低了約 40%。

- 處於開發狀態的專案增加了約 140%。

- 每個專案的開發成本降低了 78%。

Gary Gruver 的經驗顯示，在全面應用版本控制以後，如果想要實現價值流的快速暢流，持續整合就是最為關鍵的一項實踐，幫助許多開發團隊能夠獨立地開發、測試和交付價值。然而，持續整合仍然是頗具爭議的實踐。本章接下來將描述實現持續整合所需的各種實踐，以及如何應對常見的異議。

小批量開發與大批量合併

如前幾章所說，每次提交到版本控制系統的程式碼變更導致部署流水線失敗時，我們就會一擁而上解決問題，力求盡快將部署流水線恢復成綠色狀態。

然而，如果開發人員長時間工作在自己的分支（也稱為「功能分支」）上，只偶爾將程式碼合併到主幹，那麼每一次合併都會在主幹中引入大批量的變更，容易造成嚴重問題。就像惠普公司 LaserJet 的案例一樣，為了保持程式碼處於可發布狀態，上述情況必然導致大規模的版本混亂和重工（rework）。

Jeff Atwood 是 Stack Overflow 網站的聯合創辦人，也是 Coding Horror 部落格的作者。他認為分支策略雖然有很多種，但可以大致劃分為以下兩種範疇。[12]

- **提高個人生產力**：所有人都在自己的分支上工作。每個人都獨立工作，並且不能干擾其他人；然而，程式碼合併將是一場惡夢。協作變得相當困難，每個人都不得不小心翼翼地合併程式碼，即便他們所處理的只是系統中最微小的部分。

- **提高團隊生產力**：所有人都在同一個區域裡工作。這個區域沒有分支，只有一條很長、不可被中斷的主幹；這裡也沒有規則，因此程式碼的提交過程很簡單。但是，任何一次提交都有可能破壞整個專案，同時導致專案中斷。

Jeff Atwood 的觀察完全正確——更準確而言，成功將分支合併到主幹的成本，會隨著分支個數的增加而呈指數型上升。這時，問題不僅是「合併地獄」所帶來的重工（rework），我們還必須意識到，來自部署流水線的回饋被延誤了。例如：效能測試經常只在開發後期才執行，然而對完整的軟體系統而言，應該在整個過程中持續執行效能測試。

此外，如果增加開發人員的數量來提高生產力，那麼程式碼變更導致相互影響的可能性就會隨之增加；當部署流水線發生故障時，受影響的開發人員也會更多。

大批量合併的另一個副作用是，當合併難度越大，開發人員就越不可能（也越不願意）改善和重構程式碼。因為重構很可能導致其他所有人面臨重工。在這種情況下，人們往往不願修改那些在整個 codebase 中都有依賴關係的程式碼。不幸的是，這類程式碼的價值通常是最高的。

開發世上第一個維基系統的 Ward Cunningham，因此創造了「技術債」一詞。他說：「如果我們不能主動地重構 codebase，漸漸地它將變得難以修改和維護，新功能的增加速度也會因此而下降。」[13]

持續整合和基於主幹的開發實踐，核心宗旨就是為了解決這些問題，在提高個人生產力的基礎之上，一併提升團隊生產力。我們將在後續章節更深入了解如何採用基於主幹的開發實踐。

應用基於主幹的開發實踐

解決大批量合併問題的因應措施，是落實持續整合和基於主幹的開發實踐，要求每個開發人員每天至少向主幹提交一次程式碼。將一大批的程式碼提交量，降低為開發團隊每日的工作量。開發人員提交程式碼的頻率越高，每一次提交量就越小，也就越靠近理想的單件流狀態。

頻繁地向主幹提交程式碼，表示我們可以針對整個軟體系統執行所有自動化測試，當應用程式或介面的某個部分出現問題時，能夠及時收到警示資訊。我們得以及早偵測合併問題，因此可以盡快排解問題。

我們甚至可以這樣子配置部署流水線：拒絕接受任何使系統偏離可部署狀態的提交（例如程式碼變更或環境變更）。這種方式被稱為**門禁提交**（*gated commits*），部署流水線首先確認被提交的變更可以成功合併和正常佈建，並在合併到主幹之前就已經通過了所有自動化測試。如果測試失敗，開發人員將收到通知，這樣就可以在不影響價值流中其他人的情況下自行解決問題。

要求開發人員每日提交程式碼，促使開發人員將工作拆解細分，並且保持主幹始終處於可發布狀態。版本控制系統為團隊間的溝通提供了一套完整機制——對系統都有了更清楚的認識，而且每個人都能掌握部署流水線的狀態，在出現問題時互相幫助，實現更高的品質和更快的部署速度。

落實這些實踐後，我們再來修改關於「完成」的定義（粗體文字為新增內容）：「在每次迭代週期結束時，已經在類生產環境中整合和測試了可工作且可交付的程式碼；**這些程式碼以一鍵式流程在主幹上建立，並且全數通過自動化測試。**」

當我們理解並掌握新修訂的「完成」定義，有助於進一步提升程式碼的可測試性和可部署性。讓程式碼保持在可部署狀態，就能避免在專案後期才進行單獨測試和穩定性測試。

➡ **案｜例｜研｜究**

Bazaarvoice 的持續整合（2012）

Ernest Mueller 曾經幫助 National Instruments 實踐 DevOps 轉型，在 2012 年還幫助 Bazaarvoice 針對開發和發布流程進行轉型。[14] Bazaarvoice 為數千家零售商（如 Best Buy、Nike 和 Walmart）提供「使用者原創內容」服務，例如產品評價和產品評分等。

當年，Bazaarvoice 的年利潤為 1.2 億美元，正在準備 IPO 上市。* 其收入主要來自於 Bazaarvoice Conversations 這個應用程式。這個單體式 Java 應用程式有近 500 萬行程式碼（有些程式碼甚至寫於 2006 年），文件數多達 15,000 份。該服務運行於 4 個資料中心和多個雲端服務商所提供的 1,200 台伺服器上。[15]

採用敏捷式開發流程並將迭代周期縮短至兩週後，Bazaarvoice 希望進一步提高發布頻率，當時每 10 週發布一次。開發人員也開始逐步解耦（decouple）單體式應用程式，將它重新構建成微服務。

2012 年 1 月，Bazaarvoice 首次嘗試每兩週發布一次。Ernest Mueller 發現「一開始並不順利，當時情況非常混亂，客戶回報了多達 44 個生產事件。管理層的態度基本上就是『以後千萬別再這麼幹了』。」[16]

不久後，Ernest Mueller 開始執掌發布流程，他的目標是在不影響客戶的前提下，實現每兩週發布一次的計劃。業務目標包括實現更快速的 A/B 測試（本書後幾章會介紹），以及加快新功能進入生產環境的速度。Ernest Mueller 歸納出以下三個核心問題：[17]

- 缺乏自動化測試，兩週的迭代周期中測試力度不夠，不足以預防大規模故障。

- 版本控制系統的分支策略允許開發人員直接把程式碼提交到生產環境中。

---

* Bazaarvoice 因為準備 IPO 而推遲了產品發布（他們成功上市了）。

- 運行微服務的團隊也進行獨立發布，經常造成單體發布過程出現問題，反之亦然。

Ernest Mueller 認為想要穩定執行單體式 Conversations 應用程式的部署流程，需要落實「持續整合」。在接下來的 6 週，開發人員暫停功能開發，轉而專注編寫自動化測試套件，包括在 JUnit 執行單元測試，用 Selenium 執行回歸測試，以及用 TeamCity 運行部署流水線。Ernest Mueller 說：「透過持續執行這些測試，我們明顯發現程式碼變更有了一定的安全保障。最重要的是，我們可以及時發現問題，不再是部署到生產環境之後才發現問題。」[18]

他們還應用了「主幹／分支」發布模型——每兩週建立一個全新專用的發布分支，除非發生緊急事態，否則該分支不允許提交任何程式碼；任何變更都必須經過審核流程，在內部維基系統中依變更工單或團隊來進行審核步驟。完成 QA 流程後，這個分支才能進入生產環境。

Bazaarvoice 在可預測性和發布品質兩方面上，取得了以下顯著成果：[19]

- **2012 年 1 月的發布**：回報 44 個客戶事件（剛開始進行持續整合）。

- **2012 年 3 月 6 日的發布**：延遲 5 天，5 個客戶事件。

- **2012 年 3 月 22 日的發布**：準時，1 個客戶事件。

- **2012 年 4 月 5 日的發布**：準時，零客戶事件。

Ernest Mueller 進一步說明了這項實踐有多成功：

> 我們成功做到了每兩週發布一次，接著是每週發布一次，這幾乎不需要工程團隊做任何改變。由於發布時間非常規律，我們只需要在日曆上將發布次數乘以二，然後根據日程發布即可。
>
> 我們幾乎實現了零事件回報。客戶服務和行銷團隊也因此做出重大工作調整，他們不得不改變工作流程，例如調整每週向客戶發送電子郵件的時間，即時通知使用者了解新功能。

隨後，我們開始邁向下一個目標，最終將測試時間從 3 個多小時縮短為不到 1 個小時，把環境數量從 4 個減少為 3 個（開發環境、測試環境和生產環境，淘汰了預生產環境），我們還全面採用持續交付模式，實現快速的一鍵式部署。[20]

透過系統性辨識、解決三個核心問題，本案例研究顯示了暫停功能開發（先行實現自動畫測試）並使用基於主幹的開發等實踐，實現了小批次、快速的發布週期。

持｜續｜學｜習

持續整合幫助團隊輕鬆獲得快速回饋，有助於持續交付，締造優異績效。研究也證實了持續整合的重要性，2014 ～ 2019 年的《State of DevOps Reports》為本章所分享的故事提供數據佐證。

「基於主幹的開發模式」可能是本書中最具爭議的實踐方法。然而來自 DORA 的 2016 年和 2017 年的《State of DevOps Reports》之數據清楚表明：只要遵循以下實踐，基於主幹的開發模式可以帶來更高的處理量、更好的穩定性和更優異的可用性：[21]

- 在應用程式的程式庫中擁有 3 個或更少的活躍分支。

- 至少每天將分支合併到主幹上。

- 不要有程式碼凍結或整合階段。

持續整合和基於主幹的開發模式，其好處遠遠不止於軟體交付能力。DORA 的研究表明，這有助於提高工作滿意度和降低職業倦怠率。[22]

本章小結

本章討論了自動化的能力範圍與具體實踐，幫助我們快速而頻繁地交付「已完成」的程式碼。我們建立了在主幹上開發和每天至少提交一次程式碼變更的文化規範。這些實踐和規範使我們能夠擴大規模，接受來自幾位或幾百位開發人員的程式碼。我們得以在任何時候發布程式碼，無需忍受痛苦的程式碼凍結或整合階段。

雖然在推行持續整合的初始階段很難說服開發人員，但一旦他們認識到其顯著優勢，就會徹底改變，正如惠普公司 LaserJet 部門和 Bazaarvoice 的開發人員一樣。落實持續整合實踐之後，下一步我們來看看如何實現低風險的自動化部署流程。

12

自動化並降低發布風險

Chuck Rossi 曾在 Facebook 擔任 10 年發布工程總監，負責督導日常程式碼發布。2012 年，他曾經如此描述 Facebook 的發布流程：

> 大約在下午一點，我就切換到『營運模式』，與團隊一起將當天要發布到 Facebook.com 的變更都準備就緒。這些工作帶給我很大壓力。在很大程度上，完成這些工作必須仰賴團隊的判斷力和經驗累積，力求每個人都能對自己的變更負責，並積極測試和支援這些變更。[1]

在發布之前，所有參與變更的開發人員都必須登入 IRC 聊天工具，並加入相關聊天群組——如果沒有加入，則該開發人員的部署包會被自動刪除。[2] Chuck Rossi 繼續說道：「如果一切進展順利，測試儀表板和金絲雀發布測試 * 則會顯示為綠色，我們就會點擊紅色的發布按鈕，運行 Facebook.com 的所有伺服器都會立刻開始更新程式碼。20 分鐘之內，新的程式碼就能運行在成千上萬台伺服器上，而正在使用 Facebook 的使用者對這一切都毫無所知。」[3] †

---

* 金絲雀發布測試是指將軟體部署到少量的生產伺服器上，用真實的客戶流量來測試，以保證軟體不會出現嚴重問題。

† Facebook 前端 codebase 主要以 PHP 編寫。為了提升網站效能，Facebook 的開發人員在 2010 年使用內部自開發的 HipHop 編譯器，把 PHP 程式碼改為 C++ 程式碼，然後再進一步編譯為 1.5GB 的可執行檔案。隨後，開發人員使用點對點傳輸工具 BitTorrent，將這個可執行檔複製到所有生產伺服器上，這個複製作業在 15 分鐘內即可完成。

不久之後，Chuck Rossi 將程式碼發布頻率提高一倍，變為每天兩次發布。[4]
他解釋第二次發布是為了給那些不在美國西岸的工程師一個機會，讓他們也可以
具備「和公司其他工程師一樣，快速發布程式碼和交付的能力」而且，這同時也
讓所有人在同一天中擁有第二次發布和交付功能的機會。[5]

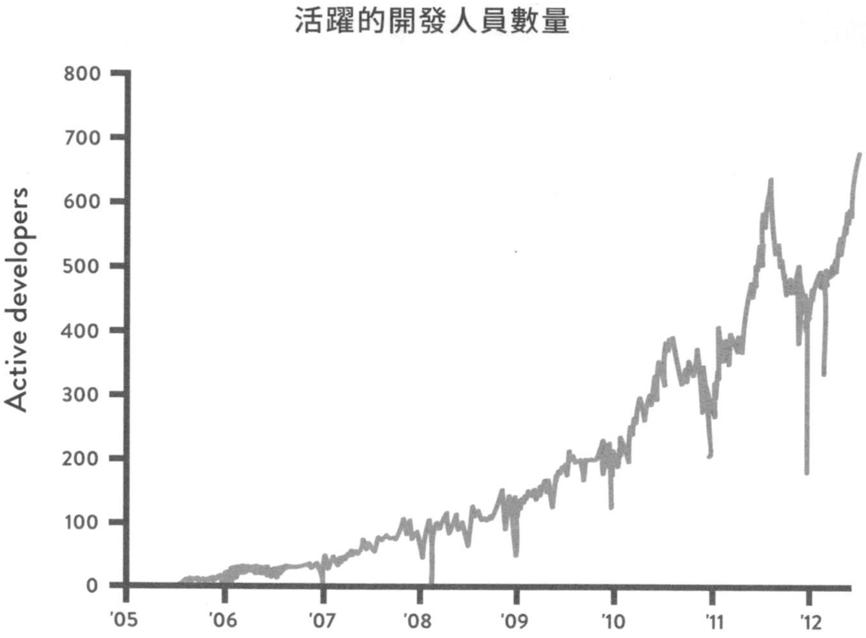

活躍的開發人員數量

圖 12.1　每週部署程式碼的 Facebook 開發人員的數量

（資料來源：Chuck Rossi, "Ship early and ship twice as often."）

極限編程（Extreme Programming，XP）的創始者 Kent Beck 是測試驅動開
發（Test-Driven Development）的主要倡導者，也是 Facebook 的技術教練。
他在自己的 Facebook 上發表過一篇文章，對 Facebook 的程式碼發布策略做
了進一步評論：

> Chuck Rossi 發現 Facebook 在單次部署中能夠處理的變更數量是固
> 定的。如果想做更多變更，就需要更多部署。因此在過去五年內，
> Facebook 的部署頻率穩定提升，PHP 程式碼的部署頻率從每週一次提

升成每天一次，再到每天 3 次；行動裝置應用程式的部署頻率從每 6 週一次提高到每 4 週一次，再到每 2 週一次。這些改善主要是由發布工程團隊推動實踐。[6]

Facebook 採用持續整合和低風險的程式碼部署流程，將程式碼部署變成所有人的日常工作，並且維持了開發人員的生產力。程式碼的部署作業必須是自動化、可重複和可預測的。在前幾章所描述的實踐中，儘管程式碼和環境一起通過測試，但仍然無法頻繁將程式碼部署到生產環境中，這是因為部署作業依然以手動完成，既耗時且令人痛苦，乏味且容易出錯。況且，開發團隊和營運團隊通常還需要進行大量繁瑣且不可靠的工作交接。

因為手動部署令開發人員極其痛苦，所以他們傾向減少部署次數，容易導致惡性循環。不斷推遲向生產環境的部署作業，等待部署的新程式碼和生產環境中的程式碼，兩者之間的差異越來越大，導致批量部署的工作量增加，因變更所導致的意外風險及修復難度也會隨之增加。

本章旨在透過擴展部署流水線，減弱生產環境部署的阻力，幫助營運團隊或開發團隊能頻繁且輕鬆地進行部署作業。

不同於僅僅將程式碼持續整合到類生產環境中，我們將能夠按需地（即一鍵式發布）或自動化地（在佈建和測試成功以後，直接進行自動化部署）將已通過自動化測試和驗證流程的任何佈建版本發布到生產環境中。

本章將敘述大量實踐，為了不打斷核心概念的詳細介紹，範例和延伸內容將以註腳形式呈現。

自動化部署流程

想要取得像 Facebook 的優異部署成果，需要一種自動化的程式碼部署機制。如果現有的部署流程已經存在多年，則必須將流程中所有步驟完整記錄下來，例如舉辦一場分析價值流程圖的研討會，或者逐漸將步驟記錄於文件（例如使用維基系統）。

完整記錄目前的部署流程後，接下來的目標就是盡可能簡化步驟，將手動步驟改為自動化作業，例如：

- 將程式碼打包成方便部署的格式。

- 建立預先配置的虛擬機映像或容器。

- 將中介軟體的部署和配置自動化。

- 將安裝包或文件複製到生產伺服器。

- 重新啟動伺服器、應用程式或者服務。

- 根據模板建立配置文件。

- 執行自動化冒煙測試，確保系統被正確配置且正常運行。

- 運行各種測試程序。

- 將資料庫遷移工作腳本化和自動化。

如果條件允許，可以重新設計流程並移除一些（耗時的）步驟。不但要縮短前置時間，還要盡可能減少交接次數，降低發生錯誤和流失知識的可能性。

幫助開發人員集中精力改善部署流程並使其自動化，就能帶來顯著的改善成果。例如：在執行小型的應用程式配置變更時，應該確保開發人員不再需要重新部署應用程式或重新搭建環境。然而，只有和營運團隊緊密合作，開發團隊才能確保共同建立的工具與流程，能夠在下游階段正常使用，疏遠營運團隊或者閉門造車都是不可行的。

大多數具有持續整合和測試功能的工具，也具有擴展部署流水線的能力。當生產驗收測試完成之後，通常這些工具可將經過驗證的佈建版本發布到生產環境中（這類工具包括 CircleCI、Jenkins Build Pipeline 插件、Go.cd、Microsoft Visual Studio Team Services 以及 Pivotal Concourse）。

部署流水線需要符合以下條件：

- **用相同的方式處理所有環境的部署**：在所有環境（例如開發環境、測試環境和生產環境）採用相同的部署機制，可以提高生產環境部署的成功率。畢竟，這表示它已經在部署流水線中被成功部署許多次。

- **對部署作業執行冒煙測試**：在部署過程中，應該測試是否能正常存取所有依賴系統（例如資料庫、服務匯流排和外部服務等），並執行單一測試，檢測系統是否正常運作。如果以上任何一個測試失敗，那麼部署必定失敗。

- **維持環境的一致性**：上述步驟建立了一步佈建環境的流程，開發環境、測試環境和生產環境有了共同的佈建機制。我們必須持續確保這些環境的佈建方式是一致的。

當然，一旦部署流程出現問題，就要拉下安燈繩，並且以蜂擁式對策合力解決問題，就像在部署流水線前期處理任何失敗或故障問題一樣。

▶ 案｜例｜研｜究

CSG 國際公司的每日部署（2013）

CSG 國際公司是全美規模最大的 SaaS 客戶服務與帳單列印服務公司，擁有超過 6,500 萬訂閱戶，使用從大型主機到 Java 的多元技術堆疊。[7] 為了提升軟體版本的可預測性和可靠性，首席架構師和開發 VP Scott Prugh 將發布頻率從每年兩次提高到了每年 4 次（將部署週期從 28 週縮短為 14 週）。[8]

雖然開發團隊每天都透過持續整合，將程式碼部署到測試環境中，但是向生產環境的發布作業則是由營運團隊完成的。Scott Prugh 說：

> 我們的開發團隊可以每天（甚至更頻繁地）在低風險的測試環境中進行『發布演練』，改善開發流程和工具。然而，營運團隊卻只有極少的演練機會，每年只有兩次。更糟糕的是，他們必須在高風險的生產環境中進行部署，各方面都與預生產環境有很大差異 —— 在開發環境中，並沒有像生產環境一樣被諸多裝置和約束限制，例如安全策略、防火牆、負載均衡器和 SAN 儲存等。[9]

為了解決這個問題，他們成立了一個「共享營運團隊」（Shared Operations Team，SOT），負責管理所有環境（開發環境、測試環境和生產環境）並執行程式碼部署工作，包括每天向開發環境和測試環境部署，以及每 14 週向生產環境部署和發布。因為 SOT 團隊每天都要執行部署作業，如果留著某個問題不解決，那麼第二天一樣會遇到相同問題。這項不便促使 SOT 團隊將繁瑣和容易出錯的手動作業自動化，以防同樣的問題再次出現。向生產環境發布之前，因為部署流程已經執行了近百次，絕大多數問題早就被發現和解決。[10]

過去只有營運團隊才會遇到的問題，其實需要價值流中的所有成員一同解決。透過每日部署的實踐，讓團隊成員可以快速確認哪些做法可行，哪些不可行。[11]

SOT 團隊還致力於維持所有環境的一致性，包括安全存取權限的約束、負載均衡器的一致性。Scott Prugh 說：「我們全力以赴維持非生產環境與生產環境的一致性，並絞盡腦汁使用各種技術模擬生產環境。在早期就將應用程式暴露在生產層級的環境中，改變了應用程式的架構設計思維，讓應用程式更加能夠適應這些具有各種約束條件的環境。這個模式讓每個人都變得更加聰明。」[12]

Scott Prugh 繼續說道：

> 我們遇過許多必須變更資料庫模式的情境：要麼將變更任務交給 DBA 團隊讓他們『自己想辦法搞定』，要麼用小到不行（比如 100 MB）的資料集執行自動化測試，導致生產故障。在過去，一旦出現生產故障，各個團隊會互相推卸責任。
>
> 後來，我們建立了一個開發和部署流程，透過交叉訓練，讓開發人員能夠每天進行資料庫模式的自動化變更，不必把變更任務交給 DBA 團隊。我們使用經過整理的客戶資料集，執行實際的壓力測試，並且盡量每天都進行資料庫的遷移和同步作業。透過這種工作方式，在處理真實流量之前，應用程式早已經歷過數百次實戰演練。[13] *

---

*   CSG 國際公司在實驗中發現，無論由開發團隊還是營運團隊管理，SOT 團隊都能取得成功。成功條件是，為 SOT 團隊挑選合適人員，並且齊心協力朝目標邁進。[14]

他們的成果相當令人驚艷，透過每日部署作業，並將生產環境發布頻率翻倍，生產故障的發生次數降低了 91%，平均恢復時間（MTTR）縮短了 80%，在「完全免手動操作」的生產環境裡，完成服務部署所需要的時間從 14 天縮短到 1 天。[15]

Scott Prugh 還說，因為部署工作變得非常例行，以至於營運團隊在轉型第一天快要結束時，竟然還能有時間玩電動遊戲。對開發團隊和營運團隊來說，部署工作變得更加順利，除此之外，有五成案例顯示客戶獲取價值的時間縮短了一半。[16]

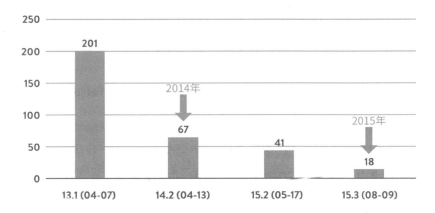

發布時間	事故數量	影響度	改進程度
2013-Apr	201	455	0% (1x)
2014-Apr	67	153	66% (3x)
2015-May	41	97	79% (5x)
2015-Aug	18	45	90% (10x)

圖 12.2 CSG International 的每日部署

每日部署和提高發布頻率，既降低了生產事故發生率，也縮短了平均恢復時間

（資料來源："DOES15 - Scott Prugh & Erica Morrison—Conway & Taylor Meet the Strangler (v2.0),"YouTube video, 29:39, posted by DevOps Enterprise Summit, November 5, 2015, https://www.youtube.com/watch?v=tKdIHCL0DUg）

本案例研究說明頻繁部署對開發人員、測試人員、營運人員和客戶都大有裨益。頻繁的部署作業可以及早辨識問題，鼓勵團隊迅速修復錯誤，更順利地交付乾淨的程式碼。

應用自動化的自助式部署作業

Nike 的營運自動化總監 Tim Tischler 曾經如此描述一代開發人員的共同經驗，他說：「作為開發人員，我在職涯中最有滿足感的事情，莫過於專注寫程式碼，點擊部署按鈕，透過監控指標檢測程式碼能在生產環境中正常運行，以及在程式碼出錯時親手修復。」[17]

在生產環境中自行部署程式碼、看到客戶對新功能感到滿意、快速修復故障而不必等營運人員提交故障工單，開發人員的這些能力在過去十年中逐漸式微——有一部分原因是出於控制和監管的必要性，這也許是因為安全和合規需求造成的。

最常見的實踐是改由營運人員執行程式碼部署作業，這種職責劃分也是被廣泛接受的做法，目的是降低生產環境的中斷和欺詐風險，卻導致沒有一個人對於流程（如軟體交付）擁有端到端的控制權。DORA 研究顯示，我們可以透過程式碼的同儕審閱機制，實現明確的職責劃分，進而顯著改善軟體交付效能。這種實踐方式要求另外的開發人員來審閱和核准所有程式碼變更。[18]

這種機制比起提供自動化測試套件（程式碼必須先行提交才能通過）更有裨益，所有的部署工作都是自助式服務，在一個符合所有條件的自動化系統中執行，下一節將討論這些條件。

如果開發團隊和營運團隊的目標一致，部署結果的責任分配清晰且透明，那麼由誰執行部署操作其實無關緊要。事實上，測試人員或專案經理等其他角色也能在某些環境中執行部署，進而快速完成工作，例如在測試環境或 UAT 環境中配置和部署一套用來演示產品功能的系統。

為了促進工作快速暢流，需要一個可由開發人員或營運人員執行的程式碼發布流程，而且，在理想情況下應該不需要任何手動操作或工作交接。這個流程的步驟如下：

- **佈建**：必須基於版本控制系統，佈建可部署到任何環境（包括生產環境）的軟體封包。

- **測試**：任何人都應該能夠在他們的工作站上或測試系統中運行任何一個自動化測試套件。

- 部署：任何人都應該能夠將這些軟體包部署到具有存取權限的任何環境，透過執行（已提交到版本控制系統中的）腳本來完成部署作業。

在部署流水線中整合程式碼部署

如果程式碼部署過程是自動化的，就能將其變成部署流水線的一部分。因此，自動化部署必須具備以下能力：

- 確保在持續整合階段佈建的軟體封包可以部署到生產環境中。

- 使生產環境的就緒情況一目了然。

- 為所有能在生產環境中部署的程式碼，建立一鍵式和自助式的發布機制。

- 自動記錄審計和合規管理所需的相關內容，包括在哪台機器上運行命令、運行了什麼命令、由誰授權，以及結果如何等記錄；從所有配置資訊和腳本中記錄所有被部署的二元項的雜湊值及控制版本。

- 執行冒煙測試，驗證系統正常工作，確認資料庫連線字串等配置正確無誤。

- 為開發人員快速提供回饋，使他們盡快了解部署結果（例如部署是否成功，應用程式是否能在生產環境中正常運行等）。

快速部署是我們的工作目標——不需等待數小時才能知道部署是否成功，也不用耗費數小時修復程式碼。運用容器技術，可以在幾秒鐘或幾分鐘內完成很複雜的應用程式部署。

DORA 的《2019 State of DevOps Report》顯示，菁英績效組織的部署交付週期是按需執行，以分鐘或小時為單位，而低績效組織則以月為單位。這幾年來，許多部署指標也隨之改善，在本書第一版曾紀錄 Puppet Labs 的《2014 State of DevOps Report》指出，高績效組織的部署週期通常為數小時至一天，而低績效組織經常耗時半年以上。[19]

具備上述能力，我們就能實現一鍵式程式碼部署，透過部署流水線將程式碼和環境變更一起安全、快速地發布到生產環境中。

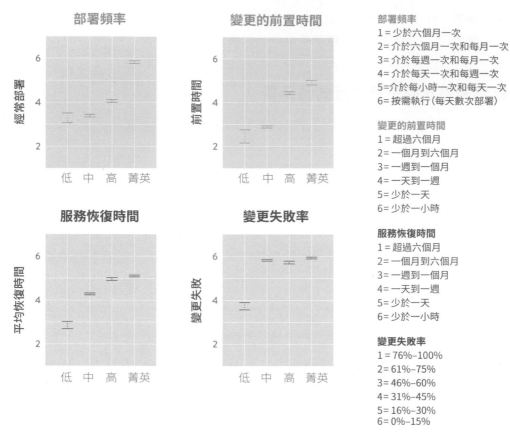

部署頻率
1 = 少於六個月一次
2 = 介於六個月一次和每月一次
3 = 介於每週一次和每月一次
4 = 介於每天一次和每週一次
5 = 介於每小時一次和每天一次
6 = 按需執行（每天數次部署）

變更的前置時間
1 = 超過六個月
2 = 一個月到六個月
3 = 一週到一個月
4 = 一天到一週
5 = 少於一天
6 = 少於一小時

服務恢復時間
1 = 超過六個月
2 = 一個月到六個月
3 = 一週到一個月
4 = 一天到一週
5 = 少於一天
6 = 少於一小時

變更失敗率
1 = 76%–100%
2 = 61%–75%
3 = 46%–60%
4 = 31%–45%
5 = 16%–30%
6 = 0%–15%

圖 12.3 菁英與高績效組織有著更快的部署速度和更短的平均恢復時間 [*]

（資料來源：Forsgren, et. al., *Accelerate: State of DevOps Report*, 2019）

➡ 案 | 例 | 研 | 究

Etsy 的持續部署──開發人員自助式部署（2014）

與 Facebook 讓發布工程師來管理部署活動的方式不同，在 Etsy，任何想要執行部署的人都能直接部署，無論是開發人員、營運人員或資安人員。Etsy 部署流程的安全性和常規性，連新入職的工程師在第一天就能執行生產環境部署──

---

[*]　本書第二版更新了此圖表的各項指標，以便準確捕捉過去五年間業界的部署體驗。

當然，Etsy 的董事會成員也可以執行部署，甚至連「小狗」都可以！[20]

Etsy 的測試架構師 Noah Sussman 如此描述：「在一個普通的工作日，才剛早上 8 點整，就有大約 15 個人和『小狗』開始排隊。大家都希望在下班之前，一起部署完 25 個變更。」[21]

想要部署程式碼的工程師，首先要進入聊天室，並把各自的工作新增到部署佇列中。然後，他們會檢視正在進行的部署活動，查看還有誰在佇列中，也會公告自己的活動進展，並在需要幫助時尋求其他工程師的協助。一旦輪到某個工程師部署時，他會收到來自聊天室的通知。[22]

Etsy 的目標是盡量使用最少的步驟，使生產環境部署簡單且安全。在開發人員提交程式碼之前，他們就在自己的工作站上執行 4,500 多個單元測試，而這些測試僅需要不到一分鐘的時間。對外部系統（如資料庫）的所有呼叫都已經打樁（stubbed out）了。[23]

在程式碼變更被提交至主幹以後，持續整合伺服器會立即執行 7,000 多個自動化測試用例。Noah Sussman 寫道：「透過不斷試錯，我們已經可以把測試時間控制在大約 11 分鐘以內（當某個變更引發問題並且需要修復時），我們擁有再一次執行自動化測試提供了機會，讓整體修復時間不會遠遠超過 20 分鐘的時間限制。」[24]

Noah Sussman 說，如果所有測試都按順序執行，那麼「執行 1,000 多個測試用例將需要大約半個小時。因此，我們把測試分成好幾組，讓它們平行運行在由 10 台伺服器組成的 Jenkins（CI）伺服器叢集上。如此一來，只要 11 分鐘就能達成測試目標」。[25]

接下來要執行**冒煙測試**，這是系統級測試，用 cURL 來執行 PHPUnit 測試用例。在冒煙測試之後是功能測試，對運行中的伺服器執行由界面操作觸發（GUI-driven）的端到端測試。伺服器既可以在 QA 環境中，也可以在預生產環境中（即圖 12.4 中的 Princess）。實際上，它是從生產環境中撤回的生產伺服器，保證測試環境和生產環境完全一致。

Erik Kastner 寫道：「（當輪到某個工程師部署時，）他會打開部署控制台 Deployinator（圖 12.4），然後點擊「Push to QA」按鈕。進入預生產環境 Princess

……然後，當一切都準備就緒時，點擊「PROD」按鈕，程式碼很快就能上線。IRC 聊天室的每位成員都能知道是誰發布了程式碼以及是什麼程式碼。當部署完成之後，會返回一個顯示部署前後差異的連結。即使是不在 IRC 上的人，也會收到電子郵件通知，保證所有人都會收到相同資訊。」[26]

Etsy 在 2009 年的部署流程對員工來說是令人恐懼的壓力來源。但是到 2011 年，部署已經成了常規作業，每天都有 25 至 50 次部署，工程師能夠快速地發布程式碼，並向客戶交付價值。

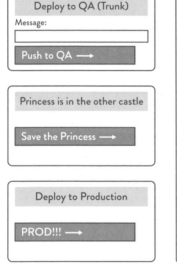

圖 12.4　Etsy 的部署控制台 Deployinator

（資料來源：Erik Kastner, "Quantum of Deployment," CodeasCraft.com, May 20, 2010, https://codeascraft.com/2010/05/20/quantum-of-deployment/）

將大部分部署流程自動化，並納入廣泛的自動化測試，可以建立簡單而高效的自助式部署流水線，為團隊減輕壓力，提升工作信心。

將部署與發布解耦

在傳統的軟體專案發布模式下，軟體由發布日期驅動。在發布日前夜，已完成（或者盡可能接近完成）的軟體被部署到生產環境中。第二天早上，我們向全世界宣布新版本上線，並開始接受訂單，向客戶提供新功能。

然而，很多時候，事態並不按原定計劃進行。我們有可能遇到從未測試過，甚至從未想過的生產負載，結果導致大規模的服務中斷，使客戶和組織遭受影響。更糟糕的是，恢復服務可能是一個令人痛苦的回滾過程，或者是有著同樣風險的「前向修復」作業；在生產環境中直接進行變更作業，對於操作者來說可能是非常痛苦的經歷。當一切恢復正常以後，所有人才能鬆口氣，慶幸不用經常向生產環境部署和發布程式碼。

然而，只有進行更頻繁的部署作業，才能實現流暢和快速的工作流。為了實現這一點，我們必須解耦（decouple）生產環境部署和功能發布。在工作實踐中，人們通常交替使用「部署」和「發布」這兩個詞語。然而，它們其實是不同的動作，有著截然不同的目標。

- 部署（Deployment）指在特定環境中安裝指定版本的軟體（例如：將程式碼部署到整合測試環境中或生產環境中）。具體而言，部署可能與某個功能的發布相關，也可能無關。

- 發布（Release）是指把一個功能（或者一組功能）提供給所有客戶或者一部分客戶（例如：對 5% 客戶開放功能）。程式碼和環境架構必須能夠滿足這種要求：功能發布不需要變更應用程式的程式碼。[*]

換句話說，如果我們混淆了部署和發布，就很難界定到底該由誰承擔結果。解耦這兩項活動，可以提升開發人員和營運人員快速且頻繁部署的能力，並且使產品負責人承擔成功發布的責任（確保佈建和發布功能所花的時間是值得的）。

---

[*] 可以用美軍的「沙漠盾牌行動」做一個形象的比喻。從 1990 年 8 月 7 日開始，美軍在 4 個多月內以涉及諸多領域、高度協調的行動，將成千上萬的人員和物資安全部署到海灣地區。

本書目前為止所描述的實踐確保了在功能開發過程中進行快速和頻繁的生產部署，並降低由於部署失敗而造成的風險和影響。然而，發布風險依然存在：已發布的功能是否能滿足客戶需求並達到商業目標？

如果部署週期過長，就會限縮向市場頻繁發布新功能的能力。然而，如果我們能夠按需部署，那麼「何時向客戶發布新功能」這件事就變成商業和行銷的考量範疇，而不再是技術決策。通常有以下兩種發布模式（也可以合併使用）：

- **基於環境的發布模式**：在兩個或更多的環境中部署系統，但實際上只有一個環境處理客戶流量（例如以配置負載均衡器切換流量）。將新的程式碼部署到非生產環境中，然後再把生產流量切換到這個環境。這種模式非常強大，因為一般只需要對應用程式做少量變更，或者幾乎無需變更。這種模式包括**藍綠部署、金絲雀發布和叢集免疫系統**。我們隨後將會討論這些模式。

- **基於應用程式的發布模式**：對應用程式進行修改，透過細微的配置變更，選擇性發布或開放應用程式功能。例如：透過功能切換逐漸開放新功能——先對開發團隊開放，再開放給所有內部員工，接著開放給 1% 的客戶；或者在確認功能完全符合設計後，直接發布給全體客戶。這就是所謂的「暗度發布」（dark launching）技術——在生產環境裡將所有功能都部署完畢，並在發布前用生產環境的流量做測試。例如：在發布前幾週用生產環境的流量來測試新功能，以便在正式發布之前發現和解決所有問題。

基於環境的發布模式

解耦部署和發布，將顛覆我們過去的工作方式。我們不再需要為了降低對客戶可能造成的負面影響，在三更半夜或週末執行部署作業。相反，我們能夠在正常的工作時段裡就完成部署，而營運人員也終於能像其他人一樣正常下班。

本節內容著眼介紹基於環境的發布模式，這種發布模式不需要更改應用程式的程式碼。我們使用多套環境來部署，但實際上只有一套環境處理客戶流量。這種方式可以顯著降低生產環境發布的風險，並縮短部署時間。

藍綠部署模式

藍綠部署是三種模式中最簡單的一種。在藍綠模式內，我們有兩個生產環境：藍色環境和綠色環境。任一時刻都只有其中一個環境在處理客戶流量（請見圖12.5）。

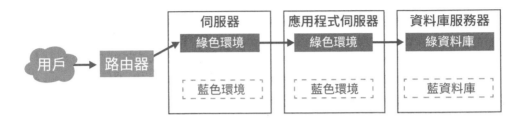

圖 12.5 藍綠部署模式

（資料來源：Humble and North, *Continuous Delivery*, 261）

在發布新版本的服務時，先將其部署到非活躍環境，在不影響使用者體驗的情況下執行測試。確保一切正常運作後，再將客戶流量切換到藍色環境，以這種方式來交付新版本。這時，藍色環境變成生產環境，綠色環境則變為預生產環境。我們還可以將客戶流量再次重新定向重向到綠環境，實現版本「回滾」。[*]

---

[*] 可以使用各種技術來實現藍綠部署模式，包括配置多個 Apache 或 NGINX Web 伺服器，讓它們監聽不同的實體或虛擬網卡；在 Windows IIS 伺服器上，將多個虛擬根目錄綁定到不同的網路端口上；讓系統的每個版本使用不同目錄，並用符號連結的方法來決定哪一個版本是活躍的（例如 Capistrano for Ruby on Rails）；同時運行服務或中間軟體的多個版本，使每個實例監聽不同的網路端口；使用兩個資料中心，在二者之間切換流量，而不是僅僅將它們當作熱備和溫備的災害備援中心（輪換使用兩個環境，也能始終確保災難恢復流程如期運作）；此外，還可以使用公共雲端內不同的可用區。

藍綠部署模式比較簡單，也非常容易實現於現有系統中。它有很多好處，例如幫助團隊在正常工時內執行部署工作，並在非高峰時段裡輕鬆實施版本切換（如變更路由配置或符號連結）。僅這些就能使部署團隊的工作境遇得到巨大的改善。

處理資料庫變更

如果應用程式的兩個版本依賴同一個資料庫的話，就會出現問題。如果部署作業需要更改資料庫模式，或是新增、修改或刪除資料表或資料列，那麼資料庫將無法同時支援應用程式的兩個版本。一般透過以下兩種方法來解決這個問題：

- **建立兩個資料庫（即藍資料庫和綠資料庫）**：應用程式的每個版本——藍色（舊版本）和綠色（新版本）——都有自己的資料庫。在發布期間，將藍資料庫設置為唯讀（read-only）模式，接著執行備份，再恢復到綠資料庫，最後將流量切換到綠環境。這種模式的問題在於，如果需要回滾到藍色版本，則必須先手動將資料從綠資料庫遷移回藍資料庫，否則可能丟失這些資料。

- **將資料庫變更與應用程式變更解耦**：透過執行以下兩項操作，將資料庫的變更發布和應用程式的變更發布解耦：首先，只對資料庫進行增量式變更，不更改已有的資料庫對象；其次，應用程式邏輯對生產環境裡的資料庫版本不做預設。這與我們對資料庫一貫的思維方式有很大差異，如此一來就能避免產生重複資料。IMVU 等公司在 2009 年前後採用上述流程，每天能進行 50 次部署，其中有一些是需要變更資料庫的操作。[27] *

---

* 這個模式也經常被稱為「擴展與收縮模式」。Timothy Fitz 描述道：「我們不對資料庫對象進行變動，比如：現有的資料列或資料表。相反，我們先透過增加新物件，擴展資料庫，接著刪除舊物件使資料庫收縮。」[28] 此外，有越來越多的技術支援資料庫的虛擬化、版本控制、打標籤和回滾等動作，例如：Redgate、Delphix、DBMaestro 和 Datical、以及如 DBDeploy 的開源工具，讓資料庫的變更操作更加安全、更為快速。

➡ 案｜例｜研｜究

Dixons 對 POS 系統進行的藍綠部署（2008）

合力寫作《持續交付》的技術與組織變革顧問 Dan Terhorst-North 和 David Farley，曾經一起為英國大型零售商 Dixons 的一項專案服務。該零售商擁有數千個 POS 系統，這些系統分佈在各品牌旗下的數百家零售商店中。藍綠部署通常應用於線上 Web 服務，而 Dan North 和 David Farley 利用這種部署模式大幅度降低了 POS 系統升級的風險，同時縮短了版本切換的所需時間。[29]

通常，升級 POS 系統是龐大的瀑布式專案：POS 用戶端和中央伺服器將會同步升級，需要很長的停機時間（一般是整個週末），而且需要大量的網路頻寬才能將新版的 POS 用戶端軟體推送給所有零售商店。一旦升級工作脫離原定計劃，就會對銷售業務造成巨大負面影響。

Dixons 並沒有足夠的網路頻寬條件支援所有的 POS 系統同時升級，因此傳統方式行不通。為了解決這個問題，他們改為採用藍綠部署策略，並建立了兩種版本的中央生產伺服器，使它們能夠同時支援舊版本和新版本的 POS 用戶端。

在完成這些工作之後，他們在計劃升級 POS 系統的前幾週內，透過緩慢的網路連線，開始向零售商店推送新版本 POS 用戶端軟體的安裝程式，同時將對應新版本的後台伺服器端軟體也部署到系統中並配置為非活躍狀態。與此同時，舊版本仍處於正常運作狀態。

當所有的 POS 用戶端都下載完升級包後（升級版的用戶端和伺服器端已成功通過測試，而且新版本已經部署到所有門市），由門市經理來決定什麼時間發布新版本。

根據各門市的業務需求，那些希望立即使用新功能的門市經理可以選擇立即升級，其他門市經理則可以選擇稍後再升級。對於門市經理而言，這種方式明顯好過讓 IT 部門替他們選擇升級時間。

本案例研究證實 DevOps 模式可以普遍應用於不同技術。雖然應用方式往往出乎人們意料，但是都能取得顯著的成果。

金絲雀發布模式和叢集免疫系統發布模式

藍綠部署模式實現起來比較簡單，而且可以顯著地提高軟體發布的安全性。而衍生自藍綠部署模式的一些變體，能透過自動化進一步提高安全性並且縮短部署時間，但可能同時引入複雜性。

確定程式碼能夠正常運行以後，**金絲雀發布模式**（canary release pattern）將發布過程自動化，並逐步推廣到規模更大、更重要的環境中。**金絲雀發布**這個特別稱呼，是源於煤礦工人將籠養的金絲雀帶入礦井的傳統。礦工透過金絲雀來了解礦井中一氧化碳的濃度。如果一氧化碳的濃度過高，金絲雀就會中毒，讓礦工知道應該立刻撤離。

在金絲雀發布模式下，我們會監控軟體在每個環境中的運行情況。一旦出現問題，就回滾；一切正常，則繼續在下一個環境中進行部署。[*]圖 12.6 顯示 Facebook 為了這種發布模式而建的運行環境群組：

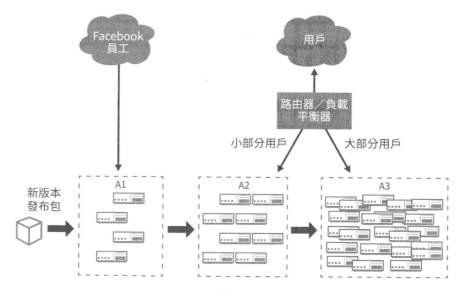

圖 12.6　金絲雀發布模式

（資料來源：Humble and North, *Continuous Delivery*, 263）

---

[*]　請注意，金絲雀發布模式要求在生產環境中同時運行軟體的多個版本。但是，每在生產環境中增加一個版本，就會增加額外的複雜性，因此我們應該讓版本數量最小化，可以使用上文描述的「擴展與收縮模式」。

- A1 組：僅向內部員工提供服務的生產環境伺服器。

- A2 組：僅向一小部分客戶提供服務的生產環境伺服器，在軟體達到某些驗收標準後進行部署（自動化部署或手動部署均可）。

- A3 組：當 A2 組的軟體達到某些驗收標準後，其餘的生產環境伺服器再進行部署。

叢集免疫系統繼續延展金絲雀發布模式，將生產環境的監控系統和發布流程聯繫起來，當面向用戶的生產系統的表現效能超出預定範圍時（如新用戶的轉換率低於 15%～ 20%），自動回滾程式碼。

這種保護措施有兩個明顯優勢：首先，排除那些以自動化測試難以發現的缺陷，例如造成某些關鍵頁面元素變得不可見的頁面變更（如 CSS 程式碼變更）；其次，減少了問題排查時間及效能下降問題。*

基於應用程式的發布模式更安全

上一節介紹了基於環境的發布模式。採用多個環境並在其間切換流量，實現部署與發布的解耦，這完全可以實現於基礎設施層級。

本節將介紹基於應用程式的發布模式，以程式碼的形式更靈活、更安全地向客戶發布新功能（通常是逐一發布功能）。因為基於應用程式的發布模式是在應用程式的程式碼裡實現，所以需要開發團隊的參與。

實現功能切換

基於應用程式的發布模式主要是透過**功能切換開關**（又稱功能標記）來實現。功能切換機制讓我們在不進行生產環境程式碼部署的情況下，可以選擇性啟用和禁用功能，將應用程式的各功能向某些特定使用者（例如內部員工和某些客戶群）開放。

---

* Eric Ries 在 IMVU 工作期間首次描述了叢集免疫系統。Etsy 在其 Feature API 函式庫中提供了這個功能，Netflix 也採用叢集免疫系統。[30]

功能切換的實現機制通常是用條件式語句來封裝應用程式的邏輯或 UI 元素，並根據儲存在某處的配置資訊啟用或禁用某個功能。可以使用簡單的應用程式配置檔（例如 JSON 或 XML 格式的配置檔案）儲存配置資訊，也可以透過服務目錄進行配置，甚至可以專門設計用來管理功能切換的 Web 服務。*

功能切換還具有以下優點：

- **輕鬆回滾**：只要更改功能切換的設置，就可以在生產環境中快速且安全地禁用出了問題或造成服務中斷的功能。在非頻繁部署的情況下，這個優點更加可貴──關掉某一個功能通常比回滾整個版本容易得多。

- **緩解效能壓力**：當服務遭遇極高的負載時，通常需要擴容系統；更糟糕的是，可能導致生產環境的服務中斷。不過，可以使用功能切換來緩解系統的效能壓力。換句話說，透過減少可用的功能，來支援更多的使用者（例如：減少使用某功能的客戶數量、禁用推薦功能這類需要極大 CPU 運算能力的功能）。

- **採用服務導向架構，提高恢復能力**：即便某個功能依賴於尚未上線的服務，仍然可以將這個功能部署到生產環境中，然後利用功能切換機制，先將它隱藏起來。當它所依賴的服務上線後，就可以啟用這個功能。同理，當所依賴的服務中斷時，也可以關閉該功能。這麼一來，不但可以避免在下游發生故障，還能確保應用程式的其餘部分正常運行。

- **執行 A/B 測試**：功能切換開關的現代框架，例如 LaunchDarkly、Split 和 Optimizely，都能讓產品團隊進行實驗，測試新的功能以及對業務指標的影響。透過這種方式，我們可以探究新功能和業務結果之間的因果關係。這是一項非常強大的工具，在產品開發工作中採用一種以假說驅動的科學實驗精神（本書後文將詳述這種開發技法）。

---

* Facebook 的 Gatekeeper 就是這類服務。它是 Facebook 自行開發的內部服務，能根據使用者的位置、瀏覽器類型和使用者資料（如年齡和性別）等資訊，動態選擇哪些功能對使用者可見。例如：可以把某個功能配置成只能被內部員工或 10 % 的使用者使用，或者只有年齡在 25 ～ 35 歲之間的使用者可以使用。其他例子包括 Etsy 的 Feature API 和 Netflix 的 Archaius。**31**

為了確保我們可以發現所有功能的缺陷，應該在開啟所有功能切換的情況下執行自動化驗收測試（還要測試功能切換功能本身是否正常！）。

功能切換將程式碼部署與功能發布解耦。在本書後續內容中，將使用功能切換實現假設驅動開發和 A/B 測試，進一步加強技術能力，實現商業目標。

實現暗度發布

功能切換可以讓我們先將功能部署到生產環境中，並且暫時讓功能「不可用」，從而讓**暗度發布**技術變得可能。「暗度發布」就是先把所有功能都部署到生產環境中，然後對客戶仍不可見的功能執行測試。對大規模或高風險的變更來說，暗度發布過程往往持續數週，以確保在正式發布之前使用類生產負載環境安全地進行測試。

假設我們使用暗度發布技術，發布一個有很大潛在風險的新功能，比如：新的搜尋功能、帳號建立流程或資料庫查詢等功能。將所有程式碼都部署到生產環境中之後，我們先禁用新功能，然後修改使用者對話程式碼，對新函數進行呼叫，這時並不向使用者顯示呼叫結果，而是僅供記錄或放棄呼叫結果。

例如：我們可以讓 1%的線上使用者對預計發布的新功能做隱形呼叫（invisible call），同時觀察新功能在此工作負載下的表現。當我們發現並解決完所有問題後，提高使用者呼叫頻率並增加使用者數量，逐漸增加模擬負載。透過這種模式，能夠安全地模擬出接近於生產環境的負載，確保服務能正常運行。

此外，當發布一項新功能時，我們可以採用漸進的方式，將新功能開放給一小部分客戶。一旦出現任何問題，就中止發布。這種做法可以把實際使用該功能的客戶數量降至最低，一旦發現缺陷或效能問題，就關閉該功能。

John Allspaw 在 2009 年擔任 Flickr 營運 VP 時，向 Yahoo! 管理層匯報 Flicker 的暗度發布流程。他寫道：

> 每個人對暗度發布自信滿滿、絲毫不擔心其負載問題 —— 幾乎是無動於衷的程度。我不知道在過去五年裡的每一天中有過幾次程式碼部署……其實我根本不在乎，因為生產環境中的變更發生問題的機率極

低。一旦出現問題，Flickr 的任何工作人員都可以在一個網頁上找到答案：何時進行變更、是誰做的、變更了什麼（逐行顯示被變更的程式碼）」。**32** *

在應用程式和環境中佈建合適的生產遙測系統以後，就可以實現更快的回饋循環。如此一來，當我們將某個功能部署到生產環境之後，就可以立刻驗證商業構想和實施結果。

我們再也不用苦苦等到大規模發布之後，才能驗證客戶對產品的滿意度。相反地，在宣布進行重大發布時，我們已經完成了對商業構想的驗證，並在真實的客戶群中進行無數次的改善實驗，確保功能符合使用者需求及預期。

▶ 案｜例｜研｜究

Facebook 聊天功能的暗度發布（2008）

若以網頁瀏覽量和獨立訪客數量來衡量，Facebook 一直是近十年來最受歡迎的網站之一。2008 年，Facebook 的每日活躍使用者數超過 7,000 萬，這對 Facebook 聊天功能開發團隊帶來巨大挑戰。**34** †

聊天功能開發團隊的工程師 Eugene Letuchy 描述了同一時間存在大量使用者，對軟體工程帶來巨大挑戰：「在聊天系統中，最耗費資源的操作並不是發送消息，而是為每一位線上使用者持續更新其好友在線、離開或離線的狀態。」**36**

Facebook 團隊花了將近一年的時間，才真正實現這個需要強大運算能力的功能。‡ 這項專案的複雜性在於，需要同時使用各種程式語言，包括 C++、

---

* Facebook 的發布工程總監 Chuck Rossi 也談及：「未來 6 個月內我們計畫推出的功能，其所有程式碼都已經被部署到生產伺服器上。我們現在要做的就是逐一開放功能。」**33**

† 2015 年 Facebook 的活躍使用者數已經超過 10 億，比前一年成長了 17％。**35**

‡ 在最壞情況下，必須運算三次的時間複雜度模型（$O(n^3)$）。換句話說，計算時間隨著線上使用者數、好友人數，以及好友狀態的變化頻率呈指數增加。

JavaScript 和 PHP，才能實現預期效能，另一項挑戰則是在後端基礎設施中首次使用 Erlang。[37]

在這一年的奮鬥過程中，Facebook 團隊每天都把程式碼提交到版本控制系統裡，然後至少每天執行一次生產環境部署。起初，聊天功能只對團隊成員開放，到了後期，則對所有 Facebook 員工開放。不過，多虧 Facebook 的功能切換服務 Gatekeeper，當時一般使用者完全不會發現這項聊天功能。

作為暗度發布流程的一部分，每個 Facebook 使用者對話（在使用者端瀏覽器中運行 JavaScript 程式碼）都載入了測試工具。雖然聊天功能的 UI 元素對使用者來說不可見，但瀏覽器還是會向已部署在生產環境中的後台聊天伺服器，發送聊天測試資訊，幫助開發團隊在整個專案過程中模擬出類生產負載，在正式發布功能之前找出並解決效能問題。

聊天功能的發布和啟用只需要兩個步驟：在 Gatekeeper 上將聊天功能配置為「對部分一般使用者可見」，然後讓使用者重新載入瀏覽器中的 JavaScript 程式碼，在網頁中顯示聊天功能的 UI 元素，同時禁用測試程式碼。一旦出現問題，則倒過來執行上述步驟，撤回聊天功能。

Facebook 聊天功能的正式發布當天非常成功，而且出乎意料地平靜，使用者數量輕鬆地在一夜之間從零暴漲至 7,000 萬。聊天功能的開放是漸進式的：先對所有 Facebook 員工開放，然後是 1%的使用者，再來是 5%的使用者，依此類推。正如 Eugene Letuchy 所說：「想在一夜之間讓使用者數量從零暴漲至 7,000 萬的秘訣就是，千萬別想一步登天。」[38]

> 在這個案例研究中，每一位 Facebook 使用者都成為大規模負載測試的一份子，開發團隊據此相信系統能夠處理真實的負載。

持續交付和持續部署實踐的調查

在《Continues Delivery》一書中，Jez Humble 和 David Farley 定義了「持續交付」這一概念。持續部署這個術語最早出現在 Tim Fitz 所撰寫的部落格文章〈Continuous Deployment at IMVU: Doing the impossible fifty times a day.〉中。然而，Jez Humble 在 2015 年參與寫作本書時曾經如此評論：

> 在過去五年內，人們對持續交付和持續部署之間的區別不甚明瞭。確實，我個人對於這二者的看法和定義也有所變化。每個組織都應該根據自己的需求做出選擇。重點不在於形式，而是結果：部署應該是低風險、按需執行的一鍵式操作。[39]

他對持續交付和持續部署的新定義如下：

> 持續交付是指，所有開發人員都在主幹上進行小批量工作，或者在短時間存在的功能分支上工作，定期向主幹進行合併，同時始終讓主幹維持可發布狀態，並能做到在正常工時內按需執行一鍵式發布。開發人員在引入任何回歸謬誤時（包括缺陷、效能問題、安全問題、可用性問題等），都能快速得到回饋。一旦發現這類問題，就立即加以解決，從而保持主幹始終處於可部署狀態。

> 持續部署則是指，在持續交付的基礎上，由開發人員或營運人員自助式地定期向生產環境部署優質的佈建版本，通常意味著每天每人至少須執行一次生產環境部署，甚至每當開發人員提交程式碼變更時，就觸發一次自動化部署。[40]

從上述定義可知，持續交付是持續部署的先決條件，正如同持續整合是持續交付的先決條件。持續部署更適用於交付線上的 Web 服務，而持續交付適用於幾乎所有部署與發布場景，要求高品質、快速交付速度、可預測且低風險的結果等等，包括嵌入式系統、商品現貨和行動應用程式。

在 Amazon 和 Google，大多數團隊都採用持續交付實踐，但也有一些團隊選擇持續部署——不同團隊部署程式碼的頻率和操作方式有很大差異。團隊有權根據自己的風險管理能力選擇適宜的部署方式。

本書中多數案例都與持續交付有關，例如運行在惠普公司的 LaserJet 印表機上的嵌入式軟體、在 COBOL 大型主機應用程式等 20 個技術平台上運行的 CSG 帳單列印系統，以及 Facebook 和 Etsy。持續交付可用於很多類型的軟體平台，包括手機、控制衛星的地面站等。

持｜續｜學｜習

DORA 的 2018 及 2019《State of DevOps Reports》顯示，持續交付是傑出效能的關鍵預測因子。該研究發現持續交付包含技術與文化兩層面：[41]

- 團隊可以在整個軟體交付的生命週期裡，按需發布至生產環境或終端使用者。

- 團隊所以人都可以取得關於系統品質和可部署性的快速回饋。

- 團隊成員將維護系統的可部署性視為關鍵要務。

▶ 案｜例｜研｜究 NEW

CSG 國際公司為開發與營運部門打造雙贏（2016）

CSG 國際公司在 2012 年至 2015 年間成功改善發布流程之後，進一步革新了公司的組織架構，旨在改善日常營運效能。在 2016 年的 DevOps Enterprise Summit 上，當時的首席架構師兼軟體工程 VP Scott Prugh 分享了一場精彩的組織轉型活動，將各行其事的開發部門和營運部門，一舉合併為跨職能的構建／運行團隊。

Scott Prugh 從這趟旅程的初始開始講起：

儘管我們大幅升了發布流程和發布品質，但與營運團隊的衝突仍在升級。開發團隊對他們的程式碼品質很有信心，繼續更快、更頻繁地發布。

另一方面，我們的營運團隊卻對生產中斷以及對環境造成破壞的快速程式碼變更有所怨言。為了對抗這些對立的力量，變革和專案管理團隊加強了工作流程的管理，改善協調狀況並試圖控制混亂。遺憾的是，這些努力對改善生產品質、營運團隊的工作體驗，以及開發和營運團隊之間的合作關係沒有什麼幫助。[42]

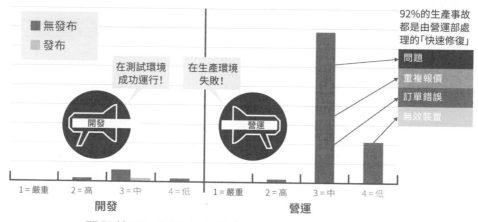

圖 12.7　組織架構如何影響行為與品質

（資料來源：Scott Prugh）

為了更瞭解真實現況，團隊對事故資料深入調查，結果發現了一些令人震驚的趨勢：[43]

- 發布影響和事故已經改善了近 90%（事故數量從 201 降低至 24 起）。

- 發布事故佔事故發生量的 2%（98% 發生在生產環境中）。

- 而且，這些生產事故中有 92% 屬於由營運人員處理的快速恢復型。

Scott Prugh 進一步觀察到：「我們基本上已經大幅度改善了開發工作，但在改善生產營運環境方面卻相形見絀。我們收穫了使開發工作最佳化的確切結果：優異的程式碼品質和糟糕的營運品質。」[44]

為了尋求可行解決方案，Scott Prugh 提出了以下問題：

- 各組織的工作目標是否與整體系統的目標相違背？

- 開發部門缺乏對營運工作的理解，是否因此導致了軟體難以運行？

- 缺乏共同的使命，是否阻礙了團隊之間的共鳴？

- 交接工作是否延宕了前置時間？

- 營運部門缺乏工程技能，這是否阻止潛在的改善空間，變相鼓勵了「膠帶修補式」工程？

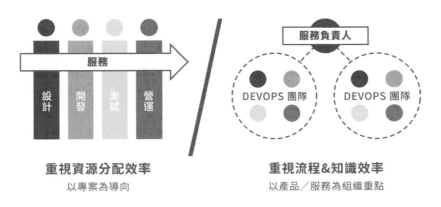

圖 12.8　從分立到跨職能團隊

（資料來源：Scott Prugh）

在 Scott Prugh 提出上列問題及發現的同時，來自客戶升級的生產問題也一再被上報到管理高層。CSG 的客戶感到不快，高層們問有什麼辦法可以改善 CSG 的營運現況。

在這個問題被無數次拋來拋去後，Scott Prugh 提出建議，那就是建立一個「服務交付團隊」，專門負責構建和運行軟體。說白了，他的建議就是將開發和營運人員整合到同一個團隊。[45]

一開始，這個建議被人們認為充滿爭議。不過，在介紹了共享營運團隊的成功經驗後，Scott Prugh 堅信將開發和營運結合在一起，將為這兩個隊伍創造雙贏局面：

- 增進對服務的理解，使團隊能夠改善整個交付鏈（從開發到營運）。

- 提升流程和知識效率，為設計、構建、測試和營運建立一致的責任歸屬。

- 使營運變成工程問題。*

- 帶來其他好處，比如：改善溝通、減少會議、建立共享計劃、改善協作，打造共享的工作能見度以及共同的領導願景。

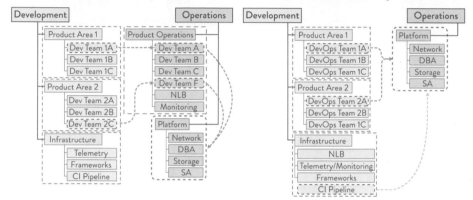

圖 12.9　傳統架構 vs. 跨職能架構

（資料來源：Scott Prugh）

接下來的步驟包括重新打造一個新的團隊結構，由開發和營運團隊和領袖層組成。新團隊的經理和領導從目前的人才庫中遴選，而團隊成員則被重新招募到新的跨職能團隊中。在這次組織變動之後，開發部經理和領袖層終於確實獲得了運行他們所創造的軟體的營運經驗。[46]

這是一個令人震驚的體驗。高層們發現，打造「構建／運行團隊」僅僅是漫長旅程中的第一步。軟體工程 VP Erica Morrison 回憶：

> 隨著我越來越參與到網絡負載平衡器團隊，我感覺自己就像身處於《鳳凰專案》。雖然我在以前的工作經歷中看到了許多與這本書相似的地方，但這一次截然不同。在多個系統中存在著無形的工作／工作：

---

*　團隊現在可以將工程原則／技能注入營運，並且執行交叉訓練，他們可以將營運從單純的流程活動，發展為一種持續改善的工程活動。這將使營運工作向左轉移，並停止膠帶修補式的工程活動。

一個系統負責故事，另一個系統負責事件，另一個系統負責 CRQs，又有另一個系統負責新請求。還有排山倒海的電子郵件。有些東西並不在任何系統中。我試圖用快要爆炸的大腦努力追蹤這一切。

管理所有工作成了巨大的認知負擔，更騰不出手對團隊和利益相關者採取後續行動。基本上，誰叫得最大聲，誰就能排在處理次序的最前面。由於我們缺乏一個協調的系統來追蹤和確定工作的優先次序，搞得幾乎每個專案都是「第一優先」。

我們還發現系統中已經積累了大量的技術債，使得許多關鍵軟硬體無法升級，我們只能使用過時的硬體、軟體和作業系統。此外，我們也缺乏各種標準。即便我們擁有了這些標準，它們卻沒有被普遍應用或推廣到生產環境。

關鍵人員的瓶頸也很嚴重，造成一個讓人待不久的痛苦工作環境。

最後，所有的變更都要經過傳統的 CAB（變更咨詢委員會）流程，為人們的工作進展創造了更巨大的瓶頸。此外，變更過程的自動化程度很低，導致每項變更都是手動操作，無從追蹤，事故風險居高不下。[47]

為了解決這些問題，CSG 團隊選擇多管齊下。首先，他們聽從 John Shook 的《Model of Change》洞見：「扭轉行為，方能改變文化」，為組織注入了行動和文化變革的驅動力。領導階層深知，為了改變文化，首先必須改變行為，而行為將影響價值觀和態度，最終帶來革新文化。

接下來，團隊引入了開發人員，為營運工程師增加人手，並展示了在關鍵營運問題上應用自動化和工程技術的可能性。自動化被添加到流量報告和設備報告中。Jenkins 被用來協調和自動化原先要以手動完成的基本工作。在 CSG 的公共平台（StatHub）上增加了遙測和監控功能。最後，部署工作被自動化，消除錯誤並支援版本回滾。

然後，團隊將心力放在為程式碼和版本控制系統取得所有配置資訊。這包括 CI 實踐，以及可以測試和練習部署而到不會影響生產的環境。新的流程和工具讓同儕評閱機制變得更加輕鬆直覺，畢竟所有程式碼在通往正式生產環境的路上都會經過同一個管線。

最後，團隊致力將所有工作納入同一個的待辦清單（backlog）。這包括將許多系統中的工單，以自動化的方拉進一個共同系統，使團隊能夠緊密協作，確定工作的優先次序。

Erica Morrison 回顧了她的學習成果：

> 在這越旅程中，我們非常努力地把我們從開發部瞭解到的一些最佳實踐帶到營運部的世界。在這一路上，有很多事情進展順利，同時也有無數失誤和很多驚喜。也許我們最大的驚喜是發現營運真的很困難。讀萬卷書不如行萬里路，親身體驗比起紙上談兵有更大的收穫。
>
> 此外，變更管理非常可怕，對開發人員來說是不可見的。作為一個開發團隊，我們沒有關於變更過程和變更本身的資訊。我們現在每天都在和變更打交道。變更有時候是充滿壓倒性的，會耗掉一整個團隊每天的大部分工作。
>
> 我們也再次確認，變更正是導致開發和營運之間形成目標對立的關鍵之一。開發人員希望他們的變更能盡快進入生產環境。但是，當營運部門負責讓變更上線，還得處理潛在後果時，人們自然會產生一種下意識反應，希望走得慢、穩妥一些。我們現在明白，讓開發和營運走在一起，共同設計和實作變更，可以創造出一個雙贏局面，提升速度和穩定性。[48]

來自 CSG 的最新案例研究顯示，讓開發和營運團隊共同合作，一起設計和實作變更，能夠創造出低風險、低動蕩的發布。

本章小結

正如 Facebook、Etsy 和 CSG 的案例所示，發布和部署不一定是高風險、狀況百出的工作，也不一定需要幾十個甚至幾百個工程師加班加點工作。相反，它們可以成為日常工作的一部分。將發布和部署融入日常工作，把部署時間從幾個月縮短到幾分鐘，使組織能夠快速地向客戶交付價值，同時避免意外事故和服務中斷。此外，開發人員和營運人員的緊密合作，促使營運工作變得更為人性化。

13

降低發布風險的架構

幾乎所有知名 DevOps 企業都曾因為架構問題而身陷絕境，包括 LinkedIn、Google、eBay、Amazon 和 Etsy。最終化險為夷的箇中秘訣是採用更合理的架構，在解決問題的同時滿足組織商業目標。

這就是演進式架構原則——正如 Jez Humble 所說：「任何成功的產品或公司，其架構都必須在生命週期裡不斷演進。」[1] Randy Shoup 在加入 Google 以前，在 2004 ～ 2011 年期間曾擔任 eBay 的首席工程師和架構師，他曾說：「eBay 和 Google 都曾從頭到尾把整個架構進行 5 次重構。」[2]

他回憶道：「現在回頭來看，當時做了一些很有遠見的技術和架構選擇，也有一些決策不盡理想。然而對於組織當時目標而言，每個決策都是最好的。如果一開始在 1995 年就試圖實現微服務架構，那麼我們極有可能失敗，讓自己不堪重負，甚至危及整個公司。」[3] *

如何從已有的架構轉化為新的架構，這是一大挑戰。需要重新設計架構時，eBay 首先啟動了一個小型試點專案，以此證明他們充分且徹底理解問題根源。例如在 2006 年，Randy Shoup 的團隊計劃將網站的某些功能遷移到全棧 Java 架構，他們根據營業收入高低，對網頁功能進行排序，辨識可獲得最佳投入產出比的網站功能。針對這些具最高價值的功能進行架構遷移試點，避免在低價值的功能上花費心力，以免無法取得理想回報。[5]

---

* eBay 的架構演進過程如下：Perl 語言加文件系統（v1，1995 年）、C++ 語言加 Oracle 資料庫（v2，1997 年）、XSL 加 Java 語言（v3，2002 年）、全棧 Java 語言（v4，2007 年）、Polyglot 微服務（從 2013 年開始）。[4]

Randy Shoup 團隊在 eBay 所實施的架構設計演進，正如教科書上的範本。他們選擇採用「絞殺榕應用程序」（strangler fig application），而不是在無法繼續滿足組織目標的架構上直接「剝離和替換」舊服務。先將現有功能以 API 封裝，避免對它們進行變更；在新的架構上的新服務中實現所有的新功能，只有在必要時才調用舊系統的 API。

絞殺榕應用程序尤其適用於將單體式應用程式或緊密耦合服務的部分功能遷移至寬鬆耦合架構的實踐上。我們經常面對數年前（或數十年前）設計的緊密耦合架構，各個組件之間的依賴關係非常強。

過度緊密耦合的架構可能帶來以下後果：每當試圖提交程式碼到主幹，或將程式碼發布到生產環境中時，都有可能導致整個系統出現故障（例如：某人提交的程式碼破壞了其他所有人的測試和功能，或者癱瘓整個網站）。為了避免這種情形的發生，任何小規模的變更都需要數天或數週的大量溝通和協調工作，還可能必須取得所有利益相關者的批准。部署工作也困難重重：一旦每次部署的工作量增加，整合和測試工作變得更加複雜，發生問題的機率也跟著增加。

即便是進行小規模的部署變更，也可能需要與數百位（甚至數千位）相關開發人員一同協調，任何一個變更操作都有可能引發災難性故障，而錨定並解決問題很可能必須花費長達數週（這導致另一個問題：開發人員只有 15％ 的工作時間寫程式碼，其餘時間都在參加會議）。

綜合上述所有問題，很可能導致極不安全的工作系統，即使是小小變更也會造成不可預知的災難性後果。如此不穩定的系統還常常產生對整合和部署程式碼的恐懼，並形成惡性循環，使部署頻率越來越低。

從企業架構的角度來看，熱力學第二定律可以解釋這個惡性循環的形成原因，對更為複雜的大型組織來說更是如此。《Architecture and Patterns for IT Service Management, Resource Planning, and Governance》的作者 Charles Betz 指出：「（IT 專案負責人）無須為整個系統的熵（entropy）負責。」[6] 換句話說，降低系統的整體複雜性，以及提高整個開發團隊的生產力，從來就不是特定某一個人的目標。

本章將介紹逆轉上述惡性循環的對策，同時檢視一些主流架構原型，探究有助提高開發生產力、可測試性、可部署性和安全性的架構屬性，以及相關的架構遷移策略，以便從任何現有架構安全地遷移至能夠更利於實現組織目標的架構。

能提高生產力、可測試性和安全性的架構

緊密耦合架構不僅會降低生產力，還會影響安全變更的能力。具備明確定義介面的寬鬆耦合架構則與之相反，它強化了模組之間的依賴關係，提高生產力和安全性，讓小型且高產的團隊可以執行小的變更，安全且獨立地進行部署。因為每個服務都有一個定義明確的 API，易於測試，也更容易確立團隊之間的服務層級協議條款。

Google Cloud Datastore

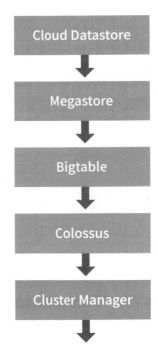

- **Cloud Datastore: NoSQL服務**
  - 極高擴充能力及高可靠性
  - 維持高度事務一致性
  - 類SQL的強大查詢能力

- **Megastore: 可跨區擴展的結構型資料庫**
  - 支援多行事務處理
  - 可跨資料中心同步複製

- **Bigtable: 叢集層級的結構型資料庫**
  - (行、列、時間戳記) → 單元內容

- **Colossus:次世代叢集檔案系統**
  - 資料區塊的分散與複製

- **Cluster management infrastructure**
  - 任務調度與機器指派

圖 13.1 Google Cloud Datastore

（資料來源：Shoup, "From the Monolith to Micro-services."）

正如 Randy Shoup 所說：

> 這種類型的架構極其適合 Google。像 Gmail 這類服務，底層還有五、
> 六層服務，每層服務都專注於某個特定功能。每個服務都由一個小型團
> 隊提供支援，他們負責佈建和運行服務，但每個團隊採用的技術各不相
> 同。另一個例子是 Google Cloud Datastore，它是世界上最大的 NoSQL
> 服務，然而其支援團隊僅有 8 人，這是因為該服務佈建於一層層可靠的
> 基礎服務之上。[7]

這種服務導向的架構能讓小型團隊各自負責更小、更簡單的開發任務，並且每
個團隊都可以獨立、快速和安全地進行部署。Randy Shoup 指出：「Google 和
Amazon 的實際例子表明，這樣的架構能夠影響組織架構，使組織擁有高度靈
活性和可擴充性。這些組織都有成千上萬的開發人員，但他們的小型團隊仍能展
現令人難以置信的高效生產力。」[8]

架構原型：單體式架構 vs. 微服務

大多數 DevOps 組織都曾被緊密耦合的單體式架構所困。儘管單體式架構讓這
些組織所開發的產品高度滿足市場需求，但是當組織規模擴大後，這種架構方式
卻成了極大隱患（例如：eBay 在 2001 年的單體式 C++ 應用程式、Amazon 在
2001 年的單體式 Obidos 應用程式、Twitter 在 2009 年的單體式 Rails 前端，
以及 LinkedIn 在 2011 年的單體式 Leo 應用程式）。在這些案例故事中，最終
每一家公司都重新構建了自己的系統，不僅幫助自己生存下來，還更加成長茁
壯，在市場中贏得一席之地。

單體式架構從本質上來看並不壞。事實上，在產品生命週期的早期階段，單體式
架構通常是最佳的選擇。正如 Randy Shoup 所說：

> 沒有一個可以適用所有產品和規模的完美架構。任何架構都能滿足特定
> 的一組目標，或一系列需求和條件，例如產品上線時間、易於功能開
> 發和系統擴容等。隨著時間的推移，產品或服務的功能必然要與時俱進

—— 毫無疑問，組織對於架構的需求也有所變化。那些為普通規模設計的架構，很少能在十倍或百倍的規模下發揮效用。[9]

表 13.1 架構原型

	優點	缺點
單體式架構 1.0 （所有功能都在單一應用程式內）	• 易於開始 • 過程推進低延遲 • 單一 code base，單一部署對象 • 在小規模情況下資源利用率相當高	• 協調成本隨團隊規模增加 • 模塊劃分不明確 • 不易擴充 • 部署不是全面成功，就是徹底失敗（停機，故障） • 構建時間長
單體式架構 2.0 （一組單體層：「前端展示」、「應用層」、「資料庫層」）	• 易於開始 • 容易執行連接查詢 • 單一資料庫模式，單一部署對象 • 在小規模情況下資源利用率相當高	• 耦合程度隨時間提高 • 不利擴展，冗餘能力差（全有或全無，僅支持垂直方向擴展） • 不容易微調改善 • 資料庫模式管理機制不是全有，就是一無所有
微服務 （模組化且各自獨立的圖形式關係，而不是被阻隔的分層式關係）	• 每個步驟都很容易 • 獨立的可擴充性和效能 • 獨立的測試和部署 • 可進行效能微調改善（如擷取、複製）	• 許多合作單位 • 許多小回報（repos） • 需要更複雜的工具和依賴關係管理 • 網路延遲

（資料來源：Shoup, "From the Monolith to Micro-services."）

表 13.1 列出了一些主流架構原型，每一行對應一個組織需求，後兩列分別給出了每種原型的優點和缺點。從表中可以看出，適用於創業公司的單體式架構（例如：需要為新功能快速建立原型，或者公司的戰略目標可能出現重大改變）迥異於擁有數百個開發團隊的公司所採用的架構，後者的每一個團隊都必須具備獨立向客戶交付價值的能力。企業組織必須採用與時俱進的演進式架構，確保組織當下的需求得到滿足。

➡ 案｜例｜研｜究

Amazon 的演進式架構（2002）

Amazon 的架構演進案例，被諸多學者、各界人士廣泛且深入地進行研究。在一場與 ACM 圖靈獎得主和微軟技術院士 Jim Gray 的採訪活動中，Amazon 首席技術長 Werner Vogels 說：「1996 年 Amazon 始於一個單體式應用程式，運行在具備後端資料庫的 Web 伺服器上。這個名為 Obidos 的應用程式持續演進，最終承載了所有商業邏輯、顯示邏輯，以及 Amazon 最著名的功能：相似產品、推薦商品、Listmania、評論等。」[10]

隨著時間推移，Obidos 變得越來越複雜，極度複雜的共享關係造成某些組件不能按需擴展。Werner Vogels 告訴 Jim Gray 說：「這意味著我們期望在優秀軟體架構中實現的許多事都會落空，因為這是由很多複雜組件構成的單體式系統。它不可能再繼續演進了。」[11]

分享演進新架構的心路歷程時，Werner Vogels 說：「經過認真反思後得到的結論是，只有服務導向架構才能提供足夠的隔離層級，促使我們快速且獨立地佈建軟體組件。」[12]

Werner Vogels 繼續說道：「Amazon 在過去五年（這裡指 2001 ～ 2005 年）裡經歷了巨大的架構變遷：從兩層的單體式架構徹底轉為分佈式的去中心化服務平台，為各式各樣的大量應用程式提供服務。這一豐碩成果仰賴大量創新，我們是這種轉型的早期實踐者。」[13] 我們可以從 Amazon 的轉型經驗，更清楚地理解架構轉型，這些經驗包括：

- **經驗一**：嚴格遵從服務導向理念的架構設計，精準實現隔離，取得前所未有的自主權與控制權。

- **經驗二**：禁止用戶端直接存取資料庫。在不涉及用戶端的情況下，提高服務狀態的可擴充性和可靠性。

● **經驗三**：切換成服務導向的架構後，開發和營運流程受益匪淺。服務模式進一步強化了以客戶為中心的團隊理念。每個服務都有一個與之相應的團隊，從功能規劃到架構設計、佈建和營運，對服務全面負責。

應用上述經驗，可望大幅提升開發人員的生產力和可靠性。2011 年，Amazon 每天執行約 15,000 次部署[14]；到了 2015 年，每日部署量將近 136,000 次。

本案例研究說明了如何從單體式架構，演化為由無數個微服務組成的架構，這種做法有助於架構解耦，更能滿足組織的工作需求。

採用絞殺榕應用程序安全演進企業架構

2004 年，Martin Fowler 創造了「絞殺榕應用程序」（strangler fig application）這一術語，靈感源自一次澳洲旅行，他目睹了大型藤蔓絞殺植物。他寫道：「它們的種子落在無花果樹頂部，然後藤蔓逐漸沿樹幹向下生長，最後在土壤中生根。多年以後，藤蔓植物長成奇妙美麗的形狀，卻同時遏制了其宿主樹的生長。」[16]

如果我們確定，現有的架構過於緊密耦合，那麼可以在其基礎上安全地解耦部分功能。如此一來，負責這些功能的開發團隊能夠獨立且安全地進行開發、測試和部署，同時降低架構熵值。

如前所述，絞殺榕應用程序的具體內容包含以 API 封裝已有功能，並按照新架構實現新的功能，僅在必要時調用舊系統。在絞殺榕應用程序下，所有服務都透過版本化 API 進行存取，也稱為**版本化服務**或**不可變服務**。[17]

版本化 API 能夠在不影響呼叫者的情況下變更服務，降低了系統的耦合度。如果需要修改參數，就建立一個新的 API 版本，並將依賴該服務的團隊遷移至新版本。假如我們允許新的應用程式與其他任何服務發生緊密耦合（例如直接連接到另一個服務的資料庫），則無以實現重新架構的目標。

如果我們想要呼叫的服務缺乏明確定義的 API，那麼就要動手佈建，或至少在有明確 API 定義的用戶端函式庫中隱藏與這種系統通信的複雜性。

不斷地從現有的緊密耦合系統中解耦功能，將工作逐漸轉移到一個安全且充滿活力的生態系統中，促使開發人員的生產力大幅提高，同時讓現存的應用程式功能逐漸萎縮。當所有功能都遷移至新架構之後，舊的應用程式甚至可以完全消失。

建立絞殺榕應用程序，得以避免在新架構或新技術中複製已有功能。現有系統本身特性，會使業務流程過於複雜，因此直接複製現有流程並非良策（進行使用者研究，我們可以重新設計業務流程，以更簡單的流程來實現業務目標）。*

Martin Fowler 強調了這種做法的風險：

> 在職涯的大部分時間裡，我都在重寫關鍵系統。你可能認為這種事情輕而易舉，不過是將系統汰舊換新而已。然而，實際情況更為複雜棘手，並且充滿風險。當新舊系統替換日期迫近，你會感到各種壓力。雖然新功能（總是有新功能）很受歡迎，但是有些舊的東西也必須保留下來，甚至經常要把舊系統的 bug 也帶入新系統。[19]

與其他任何轉型一樣，我們力求速戰速決，在迭代過程中持續交付價值。前期分析能夠幫助我們找出最佳突破口，讓新架構有效實現業務目標。

---

* 絞殺榕應用程序循序漸進地將整個遺留系統替換成全新的系統。相反地，Paul Hammant 的「抽象分支」（branching by abstraction）是一種在變更對象之間建立抽象層的技術。抽象分支讓應用程式架構設計可以持續演進，同時允許每個人在分支上工作並持續整合。[18]

➜ 案│例│研│究

Blackboard Learn 的絞殺榕應用程序（2011）

Blackboard Inc. 是一間為教育機構提供技術的先驅者，2011 年收入約為 6 億 5 千萬美元。該公司的旗艦產品 Blackboard Learn 是一款可安裝並運行於客戶網站的軟體包，其開發團隊每天面對的是早在 1997 年開發的 J2EE codebase。[20] 首席架構師 David Ashman 這麼說過：「我們的 codebase 中仍然有以前嵌入的 Perl 程式碼片段。」[21]

2010 年，舊系統的複雜性和不斷延長的交付時間越來越難以忽視，David Ashman 注說：「我們的佈建、整合和測試流程越來越複雜，也越容易發生錯誤。產品規模越大，交付時間就越長，客戶體驗也就越差。想從整合流程得到回饋，甚至需要等上 24 ～ 36 小時。」[22]

David Ashman 以圖表視覺化呈現該組織 codebase 自 2005 年以來的發展情況，如何影響開發人員的生產力。

圖 13.2 的上層曲線表示 Blackboard Learn 單體式應用程式 codebase 中的程式碼行數，下層柱狀圖則顯示程式碼的提交次數。程式碼提交次數隨著程式碼行數的增加而減少，客觀反映出一個顯而易見的問題：程式碼變更越來越困難。David Ashman 說：「在我看來，這點醒我們必須做些什麼阻止問題繼續惡化。」[23]

因此，David Ashman 從 2012 年開始專注於絞殺榕應用程序，重新構建程式碼架構。他的團隊建立了「佈建模組」（Building Blocks），開發人員可以在獨立模組上進行作業。這些佈建模組是從單體式應用程式 codebase 中解耦出來的，並透過固定 API 進行存取。團隊可以更自主地進行工作，不必時常與其他開發團隊溝通或協調。

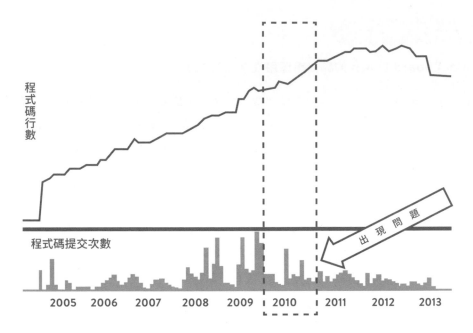

圖 13.2 Blackboard Learn 在採用「佈建模組」之前的 codebase

（資料來源："DOES14—David Ashman—Blackboard Learn—Keep Your Head in the Clouds," YouTube video, 30:43, posted by DevOps Enterprise Summit 2014, October 28, 2014, https://www.youtube.com/watch?v=SSmixnMpsI4）

當所有開發人員都用上「佈建模組」之後，就能逐步縮減單體式應用程式 codebase 的規模（減少程式碼行數）。David Ashman 解釋，這是因為開發人員將他們的程式碼遷移到了「佈建模組」的 codebase 中。他說：「事實上，如果有所選擇，每一位開發人員一定想在『佈建模組』的 codebase 中執行工作，因為這樣做更自主、更自由，也更安全。」[24]

圖 13.3 顯示「佈建模組」codebase 中的程式碼行數與程式碼提交次數之間的關係，二者均呈指數成長。新的「佈建模組」codebase 使開發工作更加高效和安全，儘管發生錯誤，只會造成小規模的本地故障，不會遍佈整個系統範圍的嚴重故障。[25]

David Ashman 總結：「讓開發人員在『佈建模組』的架構中工作，可以在程式碼模組化方面取得驚人進展，讓他們能夠更獨立、更自由地工作。透過持續完善佈建流程，開發人員也能得到更快、更好的回饋，創造更佳的服務品質。」

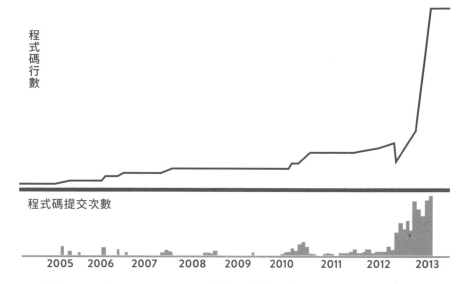

圖 13.3 Blackboard Learn 在採用「佈建模組」之後的 codebase

（資料來源："DOES14—David Ashman—Blackboard Learn—Keep Your Head in the Clouds," YouTube video, 30:43, posted by DevOps Enterprise Summit 2014, October 28, 2014, https://www.youtube.com/watch?v=SSmixnMpsI4）

Blackboard 團隊採用絞殺榕應用程序建立一個模組化的 codebase，實現更高的自主性，並且更快速、更安全地解決各項問題。

持｜續｜學｜習

架構的重要性，以及它在創造傑出效能這方面所扮演的角色，DORA 與 Puppet 在 2017 年的《State of DevOps Report》已經驗證了這一點。報告指出，架構是持續交付的首要影響因素。

該研究發現擁有最高架構能力的團隊可以獨立完成工作，無需仰賴其他團隊幫助，並且可以在無依賴項的情況下變更系統。[26]

這些發現與 DORA 在 2018 及 2019 年的《State of DevOps Reports》不謀而合，在在顯示一個寬鬆耦合的架構對於團隊的重要性，創造更快速的部署與發布，減低工作上的摩擦。[27]

本章小結

在很大程度上，程式碼的測試和部署方式必須取決於服務所在架構，因為我們通常受制於追求不同組織目標或是長年存在的傳統架構，更需要安全地進行架構演進。本章案例介紹了絞殺榕應用程序等技法，可以幫助我們逐步推動架構轉型，符合組織發展需求，與時俱進。

PART III：總結

本書的第三部分介紹了讓工作從開發階段快速流動到營運階段的架構和技術實踐，快速、安全地向客戶交付價值。

第四部分：「第二步工作法：回饋的技術實踐」，帶領我們一探如何建立使回饋從右到左快速流動的架構和機制，更快發現並解決問題，迅速回饋資訊，確保工作取得更好的成果，提升組織適應能力。

PART III：補充資源

《獨角獸專案》是《鳳凰專案》的系列作，描述開發人員致力改善工作流程的第一手經驗（itrevolution.com/the-unicorn-project/）。

《ACCELERATE：精益軟體與 DevOps 背後的科學》簡單扼要地整理過去四年間的《State of DevOps Reports》的所有研究，並羅列出提升軟體品質的各項指標（itrevolution.com/accelerate-book）。

Jez Humble 和 David Farley 合著的《Continuous Delivery 中文版：利用自動化的建置、測試與部署完美創造出可信賴的軟體發佈》是開發與營運從業人員的必讀好書。

Elisabeth Hendrickson 的《Explore It!: Reduce Risk and Increase Confidence with Exploratory Testing》可以幫助你了解如何建立有效的測試。

Martin Fowler 解釋他提出「遏制模式」（Strangler Fig Application Pattern）的部落格文章也是一篇經典之作（martinfowler.com/bliki/StranglerFigApplication.html）。

Part IV

第二步工作法：回饋的技術實踐

PART IV：導論

本書的第三部分內容聚焦在如何建立從開發到營運階段之間快速暢通的工作流，以及它所需要的架構及技術實踐。在第四部分，我們將描述如何實現第二步工作法的技術實踐，建立從營運到開發階段，快速且持續的回饋機制。

這項實踐能加速並強化回饋循環，在問題萌生之初立刻識別，並將這些資訊回饋給價值流中的所有人。在軟體開發生命週期的早期階段，快速識別並修復問題；在理想情況下，在災難性事故發生以前，問題早已被排除了。

除此之外，我們還會建立這樣的工作系統：將營運團隊在下游習得的知識，整合到上游的開發和產品管理的工作中。這樣不管是生產環境問題、軟體部署問題、問題的早期跡象，或是客戶的使用模式，我們都可以快速地改進並從中學習。

同時，我們將建立這樣一個流程：每個人都能獲得工作回饋，讓資訊變得公開可見，方便大家學習，能快速驗證產品假設，幫助我們衡量目前開發的功能是否有助於實現組織的業務目標。

我們還將示範在構建、測試和部署的流程中，如何對使用者行為、生產故障、服務中斷、合規性和安全漏洞等問題進行全面監測。放大日常工作中的回饋信號，在問題發生時，就能立刻識別並解決它們，將工作系統打造得更加安全，讓我們有信心在生產環境中實施變更，並同時進行產品試驗，確信能夠快速探測和修復故障。為了達到上述成果，必須探索並落實下列工作項目：

- 建立能錨定和解決故障的遙測系統。

- 運用監測機制，預測故障，達成業務目標。

- 將使用者研究和回饋融入產品團隊的日常工作。

- 為開發和營運提供回饋，讓他們能安全地部署應用程式。

- 用同儕評審和結對程式設計的方式刺激回饋，提升工作品質。

本章所提供的實踐模式，有助於強化產品管理、開發、品質保證、營運和資訊安全等團隊達到共同的目標，鼓勵他們共同承擔以下責任：確保服務在生產環境中正常運行，齊心協力達成系統最佳化。我們希望盡可能還原事情的來龍去脈；當我們能夠驗證的假設越多，發現和解決問題的速度就越快，學習和創新的能力也就越強。

在接下來的章節裡，我們將探討以下內容：實現回饋循環，促使所有人朝著共同目標協同工作，及時發現問題，快速偵測並修復故障，確保軟體能在生產環境中如期運行，同時實現組織的業務目標，增加組織的學習能力。

14

建立能發現並解決問題的遙測系統

營運團隊永遠無法規避故障發生，就算是小小的變更也可能導致許多難以預期的意外，包括服務中斷，甚至是對所有客戶造成影響的全域性故障。必須清楚認清這一現實：營運團隊面對的是複雜系統，單單一個人無法掌握系統的方方面面，能全盤掌握系統的每一環節如何運作。

當服務中斷或發生故障時，我們通常缺乏情報。例如：在服務中斷期間，可能無法確認造成問題的原因到底是什麼。究竟是應用程式故障（比如：程式碼有瑕疵）、環境故障（如網路問題、伺服器配置問題），還是其他外部原因（如大規模拒絕服務的攻擊行為）？

在實際的營運工作中，我們可能會以這種方式處理問題：當生產環境中出現問題時，先重啟這台伺服器。如果這樣做不起作用，就重新啟動相關伺服器。如果這樣做還沒效果，就重新啟動所有的伺服器。萬一上述做法都行不通，就怪到開發人員頭上，他們總是引發服務中斷。[1]

與上述方式截然相反，2001 年 Microsoft Operation Framework（MOF）研究發現：在服務層級最高的組織中，伺服器重啟頻率遠低於平均值 95%，「藍屏當機率」低了 83%。[2] 換句話說，在錨定問題和修復服務故障上，高績效組織的表現更為優異。Kevin Behr、Gene Kim 和 George Spafford 在《The Visible Ops Handbook》一書以「因果關係文化」解釋這一狀況。高績效組織在解決問題方面訓練有素，他們使用生產環境中的遙測系統，分析造成故障的可能因素，大幅提升解決問題的可能性。低績效者則不然，他們只會盲目地重啟伺服器。[3]

想要有理有據地解決問題，必須設計能夠持續遙測的系統。「遙測」（telemetry）的廣泛定義為：「一個自動化的通信過程，先在遠端採集點上蒐集測量值和其他數據，然後傳輸給相應的接收端，作為監測之用」。[4] 我們的目標是在應用程式及其環境中建立遙測，包括生產環境、預生產環境和部署流水線。

Etsy 的 DevOps 轉型（2012）

Michael Rembetsy 和 Patrick McDonnell 曾言，Etsy 公司於 2009 年開展 DevOps 轉型之旅，其中一項關鍵正是生產環境監測。與此同時，他們將整個技術堆疊標準化，轉型為 LAMP 堆疊（Linux、Apache、MySQL 和 PHP）。在轉型的過程中，他們拋棄了許多已經在生產環境中使用，卻越來越難以維護的舊有技術。

在 2012 年 Velocity 大會上，Patrick McDonnell 分享了轉型過程中的風險：

> 在理想狀況下，使用者永遠不會發現我們正著手改變一些最為關鍵的基礎設施。不過，萬一搞砸了，使用者就一定會發現。我們需要更多衡量指標，促使工程團隊和非技術（如行銷）團隊都能相信，在實施重大變更時，業務不會受到影響。[5]

Patrick McDonnell 進一步解釋：

> 一開始我們使用 Ganglia 監測工具，蒐集所有伺服器資料，再用 Graphite 顯示監測資訊指標。我們開始整合各種指標，從商業指標到部署指標，涵蓋所有內容。在部署過程中，我們用『非平行且不對稱的垂直線技術』修改 Graphite，在每個指標圖上顯示疊加後的資料。透過這種資料展示方式，我們能迅速發現部署工作中的任何意外。我們甚至在辦公室四周牆壁掛上螢幕顯示器，讓所有人都能看到服務當前狀態。[6]

在日常開發工作中加入遙測系統，Etsy 建立足以保證安全部署的遠程監測指標。到 2011 年，Etsy 持續追蹤 20 多萬個生產環境指標，遍及應用程式堆疊的每個層面（如：應用程式的功能、運行狀況、資料庫、作業系統、儲存、網路、安全等），而前 30 個最重要的業務指標被突顯在「部署儀表板」上。到了 2014 年，追蹤指標已經超過 80 萬個，充分體現了他們的不懈目標：測量一切，並讓工程師也能輕鬆上手測量。[7]

正如 Etsy 工程師 Ian Malpass 所說：

> 如果 Etsy 的工程團隊有宗教信仰，絕對就是「圖形教派」（Church of Graphs）。我們會追蹤任何變化，有時候在事物還沒有變化時就開始繪製一個圖表，以防不時之需。……追蹤一切是快速行動的關鍵，能夠輕鬆不費力地追蹤一切是唯一真理……我們讓工程師能夠立即獲取所需資訊，不必把時間消耗在複雜的配置變更或管理流程。[8]

2015 年的《State of DevOps Report》的調查結果顯示：高績效組織解決生產故障的速度是平均水準的 168 倍，中等績效組織的平均修復時間（MTTR）以分鐘為單位，而低績效者的 MTTR 則以天為單位。[9] 在 DORA 的《2019 State of DevOps Report》中，菁英績效組織解決生產故障的速度是低績效者的 2,604 倍，其平均修復時間以分鐘為單位，而低績效者的 MTTR 則以週為單位。[10]

本章試圖效法 Esty 實踐，建立全面的監測系統，確保服務在生產環境中正常運行。在出現問題時，我們的目標是快速定位並做出正確決策，最好是在影響客戶之前就排除問題。監測系統幫助我們更加掌握系統與業務的真實情況。

建設集中式監測基礎設施

營運監測和日誌管理已經是老生常談，多年來營運工程師早就使用和定制監測框架（例如 HP OpenView、IBM Tivoli 和 BMC Patrol/BladeLogic）來確保生產系統正常運作。通常使用在伺服器端運行的代理服務或無代理（如 SNMP Trap 或輪詢監測）的監測方式來採集資料。通常在前端有圖形使用者介面（GUI），而後端經常使用諸如 Crystal Reports 等工具。

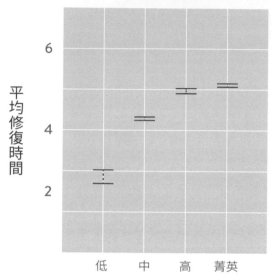

圖 14.1　菁英、高、中、低績效組織的故障解決時間（2019）

（資料來源：Forsgren et al., *Accelerate: State of DevOps* (2019)）

開發具備有效日誌記錄功能、便於監測其運行效果的應用程式，這種做法也不是新鮮事 —— 幾乎所有程式語言都有各種成熟的日誌資料庫。

幾十年來我們始終各自圍於資訊孤島，開發人員只建立他們感興趣的日誌事件，而營運人員只監視運行環境是否正常運行。在意外事件發生時，沒人能夠判定為什麼整個系統沒有按照設計運行，或者為何特定組件發生錯誤，嚴重阻礙了將系統回復正常狀態的救援工作。

為了即時在問題發生時獲得觀察，我們必須重新設計和開發應用系統和運行環境，使它們產生足夠的監測資訊，將應用系統和運行環境兩者視為一個整體，來理解系統是如何運行的。當應用程式堆疊的每一層都被記錄到監測和日誌記錄時，我們得以使用其他重要功能，如繪製和可視化監測指標、異常事件探測、主動示警和升級等。

在《The Art of Monitoring》一書中，James Turnbull 描述了一種現代監測架構，由許多網路公司巨頭（如 Google、Amazon、Facebook）的營運工程師開發使用。這種架構通常由許多開源工具組成，例如 Nagios 和 Zenoss。這類客製化監測架構的部署規模，很難以當時同類型的商業軟體實現，具備以下組成元件：[11]

- **在商業邏輯、應用程式和環境層蒐集資料**：在每一層建立以事件、日誌和指標為對象的監測系統。可以在所有伺服器上以特定文件（如 /var/log/httpd-error.log）儲存日誌檔案，但是最好將所有日誌發送到公共日誌服務中，更利於集中、輪換和清除。大多數作業系統都提供了這個功能，如 syslog for Linux、Event Log for Windows 等。

  此外，在應用程式堆疊的所有層次中蒐集指標，能夠更加掌握系統的活動狀態。在作業系統層級可以使用 collected、Ganglia 等工具採集狀態指標，如 CPU、記憶體、磁碟或網路的使用率等。雲端原生運算基金會（Cloud Native Computing Foundation，CNCF）為指標和資料追蹤建立了一套名為 OpenTelemetry 的開放標準，供許多開源和商業工具使用。其他採集效能資訊的工具還包括 Apache Skywalking、AppDynamics、New Relic 等。

- **負責儲存事件和指標的事件路由器**：支援監測視覺化、趨勢分析、警告、異常檢測等。採集、儲存和聚集所有監測資訊，實現更深入的分析和系統健康度檢測。這個事件路由器也被用在儲存與服務（及服務所支援的應用程式與環境）相關的配置資訊，可以根據閾值發出警告和健康度檢查。這類事件路由器的例子包括 Prometheus、Honeycomb、Datadog 和 Sensu。

將日誌檔案集中到事件路由器後，就可以計算事件數量並轉換成衡量指標。例如：我們可以計入一個 "child pid 14024 exit signal Segmentation fault" 的日誌事件，理解為在生產環境基礎設施中發生的一次區段錯誤。

將日誌轉換為指標，就可以執行統計工作。比方使用異常檢測功能，在問題萌生之初就發現異常值和方差。舉例來說，如果上一週總共發生過 10 次「區段錯誤」，而在最近一小時內卻發生了幾千次，就可以發送一個警告通知，促使我們著手進一步調查。

除了對生產服務和環境進行監測採集以外，在發生重大事件時，還必須從部署流水線中採集資料。這類資料包含，自動化測試是否通過，以及何時在環境中執行了部署作業等。我們還要採集構建執行和測試所消耗的時間數據，有助於發現顯示潛在問題的徵兆。舉例來說，如果效能測試或構建所花費的時間是正常情況的兩倍，那麼在功能部署到生產環境之前，我們就能發現這個錯誤並進行修復。

除此之外，還要確保在遙測基礎設施中非常方便輸入和檢索資訊。最好全以自助式服務的 API 實現，而不需要透過填寫工單請求某個報告的讀取權限。

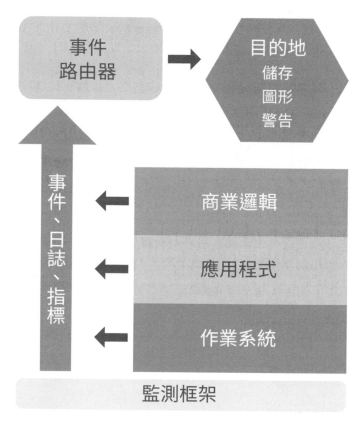

圖 14.2 監測框架

（資料來源：Turnbull, *The Art of Monitoring*, Kindle edition, chap. 2）

理想情況下，我們所建立的遙測系統能確切顯示我們關注的事情發生在何時、何處、情況如何。監測資料必須適用於手動和自動分析，就算沒有產生日誌檔案的應用程式，也應該能夠進行分析。* Adrian Cockcroft 點出：「監測這件事非常重要，監測系統必須比被監測的系統更具可用性和可擴展性。」**12**

建立生產環境的應用程式日誌遙測

有了集中的遙測基礎設施，我們必須確保對所有正在構建和營運的應用程式都建立充分遙測資料。開發和營運工程師必須將建立生產遙測資料納入日常工作，不管是新服務或現有服務，都要建立充分的遙測資料。

CSG 國際公司首席架構師兼開發 VP Scott Prugh 說：

> NASA 每一次發射火箭，都會使用數百萬個自動感測器，回報火箭上每一組件的工作狀態。然而，我們通常不會對軟體這樣呵護備至。建設應用程式和基礎設施的遙測其實是投資回報極高。2014 年，我們每天產生 10 億多個遙測事件，對 10 萬多行程式碼進行監測。**13**

應用程式中的每個功能都應該被監測。如果某個功能非常重要，需要工程師來實現，那麼產生足夠遙測資料這件事也同等重要，如此才能確保它按照設計運行，並且取得預期成果。†

價值流中的所有成員以各種方式靈活運用遙測資料。例如：開發人員可以在應用程式中臨時建立更多遙測指標，以便在工作站上診斷問題，而營運工程師可以使用遙測來診斷生產問題。此外，資訊安全和審計人員可透過遙測確認系統所需控制的有效性，產品經理可以用它們來追蹤業務成果、功能使用率和轉化率等。

---

* 接下來內容所出現的「遙測」字眼，可以理解為「指標」，它涵蓋了應用程式堆疊的各層級服務所產生的事件日誌和度量指標，也包括來自所有生產環境、預生產環境和部署流水線的事件日誌記錄和度量指標。

† 市面上有各式各樣的應用程式日誌資料庫，幫助開發人員輕鬆建立有效的遙測指標。我們應該將所有的應用程式日誌都發送到集中的日誌記錄基礎設施裡。比較流行的日誌資料庫包括：rrd4j for Java 和 log4j for Java，以及 log4r for Ruby 和 ruby-cabin for Ruby。

日誌必須以不同層級分類，以便支援上述運用面向，而其中一些層級可能會觸發
警告，這些層級包含：[14]

- **除錯層級（DEBUG）**：此層級的資訊是相關應用程式中發生的所有事件，
  最常用於除錯工作。通常，服務上線時會禁用除錯日誌紀錄，但在故障診斷
  期間則須暫時啟用。

- **資訊層級（INFO）**：此層級的資訊包括使用者觸發的動作，或是系統特定
  操作（例如：「開始使用信用卡交易」）。

- **警告層級（WARN）**：此層級的資訊告訴我們可能的出錯情況（例如調用資
  料庫花費的時間超過特定時長），可能會因此而觸發警告和故障診斷流程，
  而其他日誌訊息有助於更清楚釐清事件原委。

- **錯誤層級（ERROR）**：此層級的資訊側重於錯誤狀況（例如：呼叫 API 失
  敗、內部錯誤）。

- **致命層級（FATAL）**：此層級的資訊告訴我們何時發生了中斷情況（例如：
  網路守護行程無法與網路插座綁定）。

選擇正確的日誌記錄層級至關重要。Dan North 是一位前 ThoughtWorks 顧
問，他曾經參與過一些專案，並促進了持續交付的理念。他說：「當你要判定一
條訊息是『錯誤』還是『警告』時，試想在凌晨 4 點被叫起來處理『警告』的感
受。印表機碳粉不足絕對不是『錯誤』層級。」[15]

為了確保我們充分掌握與服務可靠性和安全操作相關的資訊，必須將所有潛在的
重大應用程式事件都能產生日誌條目。顧能公司的 GTP 安全和風險管理組的研
究 VP Anton A. Chuvakin 編寫了以下清單，包含如下日誌條目：[16]

- 認證／授權的結果（包括離線）

- 系統存取和資料存取

- 系統和應用程式的變更（特別是重大變更）

- 資料變更，例如增加、修改或刪除資料

- 無效輸入（惡意使用、威脅等）

- 資源（記憶體、磁碟、中央處理器、頻寬或其他任何具有軟性或硬性限制的資源）

- 健康度和可用性

- 啟動和關閉

- 故障和錯誤

- 斷路器跳閘

- 延遲

- 備份成功／備份失敗

為了更清楚解釋和定義所有日誌條目，（在理想情況下）我們應該對日誌記錄進行分級和分類，比如：劃分為非功能屬性（如效能、安全性）和功能屬性（如搜尋、排行）。

以遙測指標作為解決問題的引導

正如本章導論所說，高績效者以有紀律的方式解決問題，與依靠道聽途說的常見做法形成鮮明對比，後者的平均清白證明時間（即花費多長時間說服他人中斷不是因為我們而造成）的指標非常糟糕。

如果組織文化是針對故障進行問責，那麼各個團隊為了避免遭受責問非難，可能都不會記錄變更，也不會讓所有人看到遙測資料。

缺乏公開遙測系統會造成的其他負面結果包括：極度緊張的政治風向、推卸責任等。更糟糕的是，沒有人關注事故為何發生，以及如何防止這些錯誤復發，無法從錯誤中吸取教訓，促進組織學習並形成知識庫。*

---

* 2004 年，Kevin Behr、Gene Kim 和 George Spafford 把這個現象稱為缺乏「因果關係文化」，他們指出高績效組織意識到 80％ 的中斷是由變更引發，而 80％ 的 MTTR 花在分析到底發生了什麼變更。[17]

遙測技術讓我們能夠使用科學方法，對具體問題的原因和解決方案做出假設。在解決問題的過程中，我們可以回答以下問題：

- 監測系統中有什麼證據顯示問題實際上正在發生？

- 在應用程式和環境中，哪些是導致問題的可能相關事件和可能變更？

- 可以做出哪些假設，來證實提出的原因和結果之間的關聯？

- 如何驗證哪些假設是正確的，可以成功解決問題？

以實事求是的態度解決問題，其價值不僅在於能顯著改善 MTTR（和使用者體驗），也同時強化這項認知：開發和營運之間是雙贏關係。

將建立生產遙測融入日常工作

為了讓所有人都能在日常工作中發現並解決問題，我們需要讓他們在日常工作中可以輕鬆地建立、展示和分析度量指標。建立必要的基礎設施和資料庫，讓任何開發或營運人員都能輕易地針對任何功能建立遙測。理想情況下，建立一個新的指標並顯示在儀表板上，讓價值流中的所有人都可以看到它，應該像編寫一行程式碼那樣簡單。

這個理念引導了指標資料庫 StatsD 的開發工作，由 Etsy 建立並開放給組織所有人使用，是目前最被廣泛使用的指標資料庫之一。[18] 正如 John Allspaw 所描述：「StatsD 的設計目的是為了防止任何開發人員說『測試程式碼太麻煩了』。現在，他們用一行程式碼就可以完成測試。我們希望讓開發人員覺得生產遙測並不像更改資料庫模式那麼困難，這一點相當重要。」[19]

StatsD 可以用一行程式碼（Ruby、Perl、Python、Java 和其他語言）產生計時器和計數器，經常結合 Graphite 或 Grafana，將指標資料呈現在圖形和儀表板上。

圖 14.3 顯示了用一行程式碼建立的使用者登入事件（在這個例子中，那一行 PHP 程式碼是：StatsD::increment("login.successes")）。圖中顯示了每分鐘登入成功和失敗的次數，圖上的垂直線表示一次生產部署。

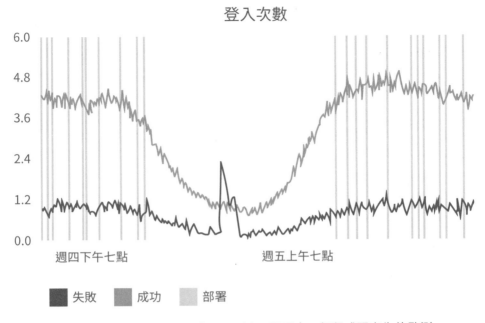

圖 14.3 Etsy 以 StatsD 和 Graphite 展示由一行程式碼產生的監測

（資料來源：Ian Malpass "Measure Anything, Measure Everything"）

當生產環境發生變更時，這個監測圖就會更新，因為大部分生產環境問題都是由變更引起的，包括程式碼部署。如此一來，就可以維持高變更率，同時打造一個安全的工作系統。

近期出現的 OpenTelemetry 標準，為資料採集工具提供了一種與指標儲存和處理系統進行通訊的方式。許多主流語言、框架、函式庫皆整合了 OpenTelemetry 的 API，而大部分流行的度量與觀測工具也能取用 OpenTelemetry 資料。[*]

建立生產環境度量指標，納入日常工作的一部分，不但可以及時發現問題，而且還可以在設計和營運過程中持續顯露問題，對越來越多指標進行追蹤，就像 Etsy 的例子一樣。

---

[*] 其他監測、聚集和採集工具包括 Splunk、Zabbix、Sumo Logic、DataDog，以及 Nagios、Cacti、Sensu、RRDTool、Netflix Atlas、Riemann 等。分析師經常將這些工具歸納到「應用程式效能監視器」類。

建立自助存取的遙測和資訊輻射體

在上述步驟，讓開發和營運人員能夠把建立和改進生產度量指標作為日常工作的一部分。本節目標是將監測資訊輻射到組織的其他部門，假如有人想要了解任何當前運行服務的狀態時，都可以便利地獲取所需要的資訊，不需要取得生產系統的訪問權限或特權帳號，也不用開一個工單等待數天，由專人為他們配置資訊圖表。

讓監測資訊的取得變得快速便利，並且把資料完全集中化處理，價值流中的所有人都可以了解現狀。通常情況下，這表示將生產度量指標顯示到一個由中央伺服器（比如 Graphite）或上一節中提到的任何其他技術即時產生的網頁上。

我們希望生產監測指標高度可見，這表示要將其放置在開發和營運人員工作區域的核心位置，方便所有感興趣的人都能看到服務現狀，勢必涵蓋價值流中的每一個人，比如：開發、營運、產品管理和資訊安全。這通常被稱為「**資訊輻射體**」（information radiator），敏捷聯盟將其定義為：

> 這個通用術語源自豐田生產系統。圖表、圖示與其他在團隊辦公室、走廊或其他辦公區域公開展示的資訊，讓所有看到的人能夠知道必要的資訊：自動化測試次數、速率、事故報告、持續整合狀態等。[20]

將資訊輻射體放置在非常顯眼的地方，我們賦予團隊成員一種責任感，也積極展現下述價值觀：

- 團隊對觀察者（客戶、利益相關者等）毫無隱藏。
- 團隊對自己坦誠以對，承認並直面問題。

現在，我們可以將基礎設施產生的生產環境遙測資訊輻射到整個組織，還可以將此資訊傳達給內部使用者，甚至是外部使用者。例如：建立可以公開瀏覽的服務狀態頁面，幫助使用者了解他們所依賴的服務的當前狀態。

儘管提供這種資訊透明度可能會遭受一些阻力，但 Ernest Mueller 認為這麼做深具意義：

> 我在組織中所採取的第一個行動，就是以資訊輻射體來溝通問題，並詳盡展示正在進行的變更。這個做法特別受到業務部門的歡迎，因為以前他們都被忽略了。對於必須共同奮鬥，向客戶提供服務的開發和營運團隊來說，他們需要持續的溝通、資訊和回饋。[21]

我們甚至能進一步提升這種資訊透明度，將這些資訊傳播給外部使用者，而不是企圖對使用者保密。這表明了我們對資訊透明度的重視，有助於建立和贏得客戶信任[*]（見附錄 10）。

▶ 案│例│研│究

LinkedIn 建立自助服務指標（2011）

如第三部分所述，LinkedIn 於 2003 年成立，企業宗旨為幫助使用者「透過個人社交網路獲得更佳工作機會」。2015 年 11 月，LinkedIn 的註冊會員數量超過 3.5 億，每秒產生千上萬次請求，LinkedIn 的後端系統每秒進行數百萬次查詢。

LinkedIn 的工程總監 Prachi Gupta 在 2011 年談到生產環境遙測的重要性：

> 在 LinkedIn，我們強調保障網站正常運作，讓使用者隨時都能使用完整功能。為了履行這項承諾，我們必須及時發現故障和瓶頸，並迅速做出響應。因此，我們使用時間序列圖表，對站點進行監測，以便在幾分鐘內識別和響應事件。這種監測技術對工程師們來說是絕佳工具，幫助我們快速採取行動，並爭取更多時間來識別、分類和修復問題。[22]

---

[*] 建立一個簡單的監測儀表板，應該是構建任何新產品或服務的一部分。以自動化測試來確保服務和儀表板正常運作，幫助我們安全部署程式碼，為使用者提供服務。

然而在 2010 年，儘管產生了龐大的遙測資料量，但光是讓工程師們存取這些資料就很困難，更別說想要進一步分析資料了。Eric Wong 在 LinkedIn 進行暑假實習，他的專案最後延伸為生產環境遙測計劃，然後創造了 InGraphs。

Eric Wong 寫道：「想要獲得所有運行某個服務的主機中，諸如 CPU 使用率這類簡單資訊，你只需要填寫一份表單，30 分鐘後即可得到所需報表。」 [23]

當時，LinkedIn 使用 Zenoss 來採集遙測指標，但正如 Eric Wong 所說：「如果想從 Zenoss 裡獲取所需資料，我們不得不透過緩慢的 Web 介面進行挖掘，所以我編寫了一些 Python 腳本來簡化這個過程。雖然我還是要透過手動方式配置採集指標，但可以確實減少在 Zenoss 介面上的操作時間。」 [24]

整個夏天，Eric Wong 不斷為 InGraphs 增加新功能，幫助工程師準確地看到他們想看的內容，同時提升了在多個資料集中進行運算的能力，還能藉由查看每週趨勢來進行歷史效能對比，甚至能夠自定義儀表板，以便在每個頁面上精確選擇想要顯示的指標。

Prachi Gupta 描述 InGraphs 的成果以及這些功能的價值。他寫道：「這個監測系統立即展現它的效力。當時 InGraphs 監測到一個重要的 Web 郵件系統的效能呈現下降趨勢。當我們聯繫相關營運人員時，他們才真正意識到系統中存在這個問題！」 [25]

起初，這只是一項暑期實習專案，如今成為 LinkedIn 營運系統中，將可視化做得最好的系統之一。InGraphs 取得了巨大成功，在工程師的辦公空間中非常顯眼地展示實時監測圖表，讓人完全無法忽視它們。

> 自助服務指標可以強化個人層面及團體層面的解決問題與決策能力，並且提供必要的透明度，贏得使用者的信任。

發現並填補遙測誤區

現在，我們已經建立好必要的基礎設施，可以在整個應用程式堆疊中，快速建立生產環境遙測，並把結果輻射到整個組織。

在這個環節中，我們將識別遙測指標中的任何誤區，這些誤區阻礙我們快速探測和解決故障 —— 假如目前開發和營運團隊在遙測方面很弱（甚至沒有遙測指標）的話，這個步驟尤其重要。我們以後將會使用這些資料，更佳預測可能問題，並讓每個人都能蒐集到所需資訊，從而做出更佳決策，實現組織的業務目標。

我們必須在所有環境、在應用程式堆疊的每個層級，以及支持它們的部署流水線中，建立充分而完整的遙測，我們需要獲得來自以下層級的指標：

- **商業層級**：交易訂單數量、營業額、使用者註冊數量、轉換率、A/B 測試結果等。

- **應用程式層級**：事務處理時間、使用者響應時間、應用程式故障等。

- **基礎設施層級（如資料庫、作業系統、網路、儲存）**：包括 Web 伺服器輸送量、CPU 負載能力、磁碟使用率等。

- **使用者端軟體層級（如使用者端瀏覽器上的 JavaScript、行動應用程式）**：包括應用程式的出錯和閃退、使用者端的事務處理時間等。

- **部署流水線層級**：包括管線狀態（例如：各種自動化測試套件的紅綠狀態）、變更部署前置時間、部署頻率、測試環境上線狀態和環境狀態。

將遙測完整覆蓋上述領域，我們能夠看到服務依賴的所有事物的健康狀況，用資料和事實說明問題，而不是聽信傳言、指指點點、互相責備。

此外，監測所有應用程式和基礎設施的故障（例如：程序異常終止、應用程式錯誤和異常、伺服器錯誤、儲存體錯誤等），能夠更好地識別出和資訊安全有關的事件。在服務崩潰時，這種遙測能為開發和營運部門提供有用資訊，而且這些錯誤通常還能反映目前服務存在安全漏洞。

儘早發現並修復問題，我們可以在問題初萌、容易修復時立刻著手修復，減少對客戶的影響。此外，在每次生產故障之後，我們應該辨識服務中是否存在遙測誤區，消弭這些誤區，更快地發現故障和恢復服務。如果能在開發功能階段，在同儕評閱的過程中識別出這些誤區，則是更佳的實踐。

應用程式和商業指標

在應用程式層級，我們的目標是：不僅要確保遙測資料能夠反映應用程式的健康狀況（例如：記憶體使用量、事務計數等），還要評量組織商業目標的實踐情形（例如：新使用者數、使用者登入次數、使用者對話時長、活躍使用者比例、某些功能的使用頻率，等等）。

舉例來說，現在有一個為電商網站提供支援的服務，則必須監測所有帶來成功交易並產生收益的使用者事件。接著，我們可以預期商業成果為依據，評析所有使用者行為。

這些度量指標依領域或組織目標而有所不同。以電子商務網站來說，我們可能希望使用者在網站上停留的時間多一點，增加交易的可能性；以搜尋引擎來說，我們則希望使用者盡快離開網站，因為對話時間一長，意味著使用者很難搜尋到想要的東西。

一般來說，商業指標是「使用者獲取漏斗模型」（customer acquisition funnel）的一部分，是潛在客戶購買商品的理論步驟。例如在電子商務網站中，可度量的事件包含：使用者總停留時間、產品連結點擊數、購物車的商品數量，以及完成訂單數量。

Microsoft Visual Studio Team Services 的資深產品經理 Ed Blankenship 表示：「通常情況下，功能團隊會在獲取漏斗模型上定義目標：每位使用者在一天內使用該功能的次數。有時候，在不同階段，對使用者的暱稱分別是『踢輪胎者』、『活躍使用者』、『忠實使用者』和『超資深使用者』等。」**26**

我們的目標是讓所有的商業指標「切實可行」（actionable）—— 這些關鍵指標有助於改善產品，並進行實驗和 A/B 測試。如果指標是不可行的，它們或許就是無價值的指標，無法提供有用資訊 —— 我們可能會儲存這些資訊，但不會加以顯示，更不用說設置警告了。

理想情況下，任何查看資訊輻射體的人，都能夠理解預期商業成果的前提下，對資訊加以解讀，例如：收入目標、使用者獲取率、轉化率等。在功能定義和開發的最初階段，我們就應該定義所有度量指標，並對應到商業成果的衡量指標。將功能部署到生產環境中以後，用來度量業務成果。這麼做有助於產品經理向價值流中的所有人，描述每個功能的商業場景。

辨識並可視化呈現與大方向商業規劃和營運相關的時間區段，商業環境可被進一步創造，比如：與節假日銷售旺季的交易高峰期、每一季末的財務結算期，或是例行的合規性審計等。利用這些資訊，我們可以避開（必須確保服務正常運作的）關鍵時間點，進行高風險變更，或者避免在審計過程中進行某些活動。

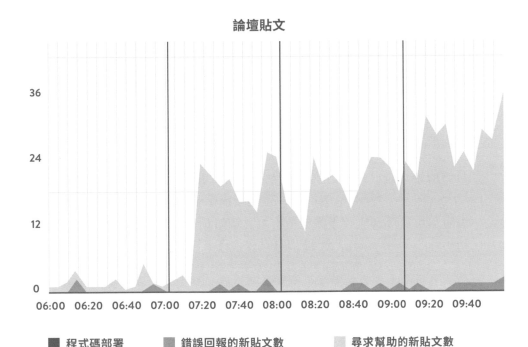

論壇貼文

■ 程式碼部署　　■ 錯誤回報的新貼文數　　■ 尋求幫助的新貼文數

圖 14.4　在部署後，論壇中對新功能感興趣的使用者數量

（資料來源：Mike Brittain, "Tracking Every Release," CodeasCraft.com, December 8, 2010, https://codeascraft.com/2010/12/08/track-every-release/）

透過輻射功能的使用情況輻射，可以快速提供回饋給開發團隊，讓他們看到使用者是否真的使用了這些功能，以及該功能對實現商業目標有多少助益（參見圖14.4）。以結果來看，我們將監測和分析使用者的使用情況也納入日常工作的一部分，更充分理解分內工作如何對組織的商業目標做出貢獻。

基礎設施指標

以生產環境和非生產環境的基礎設施的衡量指標來說，我們的目標是建立全面的遙測指標，以便在任何環境中出現問題時，能夠快速錨定問題是不是由基礎設施引起。此外，遙測指標也必須能夠指出究竟是基礎設施的哪個組件引發問題（如資料庫、作業系統、儲存體、網路等）。

我們希望盡可能向所有技術利益關係者展示基礎架構的監測資訊，且理想狀態為依循服務或應用程式的邏輯。換句話說，當環境出現問題時，我們需要準確知道應用程式和服務可能會或正在受到什麼影響。*

幾十年前，在服務和其依賴的生產環境基礎設施之間建立連結這件事，通常是由手動方式操作（例如 ITIL CMDB，或在 Nagios 等警示工具中配置定義）。現在，越來越多的連結是自動註冊在服務中，然後，在生產環境中利用 Zookeeper、Etcd、Consul 和 Istio 等工具進行動態追蹤。[27]

這些工具讓服務能夠自助式註冊，並儲存其他服務與之互動所需要的資訊（例如：IP 位址、連接埠序號、URI 等），從而改變了 ITIL CMDB 需要手動操作的特性。當服務由數百（或數千甚至數百萬）個節點組成，且每個節點的 IP 位址都是以動態方式分配時，這些工具是絕對必要的。†

不管服務多麼簡單或者多麼複雜，統整並顯示將商業指標、應用程式和基礎設施指標的做法能幫助我們更快發現故障。比方說，我們可能會發現新使用者註冊數

---

* 在 ITIL 的配置管理資料庫（CMDB）中有精確描述。

† Consul 可能特別讓人感興趣，因為它建立了一個抽象層，可以輕鬆實現服務映射、監測、鎖定和鍵值對的配置與儲存，以及主機叢集化和故障檢測。[28]

量下降到日平均值的 20%，然後立刻發現所有資料庫查詢所花費的時間是正常情況的 5 倍，促使我們針對問題癥結對症下藥。

此外，商業衡量指標為基礎設施度量指標提供方向，使開發和營運能夠朝著共同的目標協同工作。正如 Ticketmaster/LiveNation 的首席技術官 Jody Mulkey 所言：「我們不是根據停機時間來衡量營運，更好的做法是根據停機所造成的實際商業後果來衡量開發和營運團隊：應該獲得卻沒有獲得的業務收益是多少。」[29] *

持 | 續 | 學 | 習

DORA 在 2019 年的《State of DevOps Report》發現基礎設施監測對於持續交付有其貢獻。指標的視覺化與快速回饋為所有利益相關者提供資訊，令所有人親眼見證構建、測試與部署的結果。[30]

除了在生產環境監測服務之外，我們還需要在預生產環境（例如開發、測試、模擬等）中監測這些服務，以確保能在投入生產環境前發現並解決問題，例如及時發現資料庫插入時間的不斷增加的原因，是因為資料庫缺了一個資料表索引。

疊加相關資訊到指標上

即使佈建好部署流水線，能夠進行小而頻繁的生產環境變更，變更仍然會產生風險。對營運來說，副作用不僅僅是當機，還有嚴重的服務中斷，甚至背離營運標準。

為了讓變更可視化，可以在監測圖形上疊加顯示所有生產環境的部署活動。例如：以處理大量入站事務的服務來說，生產環境變更可能會導致明顯的**下跌週期**（settling period），此時所有快取查詢都會失效，導致應用程式效能驟降。

---

* 這可能是生產環境停機成本或者功能延遲開發的成本。在產品開發術語中，後者被稱為延遲成本，是制定有效優先級決策的關鍵。

為了更好地理解和維持服務品質，我們要了解效能何時能恢復，必要時還要採取效能提升方案。同理，我們還想疊加其他有意義的營運活動，例如當服務正在進行維護或備份時，可能需要在某些地方顯示警告或者暫停警告。

本章小結

Etsy 和 LinkedIn 利用有效的生產遙測，提升營運效能。在問題發生時即時發現，這樣才能迅速找出原因並進行補救。無論是在應用程式、資料庫還是生產環境中，必須確保服務的所有組成部分都能發送遙測資訊，以便進行分析。如此，可以早在故障導致災難之前，甚至早在客戶注意到問題之前，就發現並解決問題。這樣不僅能使客戶更加滿意，還能減少災害搶救和危機次數，減輕工作壓力，降低倦怠程度，讓成員更加愉快地工作、組織更具生產力。

15

分析遙測資料以便預測故障和實現目標

正如前一章所述，我們必須對應用程式和基礎設施實施充分的生產環境遙測，以便在問題發生時，及早發現並著手解決。本章內容將建立一些工具，辨識那些隱藏在生產環境遙測中的差異和微弱的故障信號，以求避免發生災難性故障。本章會介紹大量統計技法，並利用案例研究講解各自用途。

Telemetry at Netflix (2012)

Netflix 是全球電影和電視劇的串流媒體供應商，這間公司充分利用遙測資料進行分析，主動地發現並解決問題，確保良好的使用者經驗。2015 年，Netflix 擁有 7500 萬位訂閱者，年度收入為 62 億美元。截至 2020 年 3 月，年度收入達 57 億美元，2021 年 7 月，Netflix 擁有 2 億 9 百萬名訂閱用戶。[1] 他們的目標是為世界各地以線上方式觀看影片的使用者提供最佳收視體驗。想達成這項目標，需要一個穩定、可自由擴展、具有韌性的交付基礎設施。

關於如何管理 Netflix 雲端影片交付服務，Roy Rapoport 描述了其中一項挑戰：「牛群中的牛在外觀和行為上應該都是一樣的，哪一頭牛看起來與眾不同？或者更具體地說，如果我們有一個包含上千節點的無狀態運算叢集，運行相同軟體，承受近似程度的負載量，那麼我們所面臨的挑戰就是，找出那些與眾不同的節點。」[2]

2012 年 Netflix 團隊使用的一項統計技法是**異常檢測**（*outlier detection*），約克大學的 Victoria J. Hodge 和 Jim Austin 將這項技法定義為檢測「可能導致效能顯著下降的異常運行狀況，諸如飛機引擎旋轉缺陷或是管線無法正常流動等問題」。[3]

Rapoport 解釋：「Netflix 以一種非常簡單的方式使用異常檢測。首先在運算叢集節點總數一定的情況下計算出『當前正常值』，然後辨識與之不符的節點，將它們從生產環境中移除。」[4]

Rapoport 繼續說道：

> 我們不需要定義什麼是『正常』的行為，就可以自動標記出異常節點。因為我們的雲端服務以具有韌性的方式自主運行，所以不需要求營運人員去執行特定動作，只需刪除出錯或行為異常的運算節點，記錄下來或者通知相關的工程師。[5] *

Rapoport 說，透過實施伺服器異常檢測的流程，Netflix 已經「大幅降低了識別故障伺服器的成本，並且大幅度縮短修復時間，提升服務品質。這項技法的益處多多：員工不再疲於奔命，能夠維持工作和生活平衡，還能維護優良的服務品質」。Netflix 的案例彰顯了使用遙測資料的優點，在使用者受到影響之前就能排除問題。[6]

本章會探討很多統計和視覺化技法（包括異常檢測），將這些技法運用到遙測資料的分析流程，可以更好地預測問題。如此一來，我們能夠以更快的速度、更低的成本，早在使用者或組織中的任何人受到影響之前就解決問題。此外，我們還能創造更多的資料使用場景，幫助我們做出更佳決策，實現組織的目標。

以平均值和標準差識別潛在問題

想要分析生產環境度量指標，最簡單的一種統計方法就是計算**平均值**（或平均數）和**標準差**。我們可以建立一個篩選器，檢測度量指標與正常值顯著不同的情

---

* Netflix 的工作強調透過遙測技術，在問題波及客戶之前先行排除，這個方式可以避免問題像滾雪球一樣越演越烈，造成團隊負擔。

況，我們甚至可以設置警示來觸發後續的修復動作（例如當資料庫查詢速度明顯低於平均值時，在凌晨兩點通知值班人員進行問題排查）。

當關鍵服務出現問題時，在凌晨兩點叫醒值班人員未必不是正確選擇。然而，如果現在的情況是，我們並不需要對警示採取行動，或者它本來就是一個誤報，那麼大可不必在大半夜折騰值班人員。DevOps 運動的初期領袖 John Vincent 指出：「對頻繁出現的警示感到疲勞，是我們現在面臨的最大問題……我們需要更智慧的警示系統，否則大家都會瘋掉。」[7]

可以藉由提高訊號雜訊比、專注發現差異值或異常值等做法來建立更好的警示方式。假設現在要分析每天未經授權的登錄次數，我們蒐集到的資料呈高斯分佈（即呈現正態分佈或鐘形曲線），如圖 15.1 所示。位於鐘形曲線中間的垂直線是平均值，其他垂直線表示的第一、第二和第三標準差分別包含 68%、95% 和 99.7% 的資料。

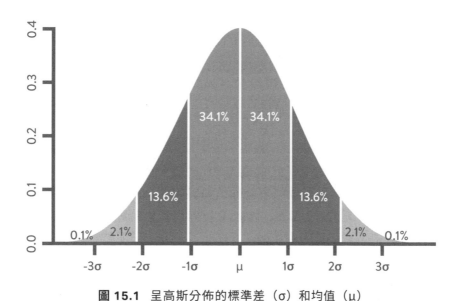

圖 15.1 呈高斯分佈的標準差（σ）和均值（μ）

（資料來源：Wikipedia, "Normal Distribution," https://en.wikipedia.org/wiki/Normal_distribution）

標準差的常見用途是定期檢查資料集的某個度量，如果與均值有顯著差異就發出警示。例如：當每天未經授權的登錄次數比平均值大了三個標準差時就發出警告。

只要這個資料集呈高斯分佈，我們預計只有 0.3% 的資料點會觸發警告。

即使這項統計分析相當簡單直覺，它也是有價值的，因為我們再也不必設定靜態閾值 —— 假如我們追蹤幾千或幾十萬個生產指標，設定靜態閾值的做法是不可行的。*

異常狀態的處理和警告

Tom Limoncelli 是《The Practice of Cloud System Administration: Designing and Operating Large Distributed Systems》的共同作者，也曾經擔任 Google 的網站可靠度工程師（SRE）。關於監測，他提到：

> 當人們問我需要監測哪些對象時，我常常開玩笑說，在理想情況下我們會刪除目前監測系統裡所有警告。每當發生影響使用者的服務中斷事件時，我們會問什麼指標能預測這個中斷，然後再把這些指標加入監測系統中，根據需求發出警告，並且不斷重複上面這一過程。這樣，我們就只會收到預防中斷的警告，而不是在故障發生以後收到爆炸般的警示訊息。[8]

在這個階段，我們將如法炮製上述實踐。最簡單的一種做法是：分析在近期（例如 30 天內）所遭遇最嚴重的事故，並建立一個遙測清單，更即時、快速檢測和診斷問題，並清楚確認是否實施了有效的修復措施。舉例來說，如果 NGINX Web 伺服器停止對請求做出響應，我們會查看可能預示問題徵兆的主要指標，警告我們已開始偏離標準操作。例如：

---

* 在本書的後續內容裡，我們將交替使用「遙測」（telemetry）、「度量」（metric）和「資料集」（data sets）等術語，它們都代表相同含義。換句話說，度量（例如「頁面載入時間」）會映射到一個資料集（例如：2 毫秒、8 毫秒、11 毫秒等），統計學家以後者來描述一個資料點矩陣，其中每一列代表對其執行統計操作的一項變量。

- **應用程式層級**：像是不斷增加的網頁加載時間。
- **作業系統層級**：伺服器閒置記憶體不足、磁碟空間不足等。
- **資料庫層級**：資料庫事務處理時間超出正常值等。
- **網路層級**：負載平衡器背後的伺服器數量下降等。

上述所有指標都是生產環境事故的潛在徵兆。我們可以針對每一項指標設置警告。當遙測指標足夠偏離平均值時，就會發出警告，通知相關人員採取糾正措施。

對所有更弱的故障信號重複以上設置流程，我們可以在軟體的生命週期中更早地發現問題，從而減少事故發生次數。換句話說，我們不但要主動預防問題，而且要進行更快速的探測和修復。

非高斯分佈遙測資料的問題

使用均值和標準差來檢測異常是一項非常實用的技法。然而在營運階段中，我們會用到許多個遙測資料集，如果對它們都使用上述技術，並不一定會產生預期的結果。正如 Toufic Boubez 博士所說：「我們不止會在凌晨兩點接到警示訊息，當監測的基礎資料並不呈高斯分佈時，我們也可能在凌晨 2:37、4:13、5:17 接到警告。」[9]

換而言之，當資料集裡的資料沒有呈現上述的高斯分佈曲線時，使用與標準差相關的屬性並不恰當。例如：我們正在監測網站內每分鐘檔案下載量，需要檢測的是下載量異常龐大的時段。例如：當下載率比均值大了三個標準差時，我們可能需要主動增加更多頻寬。

圖 15.2 顯示一段時間內的每分鐘同時下載量，上方有一條橫線。橫線上的深色區塊表示在該段時間（有時被稱為「滑動視窗」）的下載量與均值至少差了三個標準差。否則正常情況下應顯示為淺色。

根據圖 15.2，我們可以明顯看出問題：幾乎在所有時間內，都觸發了警示訊息。這是因為幾乎在任何時間段裡，都有下載量超過三個標準差閾值的情況出現。

為了證實這一問題，當我們繪製一個顯示每分鐘下載頻率的條狀圖（圖 15.3）時，可以發現圖中形狀並不是典型的對稱鐘形曲線。與之相反，分佈曲線明顯向低處傾斜，表示在大多數時間裡，每分鐘下載量都很低，但經常飆升到高出三個標準差。

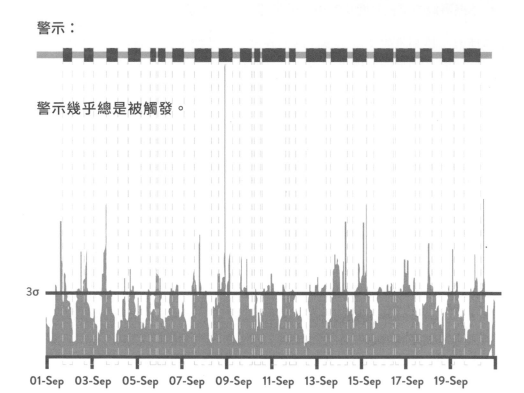

警示：

警示幾乎總是被觸發。

3σ

01-Sep　03-Sep　05-Sep　07-Sep　09-Sep　11-Sep　13-Sep　15-Sep　17-Sep　19-Sep

圖 15.2　每分鐘下載量：使用「三個標準差」規則時產生過多警告

（資料來源：Dr. Toufic Boubez, "Simple math for anomaly detection."）

許多真實環境的資料集都不是呈現高斯分佈。Nicole Forsgren 博士解釋：「營運中有很多資料集呈現『卡方』分佈。對這樣的資料使用標準差，不僅會產生警告過度或警告不足的情形，還會產生荒謬的結果。當同時下載量比平均值低三個標準差時，你會得出一個負數結果，這顯然不符合邏輯。」[10]

過度警告導致營運工程師在半夜被頻繁叫醒，許多時候他們也採取不了恰當對策。警告不足的問題同樣很大。

舉例來說，假設我們正在監測已完成的交易數量，因為一個軟體組件發生故障，導致半天內已完成交易數量下降了 50%。如果此時與平均值的差異沒超過三個標準差，就不會觸發警告，這意味著使用者會比我們先發現這個問題，屆時問題可能更為棘手。所幸，還有其他異常檢測技法可供我們利用，下文將闡述相關內容。

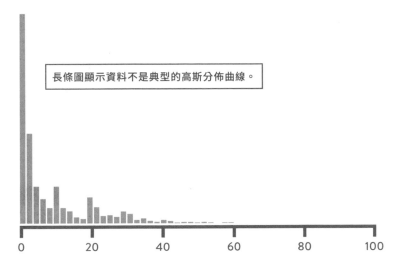

長條圖顯示資料不是典型的高斯分佈曲線。

圖 15.3　每分鐘下載量：在長條圖中不呈高斯分佈的資料曲線

（資料來源：Dr. Toufic Boubez, "Simple math for anomaly detection."）

▶ 案｜例｜研｜究

Netflix 的自動擴展能力（2012）

在 Netflix，另一個提升服務品質的工具是 Scryer，解決 AAS（Amazon Auto Scaling）的一些不足之處。AAS 會根據工作負載的資料，以動態方式增加或減少 AWS 運算伺服器的數量。Scryer 則透過分析歷史使用模式，預測客戶的需求，並提供必要的運算能力。[11]

Scryer 解決了 AAS 存在的三項問題。第一個問題是處理需求急劇成長的狀況。因為 AWS 實例的啟動時間可能長達 10 ～ 45 分鐘，經常由於交付時間太長，額外的運算能力也不能滿足快速成長的處理需求。

第二個問題是在出現服務中斷之後，急速下降的使用者需求導致 AAS 移除大量
的運算能力，結果無力滿足隨之而來的需求。第三個問題是，AAS 在調度運算能
力時，沒有將當前的流量模式列入考慮因素。[12]

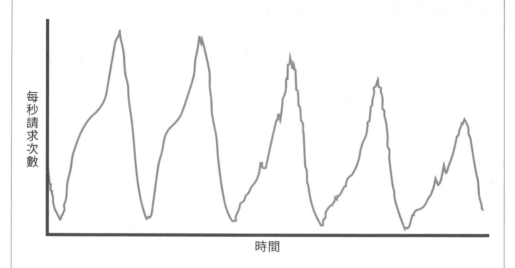

圖 15.4　Netflix 使用者在五天內的瀏覽需求

（資料來源：Jacobson, Yuan, and Joshi, "Scryer: Netflix's Predictive Auto Scaling
Engine," The Netflix Tech Blog, November 5, 2013,
http://techblog.netflix.com/2013/11/scryer-netflixs-predictive-auto-scaling.html）

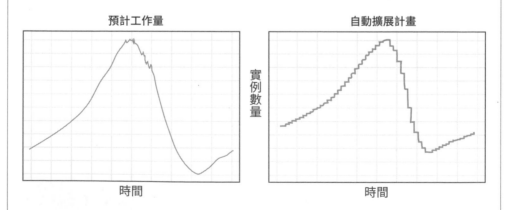

圖 15.5　Netflix 根據 Scryer 預測的使用者流量，調度 AWS 的運算資源

（資料來源：Jacobson, Yuan, Joshi, "Scryer: Netflix's Predictive Auto Scaling Engine."）

Netflix 靈活運用了這項事實：儘管 Netflix 的使用者瀏覽模式未呈高斯分佈，卻具有驚人的一致性和可預測性。圖 15.4 顯示在一個完整的工作週內，每秒的使用者請求數量。我們可以發現，從週一到週五，使用者瀏覽模式是規律且一致的。[13]

Scryer 先以異常檢測技法排除偽資料點。然後使用諸如快速傅立葉轉換（FFT）和線性回歸等技法，使資料更加平滑，並維持流量峰值符合原始資料曲線。結果顯示，Netflix 能夠以驚人的準確性，預測流量需求（參見圖 15.5）。

自從將 Scryer 應用到生產環境幾個月後，Netflix 就顯著提升了使用者的瀏覽體驗，提高服務的可用性，同時降低了 Amazon EC2 的成本。

本研究案例顯示 Scryer 工具善用非高斯分佈的資料集，幫助 Netflix 更加理解使用者，並透過使用者行為來檢測與預測問題。

應用異常檢測技術

當監測資料不呈現高斯分佈時，我們仍然可以使用各種方法找出值得留心的差異。這些技術被廣泛地分類到「異常檢測」的範疇，通常定義為「搜尋不符合預期模式的資料條目或事件」。[14] 我們可以在監測工具裡找到一些功能，但其他功能可能需要統計專家的幫助。

Rally 軟體公司的開發和營運 VP Tarun Reddy，積極倡導在營運工積極運用資料統計。他說：

> 為了提高服務品質，我們將所有生產指標輸入到統計分析軟體 Tableau 中。我們甚至僱用一名受過統計學訓練的營運工程師，請他編寫 R 語言程式碼（另一個統計軟體包）。這名工程師有大量的待辦事項，大多是來自公司其他團隊的需求，他們希望在影響客戶的大型事故發生之前，儘早找到那些差異。[15]

我們採用了一種被稱為「平滑化」（smoothing）的統計方法，非常適用於時間序列資料，每個資料點都有一個時間戳記（例如：下載事件、已完成的事務處理事件等）。平滑方法以移動平均數（或滾動平均數）來轉換資料，將每個點與滑動視窗中的所有其他資料取平均值。平滑方法有助於抑制短期波動，突顯長期趨勢和週期。[*]

圖 15.6 展示了平滑化技法的應用成果。黑線表示原始資料，而灰線表示 30 天內的移動平均數（即 30 天的平均值軌跡）。[†]

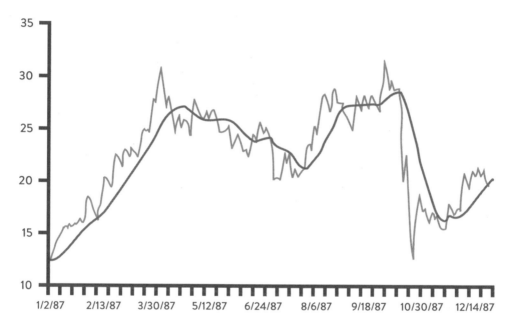

圖 15.6 Autodesk 股價和 30 天內移動平均數的篩選器

（資料來源：Jacobson, Yuan, Joshi,“Scryer: Netflix's Predictive Auto Scaling Engine.”）

---

[*] 平滑化和其他統計技法也適合處理圖形和音訊檔案。舉例來說，將圖像平滑化（或模糊化），每個像素點被替換為與其鄰近的所有像素的平均值。

[†] 平滑化篩選器的其他例子如：加權移動平均數和指數平滑化（分別在較舊的資料點上以線性或指數方式對較新的資料點進行加權）等。

除此之外還有一些更獨特的篩選技法，諸如快速傅立葉轉換和 Kolmogorov-Smirnov 檢驗（可見於 Graphite 和 Grafana），其中前者廣泛應用於圖像處理，後者常被用來分析週期性／季節性度量資料的相似性或差異性。

我們可以預期，與使用者相關的大量遙測資料將具有週期性／季節性的相似 —— 網路流量、零售交易、電影觀看以及許多其他使用者行為，在每日模式、每週模式，甚至是每年模式都具有驚人的規律性和可預測性。我們可以由此檢測與歷史規律有所出入的情形，比如：週二下午的訂單交易率降至每週平均值的 50％。

這些技法非常適合用在預測行為上，我們或許能在行銷或商業智慧部門裡，找到具備資料分析知識和技能的人員。找出具有這些才能的人，和他們攜手辨識共有問題，並以改進的異常檢測和事故預測方法解決問題。*

➜ 案｜例｜研｜究

進階異常檢測（2014）

在 2014 年 Monitorama 大會上，Toufic Boubez 博士介紹了異常檢測技術的威力，特別強調 Komogorov-Smirnov 檢驗的有效性。這種檢驗技法通常用於統計學領域，用來確定兩個資料集之間是否具有明顯差異。目前，在流行的 Graphite 和 Grafana 工具中已經嵌入了這種技術。[16]

圖 15.7 顯示某電子商務網站每分鐘的交易次數。圖中每週的交易量在週末呈現下降趨勢。透過觀察圖表的變化，可以發現在第四週發生了特殊狀況，因為週一的交易量並沒有恢復到正常水準。這表示我們應該針對這個事件進行調查。

---

* 為了解決這類問題，我們可以使用的工具包括 Microsoft Excel（它仍是一種用在一次性處理資料上最簡單和快速的方法之一），以及 SPSS、SAS 和 R 等統計軟體，其中 R 是目前最為廣泛使用的統計軟體之一。還有許多其他工具，包括源自 Etsy，現已開放使用的工具，諸如 Oculus（可以找出具有一定相關性、形狀類似的圖形）、Opsweekly（能追蹤警告的數量和頻率）和 Skyline（識別系統和應用圖形中的異常行為）。

警示：

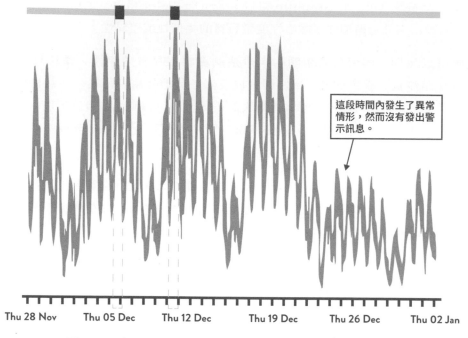

這段時間內發生了異常情形，然而沒有發出警示訊息。

| Thu 28 Nov | Thu 05 Dec | Thu 12 Dec | Thu 19 Dec | Thu 26 Dec | Thu 02 Jan |

圖 15.7　交易量：採用「三個標準差」規則，導致警示不足

（資料來源：Dr. Toufic Boubez, "Simple math for anomaly detection."）

使用三個標準差規則的情況下，只會產生兩次警告，缺乏關於週一交易量下降的關鍵警告。在理想情況下，我們會希望當交易量資料已經偏離預期的週一模式時，也能收到警告。

Boubez 博士開玩笑說：「雖然光是說出『Kolmogorov-Smirnov』一詞就讓人印象深刻」。[17]

> 但是營運工程師應該認真告訴統計學家，對營運資料而言，這些**非參數類型**的技法是很好的，因為它們不會對資料做出常態分佈或任何其他概率分佈的預先假設，這對我們理解在非常複雜的系統裡到底發生了什麼，「不做預設」這件事至關重要。這些技法比較了兩種概率分佈，可用來比較週期性或季節性的資料，非常有助於檢查每日或每週的資料差異。[18]

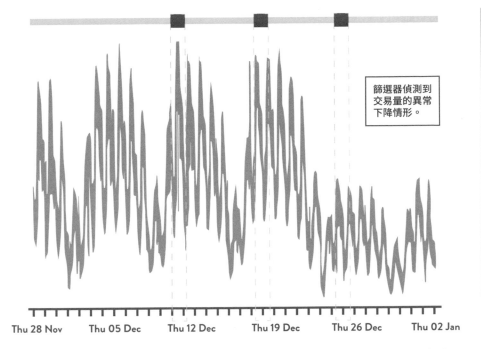

圖 15.8　交易量：使用 Kolmogorov-Smirnov 驗證檢測異常現象並發出警告

（資料來源：Dr. Toufic Boubez,“Simple math for anomaly detection.”）

圖 15.8 的資料集和圖 15.7 相同，應用 Kolmogorov-Smirnov 篩選器，在第三個區域突顯了週一的異常情形，其交易量沒有恢復正常水準。這提醒我們，此時系統中存在一個問題，以普通目測或標準差的方式幾乎不可能檢測到這個問題。在這種情況下，這種早期檢測可以防止影響使用者的事件發生，也能幫助我們有效實現組織目標。

本案例研究顯示，即使資料並不呈現高斯分佈，我們依舊能在資料中找到有價值的變異性。我們在此寫下這個案例研究，是為了展示如何在工作中運用這類統計技法，以及在組織中如何將其應用在完全不同的應用程式。

本章小結

本章探討了幾種幫助分析生產環境遙測資料的統計技法，有助於更早發現和解決問題，並在問題尚未擴大的情況下予以解決對策，避免造成災難性後果。這些技術幫助我們識別那些微弱的故障信號，並及時採取行動，建立一個更加安全的工作系統，同時提升實現組織目標的能力。

本章提及真實案例研究，包括 Netflix 如何利用這些技術，主動在生產環境中移除運算伺服器，以便實現自動擴展的基礎設施。此外，本章也討論了如何使用移動平均數和 Kolmogorov-Smirnov 篩選器，在現今流行的遙測圖形工具中都能見到兩者應用。

下一章將描述如何將生產環境遙測整合到開發團隊的日常工作中，讓部署作業變得更安全，同時使整體系統架構達到最佳化。

16

啟動回饋機制，安全部署程式碼

在 2006 年，Nick Galbreath 是 Right Media 公司的工程 VP，他負責管理線上廣告平台的開發和營運工作，每天該平台的廣告曝光次數超過 100 億次。[1]

Galbreath 描述了他們當時在營運方面所遇到的挑戰：

> 在我們的業務中，廣告的庫存變化非常動態，需要在幾分鐘內對市場狀態立刻做出反應。這意味著開發人員必須能夠進行快速的程式碼變更，並儘快發佈到生產環境，否則就會輸給速度更快的競爭對手。我們發現將測試工作，甚至是部署工作，單獨指派分配給一個小組的做法太慢了。我們必須將所有不同職能的人員納入同一群組，讓他們共同承擔責任，一起達成目標。或許你很難相信，最大的挑戰就是讓開發人員克服對部署程式碼的恐懼！[2]

諷刺的是，開發人員經常抱怨營運人員不敢部署程式碼。但當開發人員也擁有部署程式碼的權力時，他們自己也開始害怕部署程式碼了。

恐懼部署程式碼的情緒，普遍存在於 Right Media 公司的開發和營運團隊裡。然而 Galbreath 發現，當工程師（無論是開發人員還是營運人員）部署程式碼時，如果提供更快且更頻繁的回饋，並減少部署工作的批量規模，可以讓他們獲得安全感，重拾信心，不再害怕部署程式碼。[3]

Galbreath 發現許多團隊都經歷了上述轉變，他以這段話敘述團隊工作的轉變歷程：

起初，不管是開發或營運人員，都沒有人願意點擊那個「部署程式碼」按鈕，去觸發全套自動化程式碼部署流程，因為害怕成為導致系統全面癱瘓的元兇。終於有人勇敢地部署程式碼以後，由於事前的錯誤假設，或是對生產環境的細節掌握不夠，第一次的程式碼部署作業無可避免地出現了問題。當時我們對生產環境的監測並不全面，問題都是從使用者反映才得知。**4**

為了解決這個問題，團隊應該緊急修復程式碼缺陷，並再次部署到生產環境。這一次，我們在應用程式和生產環境中增加更多的生產遙測機制。如此一來，我們可以確認問題是否解決、服務是否恢復正常，並且可以在使用者反映之前就檢測到這一類問題。

後來，越來越多的開發人員也開始在生產環境裡部署程式碼。因為我們都在同一個複雜系統中工作，仍然有破壞生產環境中的某些功能的風險。這一次，我們能夠迅速探測到應用程式功能的故障，並且快速決定是回滾到前一版本還是直接修復問題。這對於整個團隊來說是一項巨大勝利，每個人都為此慶祝 —— 我們終於走上了正確的道路。

然而，團隊希望改進他們的部署結果，所以開發人員開始主動邀請同事，評閱他們的程式碼變更（請參見第 18 章），大家互相幫助寫出更加優質的自動化測試程式碼，以便在部署前就發現錯誤。與此同時，正因為每個人都確實理解「對生產環境的變更越小，遇到的問題就越少」這個道理，開發人員更頻繁地在部署流水線中檢入更小量的程式碼，確保變更能成功運行於生產環境中，然後再進行下一次程式碼變更。

現在，部署程式碼的頻率比以往任何時候都更加頻繁，服務的穩定性也更好了。我們再一次意識到，讓工作流穩定且持續流動的訣竅就在於頻繁地進行小規模的變更，讓任何人都可以評閱並輕鬆理解。

Galbreath 發現，上述改善讓所有人都獲益匪淺，這也包括開發、營運和資訊安全人員。

作為同時負責服務安全性的人，可以快速將補丁部署到生產環境這件事讓我非常高興，因為這表示一天內任何時間都能夠進行部署變更。此外，讓我感到驚訝的是，因為此時工程師們都具有維護服務安全的意識，一旦發現所負責的程式碼出現問題時，工程師都會迅速著手修復。[5]

Right Media 的案例證明僅僅實現部署流程的自動化是不夠的 —— 我們必須將生產遙測的監測融入到部署工作中，同時還要建立文化規範，也就是賦予每個人同等責任來維護整個價值流的健康狀況。

本章將建立回饋機制，在服務生命週期的每個階段（從產品設計到開發和部署，再到營運和最後汰換下線），都能夠持續改善價值流的健康狀況。如此一來，即使是在專案的初始階段，也能確保服務始終處於「準備上線」的狀態，同時還可以從每次發佈和生產問題中進行總結與學習，將經驗應用於未來工作中，提高服務安全性及每個人的生產力。

採用遙測讓部署作業更安全

此階段想要確保當任何人執行生產部署時，都能積極主動地監測生產環境的衡量指標，就像 Right Media 的案例一樣。幫助部署人員（無論是開發人員還是營運人員）在新版本運行於生產環境中以後，快速確認功能是不是按預期正常運行。畢竟，除非這個新版本確實按預期在生產環境中成功運行，否則我們都不應該認為程式碼部署或生產環境變更已經完成。

在部署過程中積極監測與軟體功能相關的衡量指標，以此確保我們沒有在無意中破壞自己的服務，或者是破壞另一項服務。假如此時所做的變更，真的對其他功能造成破壞或影響，我們就會召集所有相關人員來診斷和解決問題，以便迅速恢復服務。*

---

* 透過這種方式並結合所需架構，我們可以「改善平均恢復時間，而不是平均故障間隔時間」。這是一條廣為人知的 DevOps 準則，強調持續提升從故障中快速恢復的能力，而不是企圖避免發生故障。

如第三部分的內容所述，我們的目標是在軟體進入生產環境之前，就能在部署流水線中發現錯誤。儘管如此，難免還是會有檢測不到的錯誤，這時則必須依靠生產環境的遙測來快速恢復服務。我們可以使用「功能切換開關」關閉那些出錯的功能（這通常是最簡單且風險最小的做法，因為它不涉及生產部署），或者「前向修復」（fix forward）這個錯誤（也就是，修改程式碼來修復缺陷，然後利用部署流水線將程式碼變更部署到生產環境），或者採用「回滾」（roll back）手法（比方說，使用功能切換開關，換回之前的舊版本，或透過藍綠部署、金絲雀發佈等模式，離線處理出錯的伺服器）。

雖然前向修復的做法常常有風險，但是當我們擁有了自動化測試、快速部署流水線以及全面的遙測之後，就可以快速確認生產環境中的一切是否正常運行，這樣其實是非常安全的。

圖 16.1 顯示某次 Etsy 在部署 PHP 程式碼變更時，PHP 的運行時警告數量直線上升。在該情況下，開發人員在幾分鐘內就發現了問題，立刻修復出錯的程式碼，並將程式碼變更部署到生產環境中，在短短 10 分鐘內就解決了問題。

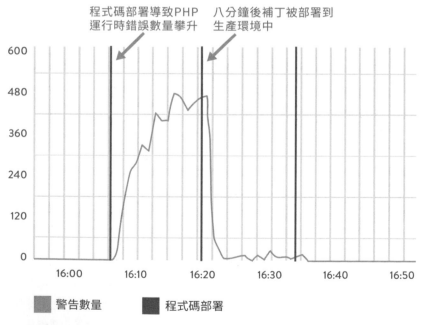

圖 16.1 Etsy.com 的部署引發 PHP 運行時警告後，進行迅速修復
（資料來源：Mike Brittain, "Tracking Every Release"）

由於部署是導致生產環境故障的主要原因之一，每一次的部署和變更事件都會顯示到監測視圖上，幫助價值流中的每個人了解相關活動，有效促進溝通和協作，快速探測和修復故障。

開發和營運共同承擔值班工作

即便生產環境中的部署和發佈工作已經無懈可擊，對任何複雜的服務而言，仍然會有意外情況發生，比如：發生在凌晨兩點的服務故障和當機事故。如果不好好修復，可能會導致問題復發，使下游營運工程師苦不堪言，特別是當造成問題的上游工程師對這些問題毫無覺知時，問題將會每下愈況。

即使把這些問題提交給開發團隊，修復這些問題的優先層級很可能遠低於交付新功能的迫切性。這些問題會反覆發作，長達數週、數月甚至數年，導致營運工作持續混亂和中斷。這個例子顯示，當上游工作中心只進行局部改善而忽略全局視野時，實際上會大幅降低整條價值流的效能。

為了防止以上狀況發生，必須讓價值流中的所有人共同承擔處理營運事故的下游責任。為此，我們會讓開發人員、開發經理和架構師輪流和營運團隊共同值班，就如Facebook 的生產工程總監 Pedro Canahuat 在 2009 年的做法。[6] 這確保了價值流中的所有人能夠根據各自所經手的上游架構和程式碼並得到直接的回饋。

營運人員不再自力更生、孤單地面對生產環境中的程式碼缺陷；相反，所有人都會幫忙在修復生產環境缺陷和開發新功能之間取得平衡，不管他們來自價值流中的哪一環節。正如 2011 年 New Relic 產品管理部門的 SVP Patrick Lightbody 所說：「我們發現在凌晨兩點請開發人員一同修復故障時，問題解決的速度要比以前快得多。」[7]

以上實踐還幫助開發管理人員意識到，就算每一項產品功能都標記為「完成」也不代表業務目標已經實現。相反，所有功能都在生產環境中按照設計正常運行，沒有引起重大故障，也沒有引發計劃外的營運或開發工作，才是真的「完成」。*

---

* ITIL 將「保證」（warranty）定義為一項服務能在生產環境中可靠且無需額外介入地運行一段預定時間（例如兩週）。理想情況下，這個「保證」的定義應該也納入到「完成」的定義中。

這種做法適用於各種團隊，包括市場導向團隊、負責開發和運行功能的團隊，以及職能導向的團隊。PagerDuty 的營運工程經理 Arup Chakrabarti 在 2014 年的一次演講中談到：「在公司裡設置專門的、隨叫隨到的救災英雄已經越來越少見了。相反地，一旦發生服務當機情形，與程式碼及生產環境有關連的所有人員應該都要參與解決。」 [8]

不管團隊的組織架構如何，基本原則是不變的：當開發人員獲得應用程式在生產環境中運行的回饋時，包括故障的修復狀況，他們拉近了與使用者之間的距離，回饋也令價值流中的所有人都受益匪淺。

讓開發人員追蹤工作對下游的影響

在互動式設計和使用者體驗設計中最強大的技法之一就是「情境訪談」。所謂情境訪談，是指產品開發團隊觀察使用者在自然環境中（通常是在他們的辦公桌前）如何使用應用程式。透過情境訪談，通常會發現使用者在使用產品的過程中所遇到的困難。舉例來說，在日常工作中可能需要多次點擊才能執行一項簡單任務、需要切換多個視窗，不斷複製和貼上文本，或者需要在紙上記錄資訊。其實這些都是因為應用程式的可用性不足而導致的補償性行為。

進行以上使用者觀察後，開發人員通常會感到非常沮喪，常常會說：「原來我們對使用者帶來痛苦，真是太糟糕了！」顯然，使用者觀察是一種非常好的學習形式，刺激開發人員加以改善服務。

我們的目標是運用這種技法，觀察我們的工作對內部使用者所產生的影響。開發人員應該追蹤他們的工作，了解下游工作中心在生產環境中是如何與他們開發的產品進行互動。*

---

* 追蹤工作結果有助於發現改善工作流的方法。相關改善例子不勝枚舉，例如：將複雜的手動操作（需要 6 個小時才能完成配置一個應用程式伺服器叢集）自動化；一次性執行程式碼打包作業，不再只能在 QA 和生產環境部署的不同階段進行多次打包；與測試人員一起自動化手動測試套件，從而消除頻繁部署的常見瓶頸；建立更實用的說明文件，而不是讓其他人基於開發人員所寫的應用程式註解去構建程序安裝包。

讓開發人員追蹤他們所經手的工作對下游造成何種影響，使他們親眼看見使用者所面臨的困難，從而在日常開發工作中做出更好、更明智的決策。透過這種方式，我們可以獲得對程式碼的非功能層面（所有與使用者導向功能無關的元素）的回饋，並找到提高應用程式的可部署性、可管理性、可維護性的方式。

觀察使用者體驗（UX）通常會使觀察者受益良多。本書作者之一 Gene Kim 是 Tripwire 公司的創始人，擔任公司首席技術長長達 13 年。回想自己第一次進行使用者觀察的情景時，他說：

> 2006 年的那次經歷是我職涯中最糟糕的時刻之一。當時，整個上午我都在觀察一位客戶如何使用我們的產品。我在觀察使用者執行一項操作，而我們預期客戶每週都會使用到這項操作。但是讓我們感到極度恐怖的是，竟然需要點擊 63 次才能完成這項操作。而那位客戶不斷道歉，說著：「對不起，或許有更好的操作方式才對。」

> 不幸的是，更好的操作方式並不存在。另一位客戶提到，產品的初始化配置需要 1,300 個步驟。突然之間，我理解了為何管理產品的工作總是被分派給團隊中的新進工程師　因為根本沒人想做運行產品的工作。這是我在公司裡建立使用者體驗實踐的原因之一，目的是為了解決我們給客戶帶來痛苦體驗的問題。

UX 設計能夠在一開始就確保服務品質，並對價值流中的其他團隊成員產生同理心。理想情況下，UX 設計能夠幫助我們建立應用程式的非功能需求，寫入共享的待辦清單中。最終，我們可以主動地將這些需求落實到所有服務中，這是 DevOps 工作文化的重要理念之一。*

---

* Jeff Sussna 在他所謂的「數位對話」中試圖進一步解釋如何更好地實現使用者體驗目標。這個對話旨在幫助組織將使用者的產品體驗之旅視為一個複雜系統，同時拓寬對於品質的定義範疇。關鍵概念包括：為服務而設計，而不是軟體設計；最小化延遲，最大化回饋強度；設計產品時將故障列入考量，並在操作中學習經驗；營運成果是下一次設計的參考；建立同理心。[9]

讓開發人員自行管理生產服務

即使開發人員平時在類生產環境中編寫和運行程式碼，營運團隊仍有可能遇上導致災難性事故的產品發佈，因為這其實是我們第一次看到程式碼在真實生產條件下的表現。出現這種結果的原因是，在軟體生命週期中營運學習往往太晚才開始。

如果不解決這個問題，往往會導致生產軟體難以穩定運行。一名匿名營運工程師曾經說過：

> 在我們的團隊中，大多數系統管理員只能在這份工作撐 6 個月。生產環境中總是發生故障，那些時刻太讓人抓狂了，部署應用程式的痛苦簡直難以置信。最糟糕的是，光是配置應用程式伺服器叢集，就整整花了我們 6 個小時。我們無時無刻不在想：這些開發人員一定跟我們有仇。[10]

如果沒有足夠的營運工程師來支援所有的產品團隊和現有的生產服務，就會導致這樣的結果。這種狀況既會在職能導向的團隊裡發生，也會發生在市場導向團隊裡。

為了解決這一問題，Google 的一項實踐值得我們好好參考。他們先讓開發團隊自己在生產環境中管理他們開發的服務，證明服務足夠穩定，可以交由 SRE（網站可靠度工程）團隊接手管理。讓開發人員自己負責部署工作並且在生產環境中提供技術支援，他們所開發的產品更有可能順利過渡給營運團隊去管理。*

為了防止有問題的自管理服務進入生產環境，帶來不可預料的組織性風險，我們可以定義服務的發佈要求。只有滿足了這些要求，服務才能與真實使用者進行互動，在生產環境中計入流量。此外，為了幫助產品團隊，營運工程師應該扮演顧問角色，幫助他們準備將服務部署到生產環境中。

建立服務發佈規範，有助於彙整全組織的集體智慧，特別是營運團隊所累積的經驗，去幫助每一個產品開發團隊。服務發佈規範和要求可能包括以下內容：[11]

---

* 保持開發團隊的完整性，在專案完成後也不解散團隊，還進一步增加了解決生產問題的可能性。

- **缺陷計數和嚴重性**：應用程式是按設計運行的嗎？

- **警告的類型／頻率**：在生產環境中應用程式所產生的警告數量是否太多，以至於無力支援？

- **監測的覆蓋率**：監測覆蓋的範圍是否夠大，能為恢復故障服務提供足夠資訊？

- **系統架構**：服務的寬鬆耦合程度是否足以支援生產環境中高頻率的變更和部署？

- **部署過程**：在生產環境中程式碼部署的過程是不是可以預測、可以界定、且足夠自動化？

- **生產環境的整潔**：是否有跡象表明生產習慣良好，可以輕鬆使其他任何人提供生產支援？

從表面上看，這些要求類似過去對傳統生產環境的管理確認清單。然而，關鍵差異在於，我們需要有效的監測指標，可靠且確定的部署，以及能夠支援快速頻繁部署作業的應用程式架構。

如果在評閱期間發現任何缺陷，被指派的營運工程師應該幫助功能開發團隊解決問題，甚至在必要時幫助他們重新設計服務，以便在生產環境中輕鬆進行部署和管理。

我們還可能想了解，這項服務在當下或是未來是否要遵守任何監管合規要求：

- 服務是否產生大量收益？（比方說，如果其收入是美國一家上市公司總收入的 5% 以上，那麼它就是一個「重要帳戶」，必須遵守 2002 年《薩班斯 - 奧克斯利法案》第 404 條）

- 服務的使用者流量或當機／損害成本是否很高？（即營運問題是否會導致可用性風險或聲譽風險？）

- 服務是否儲存付款資訊（如信用卡號）或個人身分資訊（如社會安全號碼或病歷記錄）？是否存在可能產生監管、合約義務、隱私或聲譽風險的其他安全問題？

● 服務是否需要符合任何其他監管或合約要求，比如：美國出口監管條例、支付卡產業資料安全標準（PCIDSS）、健康保險隱私及責任法案（HIPAA）等？

以上資訊將確保我們有效管理與服務相關的技術風險，以及潛在的安全及合規性風險。它還為生產環境的控制和設計提供了重要的輸入值。

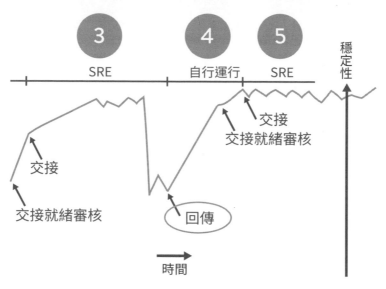

圖 16.2 Google 的「服務回傳機制」

（資料來源："SRE@Google: Thousands of DevOps Since 2004," YouTube video, 45:57, posted by USENIX, January 12, 2012, https://www.youtube.com/watch?v=iIuTnhdTzK0）

在開發過程的初始階段就整合可營運性需求，並讓開發人員先自行管理自己的應用程式和服務，可以讓新服務發佈到生產環境的過程變得更加順暢、更容易且可預測。然而，對生產環境中的現有服務而言，我們需要另外一種機制來保證營運人員不會被困在無法支援的服務中，這對職能導向的營運組織尤其重要。

在這個階段，我們可以建立**服務回傳機制**（*service handback mechanism*）。換句話說，當生產環境中的某一個服務變得非常脆弱時，營運部門能把支援這個服務的責任交回給開發部門。

當服務回到開發人員的手中進行管理，營運部門就從提供生產支援的角色，轉變為開發部門的顧問，幫助開發團隊再次將服務變成生產環境就緒狀態。

這種機制對於營運人員來說就像是洩壓閥，確保營運團隊不會陷入這種窘境：因為不得不管理脆弱的服務，技術債不斷累積，局部問題迅速擴大為全局問題。這一機制還有助於保障營運部門具備足夠能力，展開改善工作和預防性專案。

回傳這一實踐在 Google 由來已久，也許這正是開發和營運工程師互相尊重的最佳體現。採用這種實踐，開發部門能快速開發新服務；當一項服務對公司具有戰略意義時，會加入營運工程師到團隊中；只在極少數情況下，當服務在生產環境中難以管理時，才會回傳給開發人員。* 在以下關於 Google 網站可靠度工程的案例研究中，描述了「交接就緒審核」（Hand-off Readiness Review，HRR）和「上線就緒審核」（Launch Readiness Review，LRR）流程如何演進，以及這種實踐所帶來的好處。†

▶ 案│例│研│究

Google 的 HRR 和 LRR（2010）

Google 內部許多實踐為人稱道，其中之一是他們對營運工程師有一個職能定位，也就是「網站可靠度工程師」（Site Reliability Engineer，SRE），這個詞彙是由 Ben Treynor Sloss 在 2004 年提出的。† 那一年，Treynor Sloss 只有 7 名 SRE，到了 2014 年 SRE 已增加到 1200 多人。Treynor Sloss 說：「要是 Google 發生了當機事故，那絕對是我的錯。」儘管 Treynor Sloss 反對單單用一句話來定義 SRE，但他也曾說過：「SRE 就是軟體開發工程師開始負責過去所謂的營運工作。」[12]

---

* 在依專案分配資金的組織中，由於專案團隊已經解散，或者沒有承擔服務責任的預算和時間，這時很可能沒有能接收服務回傳的開發人員。針對這種情況，可行對策包括舉行一個「改善突擊日」，或提供臨時資金或僱用人員來改善服務，甚至將這個服務淘汰下線。

† 本書主要使用「營運工程師」這個術語，但「營運工程師」和「網站可靠度工程師」這兩個術語其實也表示相同意思，可以互換。

所有的 SRE 會向 Treynor Sloss 的組織進行匯報，確保各團隊內的人員素質一致，而這些 SRE 會被指派到 Google 的產品開發團隊中。然而，SRE 的人員數量仍然非常稀少，所以他們只會被分派給對公司來說最重要的產品團隊，或者必須遵從監管要求的產品團隊。此外，這些服務的營運負擔必須是比較輕的，不符合上述必要條件的產品仍由開發人員管理。

即使新產品非常重要，已經到了需要公司分配 SRE 的程度，開發人員仍然必須在生產環境中管理他們的服務至少 6 個月以上，然後產品團隊才有資格分配到 SRE 人員。[13]

為了幫助這些自己管理產品的團隊，讓他們依然能得益於 SRE 組織的集體經驗，Google 為發佈新服務的兩個關鍵階段，建立了兩套安全檢查，分別是「上線就緒審核」（LRR）和「交接就緒審核」（HRR）。

Google 在將任何新服務公開給使用者並且接收生產流量之前，必須進行 LRR，而且通過批准核可。當服務轉換為營運管理狀態後（通常是在 LRR 幾個月之後），則執行 HRR。LRR 和 HRR 審核清單其實相當雷同，但是 HRR 更加嚴格且驗收標準更高。相比之下，LRR 是由產品團隊自行執行並上報。

任何通過 LRR 或 HRR 流程的產品團隊都會分配到一名 SRE 人員，幫助他們了解和實現需求。隨著時間不斷推移，LRR 和 HRR 發佈審核清單的內容變得更加豐富，所有團隊都可以受益於從過去以來所彙整的集體經驗，不論發佈是成功還是失敗。Tom Limoncelli 在他於 2012 年的演講 SRE@Google: Thousands of DevOps Since 2004 中指出：「我們每次發佈都會學到東西。總會有一些人的發佈和交接經驗比其他人少。而 LRR 和 HRR 審核清單是建立組織記憶的一種方式。」[14]

要求產品團隊在生產環境中管理自己開發的服務，促使開發人員轉換到營運的工作視角，並且遵循 LRR 和 HRR 的審核規範，不僅使服務轉換變得更容易、更容易預測，而且有助於在上游與下游工作中心之間建立同理心。

Limoncelli 指出：「在最好的情況下，產品團隊一直使用 LRR 審核清單作為工作方針，在開發服務的同時滿足審核要求，並且主動聯繫 SRE 以便在需要時得到幫助。」[15]

此外，Limoncelli 還發現：

從早期設計階段到最後的發佈上線，與 SRE 越早合作的開發團隊，往往是最快通過 HRR 的團隊。更棒的是，你可以輕易找到一名 SRE，為專案提供幫助。所有的 SRE 都認為儘早為專案團隊提供建議是很有價值的一件事，而且他們很可能願意花幾個小時或是幾天來做這件事。[16]

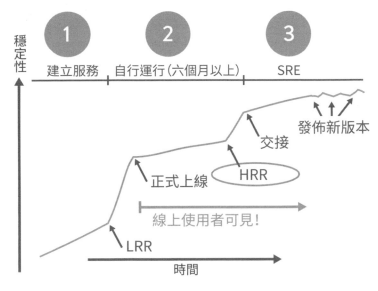

圖 16.3 「上線就緒審核」和「交接就緒審核」

（資料來源：“SRE@Google: Thousands of DevOps Since 2004,” YouTube video, 45:57, posted by USENIX, January 12, 2012, https://www.youtube.com/watch?v=iIuTnhdTzK0）

讓 SRE 在專案早期階段就幫助產品團隊，是 Google 不斷強化的一項重要文化規範。Limoncelli 解釋：「『SRE 幫助產品團隊』這件事是一項長期投資，要在數個月後、發佈服務時，才能看到回報。這是『優秀公民』和『社區服務』的一種表現形式，在評估一般工程師能否升職成為網站可靠度工程師（SRE）時，通常會考慮這個因素。」[17]

Google 讓產品團隊自行管理服務，以第一手學習經驗賦予團隊充滿價值的洞見，了解程式碼在生產環境中的真實行為。這項實踐強化了開發人員與營運人員之間的互相理解與信任關係，建立一個正向回饋的工作文化。

本章小結

本章討論了回饋機制，幫助我們在日常工作的每個階段改進服務，包括：將變更部署到生產環境、在出現問題時請求工程師修復程式碼、讓開發人員追蹤下游工作、建立非功能性需求幫助開發團隊編寫更優的生產就緒程式碼，或是將有問題的服務回傳給開發團隊自己管理。

藉由建立這些回饋循環，可以使生產環境的部署更安全，提升所開發程式碼的生產就緒程度，並且透過加以強化共同目標、共享責任和建立同理心，在開發和營運團隊之間建立更好的工作關係。

下一章將探討如何利用遙測資料，進行「假設驅動開發」和「A/B 測試」，以期實現組織目標並在市場中獲得勝利。

17

將「假設驅動開發」和「A/B 測試」
整合到日常工作

在軟體專案中，開發人員往往花上長達數月或數年開發功能，期間歷經多次發布，卻從未確認過業務需求是否得到滿足，比如：某個功能是否符合期望效果，甚至是否被用過。

更糟糕的是，即使發現了某個功能沒有達到預期的效果，開發新功能的優先度也可能高於對修正舊功能，結果導致那些效果欠佳的功能永遠無望實現預期的業務目標。本書共同作者 Jez Humble 指出：「有一種驗證業務模式或產品理念的方法效率極低，那就是構建完整產品之後，再查看預想中的需求是否真實存在。」[1]

在構建一項功能之前，應該捫心自問：「我們應該構建它嗎？理由是什麼？」然後以成本最低、速度最快的實驗，透過使用者研究來驗證設想的功能能否產生預期業務成果。我們可以使用假設驅動開發、使用者獲取漏斗模型和 A/B 測試等技法，本章中將會一一探討這些概念。Intuit 公司的案例生動說明了組織如何善用這些技法，建立使用者喜愛的產品，促進組織學習，在市場中取得一席之地。

Intuit 的假設驅動開發實踐（2012）

Intuit 專注發展商業及財務管理領域的解決方案，幫助小型企業、客戶和會計專業人員簡化工作複雜度。2012 年，Intuit 有 8,500 名員工，營業收入為 45 億美元，

旗艦產品包括 QuickBooks、TurboTax、Mint，以及近期發布的 Quicken。[2] *

Intuit 的創辦人 Scott Cook 一直倡導建立創新文化，鼓勵團隊採用實驗的方法進行產品開發，並號召領導階層對這種做法表示支持。正如他說：「這樣的作法完全迥異於領導階級的決策……我們強調的是，獲取真實使用者在真實實驗中的真實行為，並以此為基礎做出開發決策。」[3] 這正是在產品開發領域應用科學方法的完美縮影。

Cook 解釋，他們需要「這樣一個系統：每個員工都可以進行快速的實驗……Dan Maurer 負責客戶部門，他們管理 TurboTax 網站。在他接手後，我們一年大約做 7 次實驗」。[4]

他繼續說：「2010 年，組織內部積極推動創新文化，現在我們可以在每一次為期 3 個月的美國報稅季度中展開 165 次實驗。我們取得了什麼業務成果？網站轉化率上升了 50%……團隊成員非常喜愛這種方式，因為他們的創意發想可以快速投入市場。」[5]

除了提升網站轉化率，這個故事還令人感到驚艷的是，TurboTax 在交易高峰期間也不斷在生產環境進行實驗。對於許多零售業者來說，美國年末節假日期間的服務中斷影響營業收入的風險是最高的，所以從 10 月中旬到 1 月中旬，通常會暫停所有系統變更。

讓軟體部署與發布變得快速和安全，TurboTax 團隊進行了線上使用者實驗，所有必要的生產環境變更，都變成了低風險活動，在流量最高的收入高峰期也能毫無後顧之憂地進行變更。

這也變相說明了一件事實：最有價值的實驗時段正是業務高峰期。如果 TurboTax 團隊等到 4 月 16 日，也就是美國報稅截止日期的第二天，才去實施這些變更，那麼公司可能已經流失大量潛在顧客，甚至失去一些老顧客，他們轉而投向了競爭對手的懷抱。

盡快投入實驗、迭代並將回饋整合到產品或服務中，我們就能盡快學習經驗，超越競爭對手，而整合回饋的速度取決於部署和發布軟體的能力。

---

* 2016 年，Intuit 將 Quicken 售予私募股權公司 H.I.G Capital。

Intuit的案例說明了TurboTax團隊能夠成功運用以上實踐並在市場競爭中獲勝。

A/B 測試簡史

Intuit 案例的亮點所在，就是一項極其強大的使用者研究技法，定義使用者獲取漏斗模型，並執行 A/B 測試。A/B 測試技術由兩大行銷策略範疇之一的「直接回應行銷」（direct response marketing）率先採用。另一類行銷策略被稱為「大眾行銷」（mass marketing）或「品牌行銷」（brand marketing），通常透過向群眾投放大量廣告，影響人們的購買決策。

在電子郵件和社群媒體問世之前，直接回應行銷意味著，以郵寄的方式發出數以千計的明信片或廣告傳單，並要求潛在客戶撥打電話號碼、寄回明信片或者直接下訂單的方式進行消費行為。[6]

這些行銷活動中常常利用實驗，來確定哪種形式的轉化率最高。行銷團隊會試著修改和調整下單方式、重新潤飾廣告內容、採用多變的文案風格、設計、排版和包裝等，以便確認哪種方式最能有效催發預期行動（比如：回撥電話、訂購產品等）。

通常每一次實驗都需要重新做一次設計和印刷，再將成千上萬份廣告郵寄出去，然後等待幾個星期之後蒐集回饋。每次實驗通常花費數萬美元，且需要數週或數月的時間才能完成。儘管每次實驗都會產生一定開銷，但假如轉換率顯著提升（例如訂購產品的客戶數量從 3％增加到 12％），前幾輪實驗測試的成本也很容易得到回報。

優秀的 A/B 測試案例包括競選募款、網路行銷和精實創業方法等。有趣的是，英國政府也採用 A/B 測試，確認哪些信件收回逾期稅收的效率最高。[7] *

---

* 在進行產品研發以前，還有許多其他進行使用者研究的方式。成本最為低廉的方法包括進行問卷調查、構建產品初步原型（使用 Balsamiq 等工具進行模擬，或使用程式碼編寫的互動式版本）以及進行可用度測試。Google 的工程總監 Alberto Savoia 創造了「原型法」（pretyping）這個術語，指的是透過產品初步原型來驗證目前所創造的東西是否正確，符合需求。相對於埋頭編寫程式碼卻產出一個無用功能的勞心勞力程度，進行使用者研究的成本不高，而且容易實現。在大多數時候，我們不應該未經驗證的情況下就埋頭開發一項功能。

在功能測試中整合 A/B 測試

現代 UX 實踐中最常用的 A/B 測試技術是，對網站的訪客隨機展示兩種網頁版本的其中一種。換句話說，一個網頁是控制組（A），另一個則是實驗組（B）。根據這兩組使用者後續行為的統計分析，可以判斷這兩者的結果是否存在顯著差異，從而找出實驗組（例如：功能的變化、設計元素、背景顏色）和結果（例如：轉化率、平均訂單金額）之間的因果關聯。

比方說，我們可以實施一項實驗，看看改變「購買」按鈕上的文字或顏色，是否會增加收入，或者減慢網站的響應速度（故意為實驗組製造人為延遲），觀察是否會造成收入降低。這類的 A/B 測試讓我們在改善效能的同時，能夠確實感受對收入的影響。有時，A/B 測試也被稱為線上控制實驗或拆分測試（split test）。在實驗過程中也可以加入多個變量，觀察變量之間的相互作用，這種技術稱為多變量測試。

A/B 測試通常會帶來驚人結果。前 Microsoft 傑出工程師與分析與實驗小組總經理 Ronny Kohavi 博士指出：「完美執行這些旨在提高關鍵指標且設計良好的實驗之後，經過評估分析，結果顯示只有約三分之一的功能，成功提升了關鍵指標！」[8] 換句話說，其他三分之二的功能所產生的影響微乎其微，甚至可能使服務品質惡化。Kohavi 博士繼續指出，這些被開發出來的功能，起初都被認為是合情合理的好點子，然而 A/B 測試的實驗結果，再三證實了使用者測試的迫切需求，這種需求遠勝於直覺和專家意見。[9]

持｜續｜學｜習

如果想瞭解更多實驗設計與 A/B 測試，可以參考 Diane Tang 博士、Ron Kohavi 博士與 Ya Xu 博士合著的《Trustworthy Online Controlled Experiments: A Pratical Guide to A/B Testing》。作者在書中分享了運用線上實驗與 A/B 測試來改善產品的公司案例。這本書也揭露了任何人都能輕鬆學會的使用技巧，使用受信任的實驗來改善產品與服務，而不再任憑未經驗證的資料或意見擺佈。

Kohavi 博士的話帶有重大暗示：如果不進行使用者研究，那麼我們構建的三分之二的功能對組織的價值很可能為零，或者為負，因為它們增加了程式碼的複雜度，而隨著時間推移，應用程式的維護成本將會增加，軟體也變得更加難以修改。

此外，構建這些功能往往是以犧牲真正有價值的功能為代價。Jez Humble 開玩笑地說：「講難聽點，與其構建這些沒有價值的功能，還不如讓整個團隊好好度個假，對組織和客戶反而更好。」[10]

本書提出的解決對策是，將 A/B 測試整合到設計、實現、測試和部署功能的過程中。進行有意義的用戶研究和實驗，確保我們的努力有助於實現客戶和組織的目標，在市場上取得勝利。

在發布中整合 A/B 測試

在生產環境中快速、輕鬆地按需部署，利用功能切換開關將軟體的多個版本，同時交付給多個使用者群組，進行快速且迭代的 A/B 測試。想要實現這一點，我們必須在應用程式堆疊的各個層級上，實施全面的生產環境遙測。

勾選功能切換開關中的選項，可以控制能看到實驗組版本的用戶比例。例如：將半數使用者指定為實驗組，對其顯示「與購物車中失效商品相似的商品連結」。我們可以對比控制組（未提供）和實驗組（提供選項）的使用者行為，例如這一實驗期間內的消費量。

Etsy 開放了他們的實驗框架 Feature API（以前稱為 Etsy A/B API），不僅支援 A/B 測試，還支援線上調整，對實驗組限制曝光量。其他具有 A/B 測試功能的軟體產品包括 Optimizely、Google Analytics 等。在 2014 年接受 Apptimize 的 Kendrick Wang 採訪時，Etsy 的 Lacy Rhoades 描述了他們的實驗之旅：

> 在 Etsy，實驗的目的是為了做出明智決策，確保我們向數百萬會員推出可用功能。我們經常在一些功能上投入大量時間且必須加以維護，但沒有證據表明它們是成功的功能，或證明他們受到使用者青睞。A/B 測試讓我們在開發過程中，就能判斷一項功能是否值得繼續投入心力。[11]

在功能規劃中整合 A/B 測試

具備支援 A/B 功能發布和測試的基礎設施之後，我們還必須確保產品經理將每個功能都視為一個假設，並根據生產環境的真實使用者之實驗結果，來證明或反駁這些假設。實驗應該在使用者獲取漏斗模型的脈絡下構建設計。關於如何在功能開發中建立一項假設，《精實企業：高效能組織如何將創新規模化》的共同作者 Barry O'Reilly 做了如下描述：[12]

- **我們相信**，增大預訂頁面上酒店圖片的大小。

- **將會提升**使用者的參與度和轉化率。如果在 48 小時內查看酒店圖片並預訂房間的使用者增加了 5%。

- **我們將有信心進行這項改變。**

採用實驗方法進行產品開發，不僅需要將工作分解成更小的單位（使用者故事或使用者需求），還要驗證每個工作單元是否能夠實現預期結果。如果沒有達到預期，則必須修正工作流程思路，以替代方案實現業務成果。

➡ 案│例│研│究

Yahoo! Answers 收入翻倍：「快速發布週期」實驗（2010）

2009 年，Jim Stoneham 是 Yahoo! Communities 小組（包括 Flickr 和 Answers）的總經理。之前，他主要負責 Yahoo! Answers，與其他問答公司進行競爭，如 Quora、Aardvark 和 Stack Exchange 等。[13]

當時，Answers 每月訪問人次將近 1 億 4 千萬，其中有 2 千多萬活躍用戶，使用 20 多種不同語言來回答問題。然而，用戶成長和收入已經進入瓶頸期，用戶參與度在下降。[14]

Stoneham 說：

Yahoo! Answers 曾經是且仍然是網際網路上最大的社交遊戲之一。數以千萬的使用者積極地以比社群內其他成員更快的速度，為問題提供優質答案，以便「升級」。網站有很多機會去調整遊戲機制、病毒式行銷以及與其他社群互動模式。面對這些人類行為時，你必須具備快速迭代和測試的能力，發現大家熱衷於什麼事物。[15]

他繼續說：

Twitter、Facebook 和 Zynga 在實驗方面做得非常好。這些組織每週至少進行兩次實驗，他們甚至在部署之前，持續審核這些變更，確認沒有偏離正軌。這個網路上最大的問答網站也想進行快速迭代的功能測試，但是我們最快四週才能發布一次。相比之下，市場上其他人的回饋迴圈速度比我們快上 10 倍。[16]

Stoneham 發現，正如產品負責人和開發人員依照遙測指標行事，如果不能頻繁地（每天或每週）進行實驗，日常工作的重點就只能放在功能開發而不是客戶成果上了。[17]

正因為 Yahoo! Answers 團隊能夠做到每週部署一次，之後又提升到了每週部署多次，他們顯著提升了實驗新功能的能力。在後續為期 12 個月的實驗中，驚人成果包括月訪問量上升了 72%，用戶參與度提升 3 倍，業務收入翻了一倍。[18]

為了繼續擴大豐碩戰果，該團隊專注使以下幾個最重要的指標達到最佳化：

- **首次回答時間**：回答一個用戶問題的速度有多快？

- **最佳答案時間**：用戶社區給出最佳答案的速度有多快？

- **答案按讚數**：一個答案被用戶社群成員按讚的次數？

- **回答次數／週／人**：用戶建立了多少個答案？

- **二度搜尋率**：訪問者需要二度搜尋才能獲得答案的頻率？（數值越低越好）

Stoneham 總結：「這些正是我們想在市場拔得頭籌所需要學習的東西，而且它不止改變了我們推出功能的速度。我們的心態也從『為人打工』轉變成了『自己做主』。當你以這種快節奏運轉，而且每天都能看到各種數字和結果時，投入心力的程度會大幅提升。」 **19**

> Yahoo! Answers 的案例證明了更快的迭代週期能顯著影響結果。迭代的速度越快，同時將回饋整合到向客戶提供的產品或服務中，我們學習的速度就越快，產生的影響也越大。

本章小結

想要取得成功，我們不但需要快速地部署和發布軟體，還要在實驗方面超越競爭對手。採用假設驅動開發、定義並衡量使用者獲取漏斗模型，以及 A/B 測試等技術，能夠安全、輕鬆地進行使用者實驗，讓員工發揮創造力和創新能力，並進行組織性學習。吸收實驗結果經驗，刺激組織學習，不僅能讓組織獲得成功，也能激發員工的積極性，主動實現業務目標和客戶滿意度。下一章內容將研究如何建立評閱和協作流程，提高現有工作品質。

18

建立評閱和協作流程，提升現有工作品質

前幾章內容，我們知道如何建立必要的遙測機制，以便在生產環境和部署流水線的所有階段中監控和解決問題。我們也學習如何建立快速的回饋迴圈，強化組織學習的文化，鼓勵組織成員主動提升使用者滿意度和功能效能，幫助我們取得成功。

本章重點在於幫助開發人員和營運人員，在實施生產環境變更前，有效降低變更風險。當我們評閱將要部署的變更時，傳統做法通常是大幅依賴部署之前的評閱、檢查和審核環節。審核者通常來自團隊外部，他們對實際工作不甚瞭解，其實無法準確評判變更是否具有風險。而且，為了獲得全部必要的審核，需要花費不少時間，進一步延長了變更的交付時間。

GitHub 的同儕評閱

GitHub 的同儕評閱流程是一個典型範例，展示了這種審核方法如何提高程式碼品質、使部署更安全，以及如何將其融合進每個人的日常工作流程中。他們建立了一種稱為 Pull Request 的流程，這也是在開發和營運團隊中最為流行的一種同儕評閱形式。

GitHub 的首席資訊長和聯合創辦人 Scott Chacon 在他的網站上寫道，Pull Request 是這樣運作的：讓工程師告訴其他所有人，他傳送了一些程式碼變更到 GitHub 上的儲存資料庫。當這位工程師提交了 Pull Request 之後，相關人員就能評閱所有的程式碼變更，討論可能的修改，甚至在必要時推進後續行動。提交 Pull Request 的工程師通常會請求大家參與投票，例如在評論中回覆

「+1」「+2」等，具體形式取決於實際上需要多少評論數量，又或者使用「@ 評閱人」的形式通知工程師來參與評閱流程。[1]

在 GitHub，Pull Request 也應用於被稱為「GitHub Flow」的一套實踐上，這套實踐的目標是將程式碼部署到生產環境中。實踐內容包括，工程師如何請求程式碼審查、蒐集和整合回饋，以及向通知所有人程式碼將被部署到生產環境（如「主幹」分支）。

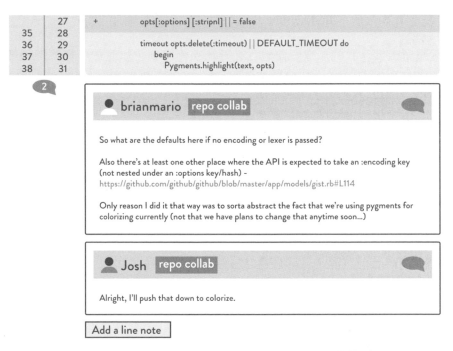

圖 18.1 GitHub Pull Request 上評論與建議的範例

（資料來源：SScott Chacon,"GitHub Flow," ScottChacon.com, August 31, 2011, http://scottchacon.com/2011/08/31/github-flow.html）

GitHub Flow 具有以下五個步驟：

1. 為實現一項新功能需求，工程師必須基於主幹建立一個具有清晰敘述的分支（例如 "new-oauth2-scopes"）。

2. 工程師提交程式碼到本地分支，並定期將工作成果推送到遠端伺服器的同名分支上。

3. 需要回饋或幫助、或者準備將這個分支的程式碼合併到主幹時，工程師必須發起一個 Pull Request。

4. 獲得評閱並通過必要審核後，就可以將程式碼合併到主幹。

5. 將程式碼變更合併到主幹之後，此時工程師可以將其部署到生產環境。

這種實踐方法將程式碼審查和團隊協作融入日常工作中。因此 GitHub 可以快速、安全地交付高品質且可靠的功能。2012 年，GitHub 進行了 12,602 次部署，這個數字非常驚人。特別是當年 8 月 23 日，舉行涵蓋全公司部門組織的高峰論壇後，當日激盪出許多令人興奮的點子，公司迎來了史上最繁忙的一天，一共執行了 563 次構建，並且在生產環境中成功部署了 175 次 —— 這全都要感謝 Pull Request，讓這一切成為可能。[2]

本章會將諸如 GitHub 的實踐整合到日常工作中，協助我們擺脫對定期檢查和審批的依賴，用持續不間斷的同儕評閱取而代之。實踐重點在於，確保開發人員、營運人員和資安人員始終緊密協作，使系統所做的變更可靠、安全、符合設計。

變更審核流程的危險

Knight Capital 的服務當機事件是近年內最為嚴重的軟體部署事故之一。短短 15 分鐘的部署事故導致 4 億 4 千萬美元的交易損失，當下工程團隊也無法中止生產服務。公司營運狀況因為財務損失而陷入困境。為了繼續經營下去，避免危及所有財務系統，該公司在一週後被迫出售經營權。[3]

John Allspaw 發現，一旦出現類似 Knight Capital 部署事故這樣引人注意的事件時，對於事故發生的原因，通常會出現兩種**反事實**的說法。[4] *

第一種說法是：事故之所以發生，是因為變更控制失效。這個說法聽起來頗為合理，因為我們可以想像，如果採用更好的變更控制實踐，就能夠更早識別出風

---

* 「反事實思維」（counterfactual thinking）是一個心理學名詞，指人們往往針對已經發生的生活事件建立其他可能的敘述。在可靠性工程中，反事實思維下的敘述口吻通常是基於「想象的系統」，而非「現實世界的系統」。

險，並阻止變更部署到生產環境。如果我們無法阻止部署，則可以採取其他措施，更快檢測和恢復服務。

第二種敘述是：事故發生的原因，是由於測試失敗。這聽起來似乎也有道理，因為透過更完善的測試實踐，就可以更早發現風險，並取消這一次具有風險的部署活動，或者至少可以採取某些措施，更快檢測和恢復服務。

但現實是，在信任薄弱、基於「指揮與控制」的組織文化中，這些變更控制和測試的實踐，反而會增加問題復發的幾率，甚至造成更嚴重的後果。

根據本書共同作者 Gene Kim 的分享，他意識到：「實施變更和測試控制，竟可能帶來截然相反的後果，更無法稱之為我個人職涯中最重要的時刻。我在 2013 年與 John Allspaw 和 Jez Humble 談論 Knight Capital 事故時突然意識到這一點。這讓具有稽核經歷的我，對過去十年中形成的一些核心信念產生了懷疑。」

他繼續說道：「雖然感到錯愕且心煩意亂，這對我來說也是重塑觀念的關鍵時刻。他們不但說服我他們是正確的，我們還用 2014 年的《State of DevOps Report》測試這些信念，發現了一些令人驚訝的結果，再度驗證培養高度信任的組織文化這件事，可能是未來十年最大的管理挑戰。」

「過度控制變更」的潛在危險

傳統的變更控制可能會導致意想不到的後果，例如延遲交付時間，降低部署過程中回饋的強度和即時性等等。為了好好理解這些絕非本意的狀況究竟為何發生，我們來回顧一下在變更控制失敗發生時，通常正在實施的控制條件：

- 在變更請求表單中增加更多問題。
- 要求更多授權，例如多加一級管理層（好比不但要營運 VP 批准，還需要 CIO 批准才行）或更多利益關係人（例如網路工程、架構評閱委員會等）的審核。
- 變更審核需要更長的前置時間，以期變更請求被適當評估。

伴隨這些控制條件而來的是大量額外的步驟和審核，擴大了部署過程的阻力，還增加了批量規模和部署前置時間。對於開發和營運部門來說，這減弱了取得成功結果的可能性。這些控制也降低了我們獲得回饋的速度。

豐田生產系統的核心理念之一是：「最了解問題的人，就是那些離問題最近的人」。隨著工作和工作系統變得越來越複雜且充滿變動性（這在 DevOps 的價值流中相當常見），這個道理就越發顯而易見。[5] 在這種情況下，讓距離工作越來越遠的人來做相關審批的步驟，這實際上可能會降低成功概率。就像之前就已經證明過的一樣，執行工作的人（即變更實施者）和決定做這項工作的人（即變更授權人）之間的距離越遠，審核流程的結果就越差。

持｜續｜學｜習

研究發現，菁英組織能更快速、更清楚，且阻力更小地處理變更審核——因而創造更優異的軟體交付表現。DORA 在 2019 年的《State of DevOps Report》發現，清楚敏捷的變更流程，也就是讓軟體開發人員輕鬆地從「提交」到「通過」所有審核請求，能夠帶來更高效的工作表現。[6] 相較之下，沉重拖沓的變更審核流程，比如：需要外部審核委員會或管理高層參與某個重要變更的審核，則對整體效能有負面影響。[7] 這與 Puppet 在 2014 年的《State of DevOps Report》發現不謀而合，該研究指出，高績效組織更依賴同儕評閱，而不是外部變更核可。[8]

在許多組織中，變更諮詢委員會在 IT 服務交付過程中發揮著重要的協調和管理職能，但是他們的工作不應該是手動評估每一個變更，ITIL 中也不強制要求這種做法。為什麼呢？這時必須思考變更諮詢委員會所處的困境。通常，交由他們評閱的變更極其複雜，可能涉及數百名工程師，涉及數十萬行程式碼。

單單從審閱變更單中簡短的描述篇幅，或者僅僅核對某個清單上的內容是否全數完成，不可能準確預測出變更是否會成功。另一方面，當變更涉及數千行的程式碼，尤其是當變更發生在複雜系統內時，評閱流程很難得出新見解。即便是那些每天都與程式碼庫打交道的工程師們，也經常對那些低風險變更所帶來的副作用感到詫異。

鑑於以上種種原因，我們應該建立更類似同儕評閱的有效控制實踐，減少向外部尋求變更授權的依賴程度。此外，我們還必須有效協調和安排與變更相關的活動，具體細節將在後續兩節一一探討。

➡ 案｜例｜研｜究 NEW

Adidas：從六眼原則到規模化發布（2020）

2020 年 11 月，忙著應付 Covid-19 疫情的一年後，焦頭爛額的 Adidas 又碰上了每年銷售高峰期，陷入了危機之中。在經歷了五次糟糕透頂的服務中斷後，很明顯事態已經超過他們所能掌控的局面。[9]

在危機發生的前一年，Adidas 的業務成長了 10 倍，數位業務收益增加了近 50%。這種成長也意味著，平台上訪客量增加了 2 到 3 倍，他們也從訪客身上追蹤到了大量數據。這帶來了 10 倍的技術流量和負載。伴隨這種成長而來的是持續增加的技術團隊的數量與能力，而且根據布魯克定律，他們之間的依賴關係也在不斷累加。[10]

在銷售高峰期，下單率飆升到每分鐘有 3,000 份訂單，Adidas 每天要發送 110 億個接觸點。而他們的第一個策略是讓這個數字再翻一倍。以主打產品日（特別產品發布）來說，他們的目標是達到每秒鐘 150 萬次點擊。[11]

經過多年的業績成長和自由之後，2020 年 11 月，Adidas 卻發現自己陷入惡夢般的境地，在為期兩個月的銷售高峰期間，他們必須把三位 VP 叫進同一間會議室，一個個批准變更或發布。[12]

擔任數位技術 VP 的 Fernando Cornago 是房間裡的其中一位 VP：「我可以很誠實告訴你，到頭來我們對某些細節根本毫無頭緒。」[13]

當時，Adidas 的生態系統中有超過 5.5 億行的程式碼，有將近 2000 名工程師。在危機結束之前，他們顯然必須做出改變。因此，Adidas 開始著手準備新一輪的營運處理和發布管理工作。

他們首先問了三個關於穩定性的問題：

- 我們如何盡快發現中斷？
- 我們如何快速解決中斷問題？
- 還有，我們如何確保中斷不在生產環境中出現？

他們引入了 ITIL 和 SRE 實踐來回答這些問題。首先他們意識到，中斷並不止影響單單一個產品。「我們發現，一切都是緊密相依的」數位 SRE 營運部資深總監 Vikalp Yadav 說。[15]

他們意識到必須把價值流看成一個思考流程。他們藉此擬定出「收入損失與淨銷售額之百分比」作為關鍵績效指標，用來衡量服務中斷的更大影響。最後，為了確保實現可觀察性、服務韌性和發布卓越性，他們採用了一個名為「發布適應性」（release fitness）機制。[16]

Adidas 的環境變得龐大，也變得更加複雜性。WnM Service 的 SRE 專家顧問 Andreia Otto 認為：「現在的問題是不只關於我的系統變得如何，而是也關乎整個生態系統的變化。」這些發布流程需要被標準化。

他們與產品團隊和服務管理團隊攜手合作，找出一套關鍵績效指標或影響因子，在每一次發布之前都根據這些指標進行檢查。一開始，它只是一個 Excel 表格。每個團隊都必須在每次發布前填寫表格，確認是否能夠發布。

很明顯，這不是一個可持續或深受歡迎的做法。每次發布都要手動填寫，這麼做既乏味又費時。他們知道，他們需要找到一種方法來自動進行評估，而這正是他們後來所做的。

他們開發了一個儀表板，從三個不同的角度檢視每一次版本發布：系統層面（產品的狀態）、價值流（上下游的依賴性等），以及環境（平台、事件等）。透過這三個檢視角度，儀表板會給出「發布／不可發布」的明確建議。[18]

在任何東西被發布到生產環境之前，這個檢查已經自動完成。如果一切正常，它就能進入生產環境。如果不行，這個發布則會停止，負責團隊就會檢查儀表板，查看問題出在哪裡。問題可能是由於某個特定活動，例如在 Adidas 的主打產品發布日不允許推出任何變更，也可能是團隊沒有更多的錯誤預算等等。

Adidas 的「發布適應性」機制建立了一個能夠自我調整和自我調節的系統。一方面，他們具備了嚴謹的發布準則。另一方面，這個系統擁有自動檢查和錯誤預算功能，能夠告訴任何開發人員是否可以部署變更。他們不再需要召集三位 VP 到同一個房間裡，批准每一個變更。更重要的是，在一個不斷成長的生態系統中，Adidas 每月大約有一百名新工程師入職，發布適應性的自動化大大減少了熟悉系統與服務的時間，讓工程師可以快速進入狀態。

Adidas 的自動變更審查機制確保了眾多依賴關係中的程式碼品質，而不需要倚靠昂貴而緩慢的審查委員會。

協調變更與排程

每當多個團隊在共享依賴關係的同一個系統上工作時，則需要好好協調變更，以確保它們不會相互干擾（例如為變更編組、批次處理或排程）。一般來說，組織架構越是寬鬆耦合，各團隊之間需要溝通和協調的事情就越少。當系統架構真正實現「以服務為導向」時，每個團隊就可以進行高度自主的變更活動了，因為此時局部變更不太可能造成全局中斷。

然而，即使是在寬鬆耦合的架構裡，當多個團隊每天進行數百個獨立的部署時，彼此干擾的風險（例如：同時進行 A/B 測試）依然存在。為了降低這些風險，我們可以使用聊天室來發布變更通告，並主動找出可能存在的衝突。

對複雜組織以及系統架構耦合程度很高的組織來說，我們必須更加小心地安排變更。集結各個團隊的代表，他們要做的並非授權變更，而是為變更工作排程並使其佇列化，讓事故風險降到最低。

然而，某些領域的變更風險總是較高，比如：底層基礎設施的變更（具體例子包括核心網路交換器的變更）。這類變更勢必需要技術性的保障對策，如冗餘備份系統、故障切換、綜合測試和變更模擬。

評閱變更

異於在部署之前需要外部組織的審批核可，這裡的同儕評閱是要求工程師，邀請同事對他們的變更進行評閱。在開發中，這種實踐被稱為程式碼審查（code review），同樣適用於對應用程式或環境（包括伺服器、網路和資料庫）進行的任何變更。同儕評閱的目標是透過工程師同事的仔細核查來減少變更錯誤。這種評閱形式，不僅可提升變更品質，也變相實施了交叉培訓，對互相學習和技能提升非常有好處。

進行同儕評閱的適當時機，是將程式碼提交到版本控制系統中的主幹的時候。此時，變更可能會影響到整個團隊，或者造成全局影響。至少，工程師同僚應該審核我們的變更，但是對於風險更高的領域來說（例如：資料庫變更，或者在自動化測試覆蓋率不高的情況下對業務的關鍵組件進行變更），可能就需要領域專家

（例如資訊安全工程師、資料庫工程師）做進一步的審查，或者做多重評閱（比如：用「+2」做評論，而不是「+1」）。*

保持小批量規模的原則，也適用於程式碼審查。變更的批量越大，評閱工程師理解這些工作需要花費的時間就越長，他們的負擔也越大。正如 Randy Shoup 所說：「變更的批量與整合這個變更的潛在風險之間存在著非線性的關係 ── 從 10 行程式碼的變更到 100 行程式碼的變更，發生錯誤的風險不止高出 10 倍。」[19] 這正是為什麼開發人員要以小規模、漸進式的步驟工作，而不應在功能分支裡長時間工作的原因。

此外，隨著變更規模增加，針對程式碼變更進行有意義評論的能力也隨之下降。正如 Giray Özil在 Twitter 上所說的：「請程式工程師來審查 10 行程式碼，他會找到 10 個問題。請他審查 500 行程式碼，他會說看起來都不錯。」[20]

程式碼審查的原則如下：

- 每個人在將程式碼提交到主幹以前，必須要有同僚來評閱他們的變更（例如程式碼、環境等）。

- 每個人都應該持續關注其他成員的提交活動，以便識別和審查出潛在的衝突。

- 定義哪些變更屬於高風險變更，判斷是否需要請領域專家（例如資料庫變更、涉及資料安全性的身分驗證模組等）來進行審查。†

- 如果提交的變更規模太大，大到令人費解（比方說，閱讀了好幾遍程式碼也無法理解、或者需要提交者進行解釋），那麼這個變更必須分解成數個較小的變更分別提交，使之一目瞭然。

為了避免評閱活動流於形式主義，可能還要檢查一下程式碼審查的統計資料。查看通過評閱的程式碼提交數量，有多少個程式碼沒有通過評閱，也可以對特定的程式碼審查進行抽樣和檢查。

程式碼審查有以下幾種形式：

---

* 本書會交替使用「程式碼審查」和「變更評閱」。

† 變更諮詢委員會很可能已經建立一份涵蓋高風險程式碼和環境的相關清單。

- 結對程式設計（Pair programming）：程式設計師結對地在一起工作（見下節內容）。

- 「肩並肩」：在一名程式設計師編寫了一段程式碼後，評閱程式設計師接著就逐行閱讀他的程式碼。

- E-mail 往返：在程式碼被檢入到原始碼管理系統中後，系統立刻自動向評閱者們郵寄一份程式碼。

- 配合輔助工具的程式碼審查：審閱者作者及審查者利用配合程式碼審查的軟體進行審查（例如：Gerrit、GitHub 的 Pull Request 等）或採用由原始碼資料庫（例如：GitHub、Mercurial、Subversion、以及 Gerrit、Atlassian Stash 和 Atlassian Crucible 等其他平台）提供的類似功能。

對變更進行各種形式的仔細檢查，有助於發現那些曾經忽視的錯誤。程式碼審查還可以輔助程式碼提交和生產環境部署，並支援基於主幹的部署和大規模持續交付。我們將在下面的案例研究中看到這些作用。

▶ 案 | 例 | 研 | 究

Google 的程式碼審查（2010）

正如本書前文的 Eran Messeri 描述過，2013 年 Google 的開發流程允許 13,000 多名開發人員在一個原始程式碼庫上使用主幹開發實踐，每週程式碼提交的次數超過 5,500 次，每週進行數百次生產環境部署。[21]

2016 年，Google 全球 25,000 名工程師，在一般的工作日向主幹提交 16,000 次程式碼變更，每天還有 24,000 次變更是由系統自動提交。[22]

Google 的團隊成員必須遵守嚴格紀律和強制程式碼審查，涵蓋以下面向：[23]

- 符合程式語言規範的程式碼可讀性（強制編碼樣式）。
- 指派程式碼分支的所有權，保證一致性和正確性。
- 在團隊中提倡程式碼的透明度和貢獻度。

圖 18.2 顯示程式碼變更的規模如何影響程式碼審查的前置時間。x 軸表示程式碼變更的大小，y 軸表示程式碼審查過程的前置時間。一般來說，需要程式碼審查

的變更批量越大，程式碼審查所需的前置時間就越長。左上角的資料點表示更複雜、更具潛在風險的變更，它們需要更多時間來審議和討論。

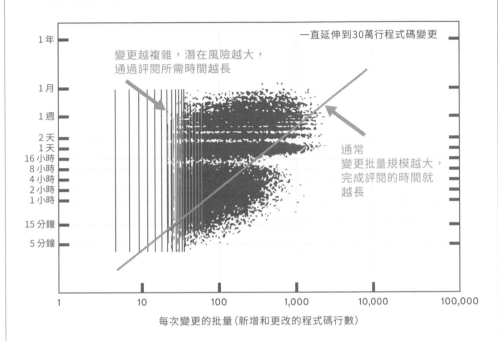

圖 **18.2** Google 的變更規模與變更前置時間

（資料來源：Ashish Kumar, "Development at the Speed and Scale of Google," presentation at QCon, San Francisco, CA, 2010, qconsf.com/sf2010/dl/qcon-sanfran-2010/slides/AshishKumar_DevelopingProductsattheSpeedandScaleofGoogle.pdf）

在 Randy Shoup 擔任 Google 工程總監期間，他發起一項個人專案，試圖解決公司當時面臨的一則技術問題。他說：

> 我在這個專案上投入幾個星期後，請了一位領域專家來評閱我的程式碼。這個專案有接近 3,000 行程式碼，這位專家花了好幾天的時間才完成評閱。之後他對我說：『請不要再這麼折磨我了。』我很感激這位工程師為這件事花費心力與時間。我因此學到了一個經驗，應該將程式碼審查作為日常工作的一部分。[24]

Google 是利用程式碼審查來實踐基於主幹的開發與規模化持續交付的優秀案例。

手動測試和凍結變更的潛在危害

現在，我們建立了同儕評閱機制，用來降低風險，縮短與變更審核流程相關的前置時間，並實現大規模的持續交付，就像在 Google 的案例研究所彰顯的成果。接著，讓我們來看看萬一測試弄巧成拙的情況。當測試失敗時，通常我們的反應會是，繼續做更多測試。然而，如果只是在專案結束時進行更多測試，反而可能導致更糟糕的結果。

在做手動測試時更是如此，因為手動測試本來就比自動化測試更慢、更乏味，而且完成「附加測試」的時間通常更長，同時意味著部署頻率更低，部署的批量規模也變大。從理論和實踐兩個方面來看，我們都知道部署的批量規模越大，變更的成功率就越低，事故發生的數量和平均故障恢復時間（MTTR）也都隨之上升 —— 這些恰恰與我們期望的工作成果背道而馳。

我們必須在日常工作進行全面測試，納入工作流的一部分，讓工作成果順暢進入生產環境，同時提高部署的頻率，而不是在變更凍結期間安排大量的變更測試。透過這種方式，將「追求品質」納入日常工作，以更小的批量規模進行測試、部署和發布。

利用結對程式設計改進程式碼變更

所謂「結對程式設計」（pair programming），就是兩名軟體開發工程師同時在同一台工作站上工作的開發方法，它是一種在 2000 年左右由極限編程和敏捷式開發廣泛推廣的實踐方法。與程式碼審查一樣，這種實踐始於開發過程，但是在價值流中，它也適用於與工程師相關的其他工作。*

在常見的結對模式中，一名工程師扮演**駕駛者**（*driver*）的角色，他是實際上編寫程式碼的人，而另一名工程師則作為**導航者**（*navigator*）、**觀察者**（*observer*）或**指向者**（*pointer*），他會檢查駕駛者正在進行的工作。在檢查的過程中，觀察

---

* 在本書中，「結對」和「結對程式設計」這兩個術語的含義相同可以互通，這種實踐並不止適用於開發人員。

者也可以根據工作的戰略方向，提出改進思路以及將來可能遇到的問題。有了作為安全網和指導的觀察者，駕駛者可以將全部的注意力都放在完成任務的戰術方面。當兩人具有不同的特長時，可以透過特別培訓、分享技術和變通辦法等互相學習。

另一種結對程式設計的模式是透過「測試驅動開發」（test-driven development，TDD）進行，這是指一名工程師編寫自動化測試，另外一名工程師編寫程式碼。

Stack Exchange 的聯合創辦人 Jeff Atwood 寫道：「我不禁認為，結對程式設計只不過是強化版的程式碼審查⋯⋯結對程式設計的優勢是即時性，當評閱者就坐旁邊，你不可能忽略他的存在。」[25]

他繼續說道：「如果可以選擇的話，大多數人很可能會放棄程式碼審查，然而在結對程式設計的情境中，逃避程式碼審查是不可能的。結對的雙方都必須理解當下的程式碼。結對可能有些冒犯性，但這也會促進了前所未有的溝通程度。」[26]

Laurie Williams 博士在 2001 年進行了一項研究，結果顯示：

> 結對的程式設計師比兩個獨立工作的程式設計師慢了 15％，然而「無錯誤」的程式碼量卻從 70％ 增加到了 85％。由於測試和偵錯的成本通常比程式設計本身高出許多倍，結對程式設計的成果相當驚人。相對於獨立作業的程式設計師，結對通常會考慮到更多種設計選擇，從而獲得更簡潔且更可維護的設計方案，同時也能更早地發現設計上的缺陷。[27]

Laurie Williams 博士的報告中還說，96％ 的受訪者表示，他們比獨立作業時更能投入程式開發工作。[28] *

結對程式設計還有助在組織內傳播知識，並且促進團隊內部的資訊交流。在經驗不足的工程師編寫程式碼時，讓經驗豐富的工程師同步進行評閱，也是一種有效的教學相長方式。

---

* 在其他組織中，當工程師需要更仔細的檢查（如程式碼簽入前），或面臨高挑戰性任務時，才會找人進行結對程式設計。另一種常見做法是，在工作日裡設置「結對時間」（pairing time），比如：從上午 10 點左右到下午 3 點左右，為時 4 個小時的結對時間。

➡ 案｜例｜研｜究

在 Pivotal 實驗室利用結對程式設計，取代破碎的程式碼審查流程（2011）

Elisabeth Hendrickson 是 Pivotal 軟體公司的工程 VP，也是《探索吧！深入理解探索式軟體測試》一書的作者。她堅信每個團隊都應該對自己的工作品質負責，而不是讓各部門一同負責。她認為這樣做不僅可以提高品質，還能加快工作流入生產環境的速度。[29]

在 2015 年 DevOps Enterprise Summit 的演講中，她分享了 2011 年 Pivotal 有兩種程式碼審查方法：結對程式設計（確保每行程式碼都受到兩個人的檢查）或受 Gerrit 管理的程式碼審查過程（它確保提交的每行程式碼，都有兩個人員對變更進行「+1」的評論，才能併入主幹）。[30]

Hendrickson 在 Gerrit 程式碼審查流程中觀察到的問題是，開發人員通常需要等待整整一週的時間，才能得到他們所需要的評閱結果。資深開發人員的說詞更令人沮喪：「即使是一個簡單的變更，也無法迅速進入程式庫，這是令人非常沮喪和崩潰的體驗，因為我們無意中創造了一個讓人無法忍受的瓶頸。」[31]

Hendrickson 感嘆：

> 有權力對變更評論「+1」的人都是資深工程師，他們還有許多其他職責，所以不太可能分神關注初階開發人員所做的修復或生產力。這會導致一個可怕情形　當你在等待變更評閱時，其他開發人員正在提交他們的變更。所以在隨後一週內，你不得不把他們所有的程式碼變更都合併到你自己的筆記本電腦裡，再重新運行所有測試，確保自己所做的一切變更仍然有效，並且（有時）必須重新提交變更，再次等待評閱！[32]

為了解決以上問題，並消除所有延遲，他們最終撤除了整個 Gerrit 程式碼審查流程，然後採用結對程式設計，實現系統裡的程式碼變更，將程式碼審查所需要的時間，從幾週縮短到了幾小時。

Hendrickson 很快注意到，許多組織之所以能正常執行程式碼審查，必須仰賴一種不可或缺的文化，那就是，認可評閱程式碼與編寫程式碼的價值等同重要。[33]

> 本案例研究分享了程式碼審查的其中一種形式，在這種文化尚未定型之前，結對程式設計可以作為過渡時期的寶貴實踐。

評估 Pull Request 的有效性

因為同儕評閱流程是控制環境的重要元素，必須確保它能有效運作。一種方法是在出現生產中斷時，檢查所有相關變更，並檢查與變更相關的同儕評閱過程。

另一種方法由 Ryan Tomayko 提出，他是 GitHub 的首席資訊長和聯合創辦人，同時也是 Pull Request 的發明人之一。被問及如何區分有效和糟糕的 Pull Request 時，他說，這與它們在生產環境中的結果其實沒有什麼關聯。相反地，一個糟糕的 Pull Request 其實沒有提供足夠脈絡，有些甚至缺乏敘述變更目的的說明文件。舉個例子，某個 Pull Request 僅提供下列文字：「修復故障 #3616 和 #3841」。[34] *

這是 GitHub 內部一個真實的 Pull Request，Tomayko 評論：

> 這很可能是一名新來的工程師寫的。首先，他沒有用 @ 的方式提及任何人，他至少應該提及他的導師或某位領域專家，並確認他所做的變更會有合適人員來進行評閱。更糟的是，關於變更實際做了什麼、為什麼它很重要或實施者的想法，這個 Pull Request 上都沒有任何解釋和說明。[35]

另一方面，關於一個足以證明評閱過程有效性的優秀 Pull Request 時，Tomayko 迅速列出了以下基本要素：必須足夠詳細說明變更的原因、變更如何實施，以及任何已識別的風險和因應對策。[36]

---

* 感謝 Shawn Davenport、James Fryman、Will Farr 和 Ryan Tomayko 在 GitHub 上討論了有效的 Pull Request 和糟糕的 Pull Request 之間的差異。

Tomayko 也鼓勵關於變更的積極討論，這些討論通常是從描述一個 Pull Request 的狀況開始。通常，這些討論還會提出可能發生的額外風險，更好的點子來實現預期變更，對如何降低風險提出想法等等。如果在部署時發生了突發意外，也會提供相關問題的超連結，加入 Pull Request 討論中。所有的討論不是為了發難或怪罪，相反地，這是一場坦承的對話，幫助眾人集思廣益，防止問題再度出現。

Tomayko 還舉了另一個發生在 GitHub 內部，關於資料庫遷移的 Pull Request 例子。它使用大量篇幅敘述潛在風險，該 Pull Request 的作者如此寫道：「我正在修復一件事。由於持續整合伺服器的資料庫裡缺少了一列資料，導致目前分支的構建失敗（事後剖析：MySQL 服務當機）。」**37**

然後，變更提交者為服務當機道歉，並描述了導致事故發生的條件和錯誤假設，同時為了防止問題復發，提出了各種對策。接下來是大家對此一頁又一頁的討論。在翻閱這個 Pull Request 時，Tomayko 笑著說：「這才是一個 Pull Request 的優秀範例。」**38**

如上所述，我們可以進行抽樣檢查，從所有的 Pull Request，或者與生產事故相關的 Pull Request 中，評估同儕評閱過程的有效性。

勇於剷除官僚流程

到目前為止，我們討論了同儕評閱和結對程式設計，這些流程能在不需依賴外部變更審核的情況下，提高工作品質。然而，許多公司仍然存在實施已久、動輒需要數月的審核流程。這些審核流程大幅延長了前置時間，不僅阻礙向客戶交付價值的速度，也可能增加實現組織目標的風險。當這種情況發生時，我們必須重新設計流程，才能更快、更安全地實現目標。

正如 Adrian Cockcroft 所說：「執行一次發布必須發起的會議次數和工單數量，這項衡量指標應該被好好利用並參考，以便大幅減輕為完成工作並交付給客戶，工程師所需付出的負擔。」**39**

Capital One 的技術研究專家 Tapabrata Pal 博士，也分享一個名為「Got Goo ？」的專案，專案團隊致力消除工作障礙，包括工具、流程和審核等面向。[40]

迪士尼公司的系統工程資深總監 Jason Cox 在 2015 年 DevOps Enterprise Summit 的演講中，分享了一個旨在消除日常工作中的瑣事和障礙，名為「加入叛亂」（Join The Rebellion）的計劃。[41]

2012 年，Target 公司採用了結合「技術企業適用流程」（Technology Enterprise Adoption Process）和「首席架構審查委員會」（Lead Architecture Review Board，LARB）的 TEAP-LARB 流程組合，結果卻導致了組織流程變得異常複雜，引進新技術要經歷長時間的審核流程。任何想引進新技術（例如新的資料庫或監測技術）的人都需要填寫 TEAP 表格。這些提議需要經過評估，連顯然合適的提議都必須納入 LARB 的每月會議議程事項。[42]

Target 百貨的開發總監 Heather Mickman 和營運總監 Ross Clanton，是公司內部 DevOps 運動的發起人。在他們執行 DevOps 計劃期間，Mickman 已經確認好了一項用來支援業務（Tomcat 和 Cassandra）的技術需求。然而 LARB 做出的決議卻是，營運部門在當時無法提供技術支援。因為 Mickman 深信這項技術必不可少，所以她提議由她的開發團隊來負責提供服務支援，包括整合性、可用性和安全性方面。[43] Mickman 說：

> 我真的很想知道為什麼透過 TEAP-LARB 流程需要如此漫長的審查時間。我利用「五個為什麼」幫助我釐清思路……最後我想到的問題是，為什麼當初我們會建立 TEAP-LARB 這個流程？除了「我們需要一種治理流程」這種模糊想法之外，竟然沒有人知道確切原因，這真是令人驚訝。許多人都知道多年前曾經發生過的災難，也知道它可能永遠不會再發生，但是沒有人準確地記得那個災難是什麼。[44]

Mickman 的結論是，如果她的團隊要對所導入的技術自行承擔營運責任，那麼他們其實不需要 TEAP-LARB 這個流程。她補充：「我要讓大家都知道，未來任何新的技術支援，都不需要通過 TEAP-LARB 流程進行審查。」[45]

最後，Target 成功地導入 Cassandra 技術，並被組織內部廣泛採用。此外，Target 還徹底剷除了 TEAP-LARB 流程。為了感謝 Mickman 對 Tartget 公司的貢獻，排除多餘障礙讓技術工作確實完成，Mickman 的團隊為她頒發「終身成就獎」。[46]

本章小結

本章討論了需要整合到日常工作中的一些技術實踐，它們能夠提升變更的品質，降低部署出錯的風險，減少對審核流程的依賴。GitHub 和 Target 的案例顯示，這些實踐不僅改善工作成果，而且大幅度縮短前置時間，並且提高了開發人員的生產力。想讓這些技術實踐成為現實，需要高度信任的組織文化。

John Allspaw 分享了一個他和新進初階工程師的對話。這位工程師問，是否可以部署一個小的 HTML 變更，Allspaw 回：「我不知道。可以嗎？」他接著問：「有人審核過你的變更嗎？你知道誰是諮詢這類變更的最佳人選嗎？你能保證這種變更會按照設計在生產環境中運行嗎？如果你的回答是肯定的，那麼不用來問我了，直接變更就行！」[47]

John Allspaw 的回答方式，提醒那位工程師要對自己的變更品質負起全部責任。如果已經完成他能做的一切，確信變更會正常工作，那麼這位工程師就不需要請求任何人的批准，可以自行實施這個變更。

我們盡力塑造高度信任的賦生式文化，為變更實施者創造條件，讓他們完全掌控自己的變更品質。這些條件能使我們創造一個更加安全的工作系統，在實現目標的過程中相互幫助，跨越任何必須跨越的障礙。

PART IV：總結

本書的第四部分內容告訴我們，實施回饋迴圈機制，讓每個人都為了實現共同目標而協作，在問題發生時及時發現，並透過快速檢測和恢復的機制，保障所有功能不僅按照設計在生產環境中運行，同時也達成組織目標，刺激組織學習。我們還研究了如何讓開發人員和營運人員共享目標，提升整條價值流的健康程度。

我們即將進入第五部分：「第三步：持續學習與實驗的技術實踐」，以更即時、更迅速、成本更低地的方式為組織創造學習機會，打造創新和實驗文化，使每個人都從事有意義的工作，幫助組織取得成功。

PART IV：補充資源

《Measuring Software Quality》和《Measure Efficiency, Effectiveness, and Culture to Optimize DevOps Transformation: Metrics for DevOps Initiatives》這兩篇白皮書可以幫助你了解回饋與衡量指標（itrevolution. com）。

美國移民局的前首席資訊長 Mark Schwartz 對於如何剷除官僚主義，實現精實與學習文化有獨到見解，可以閱讀《The (Delicate) Art of Bureaucracy: Digital Transformation with the Monkey, the Razor, and the Sumo Wrestler》一書。

Elisabeth Hendrickson 於 2015 DevOps Enterprise Summit 的演講 It's All About Feedback 充滿洞見，非常值得一看（videolibrary.doesvirtual. com/?video=524439999）。

你也可以透過收聽 The Idealcast 節目訪談，了解更多 Elisabeth Hendrickson 對於回饋的想法（itrevolution.com/the-idealcast-podcast/）。

Rachel Potvin 與 Josh Levenberg 在〈Why Google Stores Billions of Lines of Code in a Single Repository〉詳實呈現了 Google 的工程實踐 (https://cacm. acm.org/magazines/2016/7/204032-whygoogle-stores-billions-of-lines-of-code-in-a-single-repository/fulltext)。

Part V

第三步工作法：
持續學習與實驗的具體實踐

PART V：導論

本書的第三部分內容討論了在價值流裡建立快速工作流所需的技術實踐。在第四部分中，我們的目標是從工作系統裡越多的領域中，以更及時、更迅速、更低廉的方式建立越多回饋越好。

第五部分將會展示一些能盡量快速地、頻繁地、經濟地創造更多學習機會的實踐。這些實踐包括從事故和故障中學習，因為當我們在複雜的系統中工作時，故障是不可避免的。也包括組織和設計工作系統，使我們能不斷地嘗試和學習，讓系統更加安全。而這些實踐所期望達到的成果包括獲得更強健的組織韌性，以及日益豐富的集體知識，確實掌握系統的實踐工作機制。

在接下來的幾個章節中，我們將透過以下方式制定有關提升安全性、持續改善並從中學習的制度：

- 建立公正的文化，使人們有安全感。

- 故意引入故障到生產環境，培養組織韌性。

- 將局部發現化為全局改善。

- 預留專門時間，展開組織層級的改善和學習活動。

我們還將創造一種機制，將團隊在某個領域裡學到的經驗，迅速地應用和推廣到整個組織裡，將局部改善轉化成全局最佳化。這麼一來，不僅組織的學習速度會比競爭對手更快，能夠在市場競爭中獲得勝利，還能創造出一種更安全、更有韌性的工作文化，讓團隊成員樂於參與其中，並幫助他們激發最大潛能。

19

將學習融入日常工作

在複雜系統中工作時,我們不可能完美預測所有行動帶來的潛在結果。即使使用了靜態預防性工具,比如:核對清單和標準作業手冊,還是會有意外發生,有時候甚至會發生災難性事故。這些預防性工具僅僅記錄了我們對系統的當前理解範圍。

為了在複雜系統中安全地工作,組織必須有能力進行更好的自我診斷和自我改善,而且必須熟練地發現和解決問題,在整個組織中廣泛傳播解決方案來擴大改善效果。這種組織策略,會創造一種動態的學習系統,幫助我們理解錯誤,並將這些知識轉化為防止錯誤再度發生的具體行動。

這就像 Steven Spear 博士所說的「韌性型組織」(resilient organization),能夠「熟練地發現問題,解決問題,並在整個組織中提供解決方案以擴大經驗的效果」。[1] 這些組織具有自我恢復的能力。「對這類組織來說,應對危機並不是什麼特殊工作,而是每時每刻都在做的事情。這種響應能力是造就組織可靠性的根源。」[2]

Amazon AWS US-East 與 Netflix (2011)

2011 年 4 月 21 日,當 Amazon AWS US-East(美國東部地區)的可用性區域服務中斷,在此次事件中,這些原則和實踐產生了難以置信的恢復力:這個區域中幾乎所有依賴 AWS 的用戶都受到波及,包括 Reddit 和 Quora 等服務。**3** *然而，Netflix 卻是令人稱奇的例外，似乎並沒有受到這次 AWS 大規模服務中斷的影響。

在這次事件之後，關於 Netflix 如何維持服務可用性的猜測眾說紛紜。一個主流的說法是，因為 Neflix 是 AWS 的頂級用戶，所以能享受某些特殊待遇來確保服務正常運行。然而，一個名為 Netflix Engineering 的部落格中寫到，Netflix 在 2009 年的架構設計決策，為這種超乎常人的恢復韌性奠定了基礎。

早在 2008 年，Netflix 的線上影音交付服務尚且運行在一個單體式 J2EE 應用程式上，託管於一個資料中心上。然而，從 2009 年起，他們開始重新構建系統，打造所謂的「雲端原生」（cloud native）—— 系統完全運行在 Amazon AWS 公有雲端中，而且具備足夠的恢復韌性，能夠在重大服務中斷發生時倖免於難。**5**

其中一項特殊設計目標是即使 AWS 的整個可用區域都發生了故障，比如：上文提過的 US-East 事故，也要確保 Netflix 的服務能夠持續運行。想要達到這一點，就需要寬鬆耦合的系統架構，每個組件都有特別靈敏的超時設計與熔斷機制 †，保證發生故障的組件不會波及整個系統。

Netflix 每個功能和組件都可以自行降級（degrade）。比方說，當流量劇增導致 CPU 使用率暴漲時，就不再向使用者顯示個人化電影推薦清單，只顯示已經緩存的靜態內容，減少運算需求。**6**

此外，這篇部落格文章還解釋，除了實施這些架構模式，他們還構建並運行了一個大膽而令人訝異的「搗亂猴」（Chaos Monkey）服務。它會不斷隨機刪除生產伺服器，來模擬 AWS 環境故障。這麼做的原因是希望所有的「工程團隊習慣在故障常態發生的情況下持續工作」，使得服務能夠「在沒有任何人工干預的情況下，自動恢復正常」。**7**

---

* 在 2013 年 1 月的 re:Invent 大會上，AWS VP 兼傑出工程師 James Hamilton 講到，AWS US-East 本身擁有十多個資料中心。在一個典型的資料中心裡有 5 萬至 8 萬台伺服器。根據這個數字推算，2011 年該次 EC2 服務中斷波及了超過 50 多萬個伺服器及其用戶。**4**

† 關於熔斷機制的具體細節，請參考 Martin Fowler 的專欄文章：https://martinfowler.com/bliki/CircuitBreaker.html。

換句話說，Netflix 團隊利用「搗亂猴」，不斷地將故障注入到預生產和生產環境中，從而實現了營運上的恢復韌性。

可以想見，當他們在生產環境中第一次運行「搗亂猴」時，服務發生的故障一定超乎想像。透過在正常工作時間裡不斷地探測和解決這些問題，很快地，Netflix 的工程師們打造出這項韌性十足的服務，同時（在正常工作時間裡！）創造優異的組織學習成果，能夠開發出超越所有競爭對手的系統。

「搗亂猴」正是一個將學習融入日常工作中的具體例子。這個故事還展示了學習型組織是如何思考故障、事故和錯誤 —— 將其視為學習的機遇，而不是懲罰的機會。本章將探討如何建立學習系統、如何建立公正文化，以及如何透過定期演練和人為模擬故障的方式加速學習。

建立公正和學習的文化

學習型文化的先決條件之一是，當事故發生時，對待事故的反應要「公正」。Sidney Dekker 博士整理了一些有關安全文化方面的關鍵要素，並且創造了「公正文化」（just culture）這個術語。他寫道：「如果對待事件和事故的反應被認為是不公正的，就可能阻礙安全調查，在從事與安全性密切相關工作的人員中引發恐懼而不是正念，使組織更加官僚化而不是更加小心謹慎，還會催生職業性保密、逃避和自我保護等影響組織的不良行為。」[8]

在整個二十世紀裡，這種懲罰肇事者的觀念一直或多或少存在許多經理人所採用的營運方式中。這種營運方式的核心思想是，為了實現組織的目標，領導者必須透過命令、控制和建立流程的方式來消除錯誤，並且強制遵守這些流程。

Sidney Dekker 博士將這種透過消除肇事者來消除錯誤的觀念叫作「壞蘋果理論」。他斷言這種做法是無效的，因為「人為錯誤並不是問題的原因；恰恰相反，人為錯誤其實是後果，是因為我們所提供的工具存在設計問題而造成的後果」。[9]

如果事故並不是「壞蘋果」引起的，而是由於我們所建立的複雜系統中存在不可避免的設計問題，那麼就不應該對造成故障的人進行「點名、責備和羞辱」。我們的目標應該是竭盡所能抓住組織學習的機會，持續強調我們將「揭示和交流日常工作中的問題」視為首要任務。這樣才能提高系統的品質和安全性，並強化系統內所有人之間的關係。

將資訊轉化為知識，並將學習到的結果構建到系統中，我們可望實現公正文化的目標，同時平衡了安全和問責的需求。正如 Etsy 首席技術長 John Allspaw 所說：「我們在 Etsy 的目標，是以學習的角度出發來看待錯誤、報錯、失誤、過失等問題。」[10]

當工程師犯下錯誤時，如果能讓他們不害怕因為給出詳細資訊而被咎責，那麼他們不僅願意對事情負責，還會熱情地幫助其他人避免同樣的錯誤發生，這樣一來，就能創造組織學習文化。與之相反，若是懲罰那個工程師，則每個人都失去了提供必要細節的積極性，更無從了解故障的機制、原理和操作流程，那麼這個故障勢必還會再度發生。

創造公正的學習型文化，可以採用兩種有效實踐：一是「不指責的事後分析」（又稱為「事後回顧」或「學習型回顧」），二是在生產環境中導入受控的人為故障，創造學習機會，針對複雜系統中不可避免的問題進行實際演練。接下來，我們先了解什麼是「不指責的事後分析」，並探究為什麼失敗是一件好事。

安排事後回顧會議

為了建立公正文化，當事故和重大事件發生時（例如：部署失敗、影響到使用者的生產事件），應該在問題解決之後舉行「事後回顧」。* 這個術語由 John Allspaw 提出，可以幫助我們「聚焦在事故發生的機制和情景，以及事故相關人的決策過程，而不僅僅是事故本身」。[11]

想要做到這一點，我們要在事故發生之後，記憶消退、因果關係變得模糊、環境改變之前，就盡快地安排事後回顧會議（當然，我們還是會等到問題解決，以免干擾到仍在積極處理這個問題的人）。

---

* 這種做法也稱為「對事不對人的事後分析」或者「事後反思」。此外許多迭代和敏捷式開發實踐都會採用與此類似的「例行回顧」。

在會議上，我們會做以下事情：

- 畫出一個時間表，從多個角度蒐集關於故障的所有細節，保證不會懲罰犯錯誤的人。

- 讓所有工程師詳細說明自己如何導致了故障，幫助他們提高服務安全性。

- 允許並鼓勵那些犯錯誤的人成為教育專家，幫助他人以後不會犯同樣錯誤。

- 營造一個自由決策的空間，讓人們決定是否採取行動，並且把對於行動的優劣評判放在事後。

- 制定類似事故的預防對策，並確實記錄並追蹤這些對策、目標日期和負責人。

為了充分理解問題為何發生，需要以下利害關係人出席會議：

- 參與相關問題決策的人

- 識別問題的人

- 響應問題的人

- 診斷問題的人

- 受問題影響的人

- 任何有興趣參加會議的人

召開事後回顧會議時，首要任務是梳理並詳實紀錄所有相關事件的時間表，這包括採取的所有行動及其時間（比如：IRC 或 Slack 的聊天紀錄）、觀察到的現象（理想情況下，根據生產環境遙測系統裡的具體監控指標，而不僅僅是人們的主觀敘述）、所有調查路徑，以及曾經考慮到的各種解決方案。

為了實現以上效果，必須關注細節的記錄並強化這種文化意識：資訊可以共享，不必害怕因此受到懲罰或報復。正因如此，找一個受過訓練且和事故無關的人來組織並引導會議很有幫助，特別是在召開前幾次事後回顧會議時。

在會議和決議的過程中，應該明確禁止使用「原來應該」或「原本可以」等詞語，因為這些是**反事實**的陳述，源於人類傾向為已經發生的事件創造可能的選擇。

例如「我原本可以……」或「如果我知道這一點，就應該……」的反事實陳述，都不是以事實為依據，而是以事後想像的方式來定義問題，我們必須限制使用這種說法（見附錄 8）。

這些會議可能會出現一種令人驚訝的結果，那就是人們常常會因為在控制能力範圍之外的事情而自責或質疑自己能力。Etsy 的工程師 Ian Malpass 說：

> 當我們的操作導致整個網站服務中斷時，那感覺簡直晴天霹靂，頭腦中的第一個想法就是『我太差勁了，完全不知道自己在做什麼』。」可是我們不能這麼想，因為鑽牛角尖只會導致瘋狂、絕望和自我懷疑，我們不能讓訓練有素的工程師產生這樣的情緒。這個問題更值得關注並仔細思考：「當進行那項操作時，為什麼我覺得這做法可行？ [12]

會議必須預留足夠的時間，展開腦力激盪和決定應對措施。一旦確定對策，就必須排定工作的優先順序，指定負責人和安排時間表。這也進一步顯示我們對改善日常工作的重視程度超過日常工作本身。

Hubspot 首席工程師 Dan Milstein 寫到，在所有事後回顧會議中，他都以這句話開場：「我們正在為未來做準備，那時的我們會和現在一樣愚蠢。」[13] 換句話說，輕描淡寫地說「再小心一點」或「別再犯蠢了」毫無幫助，必須在會議中討論出真正的應對措施，防止這些錯誤再次發生。

這些應對措施的範例包括：新增能檢測部署流水線異常狀況的自動化測試，增加更深入的生產環境遙測指標，識別需要額外採取同行評閱的變更類型，以及在定期的演練日裡專門針對此類故障進行演習等。

盡可能廣泛公開事後回顧會議結果

開完事後回顧會議以後，應該廣泛公開會議記錄和所有相關文件資料（例如：時間表、IRC 聊天日誌、外部溝通紀錄）。在理想情況下，公開資訊應該放在一個集中位置，方便整個組織所有人存取，並從過去的事故中學習。事後回顧會議非常重要，我們甚至可以將完成事後回顧會議作為整個生產事故處理過程的結束標誌。

這麼做有助於將個別專案中的學習和改善，轉化為適用於整個組織的學習和改善。Google 應用服務引擎的前工程總監 Randy Shoup 分享了事後回顧會議的文件如何為組織中的其他人帶來巨大價值：「在 Google，你能想到的一切都可以被搜尋出來。Google 員工可以看到所有的事後回顧文件。相信我，每當有團隊遇到似曾相識的事故，他們第一時間閱讀和研究的資料就包括這些事後回顧文件。」**14 ***

廣泛公開這些事後回顧文件，並鼓勵組織中其他人閱讀，更能增進組織學習。對於提供線上服務的公司來說，針對影響到使用者的事故，發布事後回顧報告的做法也越來越普遍。這麼做通常能顯著提高我們對內部和外部使用者的透明度，也反過來強化了使用者對我們的信任。

在 Etsy，想盡情舉辦事後回顧會議的願望也帶來了一些麻煩。在四年之中，Etsy 在自己的 wiki 頁面累積了大量的事後分析會議記錄，對這些記錄的搜尋、儲存和協作變得越來困難。為了解決這個問題，他們開發了一個名為 Morgue 的工具，以便更加輕鬆地記錄每個事故的各方細節（例如 MTTR 和嚴重層級），更好地解決時區問題（隨著 Etsy 擁有越來越多遠端工作的員工，時區資訊益發重要），並且納入其他資料（例如 Markdown 格式的文本、插入圖片、標籤和歷史記錄等）。**16**

Morgue 的設計理念是幫助團隊更加輕鬆地記錄下列事項：

- 該問題是由於計劃中還是計劃外的事件引起的？

- 事後分析會議的負責人。

- 相關 IRC 聊天日誌（對於凌晨三點發生的夜間事故來說尤其重要，因為當時可能沒有準確的紀錄）。

---

* 我們還可以選擇將「透明的正常運行時間」（Transparent Uptime）理念進一步擴展到事後分析報告上。除了為大眾提供服務儀表板外，還可以選擇向大眾公開（精簡版）事後回顧報告。最受好評的事後分析報告包括 Google 應用服務引擎團隊在 2010 年發生嚴重服務中斷後發布的報告，以及 2015 年 Amazon DynamoDB 服務中斷後發布的報告。更有趣的是，Chef 在部落格上發布了很多事後分析會議記錄，甚至還有實際會議的影音。**15**

- 相關的 JIRA 工單，包含糾正措施及其到期時間（以管理層面來說是特別重要的資訊）。

- 使用者論壇貼文的超連結（使用者在那裡對問題發牢騷）。

比起使用 wiiki 頁面，在開發和使用了 Morgue 以後，Etsy 記錄的事後回顧文件數量顯著增加了，特別是 P2、P3 和 P4 層級的事故（嚴重性較低的問題）。[17] 這個結果證實了一個假設：如果可以用類似 Morgue 的工具更方便地記錄事後回顧分析，就會有越來越多的人記錄並詳細說明事後回顧會議的結果，進而促進組織學習。

持 | 續 | 學 | 習

舉行事後回顧會議不只幫助我們從失敗中學習。DORA 在 2018 年的《State of DevOps Report》發現，事後回顧會議有助於建立正向文化，讓團隊更願意分享資訊，經過思考評估後願意冒險，並且理解學習的價值。此外，該研究還發現菁英組織規律舉行事後回顧會議的意願比一般組織高了 1.5 倍，並且運用事後回顧會議來改善工作，持續建立正向循環。[18]

《Building the Future: Big Teaming for Audacious Innovation》一書的共同作者，哈佛商學院領導與管理學講座教授 Amy C. Edmondson 博士寫道：

> 這裡再次強調，補救措施是為了降低故障的影響，它並不一定需要很多時間和花費。自 1990 年代初，Eli Lilly 公司透過舉辦「失敗派對」來表揚那些沒有實現預期結果的高品質科學實驗。派對的開銷並不高，而且盡早將寶貴的資源 —— 特別是科學家 —— 重新部署到新專案裡，就可以節省數十萬美元，更別說能快速啟動具有潛力的新發現。[19]

降低事故容忍度，尋找更弱的故障信號

隨著組織掌握如何有效看待和解決問題，就需要降低判定故障的閾值，以便更深入地學習。為此，我們要試著放大那些微弱的故障信號。正如第 4 章所述，當美國鋁業公司能夠降低工作場所裡的事故發生機率，使故障不再經常發生，首席執行長保 Paul O'Neill 除了關注工作場所發生的事故，還開始關注那些接近於事故的事件。[20]

Steven Spear 博士總結了 O'Neill 在美國鋁業公司的成就：「雖然他們起初關注的是與工作場所安全相關的問題，但很快就發現安全問題其實反映了對流程的無知，而這種無知也體現在其他類型的問題上，如品質、即時性以及產品良率」。[21]

在複雜系統中工作時，想要防止災難性故障發生，放大微弱的故障信號至關重要。NASA 在太空梭時代處理故障信號的方式可以作為證明。2003 年，哥倫比亞號太空梭在執行任務的第 16 天，在重新進入地球大氣層時爆炸了。調查結果發現，太空梭在發射時，有一大塊絕緣泡綿自太空梭的外掛燃料槽脫落，撞壞了機翼的前緣，因此釀成悲劇。

然而，在哥倫比亞號返航前，一些 NASA 工程師就已經報告了這個事件，但是他們的意見並沒有得到重視。他們在例行性檢視發射過程的錄影帶時，注意到泡綿脫落並撞擊機翼，並立即向 NASA 的管理人員報告。不過他們得到的回應卻是，泡綿問題並不是什麼新鮮事。在過去的發射經驗中，以前泡綿的撞擊雖然曾經造成損害，卻從未釀成重大事故。NASA 將該次事件分類為組建維護範圍，並沒有採取任何行動。然而當事故發生，一切都為時已晚。[22]

Michael Roberto、Richard M. J. Bohmer 和 Amy C. Edmondson 在 2006 年《哈佛商業評論》的一篇文章中寫到了 NASA 的文化如何引起這則事故。他們描述了兩種典型的組織架構模型：「**標準化模型**」用制度和系統管理一切，包括嚴格遵守時間表和預算；「**實驗式模型**」在一種類似研發設計的實驗室文化中，在每一天對每次實驗和每條新資訊進行評估和辯論。[23]

他們觀察到「企業組織若採用錯誤的心態，就會陷入麻煩（這決定了他們如何處理「不明確的威脅」，用本書術語來說就是「微弱的故障信號」）。不幸的是，太

空總署自 1970 年代向國會要求撥款進行太空梭計畫以來，這種心態就改變了。太空總署宣揚太空梭是可以重複使用的太空船。」。**24**

NASA 嚴格遵從流程合規性，囿於標準化作業心態，而不願意採用實驗式心態，好對每條資訊都進行評估，確認沒有發生偏差。缺乏持續學習與實驗的後果是很可怕的。三位作者的結論是，只有「謹慎」遠遠不夠，企業文化和心態才至關重要。他們寫道：「單靠警惕不能防止不明確的威脅（微弱故障信號）變成代價慘重的事故（有時是悲劇）。」**25**

我們在技術價值流中的工作就如同太空旅行，應該將工作視為實驗性探索，並以這種方式進行管理。所有工作內容，都應該被視為潛在重要假設和資料來源，而不是每日重複的例行公事或只是過去實踐的反覆驗證。我們不能將技術工作視為完全標準化的作業，只求實現流程合乎規範。相反地，我們必須持續不斷地尋找越來越弱的故障信號，才能更理解並管理營運中的系統。

重新定義失敗，鼓勵評估風險

無論有意還是無意，組織領導者都會透過行動來加強組織文化和價值觀。審計專家、會計專家和道德專家長期以來一致認同，「高層的聲音」可能暗示著詐欺和其他不道德的行徑。為了加強學習和評估風險的文化，領導者必須不斷強調：每個人都應該坦然面對失敗，勇敢承擔責任，並能夠從失敗中學習。

關於失敗，來自 Netflix 的 Roy Rapoport 表示：

> 2014 年的《State of DevOps Report》證明，高效能 DevOps 組織會更頻繁地失敗和犯下錯誤。這不但是可以接受的，更是組織所需要的！你甚至可以在數據中看出這項特色：如果高效能 DevOps 組織的變更頻率是平均水準的 30 倍，即使失敗率只有平均水平的一半，顯然也比一般組織多出許多故障情形。**26**
>
> 我和一個同事談論了 Netflix 剛剛發生的一次大規模服務中斷 —— 坦白說，這是因為一個低級錯誤而引發。事實上，在過去 18 個月內造成此

次事故的工程師也曾讓 Netflix 當機兩次。然而他是我們絕不會開除的人，因為在過去 18 個月裡，這名工程師大幅改善了營運和自動化的狀態，進步程度可不能以『公里』衡量，應該以『光年』計算才合乎事實。他的工作成果使我們每天能夠安全地進行部署，而且他親自執行了大量的生產環境部署。[27]

他總結道：「DevOps 必須允許這種創新，並接受因此帶來的風險。是的，在生產環境中會遇到更多的失敗。這是一件好事，絕不應該受到懲罰。」[28]

在生產環境注入故障來恢復和學習

正如本章開頭介紹的，將錯誤注入到生產環境中（如使用「搗亂猴」）是提高組織恢復能力的一種方式。本節內容將會描述在系統中演練和注入故障的過程，以確保正確設計和構建系統，讓故障以特定且受控的方式發生。我們透過定期（甚至持續不斷地）執行測試來確保系統正常經歷失敗。

《Release It! Design and Deploy Production-Ready Software》的作者 Michael Nygard 評論：「正如在汽車內部設計撞擊緩衝區來吸收碰撞能量以保護乘客安全，你可以決定哪些系統功能是不可或缺的，並內建使危險遠離這些功能的失敗模式。如果不設計失敗模式，就會出現不可預測且通常十分危險的情況。」[29]

「韌性」要求我們首先定義故障模式，然後進行測試，確保這些故障模式是按照設計運行的。有一種做法是，在生產環境中注入故障，並且實際演練大規模故障情形。這樣才能有信心系統在事故發生時能夠自我恢復，在理想情況下甚至不會影響到使用者。

本章提到 2012 年 Netflix 和 Amazon AWS US-East 服務全面中斷的故事只是其中一個例子。關於 Netflix 的恢復韌性，還有一個更有趣的案例。在「2014 年 Amazon EC2 伺服器大規模重啟」事件中，為了幫 Xen 安裝緊急安全補丁，將近 10% 的 Amazon EC2 伺服器必須重新啟動。[30]

Netflix 的雲端資料庫工程師 Christos Kalantzis 回憶：「得到有關 EC2 緊急重新啟動的通知時，我們的下巴都快掉到地上了。當我們拿到受影響的 Cassandra 節點清單時，我超級焦慮。」[31] 但是，Kalantzis 繼續說：「然後我想起了所有我經歷過的搗亂猴演習。之後我的反應是：『儘管放馬過來！』。」[32]

而結果再次讓人感到驚訝。在生產環境裡有 2,700 多個 Cassandra 節點，其中 218 個節點重新啟動，還有 22 個沒有啟動成功。來自 Netflix 混亂工程部門（Chaos Engineering）的 Kalantzis 和 Bruce Wong 寫道：「Netflix 在那個週末裡的當機時間為 0 秒。即使在持久化的（資料庫）層，也要定期反覆執行故障演練，這應該成為所有公司的韌性規劃的一部分。如果 Cassandra 資料庫部門沒有參與搗亂猴演練的話，這個故事的結局可能會大為不同。」[33]

更讓人吃驚的是，不僅沒有人因為 Cassandra 節點的事故而加班工作，他們的辦公室裡甚至空無一人 —— 他們都去好萊塢參加一個慶祝收購里程碑的慶祝派對。[34] 這個例子側面說明了，主動關注韌性或恢復能力，意味著公司能夠以常規、平常的方式處理可能在大多數組織裡引發危機的事件 *（見附錄 9。）

建立故障演練日

本節內容將描述一種名為「演練日」（Game Day）的特別災難恢復演練。這個詞語由有賴於 Velocity 大會社群聯合創辦人兼 Chef 聯合創辦人 Jesse Robbins 所創造，應用於他當時在 Amazon 的工作。當時，他負責保障網站可用性的計劃，Amazon 內部稱他為「災難處理大師」。[36] 演練日的概念源於「韌性工程」（resilience engineering）。Robbins 將韌性工程定義為「旨在透過

---

* 他們實現的特定架構模式包括快速失敗（設置主動的超時時限，讓失敗的組件不會造成整個系統中止）、回退（將每個功能設計成能自行降級或回退到較低的品質表現）以及功能移除（從任何運行緩慢的特定頁面上刪除非關鍵功能，以防用戶體驗受到影響）。除了在 AWS 當機期間保持了業務連續性以外，Netflix 團隊創造的組織韌性還有一個令人嘖嘖稱奇的例子。在 AWS 當機事故發生 6 個小時以後，Netflix 才對外聲明這是一級（Sev 1）事故，假設 AWS 服務最終將恢復正常（「AWS 會恢復運作……一般都是這樣，對吧？」）。在 AWS 服務中斷 6 小時以後，他們才啟動了所有的業務連續性流程。

向關鍵系統中注入大規模故障來提升恢復能力的練習」。[37]

Robbins 觀察到：「在開始設計大規模系統時，理想情況是在完全不可靠的組件之上構建可靠的軟體平台。然而，這會讓你處於一種複雜故障不可避免也不可預測的境地。」[38]

因此，我們必須盡可能確保發生故障時整個系統服務依然可以持續運行，理想情況下不會發生危機，甚至不需要人工干預。正如 Robbins 所說：「如果沒有讓一個服務在生產環境裡當機過，它就不算真正被測試過。」[39]

演練日的目標是幫助團隊模擬和演練事故，讓團隊具備實戰能力。首先，計劃一個災難性事件，例如模擬整個資料中心在未來的某個時間點遭到破壞。然後，給予團隊準備時間來消除所有的單點故障，並建立必要的監控程式和故障切換程式等。

團隊在演練日定義並執行各種演習。例如：進行資料庫故障轉移（即模擬資料庫故障，並保證輔助資料庫能正常工作），或透過中斷重要的網路連線，在既定流程中暴露問題。在此過程中遇到的任何問題和困境，都必須重新識別、解決和測試。

我們在預定的時間執行中斷。正如 Robbins 所描述的，他們在 Amazon「會不做提前通知，直接關掉一個機房的電源，然後讓系統自然地發生故障，並『允許』人們跟隨其流程操作」[40]。

透過這麼做，我們開始暴露系統中的**潛藏缺陷**（*latent defects*）。正是因為在系統中注入了故障，才能讓這些問題浮出水面。Robbins 解釋：「你可能會發現，對恢復過程至關重要的某些監控或管理系統，可能會在故障處理編排流程的某個步驟中被關閉。『或者』你會發現一些未知的單點故障。」[41] 然後，以越來越扎實且複雜的方式進行演練，目的在於讓人們覺得這（故障）就是日常工作的一部分。

在演練日逐步建立更具恢復能力的服務和高度的服務保證性，我們能在發生意外事件時恢復正常運行，同時創造更多的學習機會和更具恢復韌性的組織。

Google 的災難恢復計劃（DiRT）是模擬災難的優秀例子之一。Kripa Krishnan 是 Google 的技術計劃總監，在本書寫作之時，他已經主持並領導該計劃超過 7

年。在此期間，他們模擬了矽谷地區發生地震，導致整個山景城園區網路斷線；主要資料中心完全斷電；甚至是外星人攻擊工程師居住的城市等等。**42**

正如 Krishnan 所寫：「商業流程和溝通是測試中經常被忽略的領域。系統和流程高度相關且密切牽連，把對系統的測試和對商業流程的測試區分開來的做法是不現實的：商業系統中的一個故障會影響到商業流程；反過來說，正常運行的系統缺乏恰當人員配置也令人頭痛」。**43**

在這些災難中學到的經驗包括：**44**

- 當網路連線中斷時，無法利用工程師的工作站進行失效備援。

- 工程師不知道如何存取電話會議橋，或者會議橋只能容納 50 人，抑或需要一個新的電話會議供應商，以便踢掉那個讓電話會議中所有人乾等的工程師。

- 當資料中心裡備用發電機的柴油耗盡時，竟然沒有人知道如何通過供應商進行緊急採購的流程，結果導致有人以個人信用卡購買了價值 5 萬美元的柴油。

在受控情況下引入故障，我們可以確實實踐並建立所需的作業手冊。演練日的另一個成果是，人們確實知道當事故發生時應該打給誰、應該與誰交談。如此一來，他們有機會與其他部門的人建立關係，以便在發生事故時一起工作，將有意識的處理流程，轉化為下意識、自發性的行為，然後進一步成為日常慣例。

➡ 案｜例｜研｜究 NEW

CSG 國際公司將嚴重事故化為寶貴學習機會（2021）

CSG 國際公司是北美規模最大的 SaaS 客戶服務與帳單列印服務公司，擁有超過 6,500 萬訂閱戶，使用從大型主機到 Java 的多元技術堆疊。在 2020 年的 DevOps Enterprise Summit 上，軟體工程 VP Erica Morrison 分享了 CSG 國際公司有史以來最慘烈的故障事件 —— 在這個複雜系統中的一次故障，後來促使 CSG 國際公司一舉改變了其響應系統、流程與文化。**45**

面對如此逆境，他們覓得轉變的機會，利用他們所學到的經驗，改善對事件的理解、應對和預防的方式。

後來被稱為「2/4 故障」的事件持續了整整 13 個小時。故障的發生毫無預兆，讓 CSG 國際公司的大部分產品都無法使用。在故障發生時的最初通報中，團隊正在盲目地排除故障，因為他們無法取得通常使用的工具，包括健康狀態監測系統，也無法連上伺服器。由於這次事件影響到許多供應商和客戶，最初的問題通報狀況只能用一片混亂來形容。

最後，他們花了幾天時間，透過在實驗室中重現故障才釐清實際發生的情況。這個問題始於對一個作業系統的例行伺服器維護工作，這個作業系統與該公司的大多數伺服器不同。當這個伺服器重新啟動時，它在網路上放出了一個 LLDP 資料封包。這時出現了一個 bug，導致 CSG 國際公司的網路軟體接收到這個封包，並將它解釋為一棵生成樹。資料封包被廣播到網路上，然後被負載平衡器接收。結果又因為負載平衡器的錯誤配置，它再度被廣播到網路上，形成了一個網路循環，最後癱瘓了整個網路。

這次故障的影響甚巨。客戶憤怒到極力要求領導階層將他們的工作重心從計劃中的工作（策略規劃等等）全部轉移到矯正這次故障。整間公司被失落和心碎深深籠罩，因為他們深深辜負了客戶的信賴。整體士氣低落到無以復加。有人說了一些傷人的話，好比：「DevOps 根本無效」。

CSG 國際公司體認到必須以不同的方式來應對這次失敗。他們需要最大限度地吸取教訓，同時減少類似事件再次發生的可能性。第一步是事件分析。

他們的標準事件分析是一個結構化的分析流程，幫助他們瞭解發生了什麼，並確定改進的機會。首先，釐清事件的時間線；他們會問：「發生了什麼？我們怎樣才能更早發現？如何才能更快恢復？哪些進展是好的？」來瞭解系統行為。並且杜絕責難行為，塑造一種不怪罪任何人的文化。

因為這次事件，他們也發現提升能力的重要性。他們請來了 Adaptive Capacity Labs 的 Richard Cook 博士和 John Allspaw 來分析這次事件。經過兩週密集訪談和研究，他們對事件有了更透澈的瞭解，特別是瞭解到了當時處理故障修復工作的人的不同觀點。

以這次密集回顧為出發點，他們打造了一個基於「事件指揮系統」的作業改進計畫。他們將這個計畫細分為四大類別：事件響應、工具可靠性、資料中心／平台韌性、應用可靠性。

在整個組織接受新的事件管理流程的教育訓練之前，人們甚至已經開始見證故障通報運行方面的顯著改善：與問題無關的雜訊被移除、狀態報告具有已知而穩定的層次節奏；有一個聯絡人（liaison officer，LNO）協助避免故障通報發生中斷。

第二大改善是對混亂的掌控感。自從有了可預測的節奏和模式可以依循，讓每個人都感到更有信心和控制權。它還允許各項活動平行運行直到設定的狀態更新時間，讓活動可以不受干擾地運行。

此外，事件指揮官被賦予了明確的指揮權限，決策模式也跟著汰舊換新，不再存在「由誰來下決定」的爭議。

現在的 CSG 國際公司具備了更強的組織能力來執行事件管理。他們強化並擴展了與安全相關的文化規範，並且實踐了事件管理系統，一舉改變了事故通報的處理機制。

在本案例研究中，一個不怪罪任何人的事後分析（事後回顧）讓 CSG 國際公司徹底改變了他們處理事件的方式。他們直接應用從事件中學習到的經驗，思考更好執行工作的方式，並且改變了他們的組織文化，在問題發生時不會責備某個人或團隊。

本章小結

為了創造能夠實現組織學習的公正文化，我們必須重新定義所謂的「失敗」。當我們正確處理錯誤時，複雜系統中固有的錯誤能夠為我們創造一個動態的學習環境。所有利益關係人都有足夠的安全感來提出想法和見解，而且團隊可以更容易地從未能如期執行的專案中恢復動力。

事後回顧會議和在生產環境中注入故障都強化了以下這種文化：每個人都應該坦然面對失敗，承擔責任，並從失敗中學習。事實上，當事故數量大幅降低時，容忍度同時也下降了，幫助我們繼續學習。正如 Peter Senge 的名言：「對組織來說，唯一一種永續競爭優勢，就是比對手更快的學習能力。」**46**

20

將局部經驗轉化為全局改善

上　一章的內容鼓勵每個人透過不指責的事後回顧會議，積極探討錯誤和事故，建立一種安全的學習文化。我們也探討了發現並響應微弱的故障信號，鼓勵眾人將工作視為實驗，承擔風險並勇於挑戰。此外，藉由定期舉行故障場景的演練活動，可以提升工作系統的恢復韌性，而且透過發現並修復系統的潛在缺陷，也提高了系統的安全性。

本章節將建立一種機制，在遍及組織的全局範圍裡，共享並應用局部獲得的新經驗和最佳化方法，大幅提升組織的全局知識並擴大改善效果。這個機制將會提升整個組織的實踐狀態，讓每個人都在工作中，受益於在組織中不斷累積的學習經驗。

使用聊天室和聊天機器人自動累積組織知識

許多組織已經建立了促進內部快速溝通的聊天室機制，而聊天室的設計還能幫助組織自動累積知識與經驗。

這個技術實踐最早始於 GitHub 的 ChatOps 方法，該方法的目標是將自動化工具整合到聊天室對話中，確立工作透明度並建立工作文件。GitHub 的系統工程師 Jesse Newland 說：「即使是團隊裡的新人，也可以查看聊天日誌，了解所有工作如何完成。就好像你全程與他們一同進行結對程式設計一樣。」[1]

他們開發了一個名為 Hubot 的應用程式，用在聊天室中和營運團隊進行互動。人們可以發送指令（例如：「@hubot deploy owl to production」）來指示 Hubot 執行某些操作。而操作結果也會藉由 Hubot 回傳到聊天室。[2]

相較於在指令行介面輸入指令來運行自動化腳本，在聊天室中自動化執行操作的做法，具有許多優點：

- 所有人都能看到發生的一切。

- 新進工程師也能觀察團隊的日常工作及執行方式。

- 看到其他人互相幫助時，人們也會更願意尋求幫助。

- 建立組織學習的風氣，讓知識得到快速累積。

此外，除了以上得到廣泛驗證的好處之外，聊天室還能記錄並公開所有的溝通資訊。相比之下，電子郵件的溝通方式較為私密，而且信中資訊無法在組織內方便傳播。

將自動化作業和聊天室功能整合在一起，有助於記錄和分享我們的觀察和問題解決流程，讓這件事成為日常工作不可分割的一部分，同時也強化了透明、協作的組織文化。

GitHub 的 Hubot

這也是一種讓我們將局部學習轉化為全局知識的方法，而且極其有效。GitHub的所有營運人員都是遠端工作者 —— 事實上，沒有工程師在同一個城市工作。正如 GitHub 前營運 VP Mark Imbriaco 所說：「在 GitHub，沒有能讓人們碰面聊天的飲水機。這個聊天室就是這台「飲水機」。」[3]

GitHub 的 Hubot 能夠觸發各種自動化工具，包括 Puppet、Capistrano、Jenkins、Resque（一個由 Redis 維護的程式庫，可以建立後台工作佇列）和GraphMe（從 Graphite 產生圖像）。[4]

透過 Hubot 執行的操作包括，檢查服務的健康狀況、執行 Puppet 推播、在生產環境中部署程式碼，以及當服務進入維護模式時，關閉該服務的監控警報。重複執行的操作都可以用 Hubot 來完成。例如：在部署失敗時，調出冒煙測試日誌，撤出該生產伺服器，將前端服務回滾之前版本，甚至是向值班工程師致歉等等。[5] *

同樣地，不論是提交程式碼，或是觸發生產環境部署的命令，這些行為都會向聊天室發送消息。此外，隨著部署流水線中不斷發生變動，所有相關狀態資訊也都會發布在聊天室中。

下面是一個在聊天室裡快速訊息交流的典型例子：

> 「@sr：@jnewland，你怎麼獲取那一大批安裝原始碼的清單？你是用 disk_hogs 還是其他什麼？」

> 「@jnewland：/disk-hogs」

Newland 還注意到，對於曾經在專案中問過的問題，現在很少再有人問了。[6] 例如工程師可能會問的「如何進行部署」「你正在部署嗎？還是讓我來做？」或「現在的負載怎麼樣」。

在 Newland 描述的所有優點中（包括幫助新工程師更快融入團隊、提高所有工程師的工作效率），他認為最重要的是：營運工作變得更加人性化，營運工程師能夠更快速、更容易地發現問題和互相幫助。[7]

GitHub 創造的協作環境能夠將在局部學習到的知識轉化為擴及整個組織的寶貴經驗。隨後，我們將探討如何建立組織學習，並且加速傳播。

軟體中便於重用的自動化、標準化流程

我們經常把架構、測試、部署和基礎設施管理的標準和流程編寫成文，並儲存為 Word 文件，並上傳到某個伺服器裡。然而問題是，那些正在構建新應用程式或新環境的工程師往往不知道這些文件的存在，或者根本沒有時間一步步按照文件中的實施標準來進行工作。結果，他們建立了自己的工具和流程，但結果常常令人失望：極度脆弱而不安全的應用程式和環境，工程師們無力維護，而且運行、維護和更新的成本都很昂貴。

---

* Hubot 經常透過呼叫 shell 腳本的方式執行任務。shell 腳本可以在任何地方的聊天室使用，包括工程師手機上的聊天室 app。

與其將專業知識寫到 Word 文件中，倒不如將完整包含組織學習和知識的各種標準和流程轉化為一種更方便執行、更容易重複使用的形式。[8] 而讓這種知識重複使用的好方法之一就是：在集中的原始存放庫裡保存這些知識，所有人都可以搜尋和使用。

2013 年，曾任 GE Capital 首席架構師的 Justin Arbuckle 說：「我們需要建立一種機制，讓團隊能夠輕鬆遵從各國家、各地區的政策以及遍及數十個監管框架的行業法規，該機制涉及的範圍包括在數十個資料中心裡數萬台伺服器上運行的數千個應用程式。」[9]

他們建立一種名為 ArchOps 的機制，旨在「使工程師成為建築師，而不是砌磚工。我們將設計標準轉換成可以自動化執行的藍圖，任何人都能輕鬆地使用，同時確保了服務的一致性」。[10]

將手動操作流程轉換為可自動化執行的程式碼，讓自動化流程被廣泛採納，並為所有使用者提供價值。Arbuckle 總結：「組織的實際合規程度與利用程式碼體現其規則政策的程度成正比。」[11]

這個自動化的流程將會成為實現目標的最簡單方式，而且可以被廣泛採納到組織中 —— 甚至可以考慮將這些實踐進一步轉化為由組織支援的共享服務。

建立全組織共享的單一存放庫

在全組織範圍內建立共享的原始存放庫，是一種用來整合組織內所有局部發現的強大機制。當原始程式碼存放庫（例如一個共享的程式庫）中的任意內容被更新時，都會將此更新自動地迅速傳播給所有使用它的其他服務，並且透過每個團隊的部署流水線進行整合。

Google 就是一個眾所周知的實際例子，在組織範圍內的應用程式共享原始碼庫。截至 2015 年，Google 的單一共享存放庫儲存了 10 億多個文件，超過 20 億行程式碼。25 萬名工程師都在使用這個存放庫，涵蓋全部 Google 旗下產品，包括 Google 搜尋、Google 地圖、Google 文件、Google+、Google 日曆、Gmail 和 YouTube 等。[12] *

這種實踐方法讓工程師們可以多加利用組織內每個人的多元專業知識。負責開發者基礎設施團隊的 Google 工程經理 Rachel Potvin 說，每個 Google 工程師都可以存取「大量有價值的資料庫」，因為「（組織成員）所需的一切幾乎都已經完成了」。[14]

此外，Google 開發者基礎設施團隊的工程師 Eran Messeri 解釋，使用單一存放庫的優點是，每個用戶都可以輕鬆存取所有最新的程式碼，不需要額外進行協調。[15]

我們保存在共享原始存放庫裡的不僅是原始碼，還包含其他學習經驗和知識的資料文檔等：

- 程式庫、基礎設施和環境的配置標準（如 Chef、Puppet 或 Ansible 的腳本）。

- 部署工具。

- 測試標準和工具，包括安全測試。

- 部署流水線工具。

- 監測和分析工具。

- 使用說明和標準作業手冊。

透過這個存放庫匯聚和分享知識，會形成一種傳播知識的強大機制。正如 Randy Shoup 說：

> 防止 Google 發生故障的最強大機制就是單一存放庫。每當有人向存放庫裡提交更新時，都會觸發一個新的構建，此時該構建所使用的版本都是最新的。一切都由原始碼構建而成，而不是依情況在運行時動態連結服務。不論何時，永遠只能存取到單一版本的存放庫，也就是當下可被使用的存放庫，而在構建服務的過程中屬於靜態連結。[16]

---

* Chrome 和 Android 專案使用個別獨立的原始碼庫中，僅對部分團隊開放某些需要保密的演算法（如 PageRank）。[13]

Tom Limoncelli 是《The Practice of Cloud System Administration: Designing and Operating Large Distributed Systems》一書的共同作者，也曾經是 Google 的網站可靠度工程師。他在書中指出，為整個組織提供單一存放庫的價值無窮無盡，簡直難以言喻。

> 只要編寫一個工具一次，就能為所有專案重複使用。你可以百分之百確實掌握誰依賴於某個程式庫；因此，你可以重構它，並且百分之百確定誰會受到影響、誰需要為此做測試。我也許還能列舉一百多個例子。我無法用語言表達它為 Google 帶來多麼強大的競爭優勢。[17]

持 | 續 | 學 | 習

研究表明，優良的程式碼實踐有助於締造菁英表現。DORA 在 2019 年《State of DevOps Report》的研究顧問 Rachel Potvin 根據她在 Google 構建系統與領導開發團隊的經驗知識，指出程式碼的可維護性是幫助團隊持續交付的成功要素。Google 的基礎設施帶來的種種優點，成就了容易維護的程式碼，Potvin 認為這促進了團隊思考開發工作及程式碼的設計與編寫。[18]

這份報告指出：

> 能夠良好維護程式碼的團隊所擁有的系統與工具，能夠幫助開發人員輕鬆地變更由其他團隊維護的程式碼，在存放庫中找到範例程式碼，能夠重用其他人的程式碼，並且在不破壞其他人工作成果的情況下添加、升級、遷移到新版本的依賴關係之中。這些系統與工具，不僅有助於持續交付的實踐，同時也有助於減少技術債，提供生產力。[19]

在 Google，每個程式庫（例如：libc、OpenSSL 以及內部開發的程式庫）都有一個所有者。他不僅要保證這個程式庫的內容可被成功編譯，而且要讓所有依賴它的專案都通過測試，這個所有者的角色類似真實世界裡的圖書管理員。該所有者還負責將每個專案遷移到下一個版本。

讓我們來看一個現實中的例子。一個組織在生產環境中運行的 Java Struts 框架庫有 81 個不同版本 —— 除了 1 個版本之外，其餘 80 個版本都有各自不同而相當嚴重的安全漏洞，對營運帶來了極大的負擔和壓力。此外，這些差異使版本升級充滿風險和不安全因素，導致開發人員不願意升級，於是每下愈況，產生惡性循環。單一存放庫基本上解決了這個問題，再加上展開自動化測試，幫助所有團隊安全、自信地遷移到新版本。

如果不能構建單一的原始程式碼樹，就必須找到另一種維護程式庫的方法，保證依賴程式庫的都是已知的可用版本。例如：可能要搭建一個全組織範圍的存放庫，如 Nexus、Artifactory 或者一個 Debian 或 RPM 庫，然後針對已知的安全漏洞同時更新這些存放庫和生產系統。

我們必須確保依賴關係只來自組織的版本控制系統或是套件庫，避免來自「軟體供應鏈」的攻擊對組織的系統造成破壞。

運用自動化測試記錄和交流實踐來傳播知識

當整個組織都使用了共享程式庫，我們應該能夠快速傳播專業知識和改善方法。確保這些程式庫裡有大量的自動化測試，意味著這些程式庫能夠自動記錄並顯示其他工程師是如何使用它們的。

如果採用測試驅動開發（TDD）實踐，即在編寫程式碼之前編寫自動化測試，這麼做的好處是測試幾乎全部自動化。這個原則將測試套件變成活躍、保持更新的系統規範。任何想知道如何使用系統的工程師都可以查看測試套件，找到系統 API 的使用範例。

在理想情況下，每個程式庫都有一個具備相關知識和專長的負責人或支援團隊。此外，我們（最好）只允許在生產環境中使用一個版本，確保生產環境中的一切，都採用了組織的最佳集體知識。

在這個實踐模式中，程式庫的所有者還需要幫助每個依賴它的團隊，安全地從一個版本遷移到下一個版本。這反過來要求我們對所有依賴它的系統，進行綜合的自動化測試和持續整合，以便儘速發現回歸誤差。

為了加速集體知識的傳播，還可以為每個程式庫或服務建立討論群組或聊天室。任何有問題的人都可以在此得到其他用戶的回饋，響應速度通常比聯繫開發人員還要快。

相較於分散在組織各處的專業知識，使用這種類型的溝通工具，更能促進知識和經驗的交流，促使員工在問題和新模式上互相幫助。

為營運編寫非功能性需求

當開發部門跟進下游工作、參與生產事故的解決過程時，應用程式的可維護性就會設計得更好，更符合營運需求。此外，當我們為了適應快速的流動和可部署性，開始謹慎地設計程式碼和應用程式時，可能會確定一套非功能性需求，並整合到所有的生產服務中。

實現這些非功能性需求，讓生產服務更容易部署並持續運行，可以快速檢測並修復問題，還能保證在服務組件出現故障時正常降級。以下是一些非功能性需求的例子：

- 充分遙測各種應用程式和環境。

- 準確追蹤依賴關係的能力。

- 具有恢復韌性並能正常降級的服務。

- 各版本之間具有向前和向後的兼容性。

- 將資料歸檔，管理生產資料集的能力。

- 輕鬆搜尋和理解各種服務日誌資訊的能力。

- 透過多個服務追蹤用戶請求的能力。

- 使用功能切換開關或其他方法，實現簡便、集中式的執行環境配置。

由構建服務的開發團隊負責編寫並確立這些非功能性需求，可以更容易將集體知識和經驗，運用到新服務和已有服務上。

將可重複使用的「營運使用者故事」納入開發

如果某些營運工作無法完全自動化或自助化，我們的目標是盡量將這種反覆發生的工作，變得能夠重複且確實執行。為此，我們可將所需工作標準化、讓工作其盡可能自動化並記錄工作內容，讓產品團隊更能妥善規劃與謀取資源。

與其手動搭建伺服器，然後在投入生產環境時按照檢查清單逐條核對，不如盡可能自動化這些工作。如果某些操作步驟是不能自動化的（比如：手動上架伺服器並接上電纜），就應該盡可能將工作交接內容明確定義，以便縮短前置時間和錯誤。另一方面，也方便在未來妥善計劃和安排這些工作步驟。

比方說，可以使用諸如 Terraform 之類的工具來自動執行雲端基礎設施的架設與配置管理。使用 JIRA 或 ServiceNow 等工單系統來處臨時變更或專案，而版本控制系統可以紀錄已建設的內容變化並連結工單需求，再自動套用到我們的系統上（這種模式被稱為「基礎設施即程式碼」或 GitOps）。

在理想情況下，對於所有反覆發生的營運工作，我們必須明白：需要做什麼、需要誰執行、完成這個工作的所有步驟等細節。例如：「我們知道一次高可用性部署需要 14 個步驟，由 4 個不同的團隊執行。最近 5 次進行這項工作時，平均每次需要 3 天」。

就像在開發階段中建立使用者故事，將其放入待辦清單然後編寫為程式碼來實現一樣，我們也可以建立明確定義的「營運使用者故事」，說明那些在所有專案中（例如部署、產能規劃、安全性等）可以重用的工作活動。建立這些清楚定義的營運使用者故事，一並展示可重複的 IT 營運工作和相關開發工作，幫助組織各部門創造更好的工作計劃和更多的可重複成果。

選定合適技術，實現組織目標

當我們採用服務導向架構並且致力於最大化開發人員的生產力時，小型服務團隊可以使用最適合特定需求的語言或框架來構建和運行服務。在某些情況下，這是我們實現組織目標的最佳方式。

然而，有時會出現相反的情況，例如只有一個團隊掌握了關鍵服務的專業技術，而且只有該團隊才能實施變更或修復問題，反而會形成阻礙工作流的瓶頸，在改善團隊生產力時卻無意中成為了實現組織目標的絆腳石。

如果由一個職能導向的營運團隊負責支援服務的所有層面，這種問題就會經常發生。在這種情況下，為了確保營運團隊對某些特定技術有深層了解，我們希望讓營運團隊參與生產環境的技術選型，或者讓他們不需要對沒有支援的平台負責。

如果尚未羅列出一則由開發和營運共同制定，並由營運團隊提供支援的技術清單，就應該系統地研究生產環境基礎設施和服務以及目前支援的底層技術，來找出導致無謂故障和計劃外工作的那些技術，這類技術具有下列特徵：

- 阻礙或減緩慢工作流。

- 造成大量計劃外工作。

- 產生大量支援請求。

- 與我們所需的架構結果（例如輸送量、穩定性、安全性、可靠性和業務連續性）背道而馳。

利用營運團隊所支援的技術，排除這些有問題的基礎設施和平台，營運團隊就可以專注於最有助於實現組織全局目標的基礎設施。

持 ｜ 續 ｜ 學 ｜ 習

我們的目標是打造完善的基礎設施平台，讓用戶（包括開發團隊）可以透過自助式服務，完成他們所需的作業，而不必遞出工單或發送電子郵件。這是現代雲端運算基礎設施實現的一項關鍵能力 —— 它甚至是美國聯邦政府國家標準與技術研究所（NIST）為「雲端運算」所定義的五項基本特徵之一。[20]

- **按需自助服務**：使用者可以自行提供與配置運算資源，而不需要供應商的人為介入。

- **廣泛網路存取**：可以透過不同的平台存取運算能力，例如手機、平板裝置、筆記型電腦和工作站。

- **資源匯集**：供應商資源被集中在一個多租戶模式，物理和虛擬資源根據需求進行動態分配。客戶可以在更高的抽象層次上指定位置，比如：國別、州別或各資料中心。

- **快速彈性**：運算能力的提供與釋出具有彈性，可以迅速向外或向內擴展，使得運算能力接近無限，並且能夠在任何時候以任何數量被佔用。

- **指標衡量服務**：雲端系統可根據服務類型的資源使用情況進行自動控制、最佳化和回報，比如：儲存、處理、頻寬和活躍的使用帳戶。

用私有、公有和混合模式構建基礎設施平台是可以獲得成功的 —— 前提是要傳統資料中心的作業和流程現代化，以便滿足這五項基本特徵。如果你的技術平台無法支援這些特徵，那麼應該優先考慮使用支援平台來取代它們，或者對你現有的平台進行現代化改造，盡可能地實現這些架構成果。

DORA 在 2019 年的《State of DevOps Report》發現，表示正在使用雲端運算基礎設施的受訪者中，只有 29% 的人同意或強烈同意他們全部符合 NIST 定義的五項基本特徵。而雲端運算這五項特徵的運用非常重要；與表現不佳的企業相比，精英企業滿足所有基本雲端運算特徵的可能性高出 24 倍。[21]

這表明了兩件事。首先，那些宣稱自己使用雲端運算服務但沒有獲得好處的團隊，必須確實滿足上述特徵才能成功。第二，技術和架構能力對軟體交付效能具有深遠影響。良好的執行使得精英團隊在速度和穩定性方面與低績效組織的表現產生了顯著差異。

➡ 案 | 例 | 研 | 究 🆕

Etsy 將新技術堆疊標準化（2010）

在許多應用 DevOps 的組織中，開發人員都分享了類似經歷：「營運提供不了我們需要的東西，所以只能自己構建和支援。」然而，在 Etsy 轉型早期，技術領袖卻採取了相反做法，大量削減在生產環境中支援的技術。

2010 年，經歷了一個可稱之為多災多難的佳節購物高峰期之後，Etsy 團隊決定大量減少生產環境中的技術。具體做法是選出幾個可以在組織裡全面支援的技術，然後全面清除其餘的技術。*

他們的目標是將技術標準化，並且刻意減少基礎設施和配置。其中，一項早期決定是將 Etsy 全面遷移到 PHP 和 MySQL 平台。這與其說是一項技術決策，不如說是一項哲學決策 —— 他們希望開發和營運都能夠理解整個技術堆疊，讓所有人都可以為這個單一平台做貢獻，並且讓每個人都能夠閱讀、重構和修復他人的程式碼。

Etsy 當時的營運總監 Michael Rembetsy 回憶，在接下來的幾年裡：「我們在生產環境中停用了一批優秀的技術，其中包括 lighttpd、Postgres、MongoDB、Scala、CoffeeScript、Python 以及其他很多技術。[23]

同理，於 2010 年將 MongoDB 引入 Etsy 的功能團隊成員 Dan McKinley 在他的部落格上寫道，「無模式資料庫」的優勢都被它們引發的營運問題完全抵消。這些問題涵蓋日誌記錄、圖形繪製、監控、生產遙測、備份和恢復等，以及開發人員通常不需要關心的大量問題。最終，他們果斷放棄 MongoDB，將新服務都遷移到目前支援的 MySQL 資料庫基礎設施上。[24]

> 這則 Etsy 案例證明，移除有問題的基礎設施與平台後，組織可以將重心轉移到符合組織目標且有助於達成的架構上。

---

* 當時，Etsy 使用了 PHP、lighttpd、Postgres、MongoDB、Scala、CoffeeScript、Python 以及許多其他平台和語言。[22]

➡ **案 | 例 | 研 | 究**

Target 的群眾外包科技治理（2018）

《State of DevOps Reports》的主要發現之一是，在不控制團隊的工作和運作方式，或是限制他們使用的技術時，團隊的工作效率會更快。過去，技術選型是一種帶有強制意味的機制，控管組織中的變異性。這導致了在符合架構、安全和業務架構需求方面的合規性。收費站、中心式審核和筒倉造成了低度或有限的自動化，甚至鞏固了「流程和工具優先」的傳統思維，而不是讓團隊更加注重結果和成效。

2015 年，Target 展開了一項全新計畫：recommend_tech，透過群眾外包來選擇技術。這個計畫在一個基本的單頁式網頁上，按不同領域列出所有技術，並且為各技術提供一個範圍（局部 vs. 企業整體）和由 Target 內部專家認為該技術處理方式的半衰期。[26]

在 2018 年 DevOps Enterprise Summit 的演講中，首席工程師 Dan Cundiff、工程總監 Levi Geinert 和首席產品負責人 Lucas Rettif 解釋了他們如何從技術方面，例如程式庫、框架、工具等著手，從治理轉向指導，加快團隊的工作效率。這種指導將提供團隊可以安心工作的護欄，同時也消除了嚴苛管理過程中的摩擦。[27]

他們發現提供指導與治理的關鍵在於，它需要以最簡單的方式呈現（讓每個人都可以做出貢獻）、透明（每個人都能夠看到）、靈活（易於改變），並且具有文化性（由社群驅動）。歸根結底，指導應該要能增強工程師的能力，而不是反過來限制他們。[28]

過去，Target 公司曾經有一個所謂的「架構審查委員會」（ARB）[*]，這是一個集中式的小組，成員會定期開會，為所有產品團隊做出應該使用哪項工具的決策。這種做法既沒有效率也難獲成效。

為此，Dan Cundiff 和同事 Jason Walker 在 GitHub 上建了一個簡單的技術選擇清單：協作工具、應用程式架構、快取、資料儲存等等各式技術。他們將這個清單其命名為「recommended_tech」。按照 recommended（推薦使用）、

---

[*] 《獨角獸專案》中描述的 TEP-LARB 就是以 Target 公司的 ARB 為原型。

limited use（有限使用）或 do not use（不使用）對每一項技術進行分類。每個文件都顯示了某個技術被推薦或不推薦的原因以及使用方法等等。[29] 此外，完整的歷史記錄可顯示了決策的過程，在 repo 中可以看到。決策的來龍去脈 —— 最重要的是，對於討論的記錄追蹤 —— 為工程社群提供了更多「為什麼」的答案。如上所述，處理方式的「半衰期」是為團隊提供方向的錨定點，瞭解一個技術領域內出現轉變的可能性。

這個清單並不是在未經思考或研議的情況下交給工程師的。Target 公司的任何人都可以向任何一個技術類別提出 pull request，並建議一個變更、一個新技術等等。每個人都可以評論和討論該技術的各種好處或風險。而當變更被合併時，一切就拍板定案了。這項技術選擇會被「強烈推薦」，並被鬆散地保留，直到下一個模式出現。[30]

由於變更是局部性的，這類變更對團隊來說很容易調整，可逆性與靈活度性都很高。比方說：將某一產品的 API 從 Python 切換到 Golan，是高度靈活和容易逆轉的動作。與此相比，換掉一個雲端供應商，或是停用一個資料中心則是繁重而複雜的作業，而且過程中非常容易出問題。

針對具有「高昂成本」的變更，則會邀請 CIO 參與決議過程。任何工程師都可以直接向 CIO 和領導高層提出他們的想法。說到底，recommended_tech 的方法是讓任何職級的工程師都能以最簡單的方式為他們的工作投注心力。[31]

> 這個簡單的解決方案顯示，消除障礙和瓶頸能夠賦予團隊權力，並且確保他們在經過批准的範圍內自在運作。

本章小結

本章所論述的各項技法，可以從各個面向將新的學習彙整成組織通用的集體知識，還能成倍放大其效益。我們可以採用聊天室、「架構即程式碼」、共享原始存放庫、技術標準化等方法。這麼做不僅能提升開發和營運團隊的工作實踐，更能提升整個組織的生產力，組織中的每位成員在工作的同時，也參與了集體經驗的累積。

21

為組織學習和改善活動預留時間

有一種被稱作「改善閃電戰」（improvement blitz 或 kaizen blitz）的實踐，是豐田生產系統的核心體系，指的是在一個通常長達數天的特定時間段裡，集中解決某項特定問題。[1] Steven Spear 博士解釋：「改善閃電戰經常採取的形式是，將一個小組聚在一起，專注探究一個存在問題的流程……改善閃電戰通常持續幾天，目標是使流程達到最佳化，具體方法則是『旁觀者清』，將問題集中，邀請流程之外的人，對處於流程裡的人提出建議。」[2]

Spear 觀察到，閃電戰團隊的成果通常會是一個解決問題的新方法，比如：新的設備配置、傳輸材料和資訊的新方法、更加井井有條的工作空間或者標準化的工作。他們還可能會留下一個等待日後變更的待辦事項清單。[3]

Target 的 30 天挑戰（2015）

美國零售業 Target 公司「DevOps 道場」舉行的每月挑戰計劃，正是 DevOps 改善閃電戰的一種案例。Target 前營運總監 Ross Clanton 負責加速組織採用 DevOps 文化，他的主要方法之一就是成立技術創新中心，而更廣為人知的名字是「DevOps 道場」（DevOps Dojo）。

Target 的 DevOps 道場的實施地點，是一個面積約 50 坪的開放式辦公空間，DevOps 教練在這裡幫助 Target 技術團隊提升 DevOps 轉型的實踐。所謂的「30 天挑戰」是強度最大的改善活動，讓內部開發團隊在一個月的時間裡，與專職 DevOps 道場教練和工程師一起工作。開發團隊帶著工作進入道場，目標是解決長期困擾他們的內部問題，並且在 30 天裡取得突破。

在整整 30 天中，他們針對問題與道場教練密切合作 —— 規劃、工作，並在為期兩天的衝刺活動後展示成果。在 30 天挑戰結束以後，這些內部團隊又會回到各自的工作崗位。他們不僅妥善解決一項重大問題，還把新學到的知識帶回原團隊。

Clanton 說：「因為目前道場只能容納 8 個團隊同時進行 30 天挑戰，所以我們挑選的都是組織裡最具戰略性的專案。截至目前為止，我們藉由道場實現了一些關鍵能力，包括銷售時點情報系統（POS）、庫存管理、定價和促銷等。」[4]

透過專職道場教練從中輔助，並且專心致志於單一目標，團隊在 30 天挑戰之後，會得到令人難以置信的進步與提升。Target 開發經理 Ravi Pandey 解釋：「過去，我們必須等待 6 個星期才能獲得測試環境。現在只需要幾分鐘。營運工程師與我們並肩工作，幫助我們提高生產力、構建工具，最終實現目標。」[5]

Clanton 還補充：「以前通常需要 3 到 6 個月才能完成的工作，現在幾天就能完成的情況並不少見。到目前為止，已經有兩百名員工透過道場進行學習，一共完成了 14 項挑戰。」[6]

道場還提供較低強度的參與模式，其中包括「快閃構建」（Flash Builds），讓多個團隊聚在一起，參與一次為期 1 至 3 天的活動，目標是在結束時交付最小化可行產品（MVP）或一種功能。每兩週還會舉行一次「開放實驗室」，任何人都可以來道場和道場教練交談、參加成果演示或接受培訓。

本章將一一介紹為組織學習和改善預留時間的多種方法，以及進一步將投入時間改善日常工作的做法制度化。

將「償還技術債」制度化

本節介紹的慣例做法，有助於加強為改善工作預留開發和營運時間的實踐，例如非功能性需求和自動化等改善事項。最簡單的方法之一就是，安排和進行為期數天或數週的改善閃電戰，讓團隊裡的每個人（或整個組織）自行組織，一同解決關心的已知問題 —— 此時不允許進行任何功能開發工作。改善內容可以著眼於程式碼、環境、架構、工具等的任何一個問題點。這些團隊通常由橫跨整個價值流的開發、營運和資訊安全工程師組成。通常不太有共事機會的團隊可以在這個活動中，結合各自技能和成果，努力改善選定的領域，然後向公司中的其他人展示成果。

除了源於精實原則的術語：「改善閃電戰」之外，為改善工作而專門實行的慣例活動還有「春季／秋季大掃除」（spring or fall cleanings）、「反轉佇列工單週」（ticket queue inversion week）。[7] 其他術語還包括「駭客日」（hack days）、「黑客松」（hackathons）* 和「20% 創新時間」（20% innovation time）等。然而這些特別的慣例有時候僅側重於產品創新和為新的市場想法設計原型，而不是本文想強調的工作改善。更糟的是，它們通常只針對開發人員—— 這與改善閃電戰的初衷相去甚遠。

這些閃電戰期間的目標，不止是為了測試新技術而進行實驗和創新，而是改善日常工作，找出日常工作中的變通方案。雖然實驗也會帶來一定的改善，但是改善閃電戰的重點在於，解決日常工作中所遇到的具體問題。

我們可以安排為期一週的改善閃電戰，優先讓開發和營運人員共同工作，實現改善目標。這些改善閃電戰相當易於管理：選擇一週時間，讓技術部門的所有人同時參與改善活動。在活動結束時，請每個團隊展示自己處理的問題以及構建成果。這種改善實踐，強化了工程師在整個價值流中解決問題的文化。此外，它還將解決問題內化為日常工作的一部分，處處展現我們重視償還技術債的態度。

改善閃電戰之所以如此強大，是因為我們賦予了第一線工作人員不斷識別和解決問題的能力。想像一下，如果複雜系統是一張錯綜複雜的蜘蛛網，而相互交織的蛛絲會不斷變弱、斷裂。若正確組合的蛛絲被破壞，那麼整張蜘蛛網都會因此分崩離析。

即使有再多的指揮和管理控制，也不能指導工作人員逐一修復所有問題。相反，我們必須創造一種組織文化和組織規範，讓所有人將其發現並修復斷裂的「蛛絲」視為日常工作的一部分。正如 Spear 博士所言：「難怪蜘蛛不會等到蛛網損

---

* 從這裡開始，「駭客週」和「黑客松」等術語與「改善閃電戰」具有相同意義，而不是泛指「你可以做喜歡的任何專案工作」。

壞到無法修復才動手，而是會不停修復蜘蛛網破損的部分。」[8]

Facebook 首席執行長馬克・祖克柏曾經分享過改善閃電戰概念的成功案例。他在接受來自 Inc.com 的 Jessica Stillman 專訪時這麼說：

> 我們每隔幾個月就舉行一次黑客松，每個人都為自己的新想法設計原型。最後，整個團隊聚在一起，檢閱所有已經完成的工作。我們許多最成功的產品都來自黑客松，包括 Timeline、聊天、影音、移動開發框架和一些最重要的基礎設施，就像 HipHop 編譯器。[9]

特別讓人感興趣的正是 HipHop PHP 編譯器。2008 年，Facebook 面臨嚴重的容量問題 —— 活躍用戶超過一億，而且用戶數量仍在飛速飆漲。這個問題為整個工程團隊帶來了巨大麻煩。[10] 在某一次駭客日裡，Facebook 資深伺服器工程師趙海平嘗試將 PHP 程式碼轉換為可編譯的 C++ 程式碼，希望能夠大幅度提升現有基礎設施的容量。在接下來的兩年中，他集結了一個小團隊並構建了這個 HipHop 編譯器，將 Facebook 的所有生產服務從解釋型的 PHP 程式文件轉換為了編譯型的 C++ 二進制文件。HipHop 使 Facebook 平台能夠處理比原生 PHP 程式高出 6 倍的生產負載。[11]

在接受《Wired》雜誌的 Cade Metz 專訪時，參與該專案的工程師 Drew Paroski 說：「在那段時間如果沒有 HipHop 的話，我們可能會身陷水深火熱當中。網站本來需要更多伺服器，而我們根本來不及準備好。還好它成功了，在最後關頭化險為夷。」[12]

後來，Paroski 以及同事 Keith Adams 和 Jason Evans 決定進一步提高 HipHop 編譯器的效能，並降低它對開發人員生產力的限制。採用即時編譯方式的 HipHop 虛擬機器專案（HHVM）就此誕生。到 2012 年，HHVM 在生產環境中完全取代了 HipHop 編譯器，有近 20 名工程師曾為此專案做出了貢獻。[13]

透過定期舉辦改善閃電戰和駭客週，價值流中的所有人都能自豪地以當家作主的精神進行創新，不斷地將改善整合到系統中，進一步提高了安全性、可靠性，同時也能累積經驗。

讓所有人教學相長

不論是透過傳統教學方式（如修習課程、參與培訓），還是透過更具實驗性或開放式的方法（例如會議、工作坊、指導），動態的學習文化不僅能為每個人創造學習條件，還能創造教學的機會，我們可以投入專門的組織時間來促進這種教學相長的良好風氣。

全美互助保險公司技術 VP Steve Farley 說：

> 我們有 5,000 名專業技術人員，我們彼此稱呼為「同伴」。自 2011 年以來，我們一直致力於打造一種學習文化 ——「教學星期四」是一項為同伴安排的每週一次的學習時間。在兩小時的學習時間裡，每個同伴既要自己學習，也要教導別人。而學習主題可以是他們想要學習的內容，有些關於技術，有些關於新軟體開發或流程改善方法，有些甚至關於如何更好地進行職業管理。任何同伴都能做到的事情，就是指導其他同伴，或者向其他同伴學習，這正是最寶貴的學習經驗。[14]

從本書中可以明顯發現，不止是開發人員，所有工程師都越來越需要某些技能。例如：對於所有營運和測試工程師來說，熟悉開發技術、慣例和技能變得越來越重要，例如：版本控制、自動化測試、部署流水線、配置管理和自動化。因為越來越多的技術價值流採用 DevOps 的原則和模式，熟悉開發技術有助於營運工程師維持相同的思考頻率。

雖然在人們學習新東西時可能會覺得害怕、尷尬或羞恥，但其實大可不必如此。畢竟，我們每個人都是終身學習者，向同行學習正是最好的方式之一。Karthik Gaekwad 是國家儀器 DevOps 轉型的參與者，他說：「正在學習自動化的營運人員，你們不需要感到畏懼！ —— 儘管去找友善的開發人員，他們都非常樂意回答你的疑惑。」[15]

開發和營運團隊可以透過共同執行程式碼審查，在日常工作中進一步教授技能，在實踐中學習，一起解決一些小問題。例如：開發人員可以向營運人員展示應用程式如何認證用戶、如何登入應用程式，以及進行各個組件的自動化測試，確保關鍵組件（例如：應用程式的核心功能、資料庫事務、訊息佇列）正常運作。然後，將這個新的自動化測試整合到部署流水線中並定期運行，把測試結果發送到監控和警告系統，以便在關鍵組件出現故障時及早發現。

在 2014 年 DevOps Enterprise Summit 的演講中，Forrester Research 的 Glenn O'Donnell 這麼說道：「對於所有熱愛創新、熱愛變革的專業技術人士來說，在我們眼前鋪展開來的，是美好而充滿活力的未來。」**16**

持｜續｜學｜習

ASREDS 學習循環

人類天生就是群居的動物，習慣團體生活。然而歸屬感的天性，也可能是一種排外性。在分享學習的活動中，群體思維可能會導致一個個分別存在的「學習泡泡」（學習筒倉），或是在某個人離開群體（組織）時永久流失某些組織知識。

當學習或經驗被困在一個個泡泡之中，知識將不復顯現於人們眼前，非本意地導致不同團隊被相似的問題困住，執行相似實驗，最終開發出相同的反模式，而沒有機會借鑒其他人的經驗。在《Sooner Safer Happier》一書中，作者利用「ASREDS 學習循環」來戳破這些學習泡泡。**17**

這個學習循環要求團隊首先在目標方面達成一致，對脈絡有所理解，透過設計實驗進行回應，從實驗結果提取出洞見和指標，然後將結果分享出去，把這些經驗擴散給其他人，讓他們能夠理解。

ASREDS 學習循環這類實踐方法有助於戳破一個個互不相連的學習泡泡，結合有效的獎勵機制以及實踐中心（Center of Practice，詳情請參考《Sooner Safer Happier》一書），這些模式將能塑造出擁有良好學習風氣的生態系統。

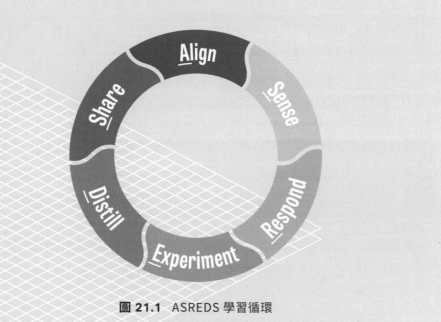

圖 21.1 ASREDS 學習循環

（資料來源：Smart et al., *Sooner Safer Happier: Antipatterns and Patterns for Business Agility*（Portland, OR: IT Revolution, 2020））

在 DevOps 會議中分享經驗

在許多注重成本效益的組織中，工程師常常不願參與會議以及向同行學習。為了建立學習型組織，我們應該鼓勵（來自開發和營運部門）工程師參加會議，並在必要時自己建立和組織內部或外部會議。

在目前所有自行發起的會議活動中，DevOpsDays 的活躍度最高。在 DevOpsDays 所舉辦的活動中，已經公佈和分享了許多 DevOps 實踐。這個會議由許多活躍從業者和供應商社群支援，讓所有人可以免費或幾乎免費地盡情參與。

DevOps Enterprise Summit 於 2014 年成立，旨在讓技術領導者分享在大型複雜組織中採用 DevOps 原則和實踐的經驗，而討論主題基本上圍繞在 DevOps

旅程中的技術領導者以及社群選定主題的相關專家所撰寫的經驗報告。截至 2021 年，DevOps Enterprise Summit 已經舉辦了 14 場會議，邀請各行各業的技術專家分享了近一千場主題演講。

➡ 案│例│研│究

全美互助保險、第一資本銀行和 Target 的內部技術會議（2014）

除了參加外部會議之外，許多公司還會為技術人員舉辦內部會議。全美互助保險公司（Nationwide Insurance）是一家業界領先的保險和金融服務提供商，遵守嚴格的行業規定。他們有許多產品，包括汽車和房產保險，而且是公共部門退休計劃和寵物保險的頂級提供商。截至 2014 年，其資產價值為 1,950 億美元，營業收入為 240 億美元。[18]

自 2005 年以來，他們一直應用敏捷和精實原則來提升 5,000 名技術專業人員的實踐狀態，以實現基層創新。

資訊技術 VP Steve Farley 回憶：

> 那時開始出現振奮人心的技術會議，比如敏捷會議。2011 年，全美互惠的技術領導一致同意舉辦名為 TechCon 的技術會議。我們想藉由這一活動，建立一種更好的自我教育方式，並確保這一切在全美互惠公司的脈絡下展開，而不是把每個人派出去參加外部會議。[19]

第一資本（Capital One）是美國最大的銀行之一，在 2015 年擁有超過 2,980 美元的資產和 240 億美元的收入。[20] 該公司的願景是「成為世界級技術組織」，他們於 2015 年舉辦了第一次內部軟體工程會議。會議的任務是促進共享和協作的文化，並在技術專業人員之間建立良好的關係，使組織學習變得切實可行。該會議包含 13 個技術學習專場、52 個主題會議，超過 1,200 名內部員工參加。[21]

會議組織者之一的首席技術長 Tapabrata Pal 博士說：「我們甚至設立了一個展覽會場，在 28 個展位上，第一資本的內部團隊展示了正在實現的所有驚人功能。因為我們聚焦在第一資本專屬的組織目標上，所以刻意沒有邀請任何供應商

參與這次活動。」 [22]

Target 是美國的第 6 大零售商，在 2014 年的營業額為 720 億美元，全球共有 1,800 家零售店和 347,000 名員工工。[23] 開發總監 Heather Mickman 和 Ross Clanton 自 2014 年以來舉辦了 6 次內部 DevOpsDays 活動，在內部技術社群裡擁有將近一萬名粉絲。他們採用的活動模式參照了 2013 年在荷蘭阿姆斯特丹 ING 舉行的 DevOpsDays。[24] *

於 2014 年參加 DevOps Enterprise Summit 之後，Mickman 和 Clanton 舉行了自己的內部會議，邀請了很多外部公司的演講者，為組織內的領導高層再現他們當時與會的體驗。Clanton 描述：「我們在 2015 年得到了領導階層的重視，而且 DevOps 的轉型風氣逐漸確立。在那次活動後，很多人主動來找我們諮詢如何參與並提供幫助。」 [26]

> 各組織可以推動教學相長的文化，增進技術從業人員的實力，不僅僅是鼓勵員工參加外部會議，也可以在組織內部籌辦類似會議。如此可以打造更優秀的團隊，建立組織信任，強化溝通與創新，並且改善日常工作。

持 | 續 | 學 | 習

DORA 的《2019 State of DevOps Report》探究了組織如何推廣 DevOps 和敏捷實踐，這項研究要求組織從一系列常見的方法中選擇最貼近的選項，例如培訓中心、卓越中心、各式各樣的概念性驗證、瀑布式開發和實務社群等等。

---

* 順帶一提，ING 團隊中一些成員參加了 2013 年巴黎的 DevOpsDays 活動。之後，Ingrid Algra、Jan-Joost Bouwman、Evelijn Van Leeuwen 和 Kris Buytaert 在 2013 年組織了第一次 ING 內部的 DevOpsDays 活動，Target 的第一個內部 DevOpsDays 活動正是借鑒其模式舉行。[25]

而這項分析顯示：

> 高效能組織傾向選擇那些能夠在組織各層面建立社群架構的
> 策略，使得他們更具有組織韌性及持續性，能夠從容應對
> 組織重組與產品變動。實務社群（communities of practice）
> 和基層實踐是兩項最廣為採用的策略，再以概念性驗證作為
> 範本（讓概念性驗證在組織各團隊中得以重現的模式），並
> 以概念性驗證作為發揚策略的種子。[27]

建立社群架構來推廣實踐

本書前文講述了 Google 的測試小組（Testing Grouplet），如何從 2005 年開始在 Google 內部建立起世界級的自動化測試文化。他們的故事還沒結束，為了全面提升 Google 內部的自動化測試實踐，他們採用了改善閃電戰、內部教練，甚至內部認證計劃。

Mike Bland 說，當時 Google 有一個「20% 創新時間」政策，讓開發人員可以拿出每週一天時間，投入在主要職責範圍之外，但與 Google 相關的專案上。有些志同道合的工程師自發地組成被稱為 grouplet 的實務社群，集中利用這 20% 的時間專注於改善閃電戰。[28]

Bharat Mediratta 和 Nick Lesiecki 組成了一個測試實務社群，目標是在 Google 內部推廣自動化測試。雖然他們沒有預算，也沒有得到正式授權，但是正如 Mike Bland 所說：「我們同樣沒有明確約束限制，這成了我們的優勢」。[29]

他們使用了好幾種推廣機制，其中最有名的是測試週刊「廁所測試」（TotT）。每週，他們都會發布一份新聞簡報，放在 Google 幾乎每個辦公室的每一間廁所裡。Bland 說：「這麼做的目標是提高整個公司的測試知識和熟練程度。我們懷疑線上電子版難以讓人們有同樣的參與程度。」[30]

Bland 還說：「影響最大的一期 TotT 標題為『測試認證（Test Certified）：名字糟糕，結果完美』，因為這期 TotT 概述了兩項計畫，在提高自動化測試水準這件事上功不可沒。」[31]

測試認證（TC）提供了改善自動化測試實踐的路線方針。正如 Bland 描述，「它旨在發揚優先關注衡量指標的 Google 文化……同時克服無從下手的心理恐懼。第一級是快速建立基準衡量指標，第二級是設置配套策略並達到自動化測試的覆蓋率目標，第三級則是努力實現長期的覆蓋率目標」。[32]

此外，它還為任何需要諮詢或幫助的團隊，提供測試認證導師和「測試雇傭兵」（即全職內部教練和顧問團隊），讓他們與團隊一起改善測試實踐和程式碼品質。測試雇傭兵將測試實務小組的知識、工具和技術應用到團隊的程式碼上，並將「測試認證」作為指南和目標來實現。

2006 ～ 2007 年，Bland 是測試小組的領導者；2007 ～ 2009 年，他成為了測試雇傭兵中的一員。[33]

Bland 說：

> 我們的目標是讓所有團隊都達到 TC 的第三級，不管他們是否參加了我們的計劃。我們還與內部測試工具團隊密切協作，在與產品團隊共同解決測試挑戰時提供回饋。我們一步一腳印，應用自己構建的工具，最終消滅『我沒有時間測試』的藉口。[34]
>
> TC 的各個層級發揚了 Google 由指標驅動的文化，因為人們可以在績效評審時討論和誇耀團隊目前處於哪一層級。測試小組最終為『測試雇傭兵』爭取到了經費。這是很重要的一步，因為它現在得到了管理層的全面支援 —— 不僅僅是宣傳政令，還有充足經費。[35]

另一項重要舉措是在公司範圍內展開「Fixit」改善閃電戰。Bland 將 Fixit 描述為「從 Google 所有工程師中召集那些具有想法、有使命感的普通工程師，在一天內進行密集的程式碼重構衝刺和工具應用」。[36]

他在公司範圍裡組織了四次 Fixit，有兩次是純粹測試，另外兩次與工具應用相關，其中最後一次有來自 13 個國家，二十多個辦公室的一百多名志願者共襄盛舉。他在 2007 ～ 2008 年間也領導了 Fixit 小組。[37]

Bland 描述 Fixit 有意在一些關鍵時間點提出一些焦點任務，激發人們的高度興趣和參與意願，這有助於發展最先進的技術。每一次成效斐然的努力成果，都會幫助我們將長期文化變革的使命，推展到一個嶄新境界。[38]

本書展示了 Google 許多驚人成就，從中可以看出測試文化的斐然成果。

本章小結

本章描述如何建立一系列實踐慣例，強化終身學習的真諦以及重視「改善日常工作」的文化。具體實現方法是包括預留償還技術債的時間，或是建立社群架構，使大家能夠在組織內部和外部互相學習和指導。還可以透過專家輔導與諮詢，或者明定一個輔導時間，都能為內部團隊提供幫助。讓所有人都在日常工作中相互學習，比競爭對手學得更多、更快，在幫助組織贏得市場一席之位的同時，我們也在幫助彼此激發潛能。

PART V：總結

在第五部分的各個章節中，我們探討了許多實踐方法，在組織中創造學習和實驗文化。當我們在複雜系統中工作時，從事故中學習、建立共享存放庫和共享知識必不可少，讓工作文化更公正，讓系統變得更安全、更具韌性。

第六部分將探討如何擴展工作流、回饋循環、持續學習與實驗的成效，讓它們同時幫助我們實現資訊安全的目標。

PART V：補充資源

Amy Edmondson 的《心理安全感的力量：別讓沉默扼殺了你和團隊的未來》是為工作場域打造心理安全感的必讀著作。

Stanley McChrystal 將軍所寫的《美軍四星上將教你打造黃金團隊：從急診室到 NASA 都在用的領導策略》一書，揭露了美國軍隊中領導的藝術。

Patrick Lencioni 的《克服團隊領導的五大障礙：洞悉人性、解決衝突的白金法則》一書透過關於領導力的寓言故事，揭示即便是最優秀的團隊也難以倖免的五大障礙。

Michael Nygard 的《Release It! Design and Deploy Production-Ready Software》可幫助你避開那些讓公司賠上巨額賠償金與名聲信譽的種種陷阱。

Sidney Dekker 的《Just Culture》可以幫助你打造具有信任、樂於學習且勇於負責的組織文化。

如果想了解更多事件指揮模式，歡迎觀看 2018 DevOps Enterprise Summit 中來自 Great Circle Associates 的首席工程師 Brent Chapman 的演講：Mastering Outages with Incident Command for DevOps（https://videolibrary.doesvirtual.com/?video=524038081）。

Part VI

整合資訊安全、
變更管理和合規性的技術實踐

PART VI：導論

前 幾章我們討論了如何構建從程式碼提交到發布的快速工作流以及反向的快速回饋流。我們還探索了加強組織學習和放大微弱故障信號的文化慣例，創造更安全的工作系統。

在第六部分內容中，我們會進一步擴展這些活動，不僅實現開發和營運目標，還要同時實現資安目標，提高服務和資料的保密性、完整性和可用性。

我們不能在開發流程結束時才執行產品的安全性檢查，而是要把安全控制整合到開發和營運團隊的日常工作中，讓安全成為所有人日常工作的一部分。理想情況下，這項工作極大程度將以自動化的形式整合到部署流水線裡。除此之外，透過自動化控制來改善手動操作、驗收和審核流程，逐漸降低對職責分立和變更審核流程等控制的依賴。

透過將這些活動自動化，在需要時就能向稽核人員、評估人員或價值流中的任何人證明，控制措施正在有效運行。

最後，我們不僅要提高安全性，而且還要建立更易於稽核、證實有效控制的組織運作流程，並遵從監管與合約義務，相關舉措包含：

- 使安全成為每個人工作的一部分。

- 將預防性的控制程式碼整合到共享程式碼庫中。

- 將安全性整合到部署流水線中。

- 將安全性整合到監控流程，以便快速檢測和恢復。

- 保護部署流水線。

- 整合部署活動和變更審核流程。

- 降低對職責分離的依賴性。

當我們將安全工作整合到所有人的日常工作中，並使之成為每個人的責任時，組織就會獲得更好的安全性。更好的安全性意味著我們可以保護資料，並且理智地對待資料。這又意味著可靠性和業務持續性，因為服務可用性變得更好，可以更容易地從故障中恢復。我們能在災難性後果發生之前解決安全問題，並且增加系統的可預測性。最重要的也許是，我們可以在系統和資料的防護方面做得更完善，更勝以往。

22

將資訊安全納入每個人的日常工作

一直以來，實施 DevOps 原則和模式的最大阻礙就是「資安和合規性不允許（我們這麼做）」。然而，在技術價值流中，想將資訊安全更好地整合到每個人日常工作中，DevOps 可能是一種最佳選擇。

當資安工作由開發和營運以外的團隊單獨負責時，容易衍生許多問題。Gauntlt 安全工具聯合創辦人、美國德州奧斯汀 DevOpsDays 及 Lonestar 應用安全會議組織者 James Wickett 觀察到：

> 有一種對於 DevOps 的解讀是這麼說的：它源於提高開發人員生產力的訴求，因為隨著開發人員數量的成長，處理所有部署工作的營運人員數量就會不足。以資安而言，這種人員不足的情況尤其嚴重——在典型的技術組織中，開發、營運和資安工程師的比例是 100：10：1。當資安人員較少，相關工作還沒有自動化、無法融入開發和營運團隊的日常工作中時，在資安方面，我們唯一能做的只有合規性檢查，然而這與安全工程背道而馳。不僅如此，這還讓每個人都討厭我們。[1]

James Wickett 和 Sonatype 公司前首席技術長、榮譽資安研究員 Josh Corman 撰寫了一系列將資訊安全融入 DevOps 的實踐和原則，並將之命名為 **_Rugged DevOps_**。[2] *

---

* Rugged DevOps 的歷史可以追溯到由 Gene Kim、Paul Love 和 George Spafford 共同撰寫的《Visible Ops Security》一書。第一資本前總監兼平台工程技術研究員 Tapabrata Pal 博士及其團隊也提出了類似的想法，將資安工作整合到軟體開發生命週期的各個階段裡，並將該流程稱為 **_DevOpsSec_**。[3]

貫穿全書，我們探討如何在技術價值流中全面整合 QA 和營運目標。同樣地，本章將介紹如何將資訊安全目標整合到日常工作中，在提高開發和營運人員效率的同時，強化系統安全並保障資訊安全。

將安全整合到開發迭代的成果演示中

我們的目標之一是讓功能團隊盡早與資安團隊協作，而不是等到專案結束階段才開展相關工作。其中一種實施方法是，在每次開發間隔的最後，邀請資安人員參加產品演示，使他們能夠在組織目標的脈絡下，更深入理解開發團隊的目標，觀察開發團隊的實施和構建過程，並在專案的最早期階段就提出指導和回饋，為問題修復爭取更多時間和自由度。

GE 資本的前首席架構師 Justin Arbuckle 指出：

> 當涉及資安和合規性時，我們發現在專案結束時才開始解決問題，所花費的人力物力比在專案初期就著手修復還要更加昂貴，其中，資安問題所造成的成本最為高昂。因此，「用成果演示證明合規性」成為了我們盡早消除所有複雜問題的實行慣例之一。[4]
>
> 讓資安人員參與到所有新功能建立的過程中，顯著減少了靜態核對清單的使用，在整個軟體開發過程中更加依賴資安人員的專業知識。[5]

這個做法有助於實現組織目標。GE 資本美洲公司企業架構前首席資訊長 Snehal Antani 曾說，他們的三大關鍵業務衡量標準是「開發速度（向市場提供功能的速度）、使用者互動故障（服務中斷、出錯）和合規響應時間（從稽核人員提出請求到提供所有必須的定量和定性資訊的時間）」。[6]

當資安人員變成團隊的一部分時，即使參與方式只是收到通知和觀察流程，他們也會獲得所需要的業務環境資訊，做出更好的安全風險決策。此外，資安人員還能夠幫助功能團隊理解需要什麼才能符合安全和合規性目標。

將安全整合到缺陷追蹤和事後分析會議

我們希望使用開發和營運團隊的問題追蹤系統，來管理所有已知的安全問題，確保安全工作的可視性，以及能夠將它與其他工作放到一起來安排優先順序。這與資訊安全管理的傳統工作方式完全不同，在過去，所有的安全漏洞都儲存在只有資安人員才能夠存取的 GRC 工具（治理、風險和合規性工具）中。現在，我們將把所有要做的工作，都納入開發和營運所使用的系統。

在 2012 年的奧斯汀 DevOpsDays 中，負責 Etsy 資安多年的 Nick Galbreath 在演講中介紹了他們處理安全問題的方式：「我們將所有的安全問題都納入了 JIRA 系統。這是一個所有工程師日常使用的系統，工程師們將問題標記為 P1 和 P2，分別表示必須立即修復或在週末前修復，即使只是一個內部應用程式的問題也要如此處理。」[7]

他還說：「每當出現安全問題時，我們都會召開事後分析會議，因為它可以更有效地教育工程師如何防止問題復發，也是將安全知識傳遞給工程團隊的絕佳機制。」[8]

將預防性安全控制整合到
共享原始碼存放庫及共享服務中

在第 20 章中，我們建立了一個共享的存放庫，方便任何人輕鬆地找到和重複使用組織的集體知識——除了程式碼之外，還有工具鏈、部署流水線、作業標準等。這個共享的存放庫讓每個人都可以受益於組織中所有人累積起來的集體經驗。

現在，我們要把任何有助於確保應用程式和環境安全性的機制和工具，都新增到這個共享的存放庫中。我們將增加用來滿足特定資安目標，受安全保護的程式庫，例如：身分驗證和加密庫及服務。

由於 DevOps 價值流中的所有人都使用版本控制系統的內容進行構建或支援，把資安工具鏈和經核可的程式庫放在那裡更具影響力，能夠自然融入開發和營運的日常工作，因為我們建立的任何內容都是可存取、可搜尋和可重用的。版本控制系統還可以作為全方位溝通機制，保證所有人都知道發生了什麼變更。

如果有一個集中的共享服務組織，我們也可以與之協作，建立和運行與安全相關的共享平台服務，例如認證、授權、日誌記錄，以及開發和營運所需要的其他安全和稽核服務。當工程師開發的一些應用模組使用了這些預定義庫或服務時，他們就不再需要安排單獨的安全設計審核請求，而是可以直接參照我們所建立的安全指導原則，諸如配置加固、資料庫安全設置、密鑰長度等。

為使所提供的服務和程式庫盡可能得到正確使用，我們可以向開發和營運團隊提供安全培訓，特別是在團隊第一次使用這些工具時，可以幫助團隊審核專案產品，確保安全目標得到正確實施。

我們的最終目標是為所有現代應用程式或環境提供所需的安全資料庫或服務，例如啟用用戶身分驗證、授權、密碼管理、資料加密等。此外，也可以為開發和營運團隊應用程式堆疊中用到的組件，提供安全方面的有效配置，諸如日誌記錄、身分驗證和加密，包括以下相關內容：

- 程式庫及其推薦配置（例如：2FA『雙重認證庫』、bcrypt 密碼雜湊值、日誌記錄）。

- 使用 Vault、sneaker、Keywhiz、credstash、Trousseau、Red October 等工具進行密鑰、密碼管理（例如：連線設置，加密密鑰）。*

- 作業系統軟體套件和構建版本（例如：用於時間同步的 NTP、正確配置的 OpenSSL 安全版本、監測文件完整性的 OSSEC 或 Tripwire、確保關鍵安全性日誌都記錄到集中式 ELK 系統裡的 syslog 日誌配置）。

將上述內容都保存在共享的原始碼存放庫中，任何工程師都能夠在應用程式和環境中輕鬆、正確地使用日誌記錄和加密標準，無需額外的工作。

我們還應該與營運團隊合作，建立基礎的配置手冊或構建作業系統、資料庫和其他基礎設施（例如：NGINX、Apache、Tomcat）的映像檔，確保它們都處在已知、安全和低風險的狀態。共享原始碼存放庫不僅是獲得最新版本的地方，而

---

* 所有主流雲端服務供應商都提供雲端模式的密碼管理工作，為運行你的系統提供了一種絕佳選擇。

且也是與其他工程師協作的地方，是那些與安全問題密切相關的模組變更，進行監測和警告的所在。

如今建立在 Docker 之上的系統無處不在，組織應該使用容器註冊表來保管所有映像檔。為了確保軟體供應鏈的安全性，這些原始版本應該與這些映像檔的安全雜湊值一同保存，在映像檔被使用或部署時必須驗證此雜湊值。

將安全整合到部署流水線

過去，為了對應用程式進行安全加固，我們會在開發工作完成之後進行安全審查。通常開發和營運會收到長達數百頁的 PDF 文檔，這些審查結果描述了各種安全漏洞。由於在整個軟體生命週期中發現得太晚，已經錯失了快速修復的機會；或迫於專案期限的壓力，這些問題最終很難得到修復。

現在，我們將在這一環節盡可能將資安測試自動化。這樣（在理想情況下），每當開發或營運人員提交程式碼時，甚至在軟體專案的最早期階段，就可以在部署流水線中與其他所有測試一起運行安全測試。

我們的目標是為開發和營運人員提供快速回饋，以便在他們提交有安全隱患的變更時，得到及時的通知。這樣就可以快速檢測和修復安全問題，並將這部分工作融入日常工作中，在學習的同時杜絕問題復發。

理想情況是在部署流水線中，讓這些自動化安全測試將與其他靜態程式碼分析工具同步運行。

諸如 Gauntlt 等工具可以整合到部署流水線中，針對應用程式、應用程式依賴項、環境等進行自動化安全測試。Gauntlt 所有的安全測試都使用 Gherkin 語法格式的測試腳本，後者被開發人員廣泛應用在單元測試和功能測試中。這樣就可以用已經熟知的框架進行安全測試，還能夠在每次提交程式碼變更時，輕鬆在部署流水線中執行安全測試，例如：靜態程式碼分析、依賴項的漏洞檢查，或是動態測試。

我們透過以上方式為價值流中的所有人盡快提供安全性相關的回饋，使開發和營運工程師能夠快速定位並解決相關問題。

Jenkins					
狀態	天氣	名稱	最近成功時間	最近失敗時間	最近耗時
●	☀	靜態分析掃描	7 天 1 小時 - #2	N/A	6.3 秒
●	☂	依賴項的已知漏洞檢查	N/A	7 天 1 小時 - #2	1.6 秒
●	☀	下載和單元測試	7 天 1 小時 - #2	N/A	32 秒
●	☀	用 OWASP ZAP 掃描	7 天 1 小時 - #2	N/A	4 分 43 秒
●	☀	開始	7 天 1 小時 - #2	N/A	5 分 46 秒
●	☀	病毒掃描	7 天 1 小時 - #2	N/A	4.7 秒

圖 22.1　Jenkins 運行自動化安全測試

（資訊來源：James Wicket and Gareth Rushgrove,"Battle-tested code without the battle," Velocity 2014 conference presentation, posted to Speakerdeck.com, June 24, 2014, https://speakerdeck.com/garethr/battle-tested-code-without-the-battle）

保證應用程式的安全性

通常，開發階段的測試首重功能正確性，關注的是正確的邏輯流程。這種類型的測試通常稱為「愉快路徑」（happy path），它驗證的是用戶的正常操作流程（有時候存在幾個可選路徑）—— 一切都按預期執行，沒有例外或出錯狀況。

另一方面，QA 人員、資安人員和黑帽駭客其實經常關注「不愉快路徑」（sad path），這條路徑發生在事情出錯時，尤其與安全相關的錯誤狀況有關（這類安全特定狀況常被戲稱為「壞路徑」）。

比方說，在一個電商網站中，用戶下單時要在表單裡輸入信用卡號碼。我們想要定義所有的不愉快路徑和壞路徑，保證我們系統可以拒絕無效的信用卡，防止詐欺和安全漏洞如 SQL 攻擊、緩衝區溢位攻擊和其他不良後果。

在理想情況下，我們不需手動執行安全測試，而是作為自動化單元或功能測試的一部分內容，以便在部署流水線中持續運行這些測試。

我們期望包含以下內容作為測試的一部分：

- **靜態分析**：這是我們在非運行時環境中執行的測試，最好在部署流水線中執行。通常，靜態分析工具將檢查程序程式碼所有可能的運行時行為，並查找程式碼缺陷、後門程式和潛在的惡意程式碼（有時這項分析被稱為「從內向外測試」）。此類工具包括 Brakeman、Code Climate 和搜索被禁止的程式碼功能（例如 exec()）。

- **動態分析**：與靜態測試相反，動態分析由一系列在程序運行時執行的測試組成。動態測試監視諸如系統記憶體、功能行為、響應時間和系統整體效能等項目。這種方法（有時稱為「從外向內測試」）就好像有惡意的第三方對應用程式進行攻擊。此類工具包括 Arachni 和 OWASP ZAP（Zed Attack Proxy）。*有些滲透測試也可以自動執行，而且應該作為 Nmap 和 Metasploit 等動態分析工具的一部分使用。理想情況下，應該在部署流水線的自動化功能測試階段執行自動化動態測試，甚至針對生產環境中的服務執行。為了確保安全性措施的有效性，可以把 OWASP ZAP 等工具配置為攻擊服務的瀏覽器代理，並在測試工具中檢視網路流量。

- **依賴項掃描**：這是另一種靜態測試，通常於構建時在部署流水線裡執行。它會清點二進制文件和執行檔依賴項，並確保這些依賴項（我們通常無法控制）沒有漏洞或惡意二進制檔案。Ruby 的 Gemnasium 和 bundler 審核，Maven for Java 以及 OWASP Dependency-Check 就是其中幾個例子。

- **原始碼完整性和程式碼簽名**：所有開發人員都應該有自己的 PGP 密鑰，可以透過諸如 keybase.io 之類的系統中建立和管理。向版本控制系統中提交的一切都應該署名——可以使用開放原始碼工具 gpg 和 git 直接配置。此外，CI 建立的所有封包都應該簽上署名，並將其雜湊值記錄在集中式日誌記錄服務中，以供稽核人員查看。

---

* OWASP（開放 Web 應用程式安全專案，Open Web Application Security Project）是一個致力提升軟體安全性的非營利組織。

此外，我們應該定義設計模式，幫助開發人員編寫防止濫用的程式碼，例如為服務設置速率限制、按下提交後按鈕無法重複點擊等。

OWASP 發布了大量有用的指導原則，如 Cheat Sheet 系列原則，涵蓋以下內容：[9]

- 如何儲存密碼。

- 忘記密碼時如何處理。

- 如何處理日誌記錄。

- 如何防止跨網站指令碼（XSS）漏洞。

➡ 案│例│研│究

Twitter 的靜態安全測試（2009）

John Allspaw 和 Paul Hammond 在 2009 年的「每日十次部署：開發（Dev）和營運（Ops）在 Flickr 的協作」分享，對於 DevOps 文化的推廣有著極大助益。在資訊安全範疇中具有同等影響力的成果分享，可能就是 Justin Collins、Alex Smolen 和 Neil Matatall 在 2012 年的 AppSecUSA 會議上的演講，關於 Twitter 公司的資訊安全轉型工作。

隨著用戶數量飆漲，Twitter 面臨很多挑戰。多年來，當 Twitter 沒有足夠的處理能力來響應用戶請求時，就會顯示一個「失敗的鯨魚」錯誤頁面，就是一張由 8 隻小鳥把一條鯨魚懸在空中的圖片。Twitter 用戶的成長規模十分驚人，僅在 2009 年一至三月，Twitter 的活躍用戶數就從 250 萬增加到了 1,000 萬。[10]

與此同時，Twitter 也面臨了一些安全問題，在 2009 年初發生兩個嚴重的安全漏洞。先是一月份，當時美國總統歐巴馬先生的 Twitter 帳戶 @BarackObama 被駭。然後是四月份，Twitter 的管理帳戶遭到暴力的字典攻擊。這些事件導致聯邦貿易委員會認為 Twitter 並不能保證用戶的帳戶安全，於是向 Twitter 發布了 FTC 同意令。[11]

同意令要求 Twitter 在 60 天內遵從如下一系列規定流程，並且在接下來的 20 年內強制實施：[12]

- 指定一名或者多名員工負責 Twitter 的資訊安全計劃。

- 正確識別來自內部和外部、可能導致入侵事件的可預見性風險，並制定和實施消除這些風險的工作計劃 *。

- 採取內部及外部措施，積極保護用戶的隱私資訊，列舉可行實施策略，驗證和測試這些措施的安全性和正確性。

一個工程師小組領命解決這個問題，他們必須將安全性整合到開發和營運的日常工作中，並封堵那些曾經被默許的違規安全漏洞。

在上文提及的演講分享中，Collins、Smolen 和 Matatall 發現了幾個有待解決的問題。[13]

- **防止安全錯誤重複發生**：他們發現自己總在修復相同的缺陷和漏洞。需要改進工作系統和自動化工具，以防止這些問題復發。

- **將安全目標整合到開發人員的工具中**：他們早期發現的漏洞主要來自程式碼問題。他們不再使用能產出長篇 PDF 報告的工具，再透過電子郵件發送給開發或營運人員的做法，相反，他們選擇為引起該漏洞的開發人員，精準提供修復問題的所需資訊。

- **獲得開發人員的信任**：他們必須贏得並維持開發人員的信任。這意味著他們必須知道什麼時候向開發人員發送誤報，讓他們解決引發該誤報的錯誤，避免浪費開發時間。

- **透過自動化維持資安的快速流**：即使程式碼漏洞掃描已經自動化，資安人員仍然必須進行大量手動作業及等待時間。他們不得不等待掃描完成，才能取回大量報告並解釋結果，然後找出負責修復的人。在程式碼有改動時，還要不斷重複以上過程。透過自動化這個手動流程，執行這個任務簡單到只需要「點幾次按鈕」就能完成，促使他們發揮更多創造力和判斷力。

---

* 管理這些風險的策略包括提供員工培訓及管理，重新思考資訊系統如網路和軟體的設計，以及制定旨在預防、檢測和應對攻擊的程序。

- **盡可能使所有安全資訊自助化**：他們相信大多數人想要正確行事，因此提供解決問題所需的全面資訊勢在必行。

- **採取全盤方式來實現資安目標**：他們的目標是從所有角度進行分析，包括原始碼、生產環境，甚至客戶的看法。

資安團隊的第一個重大突破發生在公司內部的駭客週，他們將靜態程式碼分析整合到了 Twitter 的構建過程。該團隊使用的是掃描 Ruby on Rails 應用程式漏洞的 Brakeman 漏洞檢查工具。不僅僅是將程式碼提交到原始程式碼庫中，他們的目標是將安全掃描整合到開發過程的最早期階段。[14]

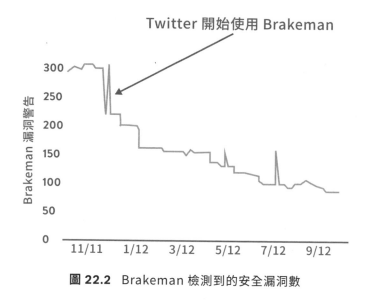

圖 22.2 Brakeman 檢測到的安全漏洞數

將安全測試整合到開發過程中產生的結果令人震驚。經過多年，在開發人員編寫不安全的程式碼時，提供快速回饋並展示如何解決這些漏洞，Brakeman 已經將漏洞發現率降低了 60%，[15] 如圖 22.2 所示（圖中的峰值通常與採用新版本的 Brakeman 有關）。

本案例研究說明了將安全整合到 DevOps 日常工作和工具中的必要性，以及這種工作模式的有效性。如此一來，可移除安全性隱憂，降低系統中出現漏洞的機率，還能指導開發人員編寫更安全的程式碼。

確保軟體供應鏈的安全性

Josh Corman 觀察到，身為開發人員，「我們不再編寫自定義軟體，而是組裝所需要的開源組件，這已經成為我們非常依賴的軟體供應鏈了」。[16] 換句話說，當我們在軟體中使用各種（商業或開源的）組件或資料庫時，不僅繼承了它們的功能，而且包括任何相關的安全漏洞。

持 | 續 | 學 | 習

在 2020 年的《State of the Octoverse》報告中，Nicole Forsgren 博士與團隊在「保障軟體安全」一節對開源軟體及其依賴關係進行了深入研究。他們發現 JavaScript（94%）、Ruby（90%）和 .NET（90%）是最頻繁使用開源依賴關係的程式語言。[17]

該研究還發現，當團隊使用自動化產生 pull request 的補丁來修復已偵測的安全漏洞時，其效率比不使用自動化作業的團隊還提早了 13 天，換言之，團隊加速了其供應鏈安全性的速度快了 1.4 倍。這證明了將安全性向左轉移，整合到開發和營運工作流程中的有效性。[18]

在選擇軟體時，必須檢測軟體專案是否依賴於具有已知漏洞的組件或庫，並幫助開發人員慎重選擇要使用的組件——選擇那些曾經得到驗證、軟體漏洞可以快速修復的組件（比如：開源專案）。我們還要找出在生產環境中所用庫的多個版本，特別是存在已知漏洞的舊版本。

對持卡人資料洩露的檢查恰恰證明了我們選擇的開源組件對於安全性而言有多麼重要。自 2008 年以來，關於因持卡人資料丟失或被盜而造成資料洩露的事件整理與分析，Verizon PCI 的年度〈資料洩露調查報告〉（Data Breach Investigation Report，DBIR）是最具權威性的研究報告。在 2014 年的報告中，他們研究了 85,000 個資料洩露事件，對於攻擊來源來自何處、持卡人資料如何被盜、以及導致資料洩露的因素有了更深層的理解。

DBIR 發現在 2014 年所研究的持卡人資料洩露事件中，有 10 個漏洞（即常見弱點與漏洞，CVE）導致近 97% 的事件發生。在這 10 個漏洞中，有 8 個已經存在十多年了。[19]

持｜續｜學｜習

2021 年，DBIR 報告的作者群對 85 個組織進行分析，探究這些組織所有面向網際網路之資產所存在的漏洞，結果發現大多數的漏洞都發生在 2010 年或之前。他們寫道：「人們可能會認為漏洞發生在更近期。然而，正如我們去年所見，事實上是時間更早的漏洞佔大多數。」[20]

由 Stephen Magill 博士和 Gene Kim 共同撰寫，2019 年的《Sonatype State of the Software Supply Chain Report》描述了對 Maven Central 存放庫的分析，該儲存庫為 Java 生態系統儲存軟體組件（類似於 NPM 之於 JavaScript，PyPi 之於 Python，或 Gems 之於 Ruby 的存在）。2019 年，Maven Central 包含了 31 萬個組件的 400 多萬個版本，為超過 1460 億個下載請求提供服務（同比成長 68%）。在這項研究中，作者群分析了 420 萬個 JAR 構件（Java 歸檔檔案）和它們所在的 6952 個 GitHub 專案。[21]

這份報告列出了以下驚人發現：[22]

- 9% 的組件至少有一個與之相關的漏洞。

- 在分析組件和其所有的過渡物時，47% 的組件至少存在一個漏洞。

- 漏洞修復時間之中位數為 326 天。

這份報告還顯示在分析軟體組件時，這些專案去修復其安全漏洞所需的時間（TTR）與更新其任何依賴關係的時間（TTU）相關。[23] 換句話說，更新愈頻繁的軟體專案往往能更快補救其安全漏洞。

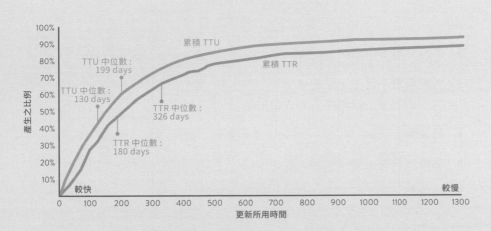

圖 22.3　修復時間（TTR）vs. 更新依賴關係（TTU）

（資料來源：Sonatype, 2019 *Software Supply Chain Report*）

這一事實促使 OWASP Dependency Check 專案發起人 Jeremy Long 建議，安全補丁的最佳策略是讓所有依賴關係維持在最新狀態。[24] 他推測：「只有 25% 的組織向用戶報告安全漏洞，而只有 10% 的漏洞被通報為公共漏洞和暴露（Common Vulnerabilities and Exposures，CVE）。」[25] 此外，CVE 所發布的內容往往紀錄是某個組件在其早期版本中所修復的漏洞。

舉例來說，PrimeFaces CVE-2017-1000486 於 2018 年 1 月 3 日發布，隨即被惡意挖礦者嘗試濫用。然而，該漏洞實際上已在 2016 年 2 月被修復。已經更新到較新版本的人就沒有受到影響。[26]

該研究還發現，一個軟體專案的「受歡迎程度」（例如：GitHub 星級或分叉數量，或是 Maven Central 的下載數量）與更好的安全性並不相關。這造成一項問題，因為許多工程師在選擇開源組件的依據之一就是專案的受歡迎程度。[27] 然而，軟體專案的受歡迎程度並沒有被證實與它們的 TTU（更新其依賴關係的時間）相關聯。[28]

Sonatype 在 2019 年的《Sonatype State of the Software Supply Chain

Report》發現，開源專案中出現了五種行為群組：[29]

- **小典範型**：小型開發團隊（1.6 名開發人員）、優異的 MTTU。

- **大典範型**：大型開發團隊（8.9 個開發人員）、優異的 MTTU，非常有可能是由軟體基金會支援的，11 倍受歡迎。

- **落後型**：不佳的 MTTU、陳舊的依賴關係，更有可能是商業軟體。

- **功能優先型**：發布頻繁，但 TTU 較差，仍然相當受歡迎。

- **謹慎型**：良好的 TTU，但很少能完全更新。

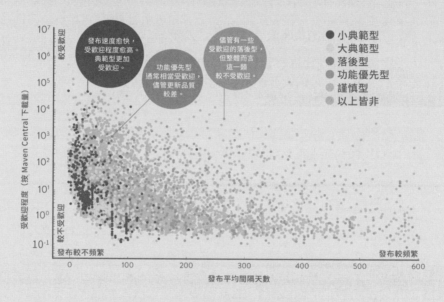

圖 22.4　開源專案的五種行為群組

（資料來源：Sonatype, 2019 *Software Supply Chain Report*）

2020 年的《State of the Software Supply Chain Report》對開發人員進行調查，探究哪些實踐方式有助於實現開發人員的生產力和安全目標。在比較高績效組與低績效組時（以開發者的生產力和安全成果來衡量），他們發現高績效組具有以下特質：[30]

對程式碼變更的信心：

- 部署頻率提高 15 倍。

- 依賴關係破壞應用程式功能的可能性降低了 4.9 倍。

- 認為「更新依賴關係」工作是容易的（不痛苦的）可能性為 3.8 倍。

組件的安全性：

- 對脆弱的 OSS 組件之檢測和修復速度提高了 26 倍。

- 相信 OSS 依賴關係是安全的（沒有已知漏洞）的信心增加了 33 倍。

- 相信 OSS 依賴關係授權符合內部要求的信心增加了 4.6 倍。

- 取得 OSS 組件新版本的可能性增加 2.1 倍，而這些版本已經修復了先前缺陷。

生產力：

- 在不同團隊間輪調時，開發人員發揮生產力的準備時間減少了 5.7 倍。

- 批准使用一個新的 OSS 依賴關係的時間減少了 26 倍。

- 員工推薦其組織為優質工作場域的可能性增加 1.5 倍。

在比較這些群組之間的工作實踐方式時，績效的高低差異可以透過治理目標的自動化和整合到開發者在日常工作流程的程度來解釋。在高績效組織中：[31]

- 77% 更有望實現審核、管理和分析依賴關係的自動化。

- 59% 更有可能採用軟體組成分析（software composition analysis，SCA）工具。

- 28% 更有可能執行持續整合（CI）的治理規範。

- 56% 更有可能擁有集中管理的 CI 基礎設施（可執行資訊安全治理規範）。

- 51% 更有可能管理一個集中式紀錄系統，紀錄所有已部署工件，可為每個應用程式蒐集軟體材料清單（Software Bill of Materials，SBOM）。

- 96% 更有可能集中掃描所有已部署的工件之安全性和授權合規性。

Dan Geer 博士和 Josh Corman 博士的一項資安研究也側面證實了以上統計數字。該研究顯示，已經在美國國家漏洞資料庫裡進行註冊，具有已知漏洞的開源專案中，只有 41% 得到修復，而且平均 390 天才發布一個補丁。對於那些被標記為最高嚴重性（即評分為 CVSS 第 10 級）的漏洞，修復需要長達 224 天。[32] *

持 | 續 | 學 | 習

2020 年的《State of Octoverse》報告顯示了開源軟體安全漏洞的時間線。在 GitHub 上，一個漏洞在被披露之前通常需要 218 週（恰巧超過四年）；然後開源社群需要 4.4 週的時間來辨識問題和發布修復。從這時算起，需要 10 週的時間來提醒大眾目前已提供修復版本。以那些確實套用了新的修復程式的存放庫而言，通常需要一週時間來解決漏洞。[33]

近年來有兩個非常為人所知的安全漏洞，那就是涉及了軟體供應鏈攻擊的 SolarWinds 和 Codecov。2020 年春天，SolarWinds Orion 網路管理軟體的版本更新中加入了一個惡意程式碼指令，影響波及了 18,000 多名客戶。這個負載程序利用企業網路基礎設施的特許帳戶獲得未經授權的存取，執行一系列未經允許的動作，從閱讀電子郵件到植入更具破壞性的東西。[34]

---

* 有助於確保軟體依賴完整性的工具包括 OWASP Dependency Check 和 Sonatype Nexus Lifecycle。

2021 年 4 月，程式碼覆蓋率分析工具 Codecov 中發現了「CI 中毒攻擊」。惡意的程式碼指令被加到 Codecov docker 映像和 bash 上傳器中，從 CI 環境中竊取憑證。此次攻擊影響了 29,000 名客戶中的相當數量。[35]

這兩起資安攻擊在在顯示了企業對版本更新自動化的高度依賴，任何 CI/CD 管線是如何被破壞、被植入惡意程式碼指令（這將在本書後面討論），以及當新的開發實踐被採用後會產生哪些新的風險。這也可以作為一個絕佳例子，所謂的資訊安全，必須不斷地檢驗想像中的對手可能帶來哪些威脅。

確保環境的安全

在這個步驟裡，任何有助於加固環境、降低風險的工作，我們都必須確實納入。雖然我們可能已經建立了已知的良好配置，但還是必須透過監控手段確保所有生產伺服器都符合這些已知的良好狀態。

我們利用自動化測試來保證所有必要的設置得到正確應用，這些設置包括安全加固配置、資料庫安全設置、密鑰長度等。此外，我們將使用測試來掃描環境中的已知漏洞。[*]

另一類安全性驗證方法是理解實際環境（即「實際狀態」）。此類工具包括確保只開放預期端點的 Nmap，以及確認特定已知漏洞已經充分加固的 Metasploit，例如使用 SQL 隱碼攻擊進行掃描。我們應該將這些工具的輸出結果放入工件庫中，並與以前的版本進行比較，作為功能測試過程的一部分。這麼一來，一旦有任何不良變化發生，就能立即檢測到。

---

[*] 有助於進行安全校正測試（即「該有的狀態」）的工具包括自動配置管理系統（例如：Puppet、Chef、Ansible、Salt）以及 ServerSpec 和 Netflix Simian Army 等工具（例如：Conformity Monkey、Security Monkey 等）。

➡ 案｜例｜研｜究

18F 用 Compliance Masonry 為美國聯邦政府實現合規自動化（2016）

根據美國聯邦政府機構估計，2016 年在資訊技術方面預計花費近 800 億美元，為所有政令的實施提供支援。不論哪個政府機構想將任何系統從「開發完成」的狀態上線為「生產環境運行」狀態，都需要從審核機構（Designated Approving Authority，DAA）獲得營運授權（Authority to Operate，ATO）。

美國聯邦政府的合規性法律和政策包含數十個文件，共有 4,000 多頁，上面充斥著 FISMA、FedRAMP 和 FITARA 等縮寫。即使是保密性、完整性和可用性要求很低的系統，也必須實施、記錄和測試一百多條控制項。想要在「開發完成」狀態得到 ATO 授權，通常還需要等待 8 至 14 個月。[36]

美國聯邦政府總務管理局的 18F 小組採取多管齊下的方法來解決這個問題。Mike Bland 解釋：「在總務管理局成立 18F 團隊的目標是，利用恢復 Healthcare.gov 運作帶來的良好氣勢，改革政府構建和購買軟體的方式。」[37]

18F 的其中一項努力是建設基於開源組件，名為 Cloud.gov 的平台即服務（PaaS）。2016 年，Cloud.gov 運行於 AWS GovCloud 上。該平台不僅能處理很多交付團隊可能要處理的營運問題，例如：日誌記錄、監控、警報和服務生命週期管理，而且能解決大量的合規性問題。

在這個平台上運行系統，大多數必須實現的政府控制都可以在基礎設施和平台層級上妥善完成。然後，只需要在應用層範圍裡進行相關控制的記錄和測試即可，顯著降低合規性工作的負擔以及獲得 ATO 授權所需的時間。[38]

AWS GovCloud 已經被批准用於所有類型的美國聯邦政府系統，包括保密性、完整性和可用性需求被分類為高等級別的政府系統。Cloud.gov 已被批准用於所有中等級需求的系統。*

此外，Cloud.gov 團隊構建了一個自動建立系統安全計劃（SSP）的框架，它是「對系統架構、實施控制和總體安全狀態的全面描述⋯⋯通常非常複雜，文件長

---

* 　這些批准被稱為 FedRAMP JAB P-ATO。

達數百頁」。**39** 他們開發了一個名為 compliance masonry 的原型工具，將 SSP 資料儲存為機器可讀的 YAML 文件，然後自動轉化為 GitBook 和 PDF 格式。

18F 致力於工作的開放性，並將工作成果向大眾開源。你可以在 18F 的 GitHub 存放庫中找到 compliance masonry 和 Cloud.gov 的組件，你甚至可以構建自己的 Cloud.gov 實例。18F 與 OpenControl 社區密切合作，共同完成 SSP 開放文檔。

> 本案例研究呈現了組織如何運用 PaaS 來產生自動化測試，符合合規性目的──即便是如同聯邦政府機構的龐大組織。

將資訊安全整合到生產環境遙測

Verizon 的資料洩露研究員 Marcus Sachs 在 2010 年說：

> 在絕大多數持卡人資料洩露事件中，組織在幾個月甚至幾個季度之後才檢測到安全違規行為，這類事情年復一年，屢見不鮮。更糟糕的是，檢測到違規行為的並不是內部的監控系統，而更可能是組織外部的人，通常是發現詐欺交易的商業夥伴或客戶。造成這種窘境的主要原因是，組織中沒有人定期審查日誌文件。**40**

換句話說，內部安全控制通常無法及時、成功地檢測到違規行為。這是由於監控中存在盲點，或者組織中沒有人在日常工作中檢查相關的遙測。

在第 14 章中，我們討論了在開發和營運中建立一種正向文化，讓價值流中的每個人參與建立生產遙測系統和指標，將所有監控資訊公開，使每個人都可以看到服務在生產環境中的表現。此外，我們還強調了努力尋找微弱故障信號的必要性，在災難性故障發生之前就錨定問題並予以解決。

此時，我們要部署必要的監控、日誌記錄和警告系統，在應用程式和環境中全面實現資訊安全目標，並確保該系統充分集中化，以便進行簡單、有意義的分析和響應。

將安全遙測整合到開發、QA 以及營運使用的工具中，價值流中的每個人都可以看到應用程式和環境在受到惡意威脅的表現，這些威脅包括：攻擊者不斷嘗試利用漏洞，獲得未經授權的存取權，植入後門程式，執行詐欺，拒絕服務等破壞活動。

將服務在生產環境中遭遇攻擊的過程公開展示給所有人，可以促使每個人考慮安全風險，並且在日常工作中設計對策。

在應用程式中建立安全遙測系統

有問題的使用者行為可以揭示詐欺行為和未經授權的存取，為了檢測出這些不正常的行為，我們必須在應用程式中建立相關的遙測系統。

遙測例子包括：

- 成功和失敗的使用者登入。
- 使用者密碼重新設置。
- 使用者電子郵件地址重設。
- 使用者信用卡資料變更。

例如：暴力登入是企圖獲取非法存取權限的早期跡象，因此可以顯示失敗和成功登入次數的比率。當然，我們應該對這些重要事件建立警告策略，以確保能夠快速檢測和糾正問題。

在環境中建立安全遙測系統

除了完善應用程式，還需要在環境中建立全面的遙測系統，以便盡早檢測未授權存取的跡象，對於運行在非受控基礎設施上（例如：托管環境、雲端）的組件來說尤為重要。

我們需要對某些事件做監控和警告，包括以下事件：[41]

- 作業系統的變更（如生產環境、構建版本的基礎設施）。
- 安全組的變更。

- 配置變更（例如：OSSEC、Puppet、Chef、Tripwire、Kubernetes、網路基礎設施、中間軟體）。

- 雲端基礎設施變更（例如：VPC、安全組、用戶和權限）。

- XSS 嘗試（即「跨網站指令碼攻擊」）。

- SQLi 嘗試（即「SQL 隱碼攻擊」）。

- Web 伺服器錯誤（例如：4×× 或 5×× 錯誤）。

我們還要確認日誌記錄得到正確配置，以便將所有遙測資訊發送到正確的地方。在監測攻擊時，除了記錄事件之外，還可以選擇攔截存取，並儲存存取來源和目標資訊，幫助我們研擬最佳處理對策。

→ 案｜例｜研｜究 NEW

Etsy 完善其環境（2010）

2010 年，Nick Galbreath 在 Etsy 擔任工程總監，負責資訊安全、詐欺控制和隱私防護。Galbreath 將「詐欺」定義為，當「系統運行不正確時，讓無效或未經檢查的輸入值進入系統，而造成財務損失、資料丟失／資料被盜、系統當機、系統破壞，或者對另一個系統的攻擊」。[42]

為了落實這些目標，Galbreath 沒有組建單獨的反詐欺或資訊安全部門，而是將這些責任融入到 DevOps 價值流中。

Galbreath 建立了與安全相關的遙測系統，將該遙測系統與每個 Etsy 工程師日常關注、以開發和營運為導向的監控指標一同顯示，包括以下內容：[43]

- **生產程序的異常終止**（例如：區段錯誤、核心轉儲等）：「需要特別關注的是，為什麼某些程序在整個生產環境中持續發生的核心轉儲全都是被來自同一個 IP 地址的流量反覆觸發。同樣需要注意的還有那些 HTTP 報錯資訊：『500 內部伺服器錯誤』。這些指標表明有人正在利用一個系統漏洞，試圖非法存取我們的系統，因此必須緊急加上修復補丁。」[44]

- **資料庫語法錯誤**：「我們一直在程式碼中尋找資料庫語法錯誤——這些錯誤要麼會遭到 SQL 隱碼攻擊，要麼是正在進行的攻擊。因此，我們絕不姑息程式碼裡出現資料庫語法錯誤，它仍然是危害系統安全性的主要攻擊面向。」[45]

- **SQL 隱碼攻擊的跡象**：「這個測試簡單到有些荒謬——我們只需要對用戶輸入字段設置關鍵字為 UNION ALL 的警告，因為它幾乎總能夠揭露 SQL 隱碼攻擊。我們還可以新增單元測試，確保這種不受控制的用戶輸入類型永遠不能進入資料庫查詢。」[46]

圖 22.5 是每個開發人員將看到的監控指標圖表，顯示了生產環境中潛在的 SQL 隱碼攻擊數量。

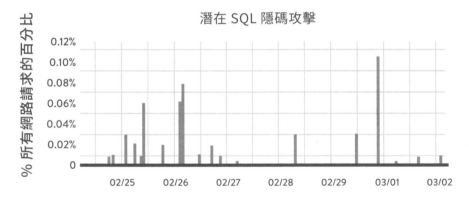

圖 22.5　開發人員在 Etsy 的 Graphite 中看到的 SQL 隱碼攻擊

（資料來源："DevOpsSec: Applying DevOps Principles to Security, DevOpsDays Austin 2012," SlideShare.net, posted by Nick Galbreath, April 12, 2012, http://www.slideshare.net/nickgsuperstar/devopssec-apply-devops-principles-to-security）

正如 Galbreath 所說：「沒有其他方式能勝過即時看到自己的程式碼正在遭到攻擊，更能幫助開發人員理解運作環境危機四伏。[47] 展示該圖表的結果就是，開發人員意識到他們一直在遭受攻擊！這是一件好事，因為它改變了開發人員在程式設計時對程式碼安全性的考量。」[48]

安全性遙測機制將保障資訊安全變成開發人員日常工作的一部分，讓所有人都能看見安全漏洞。

保護部署流水線

支援持續整合和持續部署流程的基礎設施，也成了易受攻擊的新領域。比方說，如果有人攻陷了運行部署流水線的伺服器，而該部署流水線保存著版本控制系統的登入帳戶資訊，他們就能竊取程序的原始碼。更糟的是，如果部署流水線裡的帳戶具有寫入權限，攻擊者還可能將惡意程式注入版本控制系統，讓惡意程式被導入應用程式和服務中。

正如 TrustWave SpiderLabs 前資深安全測試員 Jonathan Claudius 所說：「持續構建和測試伺服器非常優秀，我自己也是愛用者。但我不禁開始思考 CI/CD 是否也能作為注入惡意程式碼的方法。這引發了一個問題：哪裡是隱藏惡意程式碼的好地方？而答案很明顯，就在單元測試。因為沒有人確實關注單元測試，然而它們在每次提交程式碼時都會運行。」[49]

為了充分保護應用程式和環境的完整性，還必須減少針對部署流水線的攻擊面向。這些風險包括開發人員引入允許未授權存取的程式碼（我們可以透過程式碼測試、程式碼評審和滲透測試等控制措施來排除問題），以及未經授權的使用者取得應用程式或者環境的存取權限（解決對策：確保配置始終處於已知和良好狀態，並且及時打上有效補丁）。

然而，為了持續構建、持續整合或部署流水線的安全性，還可以將以下這些緩解風險的措施列入考量：

- 加固持續構建和持續整合伺服器，確保可以用自動化的方式重建它們，就像構建客戶導向的生產服務基礎設施一樣，防止持續構建和整合伺服器受到破壞。

- 審查任何提交到版本控制系統的變更——可以在提交時進行結對程式設計，也可以在程式碼合併到主幹之前設置程式碼評審流程——防止持續整合伺服器運行未受控制的程式碼（比如：單元測試可能藏有允許或觸發未授權存取的惡意程式碼）。

- 檢測包含可疑 API 呼叫的測試程式碼（如存取文件系統或網路的單元測試）何時簽入到存放庫中，立即實施隔離並啟動程式碼審查。

- 確保每個 CI 流程都運行在自己的隔離容器或虛擬機器裡。

- 確保 CI 系統使用的版本控制資訊僅供讀取。

➡ 案 | 例 | 研 | 究

房利美將安全性向左遷移（2020）

房利美（Fannie Mae，聯邦國民抵押貸款協會，是美國最大的美國特許企業）擁有超過 30 億美元的資產負債表，截至 2020 年，為美國大約四分之一的房屋提供貸款資金。[50] 安全和健全為房利美的組織使命。

他們曾經經歷危機。當時他們對於風險的容忍度很低，房利美的考驗是必須確保安全性被注入他們所做的一切業務上。DevOps 提供了一個解決方案，從混亂工程中學習，提升安全性，將安全注入工作管線，並將安全以高度透明的方式納入組織的所有層面。

房利美的 CIO Chris Porter 和執行副總裁暨 COO Kimberly Johnson 在 2020 年 DevOps Enterprise Summit 上分享了他們的轉變。這一次轉型被歸納為兩個關鍵變化：改變文化，以及改變安全與開發團隊的溝通方式，並且整合安全工具。[51]

在以前的方式中，開發團隊會交出那些準備上線的程式碼。安全部接著進行測試，然後回傳一個漏洞清單，讓開發團隊去修正。這種方式效率很低，而且沒有人喜歡。他們需要學著把安全性向左遷移。

透過釋出安全工具的控制權，使其更偏向自助服務，並讓安全工具採用基於 API 的模式，將其整合 Jira 和 Jenkins。他們訓練開發人員運行這些工具，並瞭解結果的意義，房利美還改變了一些詞語的稱呼方式（例如：就「缺陷」而不是「漏洞」進行討論）。[52]

他們還必須將所有的安全測試完全整合到 CI/CD 管線中，這樣每次程式碼被簽入時都會運行測試。如此一來，開發人員更容易知道下一步該怎麼做。他們可以看見一個測試失敗了，然後去瞭解原因，並且解決問題。[53]

Chris Porter 說：「我把這稱為一條鋪好的道路。如果你沿著鋪好的路走，使用 CI/CD 管線，它將所有的檢查整合到管線中，那麼程式碼部署就會更加容易。」[54]

這就像是一條安燈繩。如果測試沒有通過，那麼它就會破壞生產線，必須在生產線繼續運行之前進行修復。如果你不使用鋪設好的道路，那麼你將會踏上一個更慢、更顛簸的旅程。

Porter 認為，開發人員和安全人員都需要改變思維方式。在過去，安全人員的心態是保護開發者不受自己的影響。但在 DevOps 模式下，工作已經轉移到「你建立它，那你就擁有它」的心態。[55] 每個人都有共同的責任，而且安全性應該被植入程式碼之中，而不是在之後才被額外加上。

正如 Kimberly Johnson 所說：

> 在過去的方式中，開發部將生產就緒的程式碼交給安全部進行測試，我們在提升安全團隊的生產量方面一直遇到瓶頸。對於大規模運作的大型組織來說，要找到足夠的安全人才來持續測試所有的開發專案是非常困難的。在開發管線中建立安全測試，為我們釋出了更多的生產力，減少了我們對安全人員的標準測試和常規部署的依賴。
>
> 除了減少我們對資安團隊的依賴之外，（將安全性）向左遷移和自動化測試還締造了更優異的商業結果。我們的部署頻率在去年增加了 25%，而我們的部署失敗率也下降了大約同等比例。我們正以更快的速度將關鍵的業務變化帶入生產環境，而錯誤變得更少，使用更少的資源，並產生更少的重工。轉向 DevSecOps 的工作模式，對我們來說是一個三贏的結果。[56]

透過將安全性向左遷移，房利美在不犧牲速度、效率和團隊幸福感的情況下，成功維持程式碼的安全性和健全性。

本章小結

本章介紹了將資安目標融入日常工作中所有階段的方法。那就是透過將安全控制整合到已經建立的機制中，確保所有按需環境都處於已加固的低風險狀態。將安全測試整合到部署流水線中，在預生產和生產環境中確實建立安全遙測系統。如此一來，可以在提高開發和營運效率的同時，提高系統的整體安全性。下一步則是保護部署流水線。

23

保護部署流水線

本章將探討如何保護部署流水線，以及如何在控制環境裡實現安全和合規性目標，包括變更管理和職責分離。

將安全和合規整合到變更批准流程

擁有一定規模的 IT 組織幾乎都有自己的變更管理流程，這是減少營運和安全風險的主要控制手段。合規經理和安全經理仰賴變更管理流程以滿足合規性需求，而且通常會要求表明所有變更都得到適當授權的證據。

如果我們正確構建了部署流水線來降低部署風險，那麼大部分變更就不需要經過手動審核流程了，因為我們可以借助自動化測試和主動生產環境監控等控制措施。

在這個步驟裡，我們將採取必要措施，確保將安全和合規性成功地整合到任何已有的變更管理流程中。有效的變更管理政策，意味著不同類型的變更會帶來不同的風險，並且有不同的處理方式。ITIL 為這些流程進行定義，並將變更分為以下三種類型：

- **標準變更**：遵循既定批准流程的低風險變更，這類變更也可以被預先批准。這種類型的變更包括應用稅表或國家／地區區碼的每月更新、網站的內容和樣式變更，以及具有已知影響的應用程式或作業系統補丁。變更申請人在部署變更之前不需要經過審核，變更的部署可以完全自動化，而且應該留下可供日後追蹤的日誌紀錄。

- 常規變更：風險更高、需要權威機構評審或批准的變更。在許多組織中，將審核職責交給變更顧問委員會（CAB）或緊急變更顧問委員會（ECAB）是不太合理的做法，因為他們可能缺乏理解變更全部影響的必要專業知識，往往會造成極度漫長的交付週期。對大規模程式碼部署而言，這個問題尤為嚴重。大規模部署可能包含幾百名開發人員在幾個月的開發過程中提交的數十萬（甚至數百萬）行程式碼。為了完成對常規變更的授權，變更顧問委員會幾乎肯定會要求定義清晰的變更請求單（Request for change，RFC），以供決策參考。變更請求單通常包含預期業務結果、計劃效用和保障 *、明確記錄風險和替代方案的業務案例，以及建議的時間表等內容。†

- 緊急變更：在緊急情況下必須立即投入生產環境的變更（例如：緊急安全補丁、恢復服務），因此屬於潛在高風險的變更。這些變更通常需要得到資深管理層的批准，不過有時也允許先執行變更操作，之後再補上變更申請文件。DevOps 實踐的關鍵目標之一，就是簡化常規變更流程，使其同樣適用緊急變更的狀況。

---

*　ITIL 將「效用」定義為「服務能為用戶做什麼」，將「保障」定義為「如何交付服務和可以如何使用服務，來確定服務是否『適合使用』」。[1]

†　為了進一步管理有風險的變更，可能需要定義一些規則，比如：某些變更只能由某個小組或某個人實施（例如：只有 DBA 可以部署資料庫模式變更）。傳統上，變更顧問委員會每週舉行一次變更請求的批准和排程會議。從 ITIL v3 開始，使用電子形式的變更管理工具實時批准變更成為了可接受的方式。它還特別建議「在利用變更管理流程改善效率時，應盡早識別所有標準變更。否則，會給變更管理的實施帶來大量不必要的管理工作和阻力」。[2]

將大量低風險變更重新分類為標準變更

在理想情況下，因為建立了可靠的部署流程，我們已經擁有快速、可靠和非劇烈的部署活動了。在此基礎之上，應該得到營運部門和相關變更機構的認同，承認我們所做的變更風險很低，可以歸類為變更顧問委員會預審核的「標準變更」（standard changes）。這樣，無需進一步的審核流程，變更就能直接部署到生產環境，不過依然需要正確記錄這些變更。

為了證明變更的風險較低，一種參考做法是：展示一段長時間（如數月或一季）裡的變更歷史記錄，並且整理出同期生產環境裡的完整問題清單。如果能夠證實變更成功率高，而且平均故障恢復時間（MTTR）縮短，那麼我們可以確信，現在處於能有效預防部署錯誤的可控環境中，同時也證明了我們能夠快速檢測和糾正任何問題。

即使將這些變更歸類為標準變更，出於可視化管理的需求，仍然需要記錄在變更管理系統中（例如：Remedy 或 ServiceNow）。在理想情況下，我們可以使用配置管理工具和部署流水線工具（例如：Puppet、Chef、Jenkins）自動執行部署，並且自動記錄部署結果。這樣，組織中的每個人（不論是否為 DevOps人員）都能掌握到我們的變更，並且也能了解組織中發生的所有其他變更。

我們可以自動將這些變更請求單，連結到工作計劃工具（例如：JIRA、Rally、LeanKit）裡的特定工作項目上，以便為變更提供更多情境脈絡，比如連結到功能缺陷、生產事件或使用者故事等。或者，也可以採用一種更為輕巧的實現方式，比如：在版本控制系統中所簽入程式碼的注釋，納入專案計劃工具的工單（ticket）[*]。這樣根據變更單上的內容，將生產環境部署追溯到版本控制系統（如 GitLab）中的變更，並進一步追溯到專案計劃工具（如 JIRA）中。

建立這種可追溯性和情境脈絡應該是很容易的，不應該對工程師造成過於繁重或耗時的工作負擔。連結到使用者故事、需求或缺陷等資訊到變更請求單上足矣，更多細節可能沒意義也沒必要（比方說為版本控制系統中的每次程式碼提交都建立一個工單），因為會顯著增加日常工作的阻力。

---

[*] 一般而言，「工單」（ticket）一詞指任何工作項目的唯一辨識代號。

如何處理常規變更

不能歸類為標準變更的變更屬於「常規變更」（normal changes），在部署前至少需要得到變更顧問委員會部分成員的批准。在這種情況下，即使部署工作並不是完全自動化的，我們的目標仍然是保障快速部署。

我們必須確保盡可能提交完整、準確的變更請求單，為變更顧問委員會提供正確評估所需的一切資訊。如果變更請求的格式不正確或資訊不完整，就會被退回，這除了會增加進入生產環境所需的時間之外，還會讓我們對自己是否真正理解了變更管理流程的真實目標而產生懷疑。

基本上，我們一定能以自動化方式建立完整準確的變更請求單，自動在工單中填入正確而詳細的變更資訊。例如：可以自動化建立一個 ServiceNow 變更工單，內容涵蓋 JIRA 中使用者故事的超連結，來自部署流水線工具的構建清單和測試輸出結果，以及準備執行的腳本與試運行指令之輸出結果。

因為我們提交的變更將被人為手動評估，所以對脈絡的描述顯得愈發重要。此處的描述應包括：指出變更的原因（提供指向功能、缺陷或事件的超連結）、變更影響到的人，以及變更的內容。

填寫變更請求單的目的是為了分享證據和工件，讓我們有信心保證變更在生產環境裡會像我們設計的那樣正確運作。雖然變更請求單通常包含自由格式的文本欄位，但我們應提供可以導向機器可讀數據的超連結，為其他人提供便利性，快速整合和處理資料（例如：導向 JSON 文件的超連結）。

在許多工具鏈中，上述工作能以合規和完全自動化的方式完成，將工單號碼與版本控制系統的每一次程式碼提交相關聯。在發布一個新的變更時，我們可以自動整理包含在此次變更的程式碼提交，然後透過列舉這些變更的一部分而完成或修復的每張工單或 bug 來組成一個變更請求單。

提交變更請求單後，變更顧問委員會的相關成員將審核、處理和批准變更，所有變更請求單的處理方式都與此相同。如果一切順利，變更委員會應該相當欣賞這些變更單的周密程度和豐富細節，因為我們讓他們可以快速校驗這些資訊的正確性（例如：查看部署流水線工具所連結到的工件）。然而，我們的目標應該是持續展示成功變更的範例記錄，從而最終取得變更顧問委員會的認同，將自動化變更安全地歸類為標準變更。

▶ 案｜例｜研｜究

Salesforce.com 將自動化基礎架構變更歸類為標準變更（2012）

Salesforce 成立於 2000 年，旨在提供觸手可及的客戶關係管理解決方案，將其視為一項可交付的服務。Salesforce 的服務在市場上廣受歡迎，因此在 2004 年成功完成 IPO。[3] 到 2007 年，公司擁有將近 6 萬位企業客戶，每天處理數億次交易，年收入將近五億美元。[4]

然而，大約在同一時期，他們為客戶開發和發布新功能的能力幾乎停滯。2006 年，他們為客戶做了 4 次重大發布；到了 2007 年，儘管雇用的工程師更多，但是只能夠實現一次發布。[5] 每個團隊交付的功能數量持續減少，主要發布之間的時間間隔卻持續增加。此外，由於每次發布的批量規模不斷變大，部署結果也每下愈況。

當時的基礎設施工程 VP Karthik Rajan 在 2013 年的某次演講中表示，2007 年標誌著：「用瀑布式開發進行軟體研發和交付的最後一年，之後我們轉向了增量交付流程」。[6]

在 2014 年的 DevOps Enterprise Summit 上，Dave Mangot 和 Reena Mathew 分享了始於 2009 年並持續多年的 DevOps 轉型活動。透過實施 DevOps 原則和實踐，截至 2013 年，該公司將部署前置時間從 6 天大幅縮短為 5 分鐘。因此，他們可以更輕鬆地擴容，每天能處理超過 10 億次交易。[7]

Salesforce 轉型的主題之一，是讓品質工程成為每個人的任務，不管是開發、營運，還是資安人員。為此，他們將自動化測試整合到應用程式和環境建立的各個階段，以及持續整合和持續部署的過程中，並建立了開源工具 Rouster 來進行 Puppet 模組的功能測試。[8]

他們還開始定期進行「破壞性測試」（destructive testing）。這個術語源於製造產業，指在最嚴酷的操作條件下執行長時間的耐久性測試，直到摧毀測試部件。

Salesforce 團隊開始定期使用逐漸上升的負載來執行破壞性測試，直到服務崩潰。這麼做讓他們對各種故障模式有所了解，並進行相應處理對策。不出所料，在正常生產負荷下，服務品質得到了大幅提高。[9]

在專案的最初階段，資訊安全部門還與品質工程部門合作，在架構和測試設計等關鍵階段不斷協作，將安全工具妥善整合到自動化測試流程之中。[10]

變更管理團隊告訴 Mangot 和 Mathew，「透過 Puppet 實施的基礎設施變更，現在已經變成『標準變更』，有時甚至不需要變更顧問委員會審核」。對於他們來說，這是在流程裡導入重複性和嚴格性的重大成就之一。此外，他們指出「對基礎設施的手動變更，仍然需要進入審核流程」。[11]

> Salesforce 不僅將 DevOps 流程和變更管理流程整合起來，還為更多的基礎設施自動化變更流程創造了前進動力。

減少對職責分離的依賴

幾十年來，我們將「職責分離」（separation of duty）視為減少軟體開發過程中詐欺或犯錯風險的主要控制手段之一。大多數軟體開發生命週期都已經廣為接受的做法是：要求將開發人員變更提交給程式碼庫管理員接受審查和批准變更，然後由 IT 營運將變更部署到生產環境。

營運工作中也有許多爭議較小的職責分離案例。例如：在理想情況下伺服器管理員能夠查看日誌，但不能進行刪除或修改，防止有權限的人刪除詐欺或其他罪行的證據。

當生產環境部署不太頻繁（比如：每年一次）且工作尚不複雜時，工作劃分和工作交接的做法的確可行。然而，隨著複雜性和部署頻率的提升，成功執行生產環境部署就愈發要求價值流中的所有人都能迅速看到工作的執行結果。

傳統的職責分離方法會減慢和減少工程師在工作中獲得的回饋，因此對上述要求造成阻礙。如此一來，會妨礙工程師對工作品質承擔全部責任，降低企業建立組織學習的能力。

因此，我們應避免使用職責分離作為控制手段。我們應該選擇結對程式設計、持續檢查程式碼簽入和程式碼審查等更好的作法，它們能為工作品質提供必要保障。此外，實施這些控制手段之後，如果需要分離職責，我們也能證明已經建立的控制手段能實現同樣的結果。

▶ 案 | 例 | 研 | 究

Etsy 的 PCI 合規性以及關於職責分離的警世故事（2014）[*]

Bill Massie 是 Etsy 的開發經理，負責名為 ICHT（I Can Haz Tokens）的支付應用程式。ICHT 透過一組內部開發的支付處理應用程式來處理客戶的信用卡訂單。這些應用程式已照以下流程處理線上訂單：獲取並標記客戶輸入的持卡人資料，與支付處理器通信，完成訂單交易。[12]

因為支付卡產業資料安全標準（PCI DSS）聲明持卡人資料環境（CDE）的範圍是「儲存、處理或傳輸持卡人資料或敏感認證資料的人員、過程和技術」，包括連接的任何系統組件，所以 ICHT 應用程式在 PCI DSS 的管轄範圍之內。[13]

為了符合 PCI DSS 的管制標準，在實體上和邏輯上，ICHT 應用程式都與 Etsy 組織的其他業務分離，由一個完全獨立的應用程式團隊管理，團隊成員包含開發人員、資料庫工程師、網路工程師和營運工程師。每個團隊成員都有兩台筆記本電腦：一台用於 ICHT（為滿足 DSS 要求而擁有不同配置，不使用時必須鎖在保險櫃中），一台用於 Etsy 的其餘業務。

這樣，他們能將持卡人資料環境與 Etsy 組織的其餘環境分離，將 PCI DSS 規則的範圍限制在一個隔離區域中。組成持卡人資料環境的系統在實際、網路、原始

---

[*] 感謝 Bill Massie 和 John Allspaw 用一整天時間與 Gene Kim 分享合規經驗。

碼和邏輯基礎設施層次上都與 Etsy 的其他環境分離（且分開管理）。此外，持卡人資料環境由一個只負責 CDE 的跨職能團隊進行構建和營運。

ICHT 團隊不得不改變他們的持續交付實踐流程，以滿足程式碼審核的需要。根據 PCI DSS v3.1 的 6.3.2 節，團隊應當檢視。發布到生產環境或交付客戶之前的所有自定義程式碼，以便（手動或自動）識別任何潛在的編碼漏洞，舉例如下：**14**

- 程式碼變更是由原始作者之外的個人審查的嗎？是由熟悉程式碼審查技術和安全編碼實踐的個人審查的嗎？

- 程式碼審查是否確保了程式碼是根據安全編碼指南開發的？

- 在發布前是否進行了適當修正？

- 在發布前，管理層是否已針對程式碼審查結果進行審核和批准？

為了滿足這一要求，團隊最初指定 Bill Massie 擔任變更審核人，負責所有部署到生產環境中的變更。將預定部署標記在 JIRA 中，Massie 會將其標記為已審核和已批准，並手動部署到 ICHT 的生產環境中。**15**

這使 Etsy 滿足了 PCI DSS 的要求，並獲得了評估員簽署的合規報告。然而，團隊卻產生了嚴重問題。

Massie 觀察到，一個令人不安的副作用「是在 ICHT 團隊中發生的『分化』情形，而這在 Etsy 的其他團隊從來沒有出現過。實施了 PCI DSS 合規性所要求的職責分離和其他控制手段以後，在這種環境裡再也沒有人能夠成為全端工程師了」。**16**

儘管 Etsy 的其他開發和營運團隊能密切合作，順利而有信心地進行部署變更，但是 Massie 依舊指出：

> 在我們的 PCI 環境中存在著對部署活動和維護作業的恐懼和抗拒，因為沒有人能夠看到自己軟體堆疊以外的部分。我們對工作方式所做的改變看似微小，但似乎已經在開發人員和營運人員之間築造了一道難以逾越的壁壘。這導致了一種不可否認的緊張局面。自 2008 年以

來，Etsy 還沒有沒有出現過這樣的情況。即使你對自己的這一部分有信心，也很難相信別人的變更不會對其造成破壞。[17]

本案例研究表明在應用 DevOps 的組織中可以實現合規性。然而值得警惕的是，與高績效 DevOps 團隊相關的所有優勢都是脆弱的——即使對於具有高度信任和共同目標的團隊而言，實施低信任控制機制也可能讓成員陷入掙扎。

➤ 案｜例｜研｜究 NEW

商業與技術完美聯手，第一資本銀行每天進行 10 次「無畏發布」（2020）

在過去的七年裡，第一資本銀行一直在實踐敏捷 /DevOps 轉型。在這段時間裡，他們從瀑布式發布一路走到敏捷發布，從外包轉為內部開發和開源模式，從單體式架構到微服務，從資料中心移轉到雲端。

但他們仍然面臨一個大問題：客戶服務平台日益老化。這個平台為第一資本銀行的數千萬位信用卡客戶提供服務，為企業創造了數億美元價值。[18] 這個平台的關鍵性不言而喻，然而它的年齡不再能滿足客戶需求或公司的內部策略需求。他們不僅需要解決這個老化平台的技術／網路風險問題，還需要想辦法增加系統的淨現值（net present value，NPV）。

第一資本銀行技術工程總監 Rakesh Goyal 說：「我們所擁有的是一個基於大型主機的供應商產品，它已經被修修補補，到了系統和營運團隊的規模與產品本身一樣龐大的程度。……我們需要一個現代化系統來解決業務問題。」[19]

他們先從設計一套工作原則開始作。首先，以客戶的需求為出發點，進行逆向工程。第二，他們下定決心以迭代的方式提供價值，最大限度增加學習經驗、減少風險。第三，他們希望避免錨定偏見。也就是說，他們要確保自己不僅僅是在打造一匹跑得更快、力氣更強的馬，而是能夠真正解決問題。[20]

於是他們依循這些指導原則，開始進行轉型。首先，他們仔細審視平台和客戶群。然後，根據各群體需求和所需功能，將客戶分為不同的客群。重要的是，他們透過策略性思考「誰是他們的客戶」這個問題，因為這些人不僅僅包含信用卡持卡人。他們的客戶還包括了監管機構、商業分析師、使用該系統的內部員工等等。

第一資本銀行反洗錢機器學習和反欺詐部門的資深業務主管 Biswanath Bosu 說：「我們大量側重人本設計，確保我們真正滿足『客戶』需求，而不是僅僅原樣照搬舊系統中的內容。」[21]

接著他們根據部署順序對不同客群進行分級。每個客群代表一個 slice，他們對其進行實驗，檢驗哪些做法有效，哪些無效，依此進行迭代。

「我們在尋找一個 MVP（最小可行產品），而不是在尋找最小公約數。我們要尋找的是我們能帶給客戶的最小而可行的經驗，而不是我們能想出的任何小產品。一旦我們測試出這部分產品，並且證實它是可行的，我們接下來要做的事基本上就是擴大它的規模，」Bosu 解釋。[22]

平台轉型的其中一部分內容，就是轉移到雲端，這無庸置疑。他們還需要投資和更新工具組，讓工程師進修技能，並為他們提供適當的工具，以便在這個轉型過程中維持敏捷。

他們決定建立一個以 API 驅動的微服務架構系統。目標是維持並逐步建立這個系統，並慢慢擴展到各種商業策略上。

「你可以把這想成是擁有一個為特定工作負載而建造的智慧汽車車隊，而不是僅此一輛的未來主義汽車，」Goyal 說。[23]

他們首先採用成熟的商用工具。標準化的工具，使得他們可以對工程師需要為其他團隊做出貢獻或從一個團隊轉移到另一個團隊的情況做出更快的反應。

建造 CI/CD 管線，實現增量式發布，並減少週期時間和風險，這些措施為團隊賦予更多能力。第一銀行作為一個金融機構，他們還必須解決監管和合規控制問題。CI/CD 管線使得他們能夠在不符合特定控制的情況下阻止發布。

這條 CI/CD 管線也讓團隊更能專注於產品功能的開發，因為管線本身就是一個值得善用的工具，而不需要每個團隊都得分出心力投入的東西。在工作高峰期，第一資本內部有 25 個團隊同時工作和做出程式碼貢獻。

> 專注於客戶需求並建立 CI/CD 管線，讓第一資本銀行不僅能夠滿足業務需求，還能發展地更加快速。

為稽核人員和合規人員留存文檔和證據

隨著越來越多技術組織應用 DevOps 模式，IT 和稽核之間的關係變得比以往任何時候都更加緊張。這些新的 DevOps 模式挑戰了有關稽核、控制和風險規避的傳統思維。

Amazon Web Services（AWS）的首席安全解決方案架構師 Bill Shinn 指出：

> DevOps 消弭了開發和營運之間的藩籬。從某些方面來看，想要彌合 DevOps 與稽核和合規人員之間鴻溝的挑戰則更為艱鉅。舉個例子，有多少稽核人員能讀懂程式碼？有多少開發人員能讀懂 NIST 800-37 或 Gramm-Leach-Bliley 法案？兩者之間的差異造成了知識上的鴻溝，而 DevOps 社群必須採取行動來彌合這一鴻溝。[24]

➡ 案｜例｜研｜究

證明監管環境下的合規性（2015）

作為 AWS 首席安全解決方案架構師，Bill Shinn 的職責之一是幫助大型企業客戶證明他們仍然能遵從所有相關法律法規。多年來，他曾與一千多家企業客戶攜手工作，包括 Hearst Media、通用電氣、飛利浦和太平洋人壽。這些企業曾公開提及將公有雲用於高度監管的環境。

Shinn 指出：「稽核人員所接受的工作訓練，不太適用於現在的 DevOps 工作模式。例如：如果稽核人員看到一個有一萬台生產伺服器的環境，那麼按照所受的傳統訓練，他需要一千台伺服器的採樣資料，以及在資產管理、存取控制設置、代理安裝、伺服器日誌等方面的螢幕截圖作為證據。」**25**

「這對於實際存在的環境來說不難辦到，但是在基礎設施即程式碼的實踐中，當自動擴展總是不斷建立和銷毀伺服器時，又該如何採樣呢？在運行部署流水線時，也會遇到相同的問題——現在的實踐做法，與一個團隊編寫程式碼、另外一個團隊將程式碼部署到生產環境中的傳統軟體開發過程完全不同。」**26**

他解釋道：「在現場稽核工作中，蒐集證據的最常見方式仍然是螢幕截圖，以及紀錄配置設定和日誌內容的 CSV 文件。我們的目標是建立提供資料的替代方法，以便清楚地向稽核人員展示控制手段的運行方式和有效性。」**27**

為了彌合上文提到的知識鴻溝，他在設計控制的過程中就開始與稽核人員攜手合作。他們使用迭代方法，在每個衝刺裡加入一項控制手段，確認需要提供哪些證據以供稽核。這麼做，有助於確保當服務在生產環境中運行時，稽核人員能完全按需地獲取所需的資訊。

Shinn 認為，實現這一目標的最好方法是：「將所有資料發送到如 Splunk 或 Kibana 等遙測系統上。這樣一來，稽核員完全可以用自助的方式得到所需資訊。他們不需要請求資料採樣，而是直接登入 Kibana 系統，然後搜索特定時間段裡的稽核資訊。在理想情況下，他們很快就能看到需要的證據，同時證明我們所採取的控制手段的確有效」。**28**

Shinn 還說：「使用最新的稽核日誌記錄、聊天室和部署流水線之後，生產環境有了前所未有的可見性和透明度，特別是與過去傳統的營運方式相較而言，引入錯誤和安全漏洞的可能性都遠遠降低。因此，我們現在的挑戰是如何把所有證據都變成稽核人員認可的東西。」**29**

這需要從實際法規中推導出工程要求。Shinn 解釋：

要從資訊安全角度發掘 HIPAA 的需求，必須瀏覽 45 CFR Part 160 法案，並查看 Part 164 的 A 和 C 章。不僅如此，你還需要繼續閱讀「技術保障和稽核控制」。只有這樣你才會明白需求是什麼：確定要追蹤和稽核哪些與患者醫療資訊相關的活動，記錄和實施這些控制點，最終審查並蒐集所需的資訊。[30]

Shinn 接著說：「關於如何滿足這些需求，要在合規和監管人員以及安全和 DevOps 團隊之間進行討論，特別是關於如何預防、檢測和糾正問題。有些需求可以透過版本控制系統的配置得到滿足，其他需求則要用監控進行控制。」[31]

Shinn 舉例：「我們可以選擇 AWS CloudWatch 實現其中一個控制手段，並透過命令列測試控制是否工作正常。此外，我們需要展示日誌的儲存位置——在理想情況下，我們會將所有控制狀態都推送到日誌記錄系統，因此可以在這個階段，將稽核證據與實際控制要求連結起來。」[32]

為了解決這個問題，「DevOps 稽核防禦工具包」（DevOps Audit Defense Toolkit）完整描述了一個虛擬組織（《鳳凰專案》中的無極限零件公司）的合規性和稽核流程。它首先描述了其組織目標、業務流程、最高風險、由此產生的控制環境，以及管理層如何成功證明了控制確實存在和有效。不僅如此，它還提出了一系列稽核缺陷以及克服對策。[33]

該文件描述了如何在部署流水線中設計控制，以便緩解所述風險，並且提供了控制證明和控制工件的範例以證明控制的有效性。它旨在為所有控制目標並提供指導與支援，涵蓋財務報告、監管合規（例如：SEC SOX-404、HIPAA、FedRAMP、歐盟示範合約和擬議的 SEC Reg-SCI 法規）、合約義務（例如：PCI DSS、DOD DISA）等，以及有效和高效的運作方針。

本案例研究指出建立說明文件的重要性，有助於銜接開發與營運實踐、以及稽核要求的鴻溝，顯示 DevOps 足以滿足監管條件，改善風險評估，並且排除風險。

➡ 案 | 例 | 研 | 究

依靠生產遙測的 ATM 系統（2013）

Mary Smith（化名）領導了美國一家大型金融服務組織的客戶銀行業務的 DevOps 轉型。她指出，資安人員、稽核人員和監管機構檢測詐欺的方式通常過度依賴程式碼審查。除了自動化測試、程式碼評審和審核，他們還應該依靠生產監控控制，才能有效降低錯誤和詐欺帶來的風險。[34]

她說：

> 許多年前，有一位開發人員在部署到自動櫃員機（ATM）的程式碼中埋藏了一個後門程式。這位開發人員能夠在特定時間將 ATM 設置為維護模式，以便從 ATM 中取走現金。我們很快檢測到這個詐欺行為，但並不是透過程式碼評審。當犯罪者有足夠的手段、動機和機會時，辨識這類的後門程式非常困難甚至不可能。
>
> 我們之所以能在定期的營運審查會議上迅速發現了詐欺，是因為有人注意到某城市中的 ATM 在非計劃時間裡進入了維護模式。我們甚至在預定的現金稽核之前就發現了詐欺，也就是將 ATM 中的現金數量與授權交易對帳之前就迅速發現。[35]

在本案例研究中，儘管開發與營運之間的職責分離，並且具備變更批准流程，可是詐欺仍然發生了。透過有效的生產遙測機制，我們可以迅速發現和糾正這個問題。

正如此案例研究所示，稽核人員過度依賴程式碼審查和開發與營運的職責分離制度，很可能導致安全漏洞。遙測系統則可以提供必須的可見度，偵測錯誤與詐欺行為並及時採取行動，消弭對職責分離需求或是多建一層變更審查委員會的成見。

本章小結

本章討論了讓每個人都承擔資訊安全責任的實踐，將所有的資訊安全目標都納入價值流中每個人的日常工作。這麼做，可以顯著提高控制手段的有效性，更好地預防安全漏洞，更快地檢測到安全漏洞並從中恢復服務。此外，還能大大降低為通過合規與稽核流程的準備時間與心力。

PART VI：總結

本書的第六部分探討了如何將 DevOps 原則應用於資訊安全範疇，幫助我們實現目標，讓安全意識納入所有人日常工作的一部分。更健全的安全性確保了我們能防護資料、理智地對待資料，能在安全問題釀成災難以前儘速恢復。最重要的是，我們可以讓系統和資料的安全性更甚以往。

PART VI：補充資源

你可以透過 2019 年 DevOps Enterprise Summit 上的精彩分享，了解更多關於 DevOps 與稽核的討論。在這場主題分享會中，來自四大會計公司的講者分享了 DevOps 與稽核流程如何完美聯手 (https://videolibrary.doesvirtual. com/?video=485153001)。

《Sooner Safer Happier: Antipatterns and Patterns for Business Agility》書中有一精彩章節是關於如何打造情報控制系統，清楚描繪出與高度監管行業打交道的模式與反模式。本書作者皆來自銀行背景，因此擁有許多不可比擬的實戰經驗。

Sidney Dekker 所寫的《Safety Differently: Human Factors for a New Era》中，提到了如何將安全性從官僚式指責轉化為一種人人兼之的道德責任，將安全性視為一種人性因素，而不是一種應該加以控制的問題，反而是一個可以駕馭的對策。

你可以在此觀看 Dekker 關於這個主題的講座：https://www.youtube.com/ watch?v=oMtLS0FNDZs。

行動呼籲：全書總結

縱貫全書，我們針對 DevOps 的原理和技術實踐進行了十分詳盡的探討。在這個安全漏洞頻發、交付週期不斷縮短、技術大規模轉型的時代，技術領袖們要同時應對安全性、可靠性和靈活性的挑戰，於是 DevOps 應運而生。希望本書內容幫助讀者深入理解問題，並找到解決方案。

若組織的管理方針不當，開發人員與營運人員之間存在的衝突會日益惡化，導致新產品和功能上線時間長，品質不如人意，人力物力不斷耗損，技術債日益累積，生產力逐漸低下，員工的不滿和倦怠情緒也越來越嚴重。

DevOps 的原則和模式，有助於化解這個核心衝突。閱讀完本書後，希望讀者能明白 DevOps 轉型的精髓，掌握如何建立學習型組織、加快流程、打造一流可靠性和安全性的產品、以及提升企業競爭力和員工滿意度。

DevOps 的實踐，需要新的企業文化和管理規範，同時技術實踐和架構也將煥然一新。「跨部門協作」至關重要，包括管理高層、產品管理部門、開發團隊、品質保證團隊、IT 營運、資訊安全甚至行銷人員在內，所有部門必須齊心協作，才能有效構建一個安全的工作系統，幫助小團隊快速、自主地開發和驗證，並安全地部署與使用者服務相關的程式碼，才有可能有技術創新。這種方式可以最大程度地提高開發人員的生產力、學習積極性、工作滿意度，提升組織贏得市場的能力。充分展示 DevOps 的原則和實踐是本書寫作的主要目的，旨在幫助其他組織複製 DevOps 社群所取得的卓越成果。同時，我們也希望加速組織應用 DevOps 的進程，協助他們成功實施 DevOps 並降低轉型風險。

我們知道固步自封、不思進取的危害，以及改變日常工作習慣的不易，也充分明白組織引進新工作方式所帶來的風險和成本。我們也清楚，DevOps 也只是現階段流行的方法論之一，很可能被更新穎的關鍵字取而代之。

但我們堅信，DevOps 對技術行業帶來的轉變，就如同 1980 年代精實原則對製造業的變革影響。那些擁抱 DevOps 轉型的組織，將在市場上贏得勝利，而拒絕 DevOps 的組織將為此付出代價。積極擁抱 DevOps 文化，將會創造充滿激情並持續進步的學習型組織，並以不斷創新的方式，在市場上的表現更勝一籌，贏過競爭對手。

因此，DevOps 不僅僅是技術層面的當務之急，也是組織層面必須正視的迫切要務。最關鍵的一點，DevOps 文化適用範圍極為廣泛，尤其適用於符合下列情形的組織：必須利用技術手段改進工作流程，同時保證產品的高品質、可靠性和安全性。

我們呼籲大家展開行動：無論你在組織中扮演什麼角色，請即刻開始尋找想在本職工作表現更出色，更上一層樓的同事。把本書推薦給他們，和所有志同道合的人結盟，要求組織的決策者支持這些改善活動。你就是能發起並帶領大家進行 DevOps 實踐的不二人選。

最後，給閱讀到最後的讀者一點甜頭，與你分享一個祕密。在我們研究的許多案例中，在取得突破性成果的同時，大多數領導創新改革的人們都得到了升遷機會。不過，當然也有這種情況：領導階層發生人事異動或策略轉向，導致創新變革者離開崗位，他們所創造的變化也無疾而終。

不要為此憤世嫉俗。參與變革的人都明白，他們做的事情當然可能會失敗，但無論成敗如何，他們總要試上一試。勇於嘗試的真諦就在於以親身實踐來鼓舞他人。如果不承擔風險，那麼絕不可能成功創新。如果你沒有使某些管理層不安，那證明你可能還不夠努力。不要讓組織的免疫系統阻止或動搖你的改革願景。正如 Amazon 前「災難處理大師」Jesse Robbins 所說：「別傻傻的和愚蠢抗爭，做點更棒的事。」

DevOps 轉型會使技術價值流的所有參與者都受益匪淺，無論我們是開發工程師、營運工程師、品保工程師、資安人員、產品經理或者客戶，它都能夠帶給我們那種開發偉大產品而產生的滿足感。DevOps 讓工作環境與條件變得更加人性化，讓我們有更多時間陪伴親友。DevOps 能促使團隊共同努力、學習與成長，在滿足客戶需求的同時幫助組織取得成功。

我們真誠希望本書可以幫助你實現這些目標。

第二版　後記

Nicole Forsgren

無論是管理層或開發人員，我最常被問到關於生產力和績效的問題。我們要如何才能幫助團隊更有效開發和交付軟體？如何提升開發人員的生產力？效能改善究竟是可以持續達成的目標，抑或我們僅僅是在取捨？我們又應該如何衡量和追蹤這些改善？

數據和經驗強化了這些重要性：使用良好的自動化、策略性流程、重視信任和資訊流的文化，幫助團隊實現高效的軟體交付成效。即使在 COVID-19 疫情期間，擁有智慧自動化、高靈活流程和良好溝通的團隊和組織不僅能夠生存下來，甚至還能發展壯大，有些團隊在短短幾天或幾週內就進行了策略性軸轉，為新的客戶和市場提供服務。

GitHub 2020 年的《State of Octoverse》發現，與前一年相比，開發人員花費更多時間在工作上，以四個時區裡的登入記錄來看，每天多出了 4.2 到 4.7 小時。[1] * 開發人員不單單是因為照顧家務或育兒而將工作時間打散；如果以程式碼提交量作為工作量的指標，顯示出開發人員也做了更多的工作。與前一年相比，開發人員在工作週間每天增加了 10 到 17 支程式碼提交到主要分支上。資料顯示企業活動在週末趨緩，開源專案則增加，表示開發人員從正職工作中下線，投入心力到開源專案中。自 2020 年 4 月以來，開源專案的新建數量同比成長了 25%。

---

* 　該份報告所研究的時區包含英國、美國東部、美國太平洋和日本標準時區。

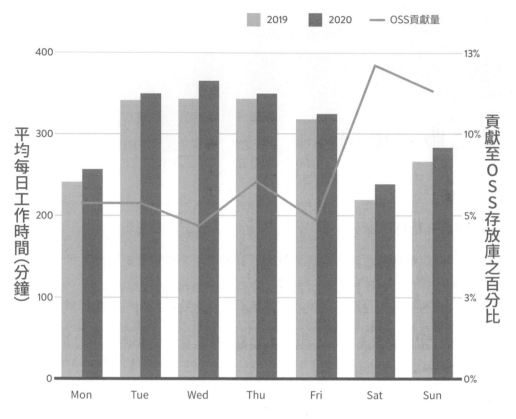

圖 AF.1　使用者每日平均開發視窗

（資料來源：Forsgren et. Al., 2020 *State of the Octoverse*）

雖然這些數據令人印象深刻，而且在面對全球疫情時，人們持續創新和提供軟體的能力也相當令人欽佩，但我們也必須退一步考慮更普遍的模式。在條件通常不允許的情況下，強行推動和交付成果，反而會掩蓋潛在問題。

微軟最近一項研究報告指出「高生產力掩蓋了疲憊的勞動力」。[2] 我們之中那些在技術領域工作多年的人可能會對這些模式並不陌生，深知這些模式無法持之以恆；真正的改善和轉型，不僅需要改善，更要平衡。在我們擁有更好的技術和方法後，要確保我們不僅僅是複製從過去的工作方式（漫長工時、暴力解、得靠腎上腺素激增的緊湊交付時程）中學到的血淚經驗。

上述數據和模式還強調了另一重要問題：像工作時數或程式碼提交量這類活動指標並不能完整說明事情全貌。只用這些淺顯的指標來衡量生產力的團隊和組織，即有可能落得以管窺豹的境地，富有經驗的專業技術領袖深知：生產力極為複雜，必須以全盤衡量。

以幾十年累積而來的專業知識和研究成果為基礎，我和同事最近發表了「SPACE框架」，旨在幫助開發者、團隊和領袖思考和衡量生產力。這個框架包含五個面向：滿意度和幸福感（satisfaction and well-being）、績效（performance）、活動（activity）、溝通和協作（communication and collaboration）、以及效率和流程（efficiency and flow）。運用這個框架中至少三個面向的指標，團隊和組織可以用更準確的方式來衡量開發者的生產力，對個人和團隊的工作方式產生更清晰的理解，並獲得更明確的資訊，促成更完善優異的決策。

舉例來說，如果「程式碼提交量」（這屬於活動指標）是一個現有指標，那麼就別再將另一個活動指標，例如「pull request 數量」加到你的指標儀表板。為了衡量生產力，請透過兩個不同的面向，個別新增至少一個指標：例如「對工程系統的滿意度」（滿意度指標，這是衡量開發者體驗的重要指標）和 pull request merge time（效率和流程指標）。增加這兩個指標後，我們現在可以看到每個人或團隊的程式碼提交量和合併時間 —— 以及這些活動與開發時間的平衡，確保程式碼審查不會打擾程式碼編寫時間，並且深入瞭解工程系統如何支援整個開發和交付管線。

這為我們提供了比單純的「程式碼提交量」指標還要更多的洞察，幫助我們為開發團隊做出更好的決策。這些指標也可以確保我們的開發人員得以長久發展，保障其工作福祉，因為這些指標能夠盡早讓潛在問題浮現，顯示工具的永續使用性，以及團隊可能做出的取捨。

回顧過去十年，看見流程、技術以及工作和溝通方法獲得肉眼可見的改善，使團隊能夠以我們也許從未想像過的水準來開發和交付軟體 —— 甚至在面對令人生畏而且始料未及的重大變化也能達成目標，這著實令人感覺意義非凡。同時，我們也必須謙卑地意識到，我們始終負有（甚至是更大的）責任來延續這趟改善之旅。這一路上有著令人振奮的大好機會，祝福你在旅途中一切順利。

Gene Kim

我一再被技術領袖致力創造更好工作方式的精神所激勵,讓價值創造這件事變得更快、更安全、更快樂,就如 Jon Smart 所描繪的情景。我非常開心能看到本書第二版加入了許多新的案例研究(其中許多來自 DevOps Enterprise 社群)。這些案例研究來自於許多不同的行業領域,又一次證明了 DevOps 作為一種解決方案的普遍適用性。

我所觀察到的其中一件非常美妙的事情是,有越來越多的經驗分享,由技術領袖和業務領袖攜手,清楚闡述他們是如何憑藉打造了一個世界級技術組織,來實現他們的目標、夢想和願景。

在《鳳凰專案》的最後,猶如尤達大師般存在的埃里克預言,技術能力不僅必須成為所有組織的核心競爭力,而且還需要被確實地嵌入整個組織之中最接近解決客戶問題的地方。

親眼看見這些預言成為現實,非常令人歡喜,我期待技術能夠幫助每個組織旗開得勝,並得到組織最高層的全力支持。

Jez Humble

我認為 DevOps 是由一群研究如何大規模建立安全、快速變化、具有韌性的分散式系統的人們所發起的運動。這場運動誕生於多年前由開發人員、測試人員和系統管理員所播下的種子,隨著數位化平台爆發式成長而真正蔚為風潮。在過去五年裡,DevOps 已經變得無處不在。

雖然我認為我們作為一個社群,在這些年裡學到了很多東西,但我也看到了許多依舊困擾技術產業的相同問題,這些問題基本上可以歸結為:持續的流程改善、架構演變、文化變革和產生持久影響的團隊合作著實不是易事。把關注焦點放在工具和組織架構上比較簡單 —— 這些事情當然很重要,然而遠遠不夠。

自從本書出版以來,我已經在美國聯邦政府、一家四人新創企業和 Google 中實際應用了本書所提倡的實踐方法。我參加了一個由 Nicole Forsgren 博士主持的團隊 —— 我很高興她也為本書第二版做出貢獻 —— 這個團隊潛心研究如何打造高績效團隊。

如果要說我學到任何事情，那就是卓越績效的前提，始於領導階層專注打造一個良好的環境，讓來自不同背景、不同身分、不同經歷和不同觀點的人一起共事時，人人都能感到心理上的安全感，讓團隊取得必要的資源與能力，鼓勵以安全而具有系統性的方式一起試驗和學習。

這個世界日新月異，不斷地發展與變化。雖然組織和團隊會來來去去，但身為社群一份子的我們有責任照顧和支援彼此，分享我們所習得的經驗與知識。這就是 DevOps 的未來，也是 DevOps 的挑戰。我衷心感謝這個社群，特別是那些做了關鍵工作的人，是他們創造了心理安全的環境，歡迎和鼓勵各種背景的新人一起參與。我迫不及待地想知道你們從中學到了什麼，敬請無私與我們分享

Patrick Debois

最初，我認為 DevOps 是一種改善開發部和營運部之間的工作瓶頸的方法。

在經營自己的企業之後，我意識到在一間公司裡還有許多其他團體在影響這種關係。例如：當行銷部和銷售部過度承諾時，這對整個關係帶來了很大壓力。或者當人力資源部一直雇用錯誤的人，或者獎金與工作目標並不一致時。這些真實的實務經驗使我意識到，DevOps 是一種尋找瓶頸的方式，甚至是一種在公司更高層次上尋找瓶頸的方式。

自從 DevOps 這個詞被創造出來後，我對 DevOps 下了自己的定義：你為了克服各個穀倉之間的摩擦而做出的一切努力。除此之外的其他，都只能算是一般工程。

這個定義強調，光是打造技術遠遠不夠，你還必須擁有克服摩擦點的強烈意圖。當你成功移除阻塞物，這個摩擦點就會消失。對於瓶頸的持續評估至關重要。

事實上，企業一直在改善管線與自動化，但卻沒有在其他造成瓶頸的摩擦點上下功夫。這是現今的一項關鍵挑戰。有趣的是，例如 FinOps 等概念更加強調各部門之間的合作關係，甚至是個人層面的改善，試圖更加理解和闡述人們需求和願望。這種對於改善的廣泛觀點和超越管線與自動化的思考，就是針對大多數人與組織受阻的環節。

隨著我們持續前進，我相信會不斷看到其他瓶頸透過 DevOps 之道得到解決 ——
DevSecOps 就是一個很好的例子，瓶頸只是轉移到了其他地方。我聽過人們提
到了 Design-Ops、AIOps、FrontendOps、DataOps、NetworkOps…… 這
所有的名詞標籤，都是為了平衡各個環節，列舉出需要注意的事項。

到了某個時候，DevOps 是否被稱為 DevOps，這件事將變得不再重要。組織必須
不斷最佳化並自我提升，精益求精的念頭會自然而然出現。因此，實際上我希望
DevOps 的未來是沒有人再談論這個詞，而是不斷地改善具體實踐，因為屆時我
們早就對這個詞耳熟能詳。

John Willis

我大約在十年前認識 Gene，他告訴我他正在創作一本以 Eliyahu Goldratt 博
士的《The Goal》為原型的小說。那本書就是《鳳凰專案》。當時，我對營運
管理、供應鏈和精實管理知之甚少。後來，Gene 又告訴我，他正在寫另一本
書，這一次是《鳳凰專案》的後續著作，而這本書將是一本更具規範性的作品，
而且我的好朋友 Patrick Debois 也參與了這次創作。我立即懇求他讓我也加入
這個寫作專案，也就是後來的《The DevOps Handbook》。一開始，我們基
本上把寫作重心放在最佳實踐案例，較少著墨於這些管理概念本身。後來，Jez
Humble 加入團隊，並針對這些領域為這本書增添深度。

然而，說實話，我花了十年多才確實體會到營運管理、供應鏈和精實原則對我們
口中的 DevOps 的真正影響。我越是瞭解 1950 ～ 1980 年日本製造業經濟中發
生的事情，就越能體悟到歷史脈絡對於目前知識經濟的根本影響。事實上，現在
製造業和知識經濟的學習之間似乎存在一個有趣的莫比烏斯循環。例如：自動化
汽車生產。像 Industrial DevOps 這樣的運動就是一個例子，說明了我們從製
造業演變到知識經濟，再回到製造業經濟之間的循環。

今天我們面臨的最大挑戰之一是，大多數傳統組織遊走在兩個世界之間。對他們
來說，第一世界的習慣是歷史性的、系統性的，並由行之有年、難以撼動的資本
市場力量所驅動。而在第二世界裡，出現了一些新潮的習慣，比如 DevOps，這
與他們的第一世界的習慣大多是反直覺的。在通常情況下，這些組織在兩個世界

之間來回掙扎，猶如兩大地質板塊不斷碰撞，產生一個又一個隱沒帶。這些碰撞往往會造成一個組織暫時獲得成功，然後不斷地在第二世界裡，在成功崛起和失敗隱沒之間來回。

好消息是，像精實、敏捷、DevOps 和 DevSecOps 這樣的運動發展已然是大勢所趨，而且更傾向於第二世界的新習慣。而樂於擁抱並堅持這些新習慣的組織，往往會收穫更多成功的例子，多過那些失敗。

在過去幾年裡的一大亮點是，人們開始返璞歸真，對技術採取了簡約化方法。雖然技術只是高績效組織獲得成功的三大核心原則之一（人、流程、技術），而這項原則卻能夠減輕巨大勞苦重擔，使人們工作更加輕鬆，這當然是件令人樂見的好事。

在過去幾年內，我們已經見證人們對舊的傳統基礎設施的依賴減少了。不僅僅是雲端，產業也逐漸偏向更加原子化的運算方式。我們看到大型機構迅速進入以叢集為導向和函式風格的運算，並且越來越側重「事件驅動架構」（event-driven architecture，EDA）。這些具有簡約主義色彩的技術流程，將令所有三大原則（人、流程、技術）所積累的辛勞重擔要小得多。光是這一點，再加上前面提到具有變革性的第二世界習慣，可望加速大型傳統組織獲得更多成功。

附錄

附錄一 DevOps 的大融合

我們認為一場令人難以置信的管理實踐運動正在發生，各種實踐相互交融、彙整，並形塑了一種非常獨特的實踐集合，而 DevOps 是這場技術融合運動的受益者，它能對組織的軟體開發轉型和 IT 產品或服務交付模式的轉型產生極大的幫助。

John Willis 將這場運動稱之為「DevOps 的大融合」。下文會盡量按時間順序介紹本次大融合運動裡的各項元素（請注意，我們不會在這裡詳細介紹它們，而是是概要地介紹各種思維的演進，以及彼此之間千絲萬縷的連結，最後一同促使 DevOps 應運而生）。

精實運動

精實運動（Lean Movement）始於 1980 年代，衍生自豐田生產系統（TPS），其管理主張包括價值流程圖、看板和全面生產維護等。[1]

精實運動的兩個主要原則是：(1) 堅信前置時間（把原材料轉換為成品所需的時間）是提升產品品質、客戶滿意度和員工幸福感的最佳預測指標；(2) 小批量規模則是短前置時間的最佳預測指標之一，理論上最理想的批量規模是「單件流」（也就是「1×1」的流，庫存為 1，批量規模為 1）。

精實原則專注為客戶創造價值，要求系統性思考，持之以恆，擁抱科學思維，建立順暢的工作流和拉動式生產（而不是推動），從源頭保證品質，以謙虛心態領導組織，尊重每一個人。

敏捷運動

始於 2001 年的「敏捷宣言」是由 17 位軟體開發領域的頂尖大師共同編寫的開發方法論，目的是掀起一場推廣輕量級軟體開發方法（如 DP 和 DSDM- 動態系統開發方法）的運動，以敏捷開發來取代瀑布式等重量級軟體開發過程，以及替代統一軟體開發過程（RUP）這類方法論。

關鍵原則之一是：「經常交付可用的軟體，頻率可以從數週到數個月，以較短時間間隔為佳。」[2] 另外還有兩個原則，其一是以積極的個人來建構專案，給予他們所需的環境與支援，並信任他們可以完成工作，其二是強調小批量發布。敏捷運動還衍生出一系列的工具和實踐，比如：Scrum、站會（Stand-ups）等。

Velocity Conference 運動

從 2007 年開始，由 Steve Souders、John Allspaw 和 Jesse Robbins 等人組織發起了 Velocity Conference，目的是為 IT 營運和網站效能改善人員提供聚會交流的機會。在 2009 年的 Velocity 會議上，John Allspaw 和 Paul Hammond 分享了主題為「每日十次部署：開發（Dev）和營運（Ops）在 Flickr 的協作」的演講。

敏捷基礎設施運動

在 2008 年於加拿大多倫多舉行的敏捷會議上，Patrick Debois 和 Andrew Schafer 主持了一場名為「同類相聚」（Birds of a feather）的專題研討環節，探討如何將敏捷原則應用於基礎設施，而不僅限於應用程式碼。他們很快地集結了一群志同道合的思考者，獲得極大迴響，John Willis 也是其中一位參與者。後來，Patrick 又深受 John 和 Hammond 的「每日十次部署：開發（Dev）和營運（Ops）在 Flickr 的協作」演講啟發，在 2009 年於比利時根特市，舉辦了第一次 DevOpsDays 活動，創造了「DevOps」這個詞語。

持續交付運動

在持續構建、測試和整合等開發實踐的基礎上，Jez Humble 和 David Farley 發展了「持續交付」的理念，訴求包括配置「部署流水線」，將程式碼和基礎設施始終處於可部署狀態，並且確保所有提交到主幹的程式碼都能安全地部署到生產環境裡。[3] 這個想法最早公開於 2006 年的敏捷大會，而 Tim Fitz 在一篇名為「持續部署」（Continuous Deployment）的部落格文章中完善定義並發展了這個概念。[4]

豐田形學

在 2009 年，Mike Rother 撰寫了《豐田形學：持續改善與教育式領導的關鍵智慧》一書。本書紀錄了他對豐田企業進行長達 20 年研究的收穫，在理解豐田生產系統（TPS）的運作機制後，於書中敘述了：「隱身在豐田企業的成功背後的日常行為慣例和思維模式，這些管理方法不斷地被改進和調整……以及其他公司如何在他們的組織中實現類似管理方法和思維模式。」[5]

他的結論是，精實社群錯失了一項最為重要的實踐，而這項實踐與他於書中提出的「改善形」（Improvement Kata）密切相關。他解釋到，每個組織都有工作日程，豐田企業之所以如此成功，關鍵因素是針對工作習慣進行改善，並將「持續改善」的觀念植入到組織內每個人的日常工作中。豐田形學建立了一種迭代的、增量的、科學的問題解決方法，追求共同的企業目標。[6]

精實創業運動

2011 年，Eric Ries 出版了《精實創業》一書，總結他在一家矽谷創業公司 IMVU 的經驗教訓。這本書的核心思想，受到 Steve Blank 的《四步創業法》一書和持續部署技術所啟發。Eric Ries 也紀錄了相關實踐並定義一些專門術語，包括

「最小化可行產品」（MVP）、「構建―衡量―學習」的循環，以及許多與持續部署相關的技術模式。**7**

精實 UX 運動

在 2013 年，Jeff Gothelf 發表了《精實 UX 設計：應用精實原則改善使用者體驗》一書，分享如何改善「模糊前端」，並傳授產品經理如何在投入時間和資源以前，制定業務假設實驗，以此獲得拓展業務的信心。習得精實設計法則，我們就掌握了全面改善業務的法寶，廣泛應用於商業假設、功能開發、測試、部署和向客戶發布服務等範疇。

Rugged Computing 運動

2011 年，Joshua Corman、David Rice 和 Jeff Williams 深入檢視了在軟體開發週期晚期，進行應用程式和環境安全加固的無效性。為此，他們提出了名為 Rugged Computing 的工作哲學，旨在構建非功能性需求，這些需求包含穩定性、可擴展性、可用性、生存性、可持續性、安全性、可支援性、可管理性和防禦性等。

DevOps 強調高頻率發布，可能會對品質保證（QA）和資安（Infosec）人員帶來巨大壓力，因為當部署頻率從每月或每季一次，提升到每天數百或數千次時，資訊安全或 QA 的工作週期當然不可能僅是兩週一次。Rugged Computing 運動的預設立場即是，目前多數資訊安全防護措施都是沒用的。

附錄二　約束理論和長期的核心矛盾

約束理論（Theory of Constraints）的內容圍繞在核心衝突雲（通常被稱為「C3」）的作用。圖 A.1 是 IT 的衝突雲示意圖。

在 1980 年代，在製造業裡「長期的核心矛盾」情形非常普遍。所有工廠經理都有兩項重要業務目標：提高銷量，降低成本。然而問題在於，為了維持產品銷量，庫存就要增加，才能確保始終能滿足客戶需求。

然而，想要降低成本，就應該減少庫存，確保資金沒有被綁在在製品（WIP）上。在製品（Work In Progress）指的是按客戶訂單生產，但還不能立即發貨的產品。

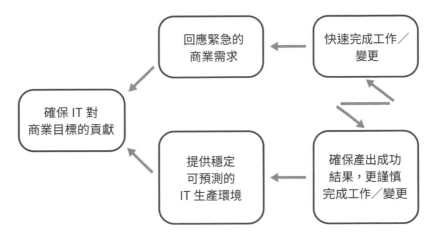

圖 A.1 每個 IT 組織都面臨的長期的核心矛盾

妥善運用精實原則，可以解決以上衝突，例如減小批量規模、減少在製品數量、縮短和放大回饋迴路等。這麼一來，工廠的生產率、產品品質和客戶滿意度都會顯著提高。

DevOps 工作模式的原理與製造業的變革原則如出一轍，那就是使 IT 價值流最佳化，將業務需求轉化成為向客戶提供價值的能力和服務。

附錄三　惡性循環清單

《鳳凰專案》所敘述的惡性循環如表 A.1 所示：

表 A.1 惡性循環

IT 營運人員的感受	開發人員的感受
脆弱的應用程式容易出現故障	脆弱的應用程式容易出現故障
需要很長的時間來判斷哪個字節被改動	更緊急、期限在即的專案被列入日程
銷售人員負責檢查性控制	更多不安全的程式碼發布

IT 營運人員的感受	開發人員的感受
恢復服務所需的時間過長	發布的版本越多，部署就越混亂
災害搶救和計劃外工作太多	發布週期延長，導致部署成本增加
緊急安全性重工和補救	失敗的大規模部署，讓具體問題所在更難判別
無法完成計劃內工作	大多數資深 IT 營運人員都沒有時間解決底層流程問題
客戶感到沮喪，流失客戶	有助提升業務的工作越積越多
市場份額下降	IT 營運、開發、產品設計之間的關係越來越緊張
企業沒有兌現給華爾街的承諾	
業務部門對華爾街做出更多承諾	

附錄四　交接和佇列的危害

佇列等待時間會隨著交接次數的增加而延長，因為佇列正是因為工作交接而產生。圖 A.2 展示了一個工作中心資源的繁忙程度與等待時間之間的關係。這條漸變曲線說明了為什麼「一個 30 分鐘的簡單變更」通常竟然需要幾週時間才能完成。某些工程師和專案組若過於繁忙，通常就會變成瓶頸，阻礙工作順利暢流。當一個專案組工作負荷過度時，任何需要它完成的任務都會被淹沒在茫茫佇列裡，如果沒有人進行催促或提高優先順序，那麼這項任務將永遠也不能完成。

在圖 A.2 中，X 座標表示在一個專案組裡某特定資源的繁忙百分比，Y 座標則是等待時間（佇列長度）。這條曲線的變化說明了，當資源利用率超過 80% 以後，等待時間會急速攀升到頂點。

《鳳凰專案》一書描寫了主人公比爾和他的團隊是如何意識到這個關係，以及這個相關性所產生的災難性影響，使他們無力兌現向專案管理部門承諾的交付週期。[8]

> 我告訴他們，艾瑞克在 MRP-8 對我說過，等待時間取決於資源使用率。「等待時間是『忙碌時間百分比』除以『閒置時間百分比』。也就是說，如果一個資源的忙碌時間是 50%，那麼它的閒置時間也是 50%。

等待時間就是 50% 除以 50%，也就是一個時間單位，就當作是一小時吧。所以平均來說，一個任務在處理前的排隊等待時間為一小時。」

「如果一個資源在 90% 的時間裡處於忙碌狀態，等待時間就是『90% 除以 10%』，也就是 9 小時。換言之，我們的任務排隊等待的時間，將是資源有 50% 閒置時間的整整 9 倍。」

等待時間＝(忙碌時間百分比) ／ (閒置時間百分比)

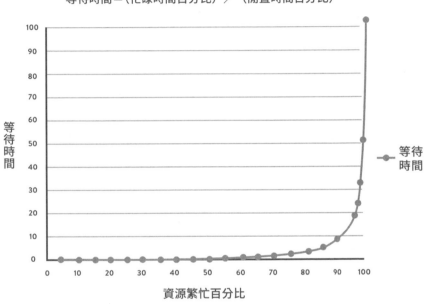

圖 A.2 佇列長度和等待時間與利用百分比的關係（引自《鳳凰專案》一書）

我得出結論：「因此，對這個鳳凰任務來說，假設我們有 7 個交接步驟，而且每一個資源都有 90% 的時間是忙碌的，那麼任務排隊等待的總時間就是 9 小時乘以 7⋯⋯」

「什麼？光是排隊等待的時間就要 63 小時？」韋斯仍然一副難以置信的表情：「這不可能！」

帕蒂似笑非笑：「哦，是啊。因為輸入字符只需要 30 秒，你說是吧？」

比爾和他的團隊意識到他們的「30 分鐘簡單作業」實際上需要經過 7 次工作交接（例如：伺服器團隊、網路團隊、資料庫團隊、虛擬化團隊，當然還要經過布倫特這位「搖滾巨星」工程師）。

假設所有工作中心在 90% 時間都是忙碌狀態，這個數字告訴我們每個工作中心的平均等待時間是 9 個小時—而工作必須通過 7 個工作中心，所以總等待時間是 7 倍，也就是 63 小時。

換句話說，增值時間的總百分比（% of value added time，有時被稱為處理時間）僅為總前置時間的 0.16%（將 30 鐘除以 63 小時）。這意味著，在我們的總交付時間的 99.8%，工作只是在佇列中，默默等待開始作業。

附錄五　工業安全的迷思

關於複雜系統，逾數十年的研究表明，人們都是根據幾個迷思發展處理策略。在 Denis Besnard 和 Erik Hollnagel 的「工業安全迷思」一文中，他們做了如下總結：

迷思 1：人為錯誤是意外和事故最主要且唯一的根源。[9]

迷思 2：如果人遵守了既定的規程，那麼系統就是安全的。[10]

迷思 3：可以設置權限和防護措施來提升安全性。保護層次越多，安全性就越高。[11]

迷思 4：事故發生的根本原因（「真相」）可以通過事故分析來確定。[12]

迷思 5：事故調查就是識別事實和原因之間的邏輯和關聯關係。[13]

迷思 6：安全性永遠要放在第一優先，不容降低。[14]

迷思與真相之間的差異，如表 A.2 所示：

表 A.2 迷思與真相

迷思	真相
人為錯誤被視為事故原因	人為錯誤被視為後果,由組織內更深層次的系統性漏洞造成
陳述「人們當時應該怎麼做」就是對失敗的最好總結	「人們當時應該怎麼做」並不能解釋「為什麼他們覺得當時那麼做是合理的」
告訴人們更加小心就可以消除問題	只有不斷尋找組織的漏洞,才能提高安全性

附錄六 豐田安燈繩

許多人問,如果安燈繩每天被拉了 5,000 次,那麼怎麼還能完成生產工作呢?確切地說,並不是每個安燈繩都會導致整個裝配線停止。相反,當安燈繩被拉下時,監督那個工作中心的團隊領導人有 50 秒時間解決這個問題。如果在 50 秒內問題沒有得到解決,沒有裝配完畢的車輛就會越過地板上畫的那條線,然後這條裝配線才會停止(見圖 A.3)。[15]

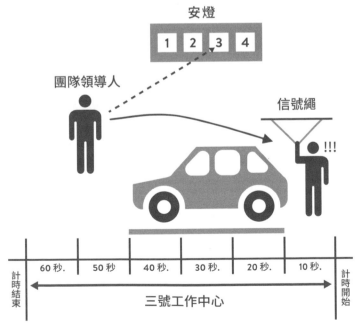

圖 A.3 豐田安燈繩

附錄七　COTS 軟體

為了將複雜的「架上商業用軟體」（COTS，commercial off-the-shelf software；如 SAP、IBM WebSphere、Oracle WebLogic）也納入版本控制系統，我們可能要去除廠商提供的安裝工具，這種工具通常具有圖形化點擊操作模式。為此，我們需要了解廠商所提供的工具用途，還需要一個乾淨的伺服器安裝圖片，比對檔案系統，並將新增的文件納入版本控制。將那些與安裝環境無關的文件都放在同一個位置（「基礎安裝」），將和環境有關的文件放入各自的目錄（「測試」或者「生產」）。透過這種方式，讓軟體安裝操作也變成版本控制的操作，提升可視化效果、可重復性以及速度。

我們可能還要轉換應用程式配置設定，將它們也納入版本控制系統。例如：可以將儲存在資料庫裡的應用配置轉換為 XML 檔，而 XML 檔也可以轉換為應用配置。

附錄八　事後回顧會議

事後回顧會議的議程範例如下：[16]

- 首先由會議主持或協調人發言，重申這個會議是「對事不對人」的事後回顧會議，重點不是發生過的事，也不會去推測「本來會怎樣」或「本來有可能怎樣」。協調人可以宣讀來自 Retrospective.com 網站的「回顧基本指導原則」。

- 此外，協調人必須提醒眾人，會議中得出的任何對策都一定要分配到具體負責人員，如果糾正措施不能成為這個會議後的首要任務，那麼這就不是糾正措施（這是為了防止會議上討論了一系列好想法，可是永遠也無法付諸實行）。

- 在會議期間要對事故的完整時間表達成一致認識。包括在什麼時間、由誰發現問題、以什麼途徑發現問題（例如：自動監測、手動檢測、客戶回饋）、在什麼時間徹底恢復服務等等。我們還將在事故發生期間所有的外部討論一起歸納到時間表中。

- 提到「時間表」，大家可能會將它理解為調查問題並解決問題的步驟。實際上，尤其在複雜的系統中，導致事故發生的事件可能不勝枚舉，必須採取多種解決問題的故障排查方案和對策。在這項活動中，我們試圖記錄所有事件和所有參與者的觀點，盡可能地建立出各種可能假設，敘述事件的因果關係。

- 事後分析團隊將列出所有造成事故的人為因素和技術因素，並將其歸類，像是「設計決策」、「修復」、「發現的問題」等。團隊將使用腦力激盪和「10萬個方法」等思維方法，深入挖掘他們認為特別重要的誘因，繼而探索更深層次的問題因素。所有觀點都應當得到包容和尊重，不允許爭論或否認其他人已經確認的誘因。會議協調人特別需要注意的是，必須確保這項會議得到充足時間，而且團隊不應嘗試去異存同，不要試圖確定出一個或幾個「根本原因」。

- 針對會後首要任務清單，與會人員必須達成一致意見。清單所列內容需要集思廣益，審慎選擇能防止問題復發的任務，或者能更快發現問題並復原的任務。這項清單也可以納入改進系統的其他方式。

- 這麼做的目標是確立能夠實現預期結果的最小增量步驟，而不是「大爆炸」式的變更，因為那不僅需要更長的實施時間，還會推遲改善活動。

- 我們還會產生另一份清單，羅列那些執行優先度較低的任務，並為其分配一個負責人。如果將來發生類似的問題，就可以根據這些任務制定對策。

- 與會人員還要討論事故的衡量指標和事故對組織造成的影響。比如以下列指標來描述事件。

  ○ **事件嚴重性**：這個問題的嚴重程度。嚴重性會直接影響服務和客戶。

  ○ **總當機時間**：服務完全不可用的時間長度。

  ○ **檢測時間**：發現問題所需的時間。

  ○ **解決時間**：知道問題以後恢復服務所用的時間。

Etsy 公司的 Bethany Macri 做了如下總結：「在事故分析中，對事不對人的做法，並不代表沒有人承擔責任，而將焦點放在了解在什麼情況下允許人員執行變更，或者誰引入了問題。沒有責難，就沒有顧慮；沒有了顧慮，就可以坦誠相待。」[17]

附錄九 　猿猴軍團

在 2011 年 AWS-EAST 服務中斷事故之後，關於如何自動處理系統故障，Netflix 內部進行了多次討論。這些討論探究的結果，一個名為「搗亂猴」（Chaos Monkey）的服務就這麼誕生了。[18]

此後，搗亂猴逐漸演變成了一套全系列的工具，Netflix 內部稱之為「Netflix 猿猴軍團」，用來模擬不同程度的故障災難。[19]

- **搗亂大猩猩（Chaos Gorilla）**：模擬整個 AWS 可用區域（Availability Zone）的故障。

- **搗亂金剛（Chaos Kong）**：模擬整個 AWS 地區（Region）的故障，如北美地區或歐洲地區。

猿猴軍團的其他成員還有：

- **延遲猴（Latency Monkey）**：在其 RESTful 用戶端伺服器的通信層以人為方式引入延遲或停機，用來模擬服務降級並確保相關服務正常工作。

- **一致性猴（Conformity Monkey）**：查找並關閉不符合最佳實踐的 AWS 實例（例如實例不屬於任何自動擴展群組、或服務目錄中沒有值班工程師的電子郵件地址）。

- **醫生猴（Doctor Monkey）**：檢查每個運行的實例，找出不健康的實例，如果負責人沒有及時修復，就主動關閉實例。

- **看門猴（Janitor Monkey）**：確保雲端環境沒有混亂或浪費情形，搜尋未使用的資源並予以處理。

- **安全猴（Security Monkey）**：是一致猴的升級版，負責找到並終止有安全違規或漏洞的實例，例如：AWS 安全群組配置錯誤。

附錄十　讓上線時間透明化

關於「上線時間透明化」（transparent uptime）的優勢，Lenny Rachitsky 如此寫道：[20]

1. 支援成本可望下降。因為用戶能夠自行識別系統裡的問題，無需打電話或發電子郵件給技術支援部門。用戶不再需要猜測是本機問題還是全局問題，並且可以在向營運團隊抱怨之前更快速地錨定問題。

2. 在當機期間與客戶進行良性溝通。利用網路無遠弗屆的傳播優勢，而不是電子郵件、電話這種一對一的方式，能達到更好的溝通效果。省下與客戶溝通的時間，爭取更多時間來解決問題。

3. 讓客戶在發生當機事故時有明確的幫助途徑，不必茫然搜尋論壇、Twitter 或部落格文章。

4. 信任是奠定所有成功 SaaS 應用的唯一磐石。客戶將自己的業務和生計都押在你的服務或平台上，必須讓現有和潛在的客戶都感到信心。當服務出現問題時，客戶們也有知情權，讓他們實時瞭解意外事件是建立信任的最佳方法，向客戶隱瞞實情的做法不再可取。

5. 認真負責的 SaaS 供應商早晚都會提供公開的健康狀態儀表板，因為這是用戶早晚都會要求提供這項需求。

參考書目

"A Conversation with Werner Vogels." *ACM Queue* 4, no. 4 (2006): 14–22. https://queue.acm.org/detail.
cfm?id=1142065.

Adler, Paul. "Time-and-Motion Regained." *Harvard Business Review*, January–February 1993. https://hbr.
org/1993/01/time-and-motion-regained.

Agile Alliance. "Information Radiators." Glossary. Accessed May 31, 2016. https://www.agilealliance
.org/glossary/information-radiators/.

ALICE. "Pair Programming." Wiki page. Updated April 4, 2014. http://euler.math.uga
.edu/wiki/index.php?title=Pair_programming.

Allspaw, John. "Blameless PostMortems and a Just Culture." *Code as Craft* (blog), Etsy, May 22, 2012. http://
codeascraft.com/2012/05/22/blameless-postmortems/.

Allspaw, John. "Convincing Management that Cooperation and Collaboration Was Worth
It." Kitchen Soap (blog), January 5, 2012. http://www.kitchensoap.com/2012/01/05/
convincing-management-that-cooperation-and-collaboration-was-worth-it/.

Allspaw, John. "Counterfactual Thinking, Rules, and the Knight Capital Accident." *Kitchen Soap* (blog), October
29, 2013. http://www.kitchensoap.com/2013/10/29/counterfactuals-knight
-capital/.

Allspaw, John interviewed by Jenn Webb. "Post-Mortems, Sans Finger-Pointing." The O'Reilly Radar Podcast.
Podcast audio, 30:34. August 21, 2014. http://radar.oreilly.com/2014/08/post
mortems-sans-finger-pointing-the-oreilly-radar-podcast.html

Amazon Web Services, "Summary of the Amazon DynamoDB Service Disruption and Related Impacts in the
US-East Region." Amazon Web Services. Accessed May 28, 2016. https://aws
.amazon.com/message/5467D2/.

Anderson, David J. *Kanban: Successful Evolutionary Change for Your Technology Business*. Sequim, WA: Blue Hole
Press, 2010.

Anderson, David J., and Dragos Dumitriu. *From Worst to Best in 9 Months: Implementing a Drum-
Buffer-Rope Solution in Microsoft's IT Department*. Microsoft Corporation, 2005.

Antani, Snehal. "IBM Innovate DevOps Keynote." Posted by IBM DevOps, June 12, 2014. YouTube video, 47:57.
https://www.youtube.com/watch?v=s0M1P05-6Io.

Arbuckle, Justin. "What Is ArchOps: Chef Executive Roundtable." 2013.

Ashman, David. "DOES14—David Ashman—Blackboard Learn—Keep Your Head in the Clouds." Posted by DevOps Enterprise Summit 2014, October 28, 2014. YouTube video, 30:43. https://www.youtube.com/watch?v=SSmixnMpsI4.

Associated Press. "Number of Active Users at Facebook over the Years," Yahoo! News. May 1, 2013. https://www.yahoo.com/news/number-active-users-facebook-over-230449748.html?ref=gs.

Atwood, Jeff. "Pair Programming vs. Code Reviews." *Coding Horror* (blog), November 18, 2013. http://blog.codinghorror.com/pair-programming-vs-code-reviews/.

Atwood, Jeff. "Software Branching and Parallel Universes." *Coding Horror* (blog), October 2, 2007. http://blog.codinghorror.com/software-branching-and-parallel-universes/.

Axelos. *ITIL Service Transition*. Belfast, Ireland: The Stationary Office, 2011.

Ayers, Zach, and Joshua Cohen. "Andon Cords in Development Teams—Driving Continuous Learning." Presentation at the DevOps Enterprise Summit, Las Vegas, 2019. https://videolibrary.doesvirtual.com/?video=504281981.

Azzarello, Domenico, Frédéric Debruyne, and Ludovica Mottura. "The Chemisty of Enthusiasm: How Engaged Employees Create Loyal Customers," Bain & Company, May 4, 2012. https://www.bain.com/insights/the-chemistry-of-enthusiasm.

Bahri, Sami. "Few Patients-in-Process and Less Safety Scheduling; Incoming Supplies Are Secondary." *The W. Edwards Deming Institute Blog*, August 22, 2013. https://blog.deming.org/2013/08/fewer-patients-in-process-and-less-safety-scheduling-incoming-supplies-are-secondary/.

Barr, Jeff. "EC2 Maintenance Update." *AWS News Blog*. Amazon Web Services, September 25, 2014. https://aws.amazon.com/blogs/aws/ec2-maintenance-update/.

Basu, Biswanath, Rakesh Goyal, and Jennifer Hansen. "Biz & Tech Partnership Towards 10 'No Fear Releases' Per Day," presenation at DevOps Enterprise Summit, Las Vegas, 2020. https://videolibrary.doesvirtual.com/?video=468711236.

Bazaarvoice, Inc. Announces Its Financial Results for the Fourth Fiscal Quarter and Fiscal Year Ended April 30, 2012." Bazaar Voice, June 6, 2012. http://investors.bazaarvoice.com/release detail.cfm?ReleaseID=680964.

Beck, Kent. "Slow Deployment Causes Meetings." Facebook, November 19, 2015. https://www.facebook.com/notes/kent-beck/slow-deployment-causes-meetings/1055427371156793?_rdr=p.

Beck, Kent, Mike Beedle, Arie van Bennekum, Alastair Cockburn, Ward Cunningham, Martin Fowler, James Grenning, et al. "Twelve Principles of Agile Software." Agile Manifesto, 2001. http://agilemanifesto.org/principles.html.

Besnard, Denis and Erik Hollnagel. "Some Myths about Industrial Safety." Paris: Centre De Recherche Sur Les Risques Et Les Crises Mines Working Paper Series 2012. ParisTech, Paris, France, December 2012. http://gswong.com/?wpfb_dl=31.

Betz, Charles. *Architecture and Patterns for IT Service Management, Resource Planning, and Governance: Making Shoes for the Cobbler's Children*. Witham, MA: Morgan Kaufmann, 2011.

Beyond Lean."The 7 Wastes (Seven forms of Muda)." The 7 Wastes Explained. Accessed July 28, 2016. http://www.beyondlean.com/7-wastes.html.

Big Fish Games. "Big Fish Celebrates 11th Consecutive Year of Record Growth." Pressroom. January 28, 2014. http://pressroom.bigfishgames.com/2014-01-28-Big-Fish-Celebrates-11th-Consecutive-Year-of-Record-Growth.

Bland, Mike. "DOES15—Mike Bland—Pain Is Over, If You Want It." Posted by Gene Kim to slideshare.net, November 18, 2015. Slideshow. http://www.slideshare.net/ITRevolution/does15 -mike-bland-pain-is-over-if-you-want-it-55236521.

Bland, Mike. "Fixits, or I Am the Walrus," *Mike Bland* (blog). Mike Bland, October 4, 2011. https://mike-bland. com/2011/10/04/fixits.html.

Bosworth, Andrew. "Building and Testing at Facebook." Facebook, August 8, 2012. https://www.facebook.com/ notes/facebook-engineering/building-and-testing-at-facebook/ 10151004157328920.

Boubez, Toufic. "Simple Math for Anomaly Detection Toufic Boubez—Metafor Software—Monitorama PDX 2014-05-05," Posted by tboubez to slideshare.net, May 6, 2014. Slideshow. http://www.slideshare.net/ tboubez/simple-math-for-anomaly-detection-toufic-boubez-metafor -software-monitorama-pdx-20140505.

Brooks, Jr., Frederick P. *The Mythical Man-Month: Essays on Software Engineering, Anniversary Edition.* Upper Saddle River, NJ: Addison-Wesley, 1995.

Buchanan, Leigh. "The Wisdom of Peter Drucker from A to Z." *Inc.*, November 19, 2009. http://www .inc.com/articles/2009/11/drucker.html.

Buhr, Sarah. "Etsy Closes Up 86 Percent on First Day of Trading." *Tech Crunch*, April 16, 2015. http://techcrunch. com/2015/04/16/etsy-stock-surges-86-percent-at-close-of-first- day-of-trading-to-30-per-share/.

Burrows, Mike. "The Chubby Lock Service for Loosely-Coupled Distributed Systems." Paper presented at OSDI 2006: Seventh Symposium on Operating System Design and Implementation, November 2006. http:// static.googleusercontent.com/media/research.google.com/en//archive/chubby-osdi06.pdf.

Cagan, Marty. *Inspired: How to Create Products Customers Love.* Saratoga, CA: SVPG Press, 2008.

Campbell-Pretty, Em. "DOES14—Em Campbell-Pretty—How a Business Exec Led Agile, Lead, CI/CD." Posted by DevOps Enterprise Summit, April 20, 2014. YouTube video, 29:47. https://www.youtube.com/ watch?v=-4pIMMTbtwE.

Canahuati, Pedro. "Growing from the Few to the Many: Scaling the Operations Organization at Face- book." Filmed December 16, 2013 for QCon. Video, 39:39. http://www.infoq.com/presentations/ scaling-operations-facebook.

Chacon, Scott. "GitHub Flow." *Scott Chacon* (blog), August 31, 2011. http://scottchacon .com/2011/08/31/github-flow.html.

Chakrabarti, Arup. "Common Ops Mistakes." Filmed presentation at Heavy Bit Industries, June 3, 2014. Video, 36:12. http://www.heavybit.com/library/video/common-ops-mistakes/.

Chan, Jason. "OWASP AppSecUSA 2012: Real World Cloud Application Security." Posted by Christiaan008, December 10, 2012. Youtube video, 37:45. https://www.youtube.com/watch?v=daNA0jXDvYk.

Chandola, Varun , Arindam Banerjee, and Vipin Kumar. "Anomaly Detection: A Survey." ACM *Computing Surveys* 41, no. 3 (July 2009): 15. http://doi.acm.org/10.1145/1541880.1541882.

Chapman, Janet, and Patrick Eltridge. "On A Mission: Nationwide Building Society," presentation at DevOps Enterprise Summit, London, 2020. https://videolibrary.doesvirtual.com/?video= 432109857.

Chuvakin, Anton. "LogLogic/Chuvakin Log Checklist," republished with permission, 2008, http://juliusdavies. ca/logging/llclc.html.

Clanton, Ross, and Michael Ducy interviewed by Courtney Kissler and Jason Josephy. "Continuous Improvement at Nordstrom." The Goat Farm, season 1, episode 17. Podcast audio, 53:18. June 25, 2015. http://goatcan.do/2015/06/25/the-goat-farm-episode-7-continuous-improvement-at-nordstrom/.

Clanton, Ross and Heather Mickman. "DOES14—Ross Clanton and Heather Mickman—DevOps at Target." Posted by DevOps Enterprise Summit 2014, October 29, 2014. YouTube video, 29:20. https://www.youtube.com/watch?v=exrjV9V9vhY.

Claudius, Jonathan. "Attacking Cloud Services with Source Code." Posted by Jonathan Claudius to speakerdeck.com, April 16, 2013. Slideshow.https://speakerdeck.com/claudijd/attacking-cloud-services-with-source-code.

Clemm, Josh. "LinkedIn Started Back in 2003—Scaling LinkedIn—A Brief History." Posted by Josh Clemm to slideshare.net, November 9, 2015. Slideshow. http://www.slideshare.net/joshclemm/how-linkedin-scaled-a-brief-history/3-LinkedIn_started_back_in_2003.

Cockcroft, Adrian, Cory Hicks, and Greg Orzell. "Lessons Netflix Learned from the AWS Outage." The Netflix Tech Blog, April 29, 2011. http://techblog.netflix.com/2011/04/lessons-netflix-learned-from-aws-outage.html.

Cockcroft, Adrian, interviewed by Michael Ducy and Ross Clanton. "Adrian Cockcroft of Battery Ventures." The Goat Farm season 1, episode 8. Podcast audio, July 31, 2015. http://goatcan.do/2015/07/31/adrian-cockcroft-of-battery-ventures-the-goat-farm-episode-8/.

Cockcroft, Adrian. "Monitorama—Please, No More Minutes, Milliseconds, Monoliths or Monitoring Tools." Posted by Adrian Cockroft to slideshare.net, May 5, 2014. Slideshow. http://www.slideshare.net/adriancockcroft/monitorama-please-no-more.

Collins, Justin, Alex Smolen, and Neil Matatall. "Putting to your Robots to Work V1.1." Posted by Neil Matatall to slideshare.net, April 24, 2012. Slideshow. http://www.slideshare.net/xplodersuv/sf-2013-robots/.

Conrad, Ben, and Matt Hyatt. "Saving the Economy from Ruin (with a Hyperscale Paas)," presentation at the 2021 DevOps Enterprise Summit-Europe Virtual. https://videolibrary.doesvirtual.com/?video=550704128.

Conway, Melvin E. "How Do Committees Invent?" Mel Conway. Originally published in Datamation magazine, April 1968. http://www.melconway.com/research/committees.html.

Cook, Scott. "Leadership in an Agile Age: An Interview with Scott Cook." By Cassie Divine. Intuit, April 20, 2011. https://web.archive.org/web/20160205050418/http://network.intuit.com/2011/04/20/leadership-in-the-agile-age/.

Corman, Josh and John Willis. "Immutable Awesomeness—Josh Corman and John Willis at DevOps Enterprise Summit 2015." Posted by Sonatype, October 21, 2015. YouTube video, 34:25. https://www.youtube.com/watch?v=-S8-lrm3iV4.

Cornago, Fernando, Vikalp Yadav, and Andreia Otto. "From 6-Eye Principle to Release at Scale - adidas Digital Tech 2021," presentation at DevOps Enterprise Summit-Eurpoe, 2021. https://videolibrary.doesvirtual.com/?video=524020857.

Cox, Jason. "Disney DevOps: To Infinity and Beyond." Presentated at DevOps Enterprise Summit, San Francisco, 2014.

Cundiff, Dan, Levi Geinert, Lucas Rettif. "Crowdsourcing Technology Governance," presentation at DevOps Enterprise Summit, San Francisco, 2018. https://videolibrary.doesvirtual .com/?video=524020857.

Cunningham, Ward. "Ward Explains Debt Metaphor," c2. Last updated January 22, 2011. http://c2.com/cgi/ wiki?WardExplainsDebtMetaphor.

Daniels, Katherine. "Devopsdays Minneapolis 2015—Katherine Daniels—DevOps: The Missing Pieces." Posted by DevOps Minneapolis, July 13, 2015. YouTube video, 33:26. https://www .youtube.com/watch?v=LNJkVw93yTU.

Davis, Jennifer and Katherine Daniels. *Effective DevOps: Building a Culture of Collaboration, Affinity, and Tooling at Scale*. Sebastopol, CA: O'Reilly Media, 2016.

"Decreasing False Positives in Automated Testing." Posted by Sauce Labs to slideshare.net, March 24, 2015. Slideshow. http://www.slideshare.net/saucelabs/decreasing-false-positives -in-automated-testing.

DeGrandis, Dominica. "DOES15—Dominica DeGrandis—The Shape of Uncertainty." Posted by DevOps Enterprise Summit, November 5, 2015. Youtube video, 22:54. https://www.youtube .com/watch?v=Gp05i0d34gg.

Dekker, Sidney. "DevOpsDays Brisbane 2014—Sidney Decker—System Failure, Human Error: Who's to Blame?" Posted by info@devopsdays.org, 2014. Vimeo video, 1:07:38. https://vimeo .com/102167635.

Dekker, Sidney. *Just Culture: Balancing Safety and Accountability*. Lund University, Sweden: Ashgate Publishing, 2007.

Dekker, Sidney. *The Field Guide to Understanding Human Error*. Lund University, Sweden: Ashgate Publishing, 2006.

DeLuccia, James, Jeff Gallimore, Gene Kim, and Byron Miller. *DevOps Audit Defense Toolkit*. Portland, OR: IT Revolution, 2015. http://itrevolution.com/devops-and-auditors- the-devops-audit-defense-toolkit.

"DevOps Culture: How to Transform," Cloud.Google.com, accessed August 26, 2021. https://cloud .google.com/architecture/devops/devops-culture-transform.

Dickerson, Chad. "Optimizing for Developer Happiness." *Code As Craft* (blog), Etsy, June 6, 2011. https://codeas- craft.com/2011/06/06/optimizing-for-developer-happiness/.

Dignan, Larry. "Little Things Add Up." *Baseline*, October 19, 2005. http://www.baselinemag .com/c/a/Projects-Management/Profiles-Lessons-From-the-Leaders-in-the-iBaselinei500/3.

Douglas, Jake. "Deploying at Github." *The GitHub Blog*. GitHub, August 29, 2012. https://github .com/blog/1241-deploying-at-github.

Dweck, Carol. "Carol Dweck Revisits the 'Growth Mindset.'" *Education Week*, September 22, 2015. http://www. edweek.org/ew/articles/2015/09/23-/caroldweck-revisits-the-growth-mindset .html.

Edmondson, Amy C. "Strategies for Learning from Failure." *Harvard Business Review*, April 2011. https://hbr. org/2011/04/strategies-for-learning-from-failure.

Edwards, Damon. "DevOps Kaizen: Find and Fix What Is Really Behind Your Problems." Posted by dev2ops to slideshare.net. Slideshow., May 4, 2015. http://www.slideshare.net/dev2ops/ dev-ops-kaizen-damon-edwards.

Exner, Ken. "Transforming Software Development." Posted by Amazon Web Services, April 10, 2015. YouTube video, 40:57. https://www.youtube.com/watch?v=YCrhemssYuI.

Figureau, Brice. "The 10 Commandments of Logging." *Masterzen's Blog*, January 13, 2013. http://www.masterzen.fr/2013/01/13/the-10-commandments-of-logging/.

Fitz, Timothy. "Continuous Deployment at IMVU: Doing the Impossible Fifty Times a Day." *Timothy Fitz* (blog), February 10, 2009. http://timothyfitz.com/2009/02/10/continuous-deployment-at-imvu-doing-the-impossible-fifty-times-a-day/.

Forsgren, Nicole, Bas Alberts, Kevin Backhouse, and Grey Baker. *The 2020 State of the Octoverse*. GitHub, 2020. https://octoverse.github.com/static/github-octoverse-2020-security-report.pdf.

Forsgren, Nicole, Jez Humble, and Gene Kim. *Accelerate: State of DevOps 2018*. DORA and Google Cloud, 2018. https://lp.google-mkto.com/rs/248-TPC-286/images/DORA-State%20of%20DevOps.pdf.

Forsgren, Nicole, Jez Humble, Nigel Kersten, and Gene Kim. "2014 State Of DevOps Findings! Velocity Conference." Posted by Gene Kim to slideshare.net, June 30, 2014. Slideshow. http://www.slideshare.net/realgenekim/2014-state-of-devops-findings-velocity-conference.

Forsgren, Nicole, Dustin Smith, Jez Humble, and Jessie Frazelle. *Accelerate State of DevOps 2019*. DORA and Google Cloud, 2019. https://services.google.com/fh/files/misc/state-of-devops-2019.pdf.

Forsgren, Nicole, Margaret-Anne Storey, Chandra Maddila, Thomas Zimmermann, Brain Houck, and Jenna Butler. "The SPACE of Developer Productivity." *ACM Queue* 19, no. 1 (2021): 1–29. https://queue.acm.org/detail.cfm?id=3454124.

Fowler, Chad. "Trash Your Servers and Burn Your Code: Immutable Infrastructure and Disposable Components." *Chad Fowler* (blog), June 23, 2013. http://chadfowler.com/2013/06/23/immutable-deployments.html.

Fowler, Martin. "Continuous Integration." *Martin Fowler* (blog), May 1, 2006. http://www.martinfowler.com/articles/continuousIntegration.html.

Fowler, Martin. "Eradicating Non-Determinism in Tests." *Martin Fowler* (blog), April 14, 2011. http://martinfowler.com/articles/nonDeterminism.html.

Fowler, Martin. "StranglerFigApplication." *Martin Fowler* (blog), June 29, 2004. http://www.martinfowler.com/bliki/StranglerApplication.html.

Fowler, Martin. "TestDrivenDevelopment." *Martin Fowler* (blog), March 5, 2005. http://martinfowler.com/bliki/TestDrivenDevelopment.html.

Fowler, Martin. "TestPyramid." *Martin Fowler* (blog), May 1, 2012. http://martinfowler.com/bliki/TestPyramid.html.

Freakonomics. "Fighting Poverty With Actual Evidence: Full Transcript." Freakonomics blog, November 27, 2013. http://freakonomics.com/2013/11/27/fighting-poverty-with-actual-evidence-full-transcript/.

Furtado, Adam, and Lauren Knausenberger. "The Air Force's Digital Journey in 12 Parsecs or Less." Presentation at DevOps Enterprise Summit, London, 2020. https://videolibrary.doesvirtual.com/?video=467489046.

Gaekwad, Karthik. "Agile 2013 Talk: How DevOps Change Everything." Posted by Karthik Gaekwad to slideshare.net, August 7, 2013. Slideshow. http://www.slideshare.net/karthequian/howdevopschangeseverything agile2013karthikgaekwad/.

Galbreath, Nick. "Continuous Deployment—The New #1 Security Feature, from BSildesLA 2012." Posted by Nick Galbreath to slideshare.net, August 16, 2012. Slideshow. http://www.slide share.net/nickgsuperstar/continuous-deployment-the-new-1-security-feature.

Galbreath, Nick. "DevOpsSec: Applying DevOps Principles to Security, DevOpsDays Austin 2012." Posted by Nick Galbreath to slideshare.net, April 12, 2012. Slideshow. http://www.slideshare .net/nickgsuperstar/devopssec-apply-devops-principles-to-security.

Galbreath, Nick. "Fraud Engineering, from Merchant Risk Council Annual Meeting 2012." Posted by Nick Galbreath to slideshare.net, May 3, 2012. Slideshow. http://www.slideshare.net/nickgsuperstar/ fraud-engineering.

Gallagher, Sean. "When 'Clever' Goes Wrong: How Etsy Overcame Poor Architectural Choices." Arstechnica, October 3, 2011. http://arstechnica.com/business/2011/10/ when-clever-goes-wrong-how-etsy-overcame-poor-architectural-choices/.

Gardner, Tom. "Barnes & Noble, Blockbuster, Borders: The Killer B's Are Dying." *The Motley Fool*, July 21, 2010. http://www.fool.com/investing/general/2010/07/21/barnes-noble-blockbuster -borders-the-killer-bs-are.aspx.

Geer, Dan and Joshua Corman. "Almost Too Big to Fail." *;login: The Usenix Magazine* 39, no. 4 (August 2014): 66–68. https://www.usenix.org/system/files/login/articles/15_geer_0.pdf.

Gertner, Jon. *The Idea Factory: Bell Labs and the Great Age of American Innovation.* New York: Penguin Books, 2012.

GitHub. "Etsy's Feature Flagging API Used for Operational Rampups and A/B testing." Etsy/feature. Last updated January 4, 2017. https://github.com/etsy/feature.

GitHub."Library for Configuration Management API." Netflix/archaius. Last updated December 4, 2019. https:// github.com/Netflix/archaius.

Golden, Bernard. "What Gartner's Bimodal IT Model Means to Enterprise CIOs." CIO Magazine, January 27, 2015. http://www.cio.com/article/2875803/cio-role/what-gartner-s-bimodal-it -model-means-to-enterprise-cios.html.

Goldratt, Eliyahu M. *Beyond the Goal: Eliyahu Goldratt Speaks on the Theory of Constraints (Your Coach in a Box).* Prince Frederick, MD: Gildan Media, 2005.

Google App Engine Team. "Post-Mortem for February 24, 2010 Outage." Google App Engine website, March 4, 2010. https://groups.google.com/forum/#!topic/google-appengine/p2QKJ0OSLc8.

Govindarajan, Vijay, and Chris Trimble. *The Other Side of Innovation: Solving the Execution Challenge.* Boston, MA: Harvard Business Review, 2010, Kindle.

Gruver, Gary. "DOES14—Gary Gruver—Macy's—Transforming Traditional Enterprise Software Development Processes." Posted by DevOps Enterprise Summit 2014, October 29, 2014. YouTube video, 27:24. https:// www.youtube.com/watch?v=-HSSGiYXA7U.

Gruver, Gary, and Tommy Mouser. *Leading the Transformation: Applying Agile and DevOps Principles at Scale.* Portland, OR: IT Revolution Press, 2015.

Gupta, Prachi. "Visualizing LinkedIn's Site Performance." LinkedIn Engineering blog, June 13, 2011. https:// engineering.linkedin.com/25/visualizing-linkedins-site-performance.

Hammant, Paul. "Introducing Branch by Abstraction." *Paul Hammant's Blog*, April 26, 2007. http://paulhammant. com/blog/branch_by_abstraction.html.

Hastings, Reed. "Netflix Culture: Freedom and Responsibility." Posted by Reed Hastings to slideshare .net, August 1, 2009. Slideshow. http://www.slideshare.net/reed2001/culture-1798664.

Hendrickson, Elisabeth. "DOES15—Elisabeth Hendrickson—Its All About Feedback." Posted by DevOps Enterprise Summit, November 5, 2015. YouTube video, 34:47. https://www.youtube.com/watch?v=r2BFTXBundQ.

Hendrickson, Elisabeth. "On the Care and Feeding of Feedback Cycles." Posted by Elisabeth Hendrickson to slideshare.net, November 1, 2013. Slideshow. http://www.slideshare.net/ehendrickson/care-and-feeding-of-feedback-cycles.

Hodge, Victoria, and Jim Austin. "A Survey of Outlier Detection Methodologies." *Artificial Intelligence Review* 22, no. 2 (October 2004): 85–126. http://www.geo.upm.es/postgrado/Carlos Lopez/papers/Hodge+Austin_OutlierDetection_AIRE381.pdf.

Holmes, Dwayne. "How A Hotel Company Ran $30B of Revenue in Containers," presentation at DevOps Enterprise Summit, Las Vegas, 2020. https://videolibrary.doesvirtual .com/?video=524020857.

"How I Structured Engineering Teams at LinkedIn and AdMob for Success." First Round Review, 2015. http://firstround.com/review/how-i-structured-engineering-teams-at-linkedin-and-admob-for -success/.

Hrenko, Michael. "DOES15—Michael Hrenko—DevOps Insured By Blue Shield of California." Posted by DevOps Enterprise Summit, November 5, 2015. YouTube video, 42:24. https://www .youtube.com/watch?v=NlgrOT24UDw.

Huang, Gregory T. "Blackboard CEO Jay Bhatt on the Global Future of Edtech." *Xconomy*, June 2, 2014. http://www.xconomy.com/boston/2014/06/02/blackboard-ceo-jay-bhatt-on-the-global-future-of-edtech/.

Humble, Jez. "What is Continuous Delivery?" Continuous Delivery (website), accessed May 28, 2016, https://continuousdelivery.com/.

Humble, Jez, and David Farley. *Continuous Delivery: Reliable Software Releases through Build, Test, and Deployment Automation*. Upper Saddle River, NJ: Addison-Wesley, 2011.

Humble, Jez, Joanne Molesky, and Barry O'Reilly. *Lean Enterprise: How High Performance Organizations Innovate at Scale*. Sebastopol, CA: O'Reilly Media, 2015.

"IDC Forecasts Worldwide IT Spending to Grow 6% in 2012, Despite Economic Uncertainty." *Business Wire*, September 10, 2012. http://www.businesswire.com/news/home/20120910005280/en/IDC-Forecasts-Worldwide-Spending-Grow-6-2012.

Immelt, Jeff. "GE CEO Jeff Immelt: Let's Finally End the Debate over Whether We Are in a Tech Bubble." *Business Insider*, December 9, 2015. http://www.businessinsider.com/ceo-of-ge-lets-finally-end-the-debate-over-whether-we-are-in-a-tech-bubble-2015-12.

Intuit, Inc. "2012 Annual Report: Form 10-K." July 31, 2012. http://s1.q4cdn.com/018592547/files/doc_financials/2012/INTU_2012_7_31_10K_r230_at_09_13_12_FINAL_and_Camera_Ready.pdf.

Jacobson, Daniel, Danny Yuan, and Neeraj Joshi. "Scryer: Netflix's Predictive Auto Scaling Engine." *The Netflix Tech Blog*, November 5, 2013. http://techblog.netflix.com/2013/11/scryer-netflixs-predictive-auto-scaling.html.

Jenkins, Jon. "Velocity 2011: Jon Jenkins, 'Velocity Culture." Posted by O'Reilly, June 20, 2011. YouTube video, 15:13. https://www.youtube.com/watch?v=dxk8b9rSKOo.

"Jeremy Long: The (Application) Patching Manifesto," YouTube video, 41:17, posted by LocoMocoSec: Hawaii Product Security Conference, May 17, 2018. https://www.youtube.com/watch?v=qVVZrTRJ290.

JGFLL. Review of *The Phoenix Project: A Novel About IT, DevOps, and Helping Your Business Win*, by Gene Kim, Kevin Behr, and George Spafford. Amazon review, March 4, 2013. http://www .amazon.com/review/R1KSSPTEGLWJ23.

Johnson, Kimberly H., Tim Judge, Christopher Porter, and Ramon Richards. "How Fannie Mae Uses Agility to Support Homeowners and Renters," presentation at DevOps Enterprise Summit, Las Vegas, 2020. https:// videolibrary.doesvirtual.com/?video=467488997.

Jones, Angie. "3 Ways to Get Test Automation Done Within Your Sprints." *TechBeacon*. Accessed February 15, 2021. https://techbeacon.com/app-dev-testing/3-ways-get-test- automation-done-within-your-sprints.

Kash, Wyatt. "New Details Released on Proposed 2016 IT Spending." FedScoop, February 4, 2015. http://fed- scoop.com/what-top-agencies-would-spend-on-it-projects-in-2016.

Kastner, Erik. "Quantum of Deployment." *Code as Craft* (blog). Etsy, May 20, 2010. https:// codeascraft.com/2010/05/20/quantum-of-deployment/.

Kersten, Mik. "Project to Product: From Stories to Scenius," Tasktop blog, November 21, 2018, https://www. tasktop.com/blog/project-product-stories-scenius/.

Kersten, Mik. *Project to Product: How to Survive and Thrive in the Age of Digital Disruption with the Flow Framework*. Portland, Oregon: IT Revolution Press, 2018.

Kersten, Nigel, IT Revolution, and PwC. *2015 State of DevOps Report*. Portland, OR: Puppet Labs, 2015. https:// puppet.com/resources/white-paper/2015-state-of-devops-report?_ga=1.6612658.168869.1464412647&l ink=blog.

Kim, Gene. "The Amazing DevOps Transformation of the HP LaserJet Firmware Team (Gary Gruver)." IT Revolution blog, February 13, 2014. http://itrevolution.com/ the-amazing-devops-transformation-of-the-hp-laserjet-firmware-team-gary-gruver/.

Kim, Gene. "Organizational Learning and Competitiveness: Revisiting the 'Allspaw/Hammond 10 Deploys Per Day at Flickr' Story." IT Revolution blog, December 13, 2014. http://itrevolution .com/organizational-learning-and-competitiveness-a-different-view-of-the-allspaw hammond-10-deploys-per-day-at-flickr-story/.

Kim, Gene. "State of DevOps: 2020 and Beyond," IT Revolution blog, March 1, 2021. https://itrevolution.com/ state-of-devops-2020-and-beyond/.

Kim, Gene. "The Three Ways: The Principles Underpinning DevOps." IT Revolution blog, August 22, 2012. http://itrevolution.com/the-three-ways-principles-underpinning-devops/.

Kim, Gene, Kevin Behr, and George Spafford. *The Visible Ops Handbook: Implementing ITIL in 4 Practical and Auditable Steps*. Eugene, OR: IT Process Institute, 2004.

Kim, Gene, Gary Gruver, Randy Shoup, and Andrew Phillips. "Exploring the Uncharted Territory of Micro- services." Xebia Labs. Webinar, February 20, 2015. https://xebialabs.com/community/webinars/ exploring-the-uncharted-territory-of-microservices/.

Kissler, Courtney. "DOES14—Courtney Kissler—Nordstrom—Transforming to a Culture of Continuous Improvement." Posted by DevOps Enterprise Summit 2014, October 29, 2014. YouTube video, 29:59. https://www.youtube.com/watch?v=0ZAcsrZBSlo.

Kohavi, Ron, Thomas Crook, and Roger Longbotham. "Online Experimentation at Microsoft." Paper presented at the 15th ACM SIGKDD International Conference on Knowledge Discovery and Data Mining, Paris, France, 2009. http://www.exp-platform.com/documents/exp_ dmcasestudies.pdf.

Krishnan, Kripa. "Kripa Krishnan: 'Learning Continuously From Failures' at Google.'" Posted by Flowcon, November 11, 2014. YouTube video, 21:35. https://www.youtube.com/watch?v=KqqS3wgQum0.

Krishnan, Kripa. "Weathering the Unexpected." *Communications of the ACM* 55, no. 11 (November 2012): 48–52. http://cacm.acm.org/magazines/2012/11 /156583-weathering-the-unexpected/abstract.

Kumar, Ashish. "Development at the Speed and Scale of Google." PowerPoint presented at QCon, San Francisco, CA, 2010. https://qconsf.com/sf2010/dl/qcon-sanfran-2010/slides/Ashish Kumar_DevelopingProductsattheSpeedandScaleofGoogle.pdf.

Leibman, Maya, and Ross Clanton. "DevOps: Approaching Cruising Altitude." Presentation at DevOps Enterprise Summit, Las Vegas, 2020, https://videolibrary.doesvirtual .com/?video=550704282.

Letuchy, Eugene. "Facebook Chat." Facebook, May 3, 2008. http://www.facebook.com/note. php?note_id=14218138919&id=944554719.

Lightbody, Patrick. "Velocity 2011: Patrick Lightbody, 'From Inception to Acquisition.'" Posted by O'Reilly, June 17, 2011. YouTube video, 15:28. https://www.youtube.com/watch?v=ShmPod8JecQ.

Limoncelli, Tom. "Python Is Better than Perl6." Everything SysAdmin blog, January 10, 2011. http://every-thingsysadmin.com/2011/01/python-is-better-than-perl6.html.

Limoncelli, Tom. "SRE@Google: Thousands Of DevOps Since 2004." USENIX Association Talk, NYC. Posted by USENIX, January 12, 2012.Youtube video, 45:57. http://www.youtube.com/watch?v=iIuTnhdTzK0.

Limoncelli, Tom. "Stop Monitoring Whether or Not Your Service Is Up!" Everything SysAdmin blog, November 27, 2013. http://everythingsysadmin.com/2013/11/stop-monitoring-if-service-is-up.html.

Limoncelli, Tom. "Yes, You Can Really Work from HEAD." Everything SysAdmin blog, March 15, 2014. http://everythingsysadmin.com/2014/03/yes-you-really-can-work-from-head.html.

Lindsay, Jeff. "Consul Service Discovery with Docker." Progrium blog, August 20, 2014. http://progrium.com/blog/2014/08/20/consul-service-discovery-with-docker.

Loura, Ralph, Olivier Jacques, and Rafael Garcia. "DOES15—Ralph Loura, Olivier Jacques, & Rafael Garcia—Breaking Traditional IT Paradigms to . . ." Posted by DevOps Enterprise Summit, November 16, 2015. YouTube video, 31:07. https://www.youtube.com/watch?v= q9nNqqie_sM.

Lublinsky, Boris. "Versioning in SOA." *The Architecture Journal*, April 2007. https://msdn.microsoft .com/en-us/library/bb491124.aspx.

Lund University. "Just Culture: Balancing Safety and Accountability." Human Factors & System Safety website, November 6, 2015. http://www.humanfactors.lth.se/sidney-dekker/books/just-culture/.

Luyten, Stefan. "Single Piece Flow: Why Mass Production Isn't the Most Efficient Way of Doing 'Stuff.'" *Medium* (blog), August 8, 2014. https://medium.com/@stefanluyten/single-piece-flow-5d2c2bec845b#.9o7sn74ns.

Macri, Bethany. "Morgue: Helping Better Understand Events by Building a Post Mortem Tool—Bethany Macri." Posted by info@devopsdays.org, October 18, 2013. Vimeo video, 33:34. http://vimeo.com/77206751.

Malpass, Ian. "DevOpsDays Minneapolis 2014—Ian Malpass, Fallible Humans." Posted by DevOps Minneapolis, July 20, 2014. YouTube video, 35:48. https://www.youtube.com/watch?v=5NY-SrQFrBU.

Malpass, Ian. "Measure Anything, Measure Everything." *Code as Craft* (blog). Etsy, February 15, 2011. http://codeascraft.com/2011/02/15/measure-anything-measure-everything/.

Mangot, Dave, and Karthik Rajan. "Agile.2013.effecting.a.devops.transformation.at.salesforce." Posted by Dave Mangot to slideshare.net, August 12, 2013. Slideshow. http://www.slideshare .net/dmangot/agile2013effectingadev-opstransformationatsalesforce.

Marsh, Dianne. "Dianne Marsh: 'Introducing Change while Preserving Engineering Velocity.'" Posted by Flowcon, November 11, 2014. YouTube video, 17:37. https://www.youtube.com/watch?v=eW3ZxY67fnc.

Martin, Karen, and Mike Osterling. *Value Stream Mapping: How to Visualize Work and Align Leadership for Organizational Transformation*. New York: McGraw Hill, 2013.

Maskell, Brian. "What Does This Guy Do? Role of Value Stream Manager." *Maskell* (blog), July 3, 2015. http://blog.maskell.com/?p=2106http://www.lean.org/common/display/?o=221.

Masli, Adi., Vernon J. Richardson, Marcia Widenmier Watson, and Robert W. Zmud. "Senior Executives' IT Management Responsibilities: Serious IT-Related Deficiencies and CEO/CFO Turnover." *MIS Quarterly* 40, no. 3 (2016): 687–708. https://doi.org/10.25300/misq/2016/40.3.08.

Massachusetts Institute of Technology. "Creating High Velocity Organizations." Course Descriptions. Accessed May 30, 2016. http://executive.mit.edu/openenrollment/program/organizational-development-high-velocity-organizations.

Mathew, Reena, and Dave Mangot. "DOES14—Reena Mathew and Dave Mangot—Salesforce." Posted by ITRevolution to slideshare.net, October 29, 2014. Slideshow. http://www.slideshare.net/ITRevolution/does14-reena-matthew-and-dave-mangot-salesforce.

Mauro, Tony. "Adopting Microservices at Netflix: Lessons for Architectural Design." *NGINX* (blog), February 19, 2015. https://www.nginx.com/blog/microservices-at-netflix -architectural-best-practices/.

McDonnell, Patrick. "Continuously Deploying Culture: Scaling Culture at Etsy—Velocity Europe 2012." Posted by Patrick McDonnell to slideshare.net, October 4, 2012. Slideshow. http://www .slideshare.net/mcdonnps/continuously-deploying-culture-scaling-culture-at-etsy-14588485.

McKinley, Dan. "Why MongoDB Never Worked Out at Etsy." *Dan McKinley* (blog), December 26, 2012. http://mcfunley.com/why-mongodb-never-worked-out-at-etsy.

Mell, Peter, and Timothy Grance. The NIST Definition of Cloud Computing: Recommendations of the National Institute of Standards and Technology. Washington, DC>: National Institute of Standards and Technology, 2011.

Messeri, Eran. "What Goes Wrong When Thousands of Engineers Share the Same Continuous Build?" Presented at the GOTO Conference, Aarhus, Denmark, October 2, 2013.

Metz, Cade. "Google Is 2 Billion Lines of Code—and It's All in One Place." *Wired*, September 16, 2015. http://www.wired.com/2015/09/google-2-billion-lines-codeand-one-place/.

Metz, Cade. "How Three Guys Rebuilt the Foundation of Facebook." *Wired*, June 10, 2013. http://www.wired.com/wiredenterprise/2013/06/facebook-hhvm-saga/all/.

Mickman, Heather, and Ross Clanton. "DOES15—Heather Mickman & Ross Clanton—(Re)building an Engineering Culture: DevOps at Target." Posted by DevOps Enterprise Summit, November 5, 2015. YouTube video, 33:39. https://www.youtube.com/watch?v=7s-VbB1fG5o.

Milstein, Dan. "Post-Mortems at HubSpot: What I Learned from 250 Whys." *HubSpot* (blog), June 1, 2011. http://product.hubspot.com/blog/bid/64771/Post-Mortems-at-HubSpot-What-I-Learned-From-250-Whys.

Morgan, Timothy Prickett. "A Rare Peek Into The Massive Scale of AWS." Enterprise AI, November 14, 2014. http://www.enterprisetech.com/2014/11/14/rare-peek-massive-scale.

Morrison, Erica. "How We Turned Our Company's Worst Outage into a Powerful Learning Opportunity." Presentation at DevOps Enterprise Summit, London, 2020. https://videolibrary.does virtual.com/?video=431872263.

Moore, Geoffrey A., and Regis McKenna. *Crossing the Chasm: Marketing and Selling High-Tech Products to Mainstream Customers*. New York: HarperCollins, 2009.

Mueller, Ernest. "2012—A Release Odyssey." Posted by Ernest Mueller to slideshare.net, March 12, 2014. Slideshow. http://www.slideshare.net/mxyzplk/2012-a-release-odyssey.

Mueller, Ernest. "Business Model Driven Cloud Adoption: What NI Is Doing in the Cloud." posted by Ernest Mueller to slideshare.net, June 28, 2011. Slideshow. http://www.slideshare.net/mxyzplk/business-model-driven-cloud-adoption-what-ni-is-doing-in-the-cloud.

Mueller, Ernest. "DOES15—Ernest Mueller—DevOps Transformations at National Instruments and . . ." Posted by DevOps Enterprise Summit, November 5, 2015. YouTube video, 34:14. https://www.youtube.com/watch?v=6Ry40h1UAyE.

Mulkey, Jody. "DOES15—Jody Mulkey—DevOps in the Enterprise: A Transformation Journey." Posted by DevOps Enterprise Summit, November 5, 2015. YouTube video, 28:22. https://www.youtube.com/watch?v=USYrDaPEFtM.

Nagappan, Nachiappan, E. Michael Maximilien, Thirumalesh Bhat, and Laurie Williams. "Realizing Quality Improvement through Test Driven Development: Results and Experiences of Four Industrial Teams." *Empire Software Engineering* 13 (2008): 289–302. http://research.microsoft.com/en-us/groups/ese/nagappan_tdd.pdf.

Naraine, Ryan. "Twilio, HashiCorp Among Codecov Supply Chain Hack Victims," SecurityWeek, May 10, 2021. https://www.securityweek.com/twilio-hashicorp-among-codecov-supply-chain-hack-victims.

Nationwide. *2014 Annual Report*. 2014 https://www.nationwide.com/about-us/nationwide-annual-report-2014.jsp.

Nielsen, Jonas Klit. "8 Years with LinkedIn—Looking at the Growth." Mind Jumpers blog, May 10, 2011. http://www.mindjumpers.com/blog/2011/05/linkedin-growth-infographic/.

Netflix. Letter to Shareholders, January 19, 2016. http://files.shareholder.com/downloads/NFLX/2432188684x0x870685/C6213FF9-5498-4084-A0FF-74363CEE35A1/Q4_15_Letter_to_Shareholders_-_COMBINED.pdf.

Newland, Jesse. "ChatOps at GitHub." Posted on speakerdeck.com, February 7, 2013. Slideshow. https://speakerdeck.com/jnewland/chatops-at-github.

North, Dan. "Ops and Operability." Posted to speakerdeck.com, February 25, 2016. Slideshow. https://speakerdeck.com/tastapod/ops-and-operability.

"NUMMI." *This American Life* episode 403, March 26, 2010. Radio. http://www.thisamericanlife.org/radio-archives/episode/403/transcript.

Nygard, Michael T. *Release It!: Design and Deploy Production-Ready Software*. Raleigh, NC: Pragmatic Bookshelf, 2007, Kindle.

O'Donnell, Glenn. "DOES14—Glenn O'Donnell—Forrester—Modern Services Demand a DevOps Culture Beyond Apps." Posted by DevOps Enterprise Summit 2014, November 5, 2014. YouTube video, 12:20. https://www.youtube.com/watch?v=pvPWKuO4_48.

O'Reilly, Barry. "How to Implement Hypothesis-Driven Development." Barry O'Reilly blog, October 21, 2013. http://barryoreilly.com/explore/blog/how-to-implement-hypothesis-driven-development/.

Osterweil, Leon. "Software Processes Are Software Too." Paper presented at International Conference on Software Engineering, Monterey, CA, 1987. http://www.cs.unibo.it/cianca/www pages/ids/letture/Osterweil.pdf.

OWASP. "OWASP Cheat Sheet Series." Updated March 2, 2016. https://www.owasp.org/index.php/OWASP_Cheat_Sheet_Series.

Özil, Giray. "Ask a programmer to review 10 lines of code." Twitter, February 27, 2013. https://twitter.com/girayozil/status/306836785739210752.

Pal, Tapabrata. "DOES15—Tapabrata Pal—Banking on Innovation & DevOps." Posted by DevOps Enterprise Summit, January 4, 2016. YouTube video, 32:57. https://www.youtube.com/watch?v=bbWFCKGhxOs.

Parikh, Karan. "From a Monolith to Microservices + REST: The Evolution of LinkedIn's Architecture." Posted by Karan Parikh to slideshare.net, November 6, 2014. Slideshow. http://www.slideshare.net/parikhk/restli-and-deco.

"Paul O'Neill." Forbes, October 11, 2001. http://www.forbes.com/2001/10/16/poneill.html.

Paul, Ryan. "Exclusive: A Behind-the-Scenes Look at Facebook Release Engineering." Ars Technica, April 5, 2012. http://arstechnica.com/business/2012/04/exclusive-a-behind-the-scenes-look-at-facebook-release-engineering/1/.

PCI Security Standards Council. "Glossary." Glossary of terms (website). Accessed May 30, 2016. https://www.pcisecuritystandards.org/pci_security/glossary.

PCI Security Standards Council. Payment Card Industry (PCI) Data Security Stands: Requirements and Security Assessment Procedures, Version 3.1. PCI Security Standards Council, 2015, Section 6.3.2. https://webcache.googleusercontent.com/search?q=cache:hpRe2COzzdAJ:https://www.cisecuritystandards.org/documents/PCI_DSS_v3-1_SAQ_D_Merchant_rev1-1.docx+&cd=2&hl=en&ct=clnk&gl=us.

Pepitone, Julianne. "Amazon EC2 Outage Downs Reddit, Quora." CNN Money, April 22, 2011. http://money.cnn.com/2011/04/21/technology/amazon _server_outage/index.htm.

Perrow, Charles. Normal Accidents: Living with High-Risk Technologies. Princeton, NJ: Princeton University Press, 1999.

Plastic SCM. "Version Control History." History of version control. Accessed May 31, 2016. https://www.plasticscm.com/version-control-history.

Pomeranz, Hal. "Queue Inversion Week." Righteous IT, February 12, 2009. https://righteousit.wordpress.com/2009/02/12/queue-inversion-week/.

Poppendieck, Mary, and Tom Poppendieck. Implementing Lean Software: From Concept to Cash. Upper Saddle River, NJ: Addison-Wesley, 2007.

Potvin, Rachel, and Josh Levenber. "Why Google Stores Billions of Lines of Code in a Single Repository." Communications of the ACM 59, no.7 (July 2016): 78–87. https://cacm.acm.org/magazines/2016/7/204032-why-google-stores-billions-of-lines-of-code-in-a-single-repository/fulltext.

"Post Event Retrospective—Part 1." Rally Blogs, accessed May 31, 2016. https://www.rallydev.com/blog/engineering/post-event-retrospective-part-i.

Protalinski, Emil. "Facebook Passes 1.55B Monthly Active Users and 1.01B Daily Active Users." *Venture Beat*, November 4, 2015. http://venturebeat.com/2015/11/04/facebook-passes-1-55b-monthly-active-users-and-1-01-billion-daily-active-users/.

Prugh, Scott. "Continuous Delivery." Scaled Agile Framework. Updated February 14, 2013, http://www.scaledagileframework.com/continuous-delivery/.

Prugh, Scott. "DOES14: Scott Prugh, CSG—DevOps and Lean in Legacy Environments." Posted by DevOps Enterprise Summit to slideshare.net, November 14, 2014. Slideshow. http://www.slideshare.net/DevOps EnterpriseSummit/scott-prugh.

Prugh, Scott, and Erica Morrison. "DOES15—Scott Prugh & Erica Morrison—Conway & Taylor Meet the Strangler (v2.0)." Posted by DevOps Enterprise Summit, November 5, 2015. YouTube video, 29:39. https://www.youtube.com/watch?v=tKdIHCL0DUg.

Prugh, Scott, and Erica Morrison. "When Ops Swallows Dev," presentation at DevOps Enteprise Summit 2016. https://videolibrary.doesvirtual.com/?video=524430639.

Puppet Labs and IT Revolution Press. *2013 State of DevOps Report*. Portland, OR: Puppet Labs, 2013. http://www.exin-library.com/Player/eKnowledge/2013-state-of-devops-report.pdf.

Ratchitsky, Lenny. "7 Keys to a Successful Public Health Dashboard." *Transparent Uptime*, December 1, 2008. http://www.transparentuptime.com/2008/11/rules-for-successful-public-health.html.

Raymond, Eric S. "Conway's Law." Eric Raymond. Accessed May 31, 2016. http://catb.org/~esr/jargon/.

Rembetsy, Michael, and Patrick McDonnell. "Continuously Deploying Culture: Scaling Culture at Etsy." Posted by Patrick McDonnel.bl to slideshare.net, October 4, 2012. Slideshow. http://www.slideshare.net/mcdonnps/continuously-deploying-culture-scaling-culture-at-etsy-14588485.

Ries, Eric. *The Lean Startup: How Today's Entrepreneurs Use Continuous Innovation to Create Radically Successful Businesses*. New York: Random House, 2011. Audiobook.

Ries, Eric. "Work in Small Batches." *Startup Lessons Learned* (blog), February 20, 2009. http://www.startuplessonslearned.com/2009/02/work-in-small-batches.html.

Robbins, Jesse. "GameDay: Creating Resiliency Through Destruction—LISA11." Posted by Jesse Robbins to slideshare.net, December 7, 2011. Slideshow. http://www.slideshare.net/jesserobbins/ameday-creating-resiliency-through-destruction.

Robbins, Jesse. "Hacking Culture at VelocityConf." posted by Jesse Robbins to slideshare.net, June 28, 2012. Slideshow. http://www.slideshare.net/jesserobbins/hacking-culture-at-velocityconf.

Robbins, Jesse, Kripa Krishnan, John Allspaw, and Tom Limoncelli. "Resilience Engineering: Learning to Embrace Failure." *ACM Queue* 10, no. 9 (September 13, 2012). https://queue.acm.org/detail.cfm?id=2371297.

Roberto, Michael, Richard M. J. Bohmer, and Amy C. Edmondson. "Facing Ambiguous Threats." *Harvard Business Review*, November 2006. https://hbr.org/2006/11/facing-ambiguous-threats.

Rossi, Chuck. "Release Engineering and Push Karma: Chuck Rossi." Facebook, April 5, 2012. https://www.facebook.com/notes/facebook-engineering/release-engineering-and-push-karma-chuck-rossi/10150660826788920.

Rossi, Chuck. "Ship early and ship twice as often." Facebook, August 3, 2012. https://www.facebook.com/notes/facebook-engineering/ship-early-and-ship-twice-as-often/10150985860363920.

Rother, Mike. *Toyota Kata: Managing People for Improvement, Adaptiveness and Superior Results*. New York: McGraw Hill, 2010. Kindle.

Rubinstein, Joshua S., David E. Meyer, and Jeffrey E. Evans. "Executive Control of Cognitive Processes in Task Switching." *Journal of Experimental Psychology: Human Perception and Performance* 27, no. 4 (2001): 763–797. http://www.umich.edu/~bcalab/documents/RubinsteinMeyer Evans2001.pdf.

Senge, Peter M. *The Fifth Discipline: The Art & Practice of the Learning Organization.* New York: Doubleday, 2006.

Sharwood, Simon. "Are Your Servers PETS or CATTLE?" *The Register,* March 18 2013. http://www .theregister.com/2013/03/18/servers_pets_or_cattle _cern/.

Shingo, Shigeo. *A Study of the Toyota Production System: From an Industrial Engineering Viewpoint.* London: Productivity Press, 1989.

Shinn, Bill. "DOES15—Bill Shinn—Prove it! The Last Mile for DevOps in Regulated Organizations." Posted by Gene Kim to slideshare.net, November 20, 2015. Slideshow. http://www.slideshare.net/ITRevolution/ does15-bill-shinn-prove-it-the-last-mile-for-devops-in-regulated-organizations.

Shook, John. "Five Missing Pieces in Your Standardized Work (Part 3 of 3)." Lean Enterprise Institute, October 27, 2009. http://www.lean.org/shook/DisplayObject.cfm?o=1321.

Shoup, Randy. "Exploring the Uncharted Territory of Microservices." Posted by XebiaLabs, Inc., February 20, 2015. YouTube video, 56:50. https://www.youtube.com/watch?v=MRa21icSIQk.

Shoup, Randy. "The Virtuous Cycle of Velocity: What I Learned About Going Fast at eBay and Google by Randy Shoup." Posted by Flowcon, December 26, 2013. YouTube video, 30:05. https://www .youtube.com/watch?v =EwLBoRyXTOI.

Skinner, Chris. "Banks Have Bigger Development Shops than Microsoft." *Chris Skinner's Blog,* September 9, 2011. http://thefinanser.com/2011/09/banks-have-bigger-development -shops-than-microsoft.html/.

Smart, Jonathan, Zsolt Berend, Myles Ogilvie, and Simon Rohrer. *Sooner Safer Happier: Antipatterns and Patterns for Business Agility.* Portland, OR: IT Revolution, 2020.

Snyder, Ross. "Scaling Etsy: What Went Wrong, What Went Right." Posted by Ross Snyder to slideshare.net, October 5, 2011. Slideshow. http://www.slideshare.net/beamrider9/ scaling-etsy-what-went-wrong-what-went-right.

Snyder, Ross. "Surge 2011—Scaling Etsy: What Went Wrong, What Went Right." Posted by OmniTiSurge Conference, December 23, 2011. YouTube video, 37:17. https://www.youtube.com/watch?v=eenrfm50mXw.

Sonatype. *2015 State of the Software Supply Chain Report: Hidden Speed Bumps on the Way to "Continuous."* Fulton, MD: Sonatype, Inc., 2015. http://cdn2.hubspot.net/hubfs/1958393/White_Papers/2015_State_of_the_ Software_Supply_Chain_Report-.pdf?t=1466775053631.

Sonatype. *2019 Stae of the Software Supply Chain Report.* 2019. https://www.sonatype.com/resources/ white-paper-state-of-software-supply-chain-report-2019.

Sonatype. *2020 State of the Software Supply Chain Report.* 2020. https://www.sonatype.com/resources/ white-paper-state-of-the-software-supply-chain-2020.

Sowell, Thomas. *Basic Economics,* Fifth Edition. New York: Basic Books, 2014.

Sowell, Thomas. *Knowledge and Decisions.* New York: Basic Books, 1980.

Spear, Steven J. *The High-Velocity Edge: How Market Leaders Leverage Operational Excellence to Beat the Competition.* New York: McGraw Hill Education, 2009.

Srivastava, Shivam, Kartik Trehan, Dilip Wagle, and Jane Wang. "Developer Velocity: How Software Excellence Fuels Business Performance." *McKinsey,* April 20, 2020. https://www .mckinsey.com/industries/technology-media-and-telecommunications/our-insights/ developer-velocity-how-software-excellence-fuels-business-performance.

Staats, Bradley, and David M. Upton. "Lean Knowledge Work." *Harvard Business Review*, October 2011. https://hbr.org/2011/10/lean-knowledge-work.

Strear, Chris. "Leadership Lessons Learned from Improving Flow in Hospital Settings using Theory of Constraints." Presentation at DevOps Enterprise Summit, Europe, 2021. https://videolibrary.doesvirtual.com/?video=550704199.

Stehr, Nico, and Reiner Grundmann. *Knowledge: Critical Concepts*, vol. 3. London: Routledge, 2005.

Sterling, Bruce. "Scenius, or Communal Genius." *Wired*, June 16, 2008. https://www.wired.com/2008/06/scenius-or-comm/#:~:text=His%20actual%20definition%20is%3A%20%22Scenius,scenius%2C%20you%20act%20like%20genius.

Stillman, Jessica. "Hack Days: Not Just for Facebookers." *Inc.*, February 3, 2012. http://www.inc.com/jessica-stillman/hack-days-not-just-for-facebookers.html.

Sussman, Noahand and Laura Beth Denker. "Divide and Conquer." *Code as Craft* (blog). Etsy, April 20, 2011. https://codeascraft.com/2011/04/20/divide-and-concur/.

Sussna, Jeff. "From Design Thinking to DevOps and Back Again: Unifying Design & Operations." Posted by William Evans, June 5, 2015. Vimeo video, 21:19. https://vimeo.com/129939230.

Takeuchi, Hirotaka, and Ikujiro Nonaka. "New Product Development Game." *Harvard Business Review* (January 1986): 137-146.

Taleb, Nicholas. *Antifragile: Things That Gain from Disorder* (Incerto). New York: Random House, 2012.

Target. "All About Target." A Bullseye View. Accessed June 9, 2016. https://corporate.target.com.

Temple-Raston, Dina. "A 'Worst Nightmare' Cyberattack: The Untold Story of the SolarWinds Hack," NPR, April 16, 2021. https://www.npr.org/2021/04/16/985439655/a-worst-nightmare-cyberattack-the-untold-story-of-the-solarwinds-hack.

Thomas, John and Ashish Kumar. "Welcome to the Google Engineering Tools Blog." Google Engineering Tools blog, posted May 3, 2011. http://google-engtools.blogspot.com/2011/05/welcome-to-google-engineering-tools.html.

Townsend, Mark L. Review of *The Phoenix Project: A Novel About IT, DevOps, and Helping Your Business Win*, by Gene Kim, Kevin Behr, and George Spafford. Amazon review, March 2, 2013. http://uedata.amazon.com/gp/customer-reviews/R1097DFODM12VD/ref=cm_cr_getr_d_rvw_ttl?ie=UTF8&ASIN=B00VATFAMI.

Treynor, Ben. "Keys to SRE." Presented at Usenix SREcon14, Santa Clara, CA, May 30, 2014. https://www.usenix.org/conference/srecon14/technical-sessions/presentation/keys-sre.

Tucci, Linda. "Four Pillars of PayPal's 'Big Bang' Agile Transformation." *TechTarget*, August 2014. http://searchcio.techtarget.com/feature/Four-pillars-of-PayPals-big-bang-Agile-transformation.

Turnbull, James. *The Art of Monitoring*. Seattle, WA: Amazon Digital Services, 2016. Kindle.

Twitter Engineering. "Hack Week @ Twitter." Twitter blog, January 25, 2012. https://blog.twitter.com/2012/hack-week-twitter.

Van Den Elzen, Scott. Review of *The Phoenix Project: A Novel About IT, DevOps, and Helping Your Business Win*, by Gene Kim, Kevin Behr, and George Spafford. Amazon review, March 13, 2013. http://uedata.amazon.com/gp/customer-reviews/R2K95XEH5OL3Q5/ref=cm_cr_getr_d_rvw_ttl?ie=UTF8&ASIN=B00VATFAMI.

Van Leeuwen, Evelijn and Kris Buytaert. "DOES15—Evelijn Van Leeuwen and Kris Buytaert—Turning Around the Containership." Posted by DevOps Enterprise Summit, December 21, 2015. YouTube video, 30:28. https://www.youtube.com/watch?v=0GId4AMKvPc.

Van Kemande, Ron. "Nothing Beats Engineering Talent: The Agile Transformation at ING." Presented at the DevOps Enterprise Summit, London, UK, June 30–July 1, 2016.

Vance, Ashlee. "Inside Operation InVersion, the Code Freeze that Saved LinkedIn." *Bloomberg*, April 11, 2013. http://www.bloomberg.com/news/articles/2013-04-10/inside-operation-inversion-the-code-freeze-that-saved-linkedin.

Vance, Ashlee. "LinkedIn: A Story About Silicon Valley's Possibly Unhealthy Need for Speed." *Bloomberg*, April 30, 2013. http://www.bloomberg.com/articles/2013-04-29/linkedin-a-story-about-silicon-valleys-possibly-unhealthy-need-for-speed.

Vault. "Nordstrom, Inc." Company Profile. Accessed March 30, 2021. http://www.vault.com/company-profiles/retail/nordstrom,-inc/company-overview.aspx.

Velasquez, Nicole Forsgren, Gene Kim, Nigel Kersten, and Jez Humble. *2014 State of DevOps Report*. Portland, OR: Puppet Labs, IT Revolution Press, and ThoughtWorks, 2014. https://services.google.com/fh/files/misc/state-of-devops-2014.pdf.

Verizon Wireless. *2014 Data Breach Investigations Report*. Verizon Enterprise Solutions, 2014. https://dti.delaware.gov/pdfs/rp_Verizon-DBIR-2014_en_xg.pdf.

Verizon Wireless. *2021 Data Breach Investigations Report*. Verizon, 2021. https://enterprise.verizon.com/resources/reports/2021-data-breach-investigations-report.pdf.

"VPC Best Configuration Practices." Flux7 blog, January 23, 2014. http://blog.flux7.com/blogs/aws/vpc-best-configuration-practices.

Walsh, Mark. "Ad Firms Right Media, AdInterax Sell to Yahoo." *MediaPost*, October 18, 2006. http://www.mediapost.com/publications/article/49779/ad-firms-right-media-adinterax-sell-to-yahoo.html.

Wang, Kendrick. "Etsy's Culture Of Continuous Experimentation and A/B Testing Spurs Mobile Innovation." Apptimize blog, January 30, 2014. http://apptimize.com/blog/2014/01/etsy-continuous-innovation-ab-testing/.

"Weekly Top 10: Your DevOps Flavor." Electric Cloud, April 1, 2016. http://electric-cloud.com/blog/2016/04/weekly-top-10-devops-flavor/.

West, David. "Water scrum-fall is-reality_of_agile_for_most." Posted by harsoft to slideshare.net, April 22, 2013. Slideshow. http://www.slideshare.net/harsoft/water-scrumfall-isrealityofagileformost.

Westrum, Ron. "A Typology of Organisation Culture." *BMJ Quality & Safety* 13, no. 2 (2004): ii22–ii27. doi:10.1136/qshc.2003.009522.

Westrum, Ron. "The Study of Information Flow: A Personal Journey." *Proceedings of Safety Science* 67 (August 2014): 58–63. https://www.researchgate.net/publication/261186680_The_study_of_information_flow_A_personal_journey.

"What Happens to Companies That Get Hacked? FTC Cases." Posted by SuicidalSnowman to Giant Bomb forum, July 2012. http://www.giantbomb.com/forums/off-topic-31/what-happens-to-companies-that-get-hacked-ftc-case-540466/.

"When will Google permit languages other than Python, C++, Java and Go to be used for internal projects?" Quora forum. Accessed May 29, 2016. https://www.quora.com/When-will-Google-permit-languages-other-than-Python-C-Java-and-Go-to-be-used-for-internal-projects/answer/Neil-Kandalgaonkar.

"Which programming languages does Google use internally?" Quora forum. Accessed May 29, 2016. https://www.quora.com/Which-programming-languages-does-Google-use-internally.

Wickett, James. "Attacking Pipelines—Security Meets Continuous Delivery." Posted by James Wickett to slideshare.net, June 11, 2014. Slideshow. http://www.slideshare.net/wickett/attacking-pipelinessecurity-meets-continuous-delivery.

Wiggins, Adams. "The Twelve-Factor App." 12Factor, January 30, 2012. http://12factor.net/.

Wikipedia. "Direct Marketing." Wikipedia. Updated May 28, 2016. https://en.wikipedia.org/wiki/Direct_marketing.

Wikipedia. "Imposter Syndrome." *Wikipedia*. Updated November 17, 2020. https://en.wikipedia.org/wiki/Impostor_syndrome#:~:text=Impostor%20syndrome%20(also%20known%20as,exposed%20as%20a%20%22fraud%22.

Wikipedia. "Kaizen." *Wikipedia*. Updated May 12, 2016. https://en.wikipedia.org/wiki/Kaizen.

Wikipedia. "Kolmogorov–Smirnov Test." Wikipedia. Updated May 19, 2016. http://en.wikipedia.org/wiki/Kolmogorov–Smirnov_test.

Wikipedia. "Telemetry." *Wikipedia*. Updated May 5, 2016. https://en.wikipedia.org/wiki/Telemetry.

Willis, John. "Docker and the Three Ways of DevOps Part 1: The First Way—Systems Thinking." Docker blog, May 26, 2015. https://blog.docker.com/2015/05/docker-three-ways-devops/.

Winslow, Michael, Tamara Ledbetter, Adam Zimman, John Esser, Tim Judge, Carmen DeArdo. *Change in a Successful Organization: Avoid Complacency by Making a Case for Continuous Improvemen*. Portland, OR: IT Revolution, 2020. https://myresources.itrevolution.com/id006657108/Change-in-a-Successful-Organization.

Wiseman, Ben. 2021 Work *Trend Index: Annual Report: The Next Great Disruption Is Hybrid Work—Are We Ready?* Microsoft, March 22, 2021. https://ms-worklab.azureedge.net/files/reports/hybridWork/pdf/2021_Microsoft_WTI_Report_March.pdf

Womack, Jim. *Gemba Walks*. Cambridge, MA: Lean Enterprise Institute, 2011). Kindle.

Wong, Bruce, and Christos Kalantzis. "A State of Xen—Chaos Monkey & Cassandra." *The Netflix Tech Blog*, October 2, 2014. http://techblog.netflix.com/2014/10/a-state-of-xen-chaos-monkey-cassandra.html.

Wong, Eric. "Eric the Intern: The Origin of InGraphs." LinkedIn Engineering blog, June 30, 2011. http://engineering.linkedin.com/32/eric-intern-origin-ingraphs.

Womack, James P., and Daniel T. Jones. *Lean Thinking: Banish Waste and Create Wealth in Your Corporation*. New York: Free Press, 2010.

Zhao, Haiping. "HipHop for PHP: Move Fast." Facebook, February 2, 2010. https://www.facebook.com/notes/facebook-engineering/hiphop-for-php-move-fast/280583813919.

Zia, Mossadeq, Gabriel Ramírez, and Noah Kunin. "Compliance Masonry: Building a Risk Management Platform, Brick by Brick." 18F blog, April 15, 2016. https://18f.gsa.gov/2016/04/15/compliance-masonry-buildling-a-risk-management-platform/.

註釋

來自出版社的話

1. Kim, "State of DevOps: 2020 and Beyond."

前言

1. Branden Williams, personal corresponence with the authors, 2015.
2. Christopher Little, personal correspondence with Gene Kim, 2010.

導論

1. Goldratt, *Beyond the Goal*.
2. Immelt, "Let's Finally End the Debate."
3. "Weekly Top 10: Your DevOps Flavor," *Electric Cloud*.
4. Goldratt, *Beyond the Goal*.
5. Spear, *The High-Velocity Edge*, Chapter 3.
6. Christopher Little, personal correspondence with Gene Kim, 2010.
7. Skinner, "Banks Have Bigger Development Shops than Microsoft."
8. Stehr and Grundmann, *Knowledge*, 139.
9. Masli et al., "Senior Executive's IT Management Responsibilities."
10. "IDC Forecasts Worldwide IT Spending to Grow 6%," Business Wire.
11. Kersten, IT Revolution, and PwC, *2015 State of DevOps Report*.
12. Azzarello, Debruyne, and Mottura, "The Chemistry of Enthusiasm."
13. Brooks, *The Mythical Man-Month*.
14. Kim et al., "Exploring the Uncharted Territory of Microservices."
15. Kersten, IT Revolution, and PwC, *2015 State of DevOps Report*.
16. Jenkins, "Velocity Culture"; Exner, "Transforming Software Development."
17. Goldratt, *Beyond the Goal*.
18. JGFLL, review of *The Phoenix Project*; Townsend, review of *The Phoenix Project*; Van Den Elzen, review of *The Phoenix Project*.

Part I　三步工作法

1. Beck, et al., "Twelve Principles of Agile Software."
2. Rother, *Toyota Kata*, Part III.

Chapter 1

1. Martin and Osterling, *Value Stream Mapping*, Chapter 1.
2. Martin and Osterling, *Value Stream Mapping*, Chapter 3.
3. Martin and Osterling, *Value Stream Mapping*, Chapter 3.
4. Kersten, *Project to Product*.
5. Forsgren, Humble, and Kim, *Accelerate 2018*.
6. Leibman and Clanton, "DevOps: Approaching Cruising Altitude."
7. Leibman and Clanton, "DevOps: Approaching Cruising Altitude."
8. Leibman and Clanton, "DevOps: Approaching Cruising Altitude."
9. Leibman and Clanton, "DevOps: Approaching Cruising Altitude."
10. Leibman and Clanton, "DevOps: Approaching Cruising Altitude."
11. Leibman and Clanton, "DevOps: Approaching Cruising Altitude."
12. Leibman and Clanton, "DevOps: Approaching Cruising Altitude."
13. Leibman and Clanton, "DevOps: Approaching Cruising Altitude."
14. Leibman and Clanton, "DevOps: Approaching Cruising Altitude."

Chapter 2

1. Rubinstein, Meyer, and Evans, "Executive Control of Cognitive Processes in Task Switching."
2. DeGrandis, "DOES15—Dominica DeGrandis—The Shape of Uncertainty."
3. Bahri, "Few Patients-In-Process and Less Safety Scheduling."
4. Meeting between David J. Andersen and team at Motorola with Daniel S. Vacanti, February 24, 2004; story retold at USC CSSE Research Review with Barry Boehm in March 2004.
5. Womack and Jones, *Lean Thinking*. Chapter 1.
6. Ries, "Work in Small Batches."
7. Goldratt, *Beyond the Goal*.
8. Goldratt, *The Goal*, "Five Focusing Steps."
9. Shingo, *A Study of the Toyota Production System*.
10. Poppendieck and Poppendieck, *Implementing Lean Software*, 74.
11. Poppendieck and Poppendieck, *Implementing Lean Software*, Chapter 4.
12. Edwards, "DevOps Kaizen."
13. Strear, "Leadership Lessons Learned From Improving Flow."
14. Strear, "Leadership Lessons Learned From Improving Flow."
15. Strear, "Leadership Lessons Learned From Improving Flow."

Chapter 3

1. Perrow, *Normal Accidents*.

2. Dekker, *The Field Guide to Understanding Human Error*.
3. Spear, *The High-Velocity Edge*, Chapter 8.
4. Spear, *The High-Velocity Edge*, Chapter 8.
5. Senge, *The Fifth Discipline*, Chapter 5.
6. "NUMMI," This American Life.
7. Hendrickson, "DOES15—Elisabeth Hendrickson—Its All About Feedback."
8. Hendrickson, "DOES15—Elisabeth Hendrickson—Its All About Feedback."
9. Spear, *The High-Velocity Edge*, Chapter 1.
10. Spear, *The High-Velocity Edge*, Chapter 4.
11. Ayers and Cohen, "Andon Cords in Development Teams."
12. Ayers and Cohen, "Andon Cords in Development Teams."
13. Ayers and Cohen, "Andon Cords in Development Teams."
14. Jeff Gallimore, personal correspondence with the authors, 2021.
15. Sowell, *Knowledge and Decisions*, 222.
16. Sowell, *Basic Economics*.
17. Gary Gruver, personal correspondence with Gene Kim, 2014.

Chapter 4

1. Adler, "Time-and-Motion Regained."
2. Dekker, *The Field Guide to Understanding Human Error*, Chapter 1.
3. Dekker, "Just Culture: Balancing Safety and Accountability."
4. Westrum, "The Study of Information Flow."
5. Westrum, "A Typology of Organisation Culture."
6. Velasquez et al., *2014 State of DevOps Report*.
7. Macri, "Morgue."
8. Spear, *The High-Velocity Edge*, Chapter 1.
9. Senge, *The Fifth Discipline*, Chapter 1.
10. Rother, *Toyota Kata*, 12.
11. Mike Orzen, personal correspondence with Gene Kim, 2012.
12. "Paul O'Neill," *Forbes*.
13. Spear, *The High-Velocity Edge*, Chapter 4.
14. Spear, *The High-Velocity Edge*, Chapter 4.
15. Spear, *The High-Velocity Edge*, Chapter 4.
16. Spear, *The High-Velocity Edge*, Chapter 4.
17. Taleb, *Antifragile*.
18. Womack, *Gemba Walks*, Kindle location 4113.
19. Rother, *Toyota Kata*, Part IV.
20. Rother, *Toyota Kata*, Conclusion.
21. Winslow et al., Change in a Successful Organization.
22. Gertner, *The Idea Factory*.
23. Kersten, *Project to Product*; Kersten, "Project to Product: From Stories to Scenius."
24. Brian Eno, as quoted in Sterling, "Scenius, or Communal Genius."
25. Gertner, *The Idea Factory*.
26. Gertner, *The Idea Factory*.

Part II　何處開始

Chapter 5

1. Rembetsy and McDonnell, "Continuously Deploying Culture."
2. "Nordstrom, Inc.," Vault (website).
3. Kissler, "DOES14—Courtney Kissler—Nordstrom."
4. Gardner, "Barnes & Noble, Blockbuster, Borders."
5. Kissler, "DOES14—Courtney Kissler—Nordstrom."
6. Kissler, "DOES14—Courtney Kissler—Nordstrom" [Alterations to quote made by Courtney Kissler via personal correspondence with Gene Kim, 2016.]
7. Kissler, "DOES14—Courtney Kissler—Nordstrom" [Alterations to quote made by Courtney Kissler via personal correspondence with Gene Kim, 2016.]
8. Kissler, "DOES14—Courtney Kissler—Nordstrom" [Alterations to quote made by Courtney Kissler via personal correspondence with Gene Kim, 2016.]
9. Kissler, "DOES14—Courtney Kissler—Nordstrom" [Alterations to quote made by Courtney Kissler via personal correspondence with Gene Kim, 2016.]
10. Kissler, "DOES14—Courtney Kissler—Nordstrom" [Alterations to quote made by Courtney Kissler via personal correspondence with Gene Kim, 2016.]
11. Mueller, "Business Model Driven Cloud Adoption."
12. Unpublished calculation by Gene Kim after the 2014 DevOps Enterprise Summit.
13. Kersten, IT Revolution, and PwC, *2015 State of DevOps Report*.
14. Prugh, "DOES14: Scott Prugh, CSG."
15. Rembetsy and McDonnell, "Continuously Deploying Culture."
16. Golden, "What Gartner's Bimodal IT Model Means to Enterprise CIOs."
17. Furtado and Knausenberger, "The Air Force's Digital Journey in 12 Parsecs or Less."
18. Furtado and Knausenberger, "The Air Force's Digital Journey in 12 Parsecs or Less."
19. Furtado and Knausenberger, "The Air Force's Digital Journey in 12 Parsecs or Less."
20. Furtado and Knausenberger, "The Air Force's Digital Journey in 12 Parsecs or Less."
21. Furtado and Knausenberger, "The Air Force's Digital Journey in 12 Parsecs or Less."
22. Furtado and Knausenberger, "The Air Force's Digital Journey in 12 Parsecs or Less."
23. Furtado and Knausenberger, "The Air Force's Digital Journey in 12 Parsecs or Less."
24. Golden, "What Gartner's Bimodal IT Model Means to Enterprise CIOs."
25. Golden, "What Gartner's Bimodal IT Model Means to Enterprise CIOs."
26. Kersten, IT Revolution, and PwC, *2015 State of DevOps Report*.
27. Scott Prugh, personal correspondence with Gene Kim, 2014.
28. Moore and McKenna, *Crossing the Chasm*, 11.
29. Tucci, "Four Pillars of PayPal's 'Big Bang' Agile Transformation."
30. Fernandez and Spear, "Creating High Velocity Organizations."
31. Van Kemande, "Nothing Beats Engineering Talent."
32. Leibman and Clanton, "DevOps: Approaching Cruising Altitude."
33. Leibman and Clanton, "DevOps: Approaching Cruising Altitude."
34. Leibman and Clanton, "DevOps: Approaching Cruising Altitude."
35. Leibman and Clanton, "DevOps: Approaching Cruising Altitude."
36. Leibman and Clanton, "DevOps: Approaching Cruising Altitude."

37. Leibman and Clanton, "DevOps: Approaching Cruising Altitude."
38. Leibman and Clanton, "DevOps: Approaching Cruising Altitude."
39. Conrad and Hyatt, "Saving the Economy from Ruin (with a Hyperscale PaaS)."
40. Conrad and Hyatt, "Saving the Economy from Ruin (with a Hyperscale PaaS)."
41. Conrad and Hyatt, "Saving the Economy from Ruin (with a Hyperscale PaaS)."
42. Conrad and Hyatt, "Saving the Economy from Ruin (with a Hyperscale PaaS)."
43. Conrad and Hyatt, "Saving the Economy from Ruin (with a Hyperscale PaaS)."
44. Conrad and Hyatt, "Saving the Economy from Ruin (with a Hyperscale PaaS)."
45. Conrad and Hyatt, "Saving the Economy from Ruin (with a Hyperscale PaaS)."
46. Conrad and Hyatt, "Saving the Economy from Ruin (with a Hyperscale PaaS)."
47. Conrad and Hyatt, "Saving the Economy from Ruin (with a Hyperscale PaaS)."
48. Conrad and Hyatt, "Saving the Economy from Ruin (with a Hyperscale PaaS)."
49. Buchanan, "The Wisdom of Peter Drucker from A to Z."

Chapter 6

1. Kissler, "DOES14—Courtney Kissler—Nordstrom."
2. Clanton and Ducy, interview of Courtney Kissler and Jason Josephy, "Continuous Improvement at Nordstrom."
3. Clanton and Ducy, interview of Courtney Kissler and Jason Josephy, "Continuous Improvement at Nordstrom."
4. Clanton and Ducy, interview of Courtney Kissler and Jason Josephy, "Continuous Improvement at Nordstrom."
5. Maskell, "What Does This Guy Do? Role of Value Stream Manager."
6. Edwards, "DevOps Kaizen."
7. Govindarajan and Trimble, *The Other Side of Innovation*.
8. Govindarajan and Trimble, *The Other Side of Innovation*, Part I.
9. Cagan, *Inspired*, 12
10. Cagan, *Inspired*, 12.
11. Vance, "LinkedIn."
12. Clemm, "LinkedIn Started Back in 2003."
13. Nielsen, "8 Years with LinkedIn."
14. Clemm, "LinkedIn Started Back in 2003."
15. Parikh, "From a Monolith to Microservices + REST."
16. Clemm, "LinkedIn Started back in 2003."
17. Vance, "LinkedIn."
18. "How I Structured Engineering Teams at LinkedIn and AdMob for Success," *First Round Review*.
19. Vance, "Inside Operation InVersion."
20. Vance, "LinkedIn."
21. Clemm, "LinkedIn Started Back in 2003."
22. "How I Structured Engineering Teams," First Round Review.
23. Christopher Little, personal correspondence with Gene Kim, 2011.
24. Ryan Martens, personal correspondence with Gene Kim, 2013.

Chapter 7

1. Conway, "How Do Committees Invent?"
2. Conway, "How Do Committees Invent?"
3. Raymond, "Conway's Law."
4. Buhr, "Etsy Closes Up 86 Percent on First Day of Trading."
5. Snyder, "Scaling Etsy."
6. Snyder, "Scaling Etsy."
7. Gallagher, "When 'Clever' Goes Wrong."
8. Snyder, "Scaling Etsy."
9. Snyder, "Scaling Etsy."
10. Forsgren et al., *Accelerate State of DevOps 2019*.
11. Snyder, "Scaling Etsy."
12. Snyder, "Surge 2011."
13. Snyder, "Surge 2011."
14. Snyder, "Surge 2011."
15. McDonnell, "Continuously Deploying Culture."
16. Fernandez and Spear, "Creating High Velocity Organizations."
17. Adrian Cockcroft, personal correspondence with Gene Kim, 2014.
18. "A Conversation with Werner Vogels."
19. Forsgren, Humble, and Kim, *Accelerate State of DevOps 2018*; Forsgren et al., *Accelerate State of DevOps 2019.*.
20. Spear, *The High-Velocity Edge*, Chapter 8.
21. Rother, *Toyota Kata*, 250.
22. Mulkey, "DOES15—Jody Mulkey."
23. Mulkey, "DOES15—Jody Mulkey."
24. Canahuati, "Growing from the Few to the Many."
25. Spear, *The High-Velocity Edge*, Chapter 1.
26. Prugh, *"Continuous Delivery."*
27. Prugh, *"Continuous Delivery."*
28. Prugh, *"Continuous Delivery."*
29. Dweck, "Carol Dweck Revisits the 'Growth Mindset.'"
30. Cox, "Disney DevOps."
31. John Lauderbach, personal conversation with Gene Kim, 2001.
32. Mauro, "Adopting Microservices at Netflix"; Wiggins, "The Twelve-Factor App."
33. Shoup, "Exploring the Uncharted Territory of Microservices."
34. Humble, O'Reilly, and Molesky, *Lean Enterprise*, Part III.
35. Hastings, "Netflix Culture."
36. Dignan, "Little Things Add Up."
37. Mickman and Clanton, "DOES15—Heather Mickman & Ross Clanton."
38. Mickman and Clanton, "DOES15—Heather Mickman & Ross Clanton."
39. Mickman and Clanton, "DOES15—Heather Mickman & Ross Clanton."
40. Mickman and Clanton, "DOES15—Heather Mickman & Ross Clanton."
41. Mickman and Clanton, "DOES15—Heather Mickman & Ross Clanton."
42. Mickman and Clanton, "DOES15—Heather Mickman & Ross Clanton."
43. Mickman and Clanton, "DOES15—Heather Mickman & Ross Clanton."
44. Mickman and Clanton, "DOES15—Heather Mickman & Ross Clanton."

Chapter 8

1. "Big Fish Celebrates 11th Consecutive Year of Record Growth," Big Fish Games (website).
2. Paul Farrall, personal correspondence with Gene Kim, January 2015.
3. Paul Farrall, personal correspondence with Gene Kim, 2014.
4. Paul Farrall, personal correspondence with Gene Kim, 2014.
5. Ernest Mueller, personal correspondence with Gene Kim, 2014.
6. Edwards, "DevOps Kaizen."
7. Marsh, "Dianne Marsh 'Introducing Change while Preserving Engineering Velocity.'"
8. Cox, "Disney DevOps."
9. Daniels, "Devopsdays Minneapolis 2015—Katherine Daniels—DevOps: The Missing Pieces."
10. Ernest Mueller, personal correspondence with Gene Kim, 2015.
11. Takeuchi and Nonaka, "New Product Development Game."
12. Chapman and Eltridge. "On A Mission: Nationwide Building Society."
13. Chapman and Eltridge. "On A Mission: Nationwide Building Society."
14. Chapman and Eltridge. "On A Mission: Nationwide Building Society."
15. Chapman and Eltridge. "On A Mission: Nationwide Building Society."
16. Chapman and Eltridge. "On A Mission: Nationwide Building Society."
17. Chapman and Eltridge. "On A Mission: Nationwide Building Society."
18. Chapman and Eltridge. "On A Mission: Nationwide Building Society."

Part III　第一步工作法：暢流的技術實踐

Chapter 9

1. Campbell-Pretty, "DOES14—Em Campbell-Pretty—How a Business Exec Led Agile, Lead, CI/CD."
2. Campbell-Pretty, "DOES14—Em Campbell-Pretty—How a Business Exec Led Agile, Lead, CI/CD."
3. Campbell-Pretty, "DOES14—Em Campbell-Pretty—How a Business Exec Led Agile, Lead, CI/CD."
4. Campbell-Pretty, "DOES14—Em Campbell-Pretty—How a Business Exec Led Agile, Lead, CI/CD."
5. Campbell-Pretty, "DOES14—Em Campbell-Pretty—How a Business Exec Led Agile, Lead, CI/CD."
6. Campbell-Pretty, "DOES14—Em Campbell-Pretty—How a Business Exec Led Agile, Lead, CI/CD."
7. Campbell-Pretty, "DOES14—Em Campbell-Pretty—How a Business Exec Led Agile, Lead, CI/CD."
8. "Version Control History," Plastic SCM (website).
9. Davis and Daniels, *Effective DevOps*, 37.
10. Velasquez et al., *2014 State of DevOps Report*.
11. Sharwood, "Are Your Servers PETS or CATTLE?"
12. Chan, "OWASP AppSecUSA 2012."
13. Fowler, "Trash Your Servers and Burn Your Code."
14. Willis, "Docker and the Three Ways of DevOps Part 1."
15. Forsgren et al., *2020 State of the Octoverse*.
16. Holmes, " How A Hotel Company Ran $30B of Revenue in Containers."
17. Holmes, " How A Hotel Company Ran $30B of Revenue in Containers."
18. Holmes, " How A Hotel Company Ran $30B of Revenue in Containers."
19. Holmes, " How A Hotel Company Ran $30B of Revenue in Containers."

20. Holmes, " How A Hotel Company Ran $30B of Revenue in Containers."
21. Holmes, " How A Hotel Company Ran $30B of Revenue in Containers."
22. Holmes, " How A Hotel Company Ran $30B of Revenue in Containers."

Chapter 10

1. Gary Gruver, personal correspondence with Gene Kim, 2014.
2. Bland, "DOES15—Mike Bland—Pain Is Over, If You Want It."
3. Bland, "DOES15—Mike Bland—Pain Is Over, If You Want It."
4. "Imposter Syndrome," *Wikipedia*."
5. Bland, "DOES15—Mike Bland—Pain Is Over, If You Want It."
6. Bland, "DOES15—Mike Bland—Pain Is Over, If You Want It."
7. Bland, "DOES15—Mike Bland—Pain Is Over, If You Want It."
8. Potvin and Levenber, "Why Google Stores Billions of Lines of Codes in a Single Repository."
9. Messeri, "What Goes Wrong When Thousands of Engineers Share the Same Continuous Build?"
10. Messeri, "What Goes Wrong When Thousands of Engineers Share the Same Continuous Build?"
11. Potvin and Levenber, "Why Google Stores Billions of Lines of Codes in a Single Repository."
12. Potvin and Levenber, "Why Google Stores Billions of Lines of Codes in a Single Repository"; Messeri, "What Goes Wrong When Thousands of Engineers Share the Same Continuous Build?"
13. Jez Humble and David Farley, personal correspondence with Gene Kim, 2012.
14. Humble and Farley, *Continuous Delivery*, 3.
15. Humble and Farley, *Continuous Delivery*, 188.
16. Humble and Farley, *Continuous Delivery*, 258.
17. Fowler, "Continuous Integration."
18. Fowler, "Test Pyramid."
19. Fowler, "Test Driven Development."
20. Nagappan et al.,"Realizing Quality Improvement through Test Driven Development."
21. Hendrickson, "On the Care and Feeding of Feedback Cycles."
22. "Decreasing False Positives in Automated Testing."; Fowler, "Eradicating Non-determinism in Tests."
23. Gruver, "DOES14—Gary Gruver—Macy's—Transforming Traditional Enterprise Software Development Processes."
24. Jones, "3 Ways to Get Test Automation Done Within Your Sprints."
25. Shoup, "The Virtuous Cycle of Velocity."
26. West, "Water scrum-fall is-reality_of_agile_for_most."
27. Forsgren et al., *Accelerate: State of DevOps 2019.*
28. Forsgren, Humble, and Kim, *Accelerate: State of DevOps 2018.*

Chapter 11

1. Kim, "The Amazing DevOps Transformation of the HP LaserJet Firmware Team."
2. Kim, "The Amazing DevOps Transformation of the HP LaserJet Firmware Team."
3. Kim, "The Amazing DevOps Transformation of the HP LaserJet Firmware Team."
4. Kim, "The Amazing DevOps Transformation of the HP LaserJet Firmware Team."
5. Kim, "The Amazing DevOps Transformation of the HP LaserJet Firmware Team."
6. Gruver and Mouser, *Leading the Transformation*, 60.
7. Gary Gruver, personal communication with the authors, 2016.

8. Kim, "The Amazing DevOps Transformation of the HP LaserJet Firmware Team."

9. Kim, "The Amazing DevOps Transformation of the HP LaserJet Firmware Team."

10. Kim, "The Amazing DevOps Transformation of the HP LaserJet Firmware Team."

11. Kim, "The Amazing DevOps Transformation of the HP LaserJet Firmware Team."

12. Atwood, "Software Branching and Parallel Universes."

13. Cunningham, "Ward Explains Debt Metaphor."

14. Mueller, "2012: A Release Odyssey."

15. "Bazaarvoice, Inc. Announces Its Financial Results," Bazaar Voice (website).

16. Mueller, "DOES15—Ernest Mueller—DevOps Transformations At National Instruments."

17. Mueller, "DOES15—Ernest Mueller—DevOps Transformations At National Instruments."

18. Mueller, "DOES15—Ernest Mueller—DevOps Transformations At National Instruments."

19. Mueller, "DOES15—Ernest Mueller—DevOps Transformations At National Instruments."

20. Mueller, "DOES15—Ernest Mueller—DevOps Transformations At National Instruments"

21. Kersten, IT Revolution, and PwC, *2015 State of DevOps Report.*

22. Brown, et al., *State of DevOps Report*; Forsgren et al., *State of DevOps Report 2017.*

Chapter 12

1. Rossi, "Release Engineering and Push Karma."

2. Paul, "Exclusive: A Behind-the-Scenes Look at Facebook Release Engineering."

3. Rossi, "Release Engineering and Push Karma."

4. Paul, "Exclusive: a Behind-the-Scenes Look at Facebook Release Engineering."

5. Rossi, "Ship early and ship twice as often."

6. Beck, "Slow Deployment Causes Meetings."

7. Prugh, "DOES14: Scott Prugh, CSG—DevOps and Lean in Legacy Environments."

8. Prugh, "DOES14: Scott Prugh, CSG—DevOps and Lean in Legacy Environments."

9. Prugh, "DOES14: Scott Prugh, CSG—DevOps and Lean in Legacy Environments."

10. Prugh, "DOES14: Scott Prugh, CSG—DevOps and Lean in Legacy Environments."

11. Prugh, "DOES14: Scott Prugh, CSG—DevOps and Lean in Legacy Environments."

12. Prugh, "DOES14: Scott Prugh, CSG—DevOps and Lean in Legacy Environments."

13. Puppet Labs and IT Revolution Press, *2013 State of DevOps Report.*

14. Prugh and Morrison, "DOES15—Scott Prugh & Erica Morrison—Conway & Taylor Meet the Strangler (v2.0)."

15. Prugh and Morrison, "DOES15—Scott Prugh & Erica Morrison—Conway & Taylor Meet the Strangler (v2.0)."

16. Prugh and Morrison, "DOES15—Scott Prugh & Erica Morrison—Conway & Taylor Meet the Strangler (v2.0)."

17. Tim Tischler, personal conversation with Gene Kim, FlowCon 2013.

18. Puppet Labs and IT Revolution Press, *2013 State of DevOps Report.*

19. Forsgren et al. *Accelerate: State of DevOps 2019.*

20. Dickerson, "Optimizing for Developer Happiness."

21. Sussman and Denker, "Divide and Conquer."

22. Sussman and Denker, "Divide and Conquer."

23. Sussman and Denker, "Divide and Conquer."

24. Sussman and Denker, "Divide and Conquer."

25. Sussman and Denker, "Divide and Conquer."

26. Kastner, "Quantum of Deployment."

27. Fitz, "Continuous Deployment at IMVU."
28. Fitz, "Continuous Deployment at IMVU"; Hrenko, "DOES15—Michael Hrenko—DevOps Insured By Blue of California."
29. Humble and Farley, *Continuous Delivery*, 265.
30. Ries, *The Lean Startup*.
31. Bosworth, "Building and testing at Facebook"; "Etsy's Feature Flagging," GitHub (website).
32. Allspaw, "Convincing Management."
33. Rossi, "Release Engineering and Push Karma."
34. Protalinski, "Facebook Passes 1.55B Monthly Active Asers."
35. Protalinski, "Facebook Passes 1.55B Monthly Active Users."
36. Letuchy, "Facebook Chat."
37. Letuchy, "Facebook Chat."
38. Letuchy, "Facebook Chat."
39. Jez Humble, personal correspondence with Gene Kim, 2014.
40. Jez Humble, personal correspondence with Gene Kim, 2014.
41. Jez Humble, personal correspondence with Gene Kim, 2014.
42. Forsgren, Humble, and Kim, *Accelerate State of DevOps 2018*; Forsgren et al., *Accelerate State of DevOps 2019*.
43. Prugh and Morrison, "When Ops Swallows Dev."
44. Prugh and Morrison, "When Ops Swallows Dev."
45. Prugh and Morrison, "When Ops Swallows Dev."
46. Prugh and Morrison, "When Ops Swallows Dev."
47. Prugh and Morrison, "When Ops Swallows Dev."
48. Prugh and Morrison, "When Ops Swallows Dev."

Chapter 13

1. Humble, "What is *Continuous Delivery*?"
2. Kim et al., "Exploring the Uncharted Territory of Microservices."
3. Kim et al., "Exploring the Uncharted Territory of Microservices."
4. Kim et al., "Exploring the Uncharted Territory of Microservices."
5. Shoup, "From Monolith to Microservices."
6. Betz, *Architecture and Patterns for IT Service Management*, 300.
7. Shoup, "From Monolith to Micro-services."
8. Shoup, "From Monolith to Micro-services."
9. Shoup, "From Monolith to Micro-services."
10. Vogels, "A Conversation with Werner Vogels."
11. Vogels, "A Conversation with Werner Vogels."
12. Vogels, "A Conversation with Werner Vogels."
13. Vogels, "A Conversation with Werner Vogels."
14. Jenkins, "Velocity Culture."
15. Exner, "Transforming Software Development."
16. Fowler, "Strangler Fig Application."
17. Lublinsky, "Versioning in SOA."
18. Hammant, "Introducing Branch by Abstraction."
19. Fowler, "Strangler Fig Application."
20. Huang, "Blackboard CEO Jay Bhatt on the Global Future of Edtech."
21. Ashman, "DOES14—David Ashman—Blackboard Learn—Keep Your Head in the Clouds."

22. Ashman, "DOES14—David Ashman—Blackboard Learn—Keep Your Head in the Clouds."
23. Ashman, "DOES14—David Ashman—Blackboard Learn—Keep Your Head in the Clouds."
24. Ashman, "DOES14—David Ashman—Blackboard Learn—Keep Your Head in the Clouds."
25. Ashman, "DOES14—David Ashman—Blackboard Learn—Keep Your Head in the Clouds."
26. Forsgren et al., *State of DevOps Report 2017*.
27. Forsgren, Humble, and Kim, *Accelerate: State of DevOps 2018*; Forsgren et al., *Accelerate State of DevOps 2019*.

Part IV 第二步工作法：回饋的技術實踐

Chapter 14

1. Kim, Behr, and Spafford, *The Visible Ops Handbook*, Introduction.
2. Kim, Behr, and Spafford, *The Visible Ops Handbook*, Introduction.
3. Kim, Behr, and Spafford, *The Visible Ops Handbook*, Introduction.
4. "Telemetry," *Wikipedia*.
5. Rembetsy and McDonnell, "Continuously Deploying Culture."
6. Rembetsy and McDonnell, "Continuously Deploying Culture."
7. John Allspaw, personal conversation with Gene Kim, 2014.
8. Malpass, "Measure Anything, Measure Everything."
9. Kersten, IT Revolution, and PwC, *2015 State of DevOps Report*.
10. Forsgren et al., *Accelerate: State of DevOps 2019*.
11. Turnbull, *The Art of Monitoring*, Introduction.
12. Cockcroft, "Monitorama."
13. Prugh, "DOES14: Scott Prugh, CSG—DevOps and Lean in Legacy Environments."
14. Figureau, "The 10 Commandments of Logging."
15. Dan North, personal correspondence with Gene Kim, 2016.
16. Chuvakin, "LogLogic/Chuvakin Log Checklist."
17. Kim, Behr, and Spafford, *The Visible Ops Handbook*, Introduction.
18. North, "Ops and Operability."
19. John Allspaw, personal correspondence with Gene Kim, 2011.
20. Agile Alliance, "Information Radiators."
21. Ernest Mueller, personal correspondence with Gene Kim, 2014.
22. Gupta, "Visualizing LinkedIn's Site Performance."
23. Wong, "Eric the Intern."
24. Wong, "Eric the Intern."
25. Wong, "Eric the Intern."
26. Ed Blankenship, personal correspondence with Gene Kim, 2016.
27. Burrows, "The Chubby Lock Service for Loosely-Coupled Distributed Systems."
28. Lindsay, "Consul Service Discovery with Docker."
29.. Mulkey, "DOES15—Jody Mulkey—DevOps in the Enterprise: A Transformation Journey."
30. Forsgren et al., *Accelerate: State of DevOps 2019*.

Chapter 15

1. Netflix Letter to Shareholders.
2. Roy Rapoport, personal correspondence with Gene Kim, 2014.
3. Hodge and Austin, "A Survey of Outlier Detection Methodologies."
4. Roy Rapoport, personal correspondence with Gene Kim, 2014.
5. Roy Rapoport, personal correspondence with Gene Kim, 2014.
6. Roy Rapoport, personal correspondence with Gene Kim, 2014.
7. Boubez, "Simple Math for Anomaly Detection."
8. Limoncelli, "Stop Monitoring Whether or Not Your Service Is Up!."
9. Boubez, "Simple Math for Anomaly Detection."
10. Dr. Nicole Forsgren, personal correspondence with Gene Kim, 2015.
11. Jacobson, Yuan, and Joshi, "Scryer: Netflix's Predictive Auto Scaling Engine."
12. Jacobson, Yuan, and Joshi, "Scryer: Netflix's Predictive Auto Scaling Engine."
13. Jacobson, Yuan, and Joshi, "Scryer: Netflix's Predictive Auto Scaling Engine."
14. Chandola, Banerjee, and Kumar, "Anomaly Detection: A Survey."
15. Tarun Reddy, personal interview with Gene Kim, Rally headquarters, Boulder, CO, 2014.
16. "Kolmogorov-Smirnov Test," *Wikipedia*.
17. Boubez, "Simple Math for Anomaly Detection."
18. Boubez, "Simple Math for Anomaly Detection."

Chapter 16

1. Walsh, "Ad Firms Right Media."
2. Nick Galbreath, personal conversation with Gene, 2013.
3. Galbreath, "Continuous Deployment."
4. Galbreath, "Continuous Deployment."
5. Galbreath, "Continuous Deployment."
6. Canahuati, "Growing from the Few to the Many."
7. Lightbody, "From Inception to Acquisition."
8. Chakrabarti, "Common Ops Mistakes."
9. Sussna, "From Design Thinking to DevOps and Back Again."
10. Anonymous, personal conversation with Gene Kim, 2005.
11. Limoncelli, "SRE@Google."
12. Treynor, "Keys to SRE."
13. Limoncelli, "SRE@Google."
14. Limoncelli, "SRE@Google."
15. Limoncelli, "SRE@Google."
16. Tom Limoncelli, personal correspondence with Gene Kim, 2016.
17. Tom Limoncelli, personal correspondence with Gene Kim, 2016.

Chapter 17

1. Humble, O'Reilly and Molesky, *Lean Enterprise*, Part II.
2. Intuit, Inc., "2012 Annual Report."

3. Cook, "Leadership in an Agile Age."
4. Cook, "Leadership in an Agile Age."
5. Cook, "Leadership in an Agile Age."
6. "Direct Marketing," *Wikipedia.*
7. "Fighting Poverty With Actual Evidence: Full Transcript," Freakonomics (blog).
8. Kohavi, Crook, and Longbotham, "Online Experimentation at Microsoft."
9. Kohavi, Crook, and Longbotham, "Online Experimentation at Microsoft."
10. Jez Humble, personal correspondence with Gene Kim, 2015.
11. Wang, "Etsy's Culture Of Continuous Experimentation."
12. O'Reilly, "How to Implement Hypothesis-Driven Development."
13. Kim, "Organizational Learning and Competitiveness."
14. Kim, "Organizational Learning and Competitiveness."
15. Kim, "Organizational Learning and Competitiveness."
16. Kim, "Organizational Learning and Competitiveness."
17. Kim, "Organizational Learning and Competitiveness."
18. Kim, "Organizational Learning and Competitiveness."
19. Kim, "Organizational Learning and Competitiveness."

Chapter 18

1. Chacon, "GitHub Flow."
2. Douglas, "Deploying at GitHub."
3. Allspaw, "Counterfactual Thinking, Rules, and the Knight Capital Accident."
4. Allspaw, "Counterfactual Thinking, Rules, and the Knight Capital Accident."
5. Staats and Upton, "Lean Knowledge Work."
6. Forsgren et al., *Accelerate State of DevOps 2019.*
7. Forsgren et al., *Accelerate State of DevOps 2019.*
8. Velasquez et al., *2014 State of DevOps Report.*
9. Randy Shoup, personal interview with Gene Kim, 2015.
10. Özil, "Ask a programmer."
11. Cornago, Yadav, and Otto, "From 6-Eye Principle to Release at Scale - adidas Digital Tech 2021."
12. Cornago, Yadav, and Otto, "From 6-Eye Principle to Release at Scale - adidas Digital Tech 2021."
13. Cornago, Yadav, and Otto, "From 6-Eye Principle to Release at Scale - adidas Digital Tech 2021."
14. Cornago, Yadav, and Otto, "From 6-Eye Principle to Release at Scale - adidas Digital Tech 2021."
15. Cornago, Yadav, and Otto, "From 6-Eye Principle to Release at Scale - adidas Digital Tech 2021."
16. Cornago, Yadav, and Otto, "From 6-Eye Principle to Release at Scale - adidas Digital Tech 2021."
17. Cornago, Yadav, and Otto, "From 6-Eye Principle to Release at Scale - adidas Digital Tech 2021."
18. Cornago, Yadav, and Otto, "From 6-Eye Principle to Release at Scale - adidas Digital Tech 2021."
19. Cornago, Yadav, and Otto, "From 6-Eye Principle to Release at Scale - adidas Digital Tech 2021."
20. Özil, "Ask a programmer to review 10 lines of code.".
21. Messeri, "What Goes Wrong When Thousands of Engineers Share the Same Continuous Build?"
22. Thomas and Kumar, "Welcome to the Google Engineering Tools Blog."
23. Kumar, "Development at the Speed and Scale of Google."
24. Randy Shoup, personal correspondence with Gene Kim, 2014.
25. Atwood, "Pair Programming vs. Code Reviews."
26. Atwood, "Pair Programming vs. Code Reviews."
27. "Pair Programming," ALICE Wiki page.

28. "Pair Programming," ALICE Wiki page.
29. Hendrickson, "DOES15—Elisabeth Hendrickson—Its All About Feedback."
30. Hendrickson, "DOES15—Elisabeth Hendrickson—Its All About Feedback."
31. Hendrickson, "DOES15—Elisabeth Hendrickson—Its All About Feedback."
32. Hendrickson, "DOES15—Elisabeth Hendrickson—Its All About Feedback."
33. Hendrickson, "DOES15—Elisabeth Hendrickson—Its All About Feedback."
34. Ryan Tomayko, personal correspondence with Gene Kim, 2014.
35. Ryan Tomayko, personal correspondence with Gene Kim, 2014.
36. Ryan Tomayko, personal correspondence with Gene Kim, 2014.
37. Ryan Tomayko, personal correspondence with Gene Kim, 2014.
38. Ryan Tomayko, personal correspondence with Gene Kim, 2014.
39. Cockcroft, Ducy, and Clanton, "Adrian Cockcroft of Battery Ventures."
40. Pal, "DOES15—Tapabrata Pal—Banking on Innovation & DevOps."
41. Cox, "Disney DevOps."
42. Clanton and Mickman, "DOES14—Ross Clanton and Heather Mickman—DevOps at Target."
43. Clanton and Mickman, "DOES14—Ross Clanton and Heather Mickman—DevOps at Target."
44. Clanton and Mickman, "DOES14—Ross Clanton and Heather Mickman—DevOps at Target."
45. Clanton and Mickman, "DOES14—Ross Clanton and Heather Mickman—DevOps at Target."
46. Clanton and Mickman, "DOES14—Ross Clanton and Heather Mickman—DevOps at Target."
47. John Allspaw and Jez Humble, personal correspondence with Gene Kim, 2014.

Part V　第三步工作法：持續學習與實驗的具體實踐

Chapter 19

1. Spear, *The High-Velocity Edge*, Chapter 1.
2. Spear, *The High-Velocity Edge*, Chapter 1.
3. Pepitone, "Amazon EC2 Outage Downs Reddit, Quora."
4. Morgan, "A Rare Peek into the Massive Scale of AWS."
5. Cockcroft, Hicks, and Orzell, "Lessons Netflix Learned from the AWS Outage."
6. Cockcroft, Hicks, and Orzell, "Lessons Netflix Learned from the AWS Outage."
7. Cockcroft, Hicks, and Orzell, "Lessons Netflix Learned from the AWS Outage."
8. Dekker, "Just Culture," 152.
9. Dekker, "DevOpsDays Brisbane 2014—Sidney Decker—System Failure, Human Error: Who's to Blame?"
10. Allspaw, "Post-Mortems, Sans Finger-Pointing."
11. Allspaw, "Blameless PostMortems and a Just Culture."
12. Malpass, "DevOpsDays Minneapolis 2014—Ian Malpass, Fallible Humans."
13. Milstein, "Post-Mortems at HubSpot: What I Learned from 250 Whys."
14. Randy Shoup, personal correspondence with Gene Kim, 2014.
15. Google, "Post-Mortem for February 24, 2010 Outage"; Amazon Web Services, "Summary of the Amazon DynamoDB Service Disruption and Related Impacts in the US-East Region."
16. Macri, "Morgue."
17. Macri, "Morgue."
18. Forsgren, Humble, and Kim, *Accelerate: State of DevOps 2018*.

19. Edmondson, "Strategies for Learning from Failure."
20. Spear, *The High-Velocity Edge*, Chapter 4.
21. Spear, *The High-Velocity Edge*, Chapter 4.
22. Spear, *The High-Velocity Edge*, Chapter 3.
23. Roberto, Bohmer, and Edmondson, "Facing Ambiguous Threats."
24. Roberto, Bohmer, and Edmondson, "Facing Ambiguous Threats."
25. Roberto, Bohmer, and Edmondson, "Facing Ambiguous Threats."
26. Roy Rapoport, personal correspondence with Gene Kim, 2012.
27. Roy Rapoport, personal correspondence with Gene Kim, 2012.
28. Roy Rapoport, personal correspondence with Gene Kim, 2012.
29. Nygard, *Release It!*, Part I.
30. Barr, "EC2 Maintenance Update."
31. Wong and Kalantzis, "A State of Xen—Chaos Monkey & Cassandra."
32. Wong and Kalantzis, "A State of Xen—Chaos Monkey & Cassandra."
33. Wong and Kalantzis, "A State of Xen—Chaos Monkey & Cassandra."
34. Roy Rapoport, personal correspondence with Gene Kim, 2015.
35. Adrian Cockcroft, personal correspondence with Gene Kim, 2012.
36. Robbins, "GameDay."
37. Robbins et al., "Resilience Engineering."
38. Robbins et al., "Resilience Engineering."
39. Robbins et al., "Resilience Engineering."
40. Robbins et al., "Resilience Engineering."
41. Robbins et al., "Resilience Engineering."
42. Krishman, "'Learning Continuously From Failures' at Google."
43. Krishnan, "Weathering the Unexpected."
44. Krishnan, "Weathering the Unexpected."
45. Morrison, "How We Turned Our Company's Worst Outage into a Powerful Learning Opportunity."
46. Widely attributed to Peter Senge.

Chapter 20

1. Newland, "ChatOps at GitHub."
2. Newland, "ChatOps at GitHub."
3. Mark Imbriaco, personal correspondence with Gene Kim, 2015.
4. Newland, "ChatOps at GitHub."
5. Newland, "ChatOps at GitHub."
6. Newland, "ChatOps at GitHub."
7. Newland, "ChatOps at GitHub."
8. Osterweil, "Software Processes are Software Too."
9. Arbuckle, "What Is ArchOps: Chef Executive Roundtable."
10. Arbuckle, "What Is ArchOps: Chef Executive Roundtable."
11. Arbuckle, "What Is ArchOps: Chef Executive Roundtable."
12. Metz, "Google Is 2 Billion Lines of Code—and It's All in One Place."
13. Metz, "Google Is 2 Billion Lines of Code—and It's All in One Place."
14. Metz, "Google Is 2 Billion Lines of Code—and It's All in One Place."
15. Messeri, "What Goes Wrong When Thousands of Engineers Share the Same Continuous Build?"
16. Randy Shoup, personal correspondence with Gene Kim, 2014.

17. Limoncelli, "Yes, You Can Really Work from HEAD."
18. Forsgren et al., *Accelerate: State of DevOps 2019*.
19. Forsgren et al., *Accelerate: State of DevOps 2019*.
20. Mell and Grance, *The NIST Definition of Cloud Computing*, 6.
21. Forsgren et al., *Accelerate: State of DevOps 2019*.
22. Loura, Jacques, and Garcia, "DOES15—Ralph Loura, Olivier Jacques, & Rafael Garcia—Breaking Traditional IT Paradigms."
23. Rembetsy and McDonnell, "Continuously Deploying Culture."
24. Rembetsy and McDonnell, "Continuously Deploying Culture."
25. McKinley, "Why MongoDB Never Worked Out at Etsy."
26. Cundiff, Geinert, and Rettig, "Crowdsourcing Technology Governance."
27. Cundiff, Geinert, and Rettig, "Crowdsourcing Technology Governance."
28. Cundiff, Geinert, and Rettig, "Crowdsourcing Technology Governance."
29. Cundiff, Geinert, and Rettig, "Crowdsourcing Technology Governance."
30. Cundiff, Geinert, and Rettig, "Crowdsourcing Technology Governance."
31. Cundiff, Geinert, and Rettig, "Crowdsourcing Technology Governance."

Chapter 21

1. "Kaizen," *Wikipedia*.
2. Spear, *The High-Velocity Edge*, Chapter 8.
3. Spear, *The High-Velocity Edge*, Chapter 8.
4. Mickman and Clanton, "(Re)building an Engineering Culture."
5. Ravi Pandey, personal correspondence with Gene Kim, 2015.
6. Mickman and Clanton, "(Re)building an Engineering Culture."
7. Pomeranz, "Queue Inversion Week."
8. Spear, *The High-Velocity Edge*, Chapter 3.
9. Stillman, "Hack Days."
10. Associated Press, "Number of Active Users at Facebook over the Years."
11. Zhao, "HipHop for PHP."
12. Metz, "How Three Guys Rebuilt the Foundation of Facebook."
13. Metz, "How Three Guys Rebuilt the Foundation of Facebook."
14. Steve Farley, personal correspondence with Gene Kim, January 5, 2016.
15. Gaekwad, "Agile 2013 Talk."
16. O'Donnell, "DOES14—Glenn O'Donnell—Forrester—Modern Services Demand a DevOps Culture Beyond Apps."
17. Smart et al., *Sooner Safer Happier*, 314.
18. Nationwide, *2014 Annual Report*.
19. Steve Farley, personal correspondence with Gene Kim, 2016.
20. Pal, "DOES15—Tapabrata Pal—Banking on Innovation & DevOps."
21. Pal, "DOES15—Tapabrata Pal—Banking on Innovation & DevOps."
22. Tapabrata Pal, personal correspondence with Gene Kim, 2015.
23. "All About Target," Target (website).
24. Mickman and Clanton, "(Re)building an Engineering Culture."
25. Van Leeuwen and Buytaert, "DOES15—Evelijn Van Leeuwen and Kris Buytaert—Turning Around the Containership."
26. Mickman and Clanton, "(Re)building an Engineering Culture."

27. "DevOps Culture: How to Transform."
28. Bland, "DOES15—Mike Bland—Pain Is Over, If You Want It."
29. Bland, "DOES15—Mike Bland—Pain Is Over, If You Want It."
30. Bland, "DOES15—Mike Bland—Pain Is Over, If You Want It."
31. Bland, "DOES15—Mike Bland—Pain Is Over, If You Want It."
32. Bland, "DOES15—Mike Bland—Pain Is Over, If You Want It."
33. Bland, "DOES15—Mike Bland—Pain Is Over, If You Want It."
34. Bland, "DOES15—Mike Bland—Pain Is Over, If You Want It."
35. Bland, "DOES15—Mike Bland—Pain Is Over, If You Want It."
36. Bland, "Fixits, or I Am the Walrus."
37. Bland, "Fixits, or I Am the Walrus."
38. Bland, "Fixits, or I Am the Walrus."

Part VI 整合資訊安全、變更管理和合規性的技術實踐

Chapter 22

1. Wickett, "Attacking Pipelines–Security Meets *Continuous Delivery*."
2. Wickett, "Attacking Pipelines—Security Meets *Continuous Delivery*."
3. Pal, "DOES15—Tapabrata Pal—Banking on Innovation & DevOps."
4. Justin Arbuckle, personal interview with Gene Kim, 2015.
5. Justin Arbuckle, personal interview with Gene Kim, 2015.
6. Antani, "IBM Innovate DevOps Keynote."
7. Galbreath, "DevOpsSec: Applying DevOps Principles to Security, DevOpsDays Austin 2012."
8. Galbreath, "DevOpsSec: Applying DevOps Principles to Security, DevOpsDays Austin 2012."
9. "OWASP Cheat Sheet Series," OWASP (website).
10. Collins, Smolen, and Matatall, "Putting to your Robots to Work V1.1."
11. "What Happens to Companies That Get Hacked? FTC Cases," Giant Bomb forum.
12. "What Happens to Companies That Get Hacked? FTC Cases," Giant Bomb forum.
13. Collins, Smolen, and Matatall, "Putting to your Robots to Work V1.1."
14. Twitter Engineering, "Hack Week @ Twitter."
15. Twitter Engineering, "Hack Week @ Twitter."
16. Corman and Willis, "Immutable Awesomeness—Josh Corman and John Willis at DevOps Enterprise Summit 2015."
17. Forsgren et al., *2020 State of the Octoverse*.
18. Forsgren et al., *2020 State of the Octoverse*.
19. Verison, *2014 Data Breach Investigations Report*.
20. Verizon, *2021 Data Breach Investigations Report*, 20.
21. Sonatype, *2019 State of the Software Supply Chain Report*.
22. Sonatype, *2019 State of the Software Supply Chain Report*.
23. Sonatype, *2019 State of the Software Supply Chain Report*.
24. "Jeremy Long: The (Application)Patching Manifesto."
25. "Jeremy Long: The (Application)Patching Manifesto."
26. Sonatype, *2019 State of the Software Supply Chain Report*.

27. Sonatype, *2019 State of the Software Supply Chain Report*.
28. Sonatype, *2019 State of the Software Supply Chain Report*.
29. Sonatype, *2019 State of the Software Supply Chain Report*.
30. Sonatype, *2020 State of the Software Supply Chain Report*.
31. Sonatype, *2020 State of the Software Supply Chain Report*.
32. Geer and Corman, "Almost Too Big to Fail."
33. Forsgren et al., *2020 State of the Octoverse*.
34. Temple-Raston, "A 'Worst Nightmare' Cyberattack."
35. Naraine, "Twilio, HashiCorp Among Codecov Supply Chain Hack Victims."
36. Kash, "New Details Released on Proposed 2016 IT Spending."
37. Bland, "DOES15—Mike Bland—Pain Is Over, If You Want It."
38. Bland, "DOES15—Mike Bland—Pain Is Over, If You Want It."
39. Zia, Ramírez, and Kunin, "Compliance Masonry."
40. Marcus Sachs, personal correspondence with Gene Kim, 2010.
41. "VPC Best Configuration Practices," Flux7 blog.
42. Galbreath, "Fraud Engineering, from Merchant Risk Council Annual Meeting 2012."
43. Galbreath, "DevOpsSec."
44. Galbreath, "DevOpsSec."
45. Galbreath, "DevOpsSec."
46. Galbreath, "DevOpsSec."
47. Galbreath, "DevOpsSec."
48. Galbreath, "DevOpsSec."
49. Claudius, "Attacking Cloud Services with Source Code."
50. Johnson, et. al., "How Fannie Mae Uses Agility to Support Homeowners and Renters."
51. Johnson, et. al., "How Fannie Mae Uses Agility to Support Homeowners and Renters."
52. Johnson, et. al., "How Fannie Mae Uses Agility to Support Homeowners and Renters."
53. Johnson, et. al., "How Fannie Mae Uses Agility to Support Homeowners and Renters."
54. Johnson, et. al., "How Fannie Mae Uses Agility to Support Homeowners and Renters."
55. Johnson, et. al., "How Fannie Mae Uses Agility to Support Homeowners and Renters."
56. Kimberly Johnson, personal correspondence with the authors, 2021.

Chapter 23

1. Axelos, *ITIL Service Transition*, 48.
2. Axelos, *ITIL Service Transition*, 48 and 68.
3. Matthew and Mangot, "DOES14—Reena Mathew and Dave Mangot—Salesforce."
4. Mangot and Rajan, "Agile.2013.effecting.a.dev ops.transformation.at.salesforce."
5. Mangot and Rajan, "Agile.2013.effecting.a.dev ops.transformation.at.salesforce."
6. Mangot and Rajan, "Agile.2013.effecting.a.dev ops.transformation.at.salesforce."
7. Matthew and Mangot, "DOES14—Reena Mathew and Dave Mangot—Salesforce."
8. Matthew and Mangot, "DOES14—Reena Mathew and Dave Mangot—Salesforce."
9. Matthew and Mangot, "DOES14—Reena Mathew and Dave Mangot—Salesforce."
10. Matthew and Mangot, "DOES14—Reena Mathew and Dave Mangot—Salesforce."
11. Matthew and Mangot, "DOES14—Reena Mathew and Dave Mangot—Salesforce."
12. Bill Massie, personal correspondence with Gene Kim, 2014.
13. "Glossary," PCI Security Standards Council website.
14. PCI Security Standards Council, *Payment Card Industry (PCI) Data Security Stands*.

15. Bill Massie, personal correspondence with Gene Kim, 2014.
16. Bill Massie, personal correspondence with Gene Kim, 2014.
17. Bill Massie, personal correspondence with Gene Kim, 2014.
18. Basu, Goyal, and Hansen, "Biz & Tech Partnership Towards 10 'No Fear Releases' Per Day."
19. Basu, Goyal, and Hansen, "Biz & Tech Partnership Towards 10 'No Fear Releases' Per Day."
20. Basu, Goyal, and Hansen, "Biz & Tech Partnership Towards 10 'No Fear Releases' Per Day."
21. Basu, Goyal, and Hansen, "Biz & Tech Partnership Towards 10 'No Fear Releases' Per Day."
22. Basu, Goyal, and Hansen, "Biz & Tech Partnership Towards 10 'No Fear Releases' Per Day."
23. Basu, Goyal, and Hansen, "Biz & Tech Partnership Towards 10 'No Fear Releases' Per Day."
24. Shinn, "DOES15—Bill Shinn—Prove it! The Last Mile for DevOps in Regulated Organizations."
25. Shinn, "DOES15—Bill Shinn—Prove it! The Last Mile for DevOps in Regulated Organizations."
26. Shinn, "DOES15—Bill Shinn—Prove it! The Last Mile for DevOps in Regulated Organizations."
27. Shinn, "DOES15—Bill Shinn—Prove it! The Last Mile for DevOps in Regulated Organizations."
28. Shinn, "DOES15—Bill Shinn—Prove it! The Last Mile for DevOps in Regulated Organizations."
29. Shinn, "DOES15—Bill Shinn—Prove it! The Last Mile for DevOps in Regulated Organizations."
30. Shinn, "DOES15—Bill Shinn—Prove it! The Last Mile for DevOps in Regulated Organizations."
31. Shinn, "DOES15—Bill Shinn—Prove it! The Last Mile for DevOps in Regulated Organizations."
32. Shinn, "DOES15—Bill Shinn—Prove it! The Last Mile for DevOps in Regulated Organizations."
33. DeLuccia, Gallimore, Kim, and Miller, DevOps Audit Defense Toolkit.
34. Mary Smith (a pseudonym), personal correspondence with Gene Kim, 2013.
35. Mary Smith (a pseudonym), personal correspondence with Gene Kim, 2013

全書總結

1. Robbins, "Hacking Culture at VelocityConf."

後記

1. Forsgren et al., *2020 State of the Octoverse*.
2. Wiseman, *2021 Work Trend Index: Annual Report*.
3. Forsgren et al., "The SPACE of Developer Productivity."

索引

1. Ries, *The Lean Startup*.
2. Beck et al., "Twelve Principles of Agile Software."
3. Humble and Farley, *Continuous Delivery*.
4. Fitz, "Continuous Deployment at IMVU."
5. Rother, *Toyota Kata*, Introduction.
6. Rother, *Toyota Kata*, Introduction.
7. Ries, *The Lean Startup*.
8. Kim, Behr, and Spafford, *The Phoenix Project*, 365.
9. Besnard and Hollnagel, *Some Myths about Industrial Safety*, 3.
10. Besnard and Hollnagel, *Some Myths about Industrial Safety*, 4.
11. Besnard and Hollnagel, *Some Myths about Industrial Safety*, 6.

12. Besnard and Hollnagel, *Some Myths about Industrial Safety*, 8.
13. Besnard and Hollnagel, *Some Myths about Industrial Safety*, 9.
14. Besnard and Hollnagel, *Some Myths about Industrial Safety*, 11.
15. Shook, "Five Missing Pieces in Your Standardized Work (Part 3 of 3)."
16. "Post Event Retrospective—Part 1," Rally Blogs.
17. Macri, "Morgue."
18. Cockcroft, Hicks, and Orzell, "Lessons Netflix Learned."
19. Cockcroft, Hicks, and Orzell, "Lessons Netflix Learned."
20. Rachitsky, "7 Keys to a Successful Public Health Dashboard."

索引

※ 提醒您：由於翻譯書排版的關係，部分索引名詞的對應頁碼會和實際頁碼有一頁之差。

註：圖表以 f 表示；註腳以 n 表示；表格以 t 表示。

致 謝

Gene Kim

感謝妻子 Margueritte，感謝兒子 Reid、Parker 和 Grant，容忍我五年多來都處於瘋狂趕工的狀態。感謝我的父母讓我很早就成為一個書呆子。我也要感謝幾位共同作者及 IT Revolution 團隊所有成員，感謝你們讓本書成真：感謝 Anna Noak，也特別感謝 Leah Brown 讓本書第二版順利出版！

我也向想藉此機會向以下良師益友表示感謝。沒有他們，就沒有這本書：John Allspaw (Etsy)、Alanna Brown (Puppet)、Adrian Cockcroft (Battery Ventures)、Justin Collins (Brakeman Pro)、Josh Corman (Atlantic Council)、Jason Cox (The Walt Disney Company)、Dominica DeGrandis (LeanKit)、Damon Edwards (DTO Solutions)、Nicole Forsgren 博士 (Chef)、Gary Gruver、Sam Guckenheimer (Microsoft)、Elisabeth Hendrickson (Pivotal Software)、Nick Galbreath (Signal Sciences)、Tom Limoncelli (Stack Exchange)、Chris Little、Ryan Martens、Ernest Mueller (AlienVault)、Mike Orzen、Christopher Porter (CISO, Fannie Mae)、Scott Prugh (CSG International)、Roy Rapoport (Netflix)、Tarun Reddy (CA/Rally)、Jesse Robbins (Orion Labs)、Ben Rockwood (Chef)、Andrew Shafer (Pivotal)、Randy Shoup (Stitch Fix)、James Turnbull (Kickstarter)、James Wickett (Signal Sciences)。

感謝以下人員無私分享他們的 DevOps 經驗：Justin Arbuckle、David Ashman、Charlie Betz、Mike Bland、Toufic Boubez 博士、Em Campbell-Pretty、Jason Chan、Pete Cheslock、Ross Clanton、Jonathan Claudius、Shawn Davenport、James DeLuccia、Rob England、John Esser、James Fryman、Paul Farrall、Nathen Harvey、Mirco Hering、Adam Jacob、Luke Kanies、Kaimar Karu、Nigel Kersten、Courtney

485

Kissler、Bethany Macri、Simon Morris、Ian Malpass、Dianne Marsh、Norman Marks、Bill Massie、Neil Matatall、Michael Nygard、Patrick McDonnell、Eran Messeri、Heather Mickman、Jody Mulkey、Paul Muller、Jesse Newland、Dan North、Tapabrata Pal 博士、Michael Rembetsy、Mike Rother、Paul Stack、Gareth Rushgrove、Mark Schwartz、Nathan Shimek、Bill Shinn、JP Schneider、Steven Spear、Laurence Sweeney、Jim Stoneham、Ryan Tomayko。

感謝以下圖書校訂人員，為本書提供許多寶貴建議：Will Albenzi、JT Armstrong、Paul Auclair、Ed Bellis、Daniel Blander、Matt Brender、Alanna Brown、Branden Burton、Ross Clanton、Adrian Cockcroft、Jennifer Davis、Jessica DeVita、Stephen Feldman、Martin Fisher、Stephen Fishman、Je Gallimore、Becky Hartman、Matt Hatch、William Hertling、Rob Hirschfeld、Tim Hunter、Stein Inge Morisbak、Mark Klein、Alan Kraft、Bridget Kromhaut、Chris Leavory、Chris Leavoy、Jenny Ma dorsky、Dave Mangot、Chris McDevitt、Chris McEniry、Mike McGarr、Thomas McGonagle、Sam McLeod、Byron Miller、David Mortman、Chivas Nambiar、Charles Nelles、John Osborne、Matt O'Keefe、Manuel Pais、Gary Pedretti、Dan Piessens、Brian Prince、Dennis Ravenelle、Pete Reid、Markos Rendell、Trevor Roberts、Jr. Frederick Scholl、Matthew Selheimer、David Severski、Samir Shah、Paul Stack、Scott Stockton、Dave Tempero、Todd Varland、Jeremy Voorhis、Branden Williams。

利用現代工具進行寫作究竟是什麼光景？感謝以下人員提供給我的神奇體驗：歐萊禮媒體公司的 Andrew Odewahn 讓我們使用超酷的 Chimera 審校平台，Kickstarter 的 James Turnbull 幫助我建立了第一個出版提交工具鏈，感謝 GitHub 的 Scott Chacon 為作者們建立了 GitHub Flow。

感謝你們

Jez Humble

參與本書主要出於對 Gene 的好感，能與 Gene 及其他兩位共同作者 John 和 Patrick 合作，我感到非常榮幸至極，寫作過程也非常愉快。感謝 Todd、Anna、Robyn 以及 IT Revolution 的編輯和製作團隊，感謝他們在幕後所做的大量工作。我也想感謝 Nicole Forsgren，過去三年中她與 Gene、Alanna Brown、

Nigel Kersten，始終和我一起投入在 PuppetLabs /DORA 的《State of DevOps Reports》專案上，對開發、測試和改善本書中的許多想法提供不少助益。在我寫作本書期間，我的妻子 Rani 和兩個女兒 Amrita 和 Reshmi 一如既往地給了我無限的愛和支持，謝謝你們，我愛你們。最後，能夠成為 DevOps 社群的一員，我感到無比幸運，這是一個同理共情、互相尊重、共同成長，並將想法付諸實踐的活躍社群。感謝你們每一個人。

Patrick Debois

我要感謝那些曾經與我一起為本書的出版而奮鬥的夥伴，非常感謝大家。

John Willis

我最要感謝的人是我賢惠的妻子，她對我瘋狂投入的事業一直包容有加。感謝共同作者 Patrick、Gene 和 Jez，我從他們那裡學到的東西都足夠再寫一本書了。感謝 Mark Hinkle、Mark Burgess、Andrew Clay Shafer 和 Michael Cote，他們對我的人生提供了重要影響和方向。我也想感謝 Adam Jacob 邀請我加入 Chef，並給予我探索 DevOps 的自由。最後感謝我的工作夥伴、Devops Café 搭檔 Damon Edwards。

Nicole Forsgren

感謝 Jez 和 Gene，與他們在《State of DevOps Reports》（以及後來的 DORA）的合作，建立了一個很棒的研究實驗室和工作基礎。假如沒有 Alanna Brown 和她的深刻洞察力，則無法促成這種合作關係。她是這個倡議的發起人，我們與她合作完成最初的幾份報告。我一直很感謝那些相信女性，並且深信女性有抱負、想法和主張的人們。我生命中的重要人物有我的父母（對不起，我讓你們壓力深大！），無比感激我的論文顧問 Suzie Weisband 和 Alexandra Durcikova，因為你們給了我和我的人生轉折一個機會、Xavier Velasquez（你總是相信我的計劃會成功），當然還有我的閨蜜團（感謝你們的愛與支持，總是提供讓我洩怒的空間，好讓我的情緒不會跑到 Twitter 上）。最後，感謝這一路上我喝過的所有零卡可樂。

關於作者

Gene Kim　是暢銷書作家、研究學者、屢獲獎項的 CTO，以及 IT Revolution 的創辦人。他的著作包含《鳳凰專案》、《獨角獸專案》與《Accelerate》等。自 2014 年以來，他一直是 DevOps Enterprise Summit 活動的主辦者，持續研究大型複雜組織的技術轉型。

Jez Humble　合著了許多本暢銷軟體書籍，包括榮獲 Jolt 獎的《Continuous Delivery》以及 Shingo Publication 得獎作品《Accelerate》。他服務於 Google，並於加州大學伯克利分校教書。

Patrick Debois　是 Snyk 的 DevOps Relations 總監暨顧問。他致力透過在開發、專案管理和系統行政方面應用敏捷實踐，彌合專案與營運之間的鴻溝。

John Willis　是 RedHat 全球轉型辦公室的資深總監，在 IT 管理產業服務了超過 35 年。他是《Beyond The Phoenix Project》的共同作者，並且主持 podcast 節目《Profound》。

Nicole Forsgren 博士　是微軟研究院士，並主持 Developer Velocity Lab。她是 Shingo Publication 得獎作品《ACCELERATE：精益軟體與 DevOps 背後的科學》的作者，也是當今開展 DevOps 研究的主要學者。她是一位成功的創業家（公司後由 Google 收購）、教授、效能工程師與系統管理員。她的研究成果發表在多個經同儕審閱的期刊上。

DevOps Handbook 中文版 第二版｜打造世界級技術組織的實踐指南

作　　　者：Gene Kim 等
譯　　　者：沈佩誼
企劃編輯：蔡彤孟
文字編輯：詹祐甯
特約編輯：王子旻
設計裝幀：張寶莉
發 行 人：廖文良

發 行 所：碁峰資訊股份有限公司
地　　　址：台北市南港區三重路 66 號 7 樓之 6
電　　　話：(02)2788-2408
傳　　　真：(02)8192-4433
網　　　站：www.gotop.com.tw
書　　　號：ACN037300
版　　　次：2023 年 07 月二版
建議售價：NT$650

國家圖書館出版品預行編目資料

DevOps Handbook 中文版：打造世界級技術組織的實踐指南 /
　Gene Kim 等原著；沈佩誼譯. -- 二版. -- 臺北市：碁峰資訊,
　2023.07
　　面　；　公分
　譯自：The DevOps Handbook, 2nd Edition
　　ISBN 978-626-324-544-0(平裝)
　1.CST：軟體研發　2.CST：電腦程式設計
312.2　　　　　　　　　　　　　　　　　112009513

讀者服務

● 感謝您購買碁峰圖書，如果您對本書的內容或表達上有不清楚的地方或其他建議，請至碁峰網站：「聯絡我們」\「圖書問題」留下您所購買之書籍及問題。(請註明購買書籍之書號及書名，以及問題頁數，以便能儘快為您處理)
http://www.gotop.com.tw

● 售後服務僅限書籍本身內容，若是軟、硬體問題，請您直接與軟體廠商聯絡。

● 若於購買書籍後發現有破損、缺頁、裝訂錯誤之問題，請直接將書寄回更換，並註明您的姓名、連絡電話及地址，將有專人與您連絡補寄商品。